N. BOURBAKI

ÉLÉMENTS DE MATHÉMATIQUE

N. BOURBAKI

ÉLÉMENTS DE
MATHÉMATIQUE

ALGÈBRE COMMUTATIVE

Chapitre 10

Springer

Réimpression inchangée de l'édition originale de 1998

ISBN 978-3-540-34394-3 Springer Berlin Heidelberg New York

Springer est membre du Springer Science+Business Media
springer.com

Maquette de couverture: WMXDesign GmbH, Heidelberg
Imprimé sur papier non acide 41/3100/YL - 5 4 3 2 1 0 -

CHAPITRE X

Profondeur, régularité, dualité

Dans ce chapitre, tous les anneaux sont supposés commutatifs, les algèbres sont associatives, commutatives et unifères, et les homomorphismes d'algèbres sont unifères. Si A *est un anneau local, on note* $\mathfrak{m}_A$ *son idéal maximal, et* κ_A *son corps résiduel. Si* $\mathfrak{p}$ *est un idéal premier d'un anneau* A, *on note* $\kappa(\mathfrak{p})$ *le corps résiduel de l'anneau local* $A_{\mathfrak{p}}$; *on l'identifie au corps des fractions de l'anneau intègre* $A/\mathfrak{p}$. *On note* $\overline{\mathbf{Z}}$ *la partie* $\mathbf{Z} \cup \{-\infty, +\infty\}$ *de* $\overline{\mathbf{R}}$. *On a donc, pour tout* $n \in \mathbf{Z}$, *les relations* $-\infty < n < +\infty$ *et* $n + \infty = \infty + n = \infty + \infty = \infty$, $n - \infty = -\infty + n = -\infty - \infty = -\infty$.

§ 1. PROFONDEUR

1. Définition homologique de la profondeur

Soient A un anneau, J un idéal de A et M un A-module.

DÉFINITION 1.— *On appelle profondeur de* M *relativement à* J *et on note* $\mathrm{prof}_{\mathrm{A}}(\mathrm{J}\,;\mathrm{M})$, *ou* $\mathrm{prof}(\mathrm{J}\,;\mathrm{M})$, *la borne inférieure dans* $\mathbf{N}\cup\{+\infty\}$ *de l'ensemble des entiers* n *tels que* $\mathrm{Ext}^n_{\mathrm{A}}(\mathrm{A}/\mathrm{J},\mathrm{M})$ *soit non nul.*

Lorsque l'anneau A est *local*, on appelle simplement *profondeur* de M et on note $\mathrm{prof}_{\mathrm{A}}(\mathrm{M})$ ou $\mathrm{prof}(\mathrm{M})$ la profondeur de M relativement à l'idéal maximal $\mathfrak{m}_{\mathrm{A}}$ de A ; on appelle *profondeur de l'anneau local* A la profondeur du A-module A.

Si $\mathrm{prof}_{\mathrm{A}}(\mathrm{J}\,;\mathrm{M}) = +\infty$, on a $\mathrm{Ext}^i_{\mathrm{A}}(\mathrm{A}/\mathrm{J},\mathrm{M}) = 0$ pour tout i. Si $\mathrm{prof}_{\mathrm{A}}(\mathrm{J}\,;\mathrm{M}) = r < +\infty$, on a $\mathrm{Ext}^i_{\mathrm{A}}(\mathrm{A}/\mathrm{J},\mathrm{M}) = 0$ pour $i < r$ et $\mathrm{Ext}^r_{\mathrm{A}}(\mathrm{A}/\mathrm{J},\mathrm{M}) \neq 0$.

Remarques.— 1) Supposons que le A-module M soit de type fini et qu'on ait $\mathrm{M} = \mathrm{JM}$, c'est-à-dire $\mathrm{Supp}(\mathrm{M}) \cap \mathrm{V}(\mathrm{J}) = \varnothing$ (II, § 4, n° 4, cor. de la prop. 18). Dans ce cas, $\mathrm{prof}_{\mathrm{A}}(\mathrm{J}\,;\mathrm{M})$ est égal à $+\infty$: en effet, l'idéal $\mathrm{Ann}(\mathrm{M}) + \mathrm{J}$ est alors égal à A (*loc. cit.*) et est contenu dans l'annulateur de $\mathrm{Ext}^i_{\mathrm{A}}(\mathrm{A}/\mathrm{J},\mathrm{M})$ pour tout i. On verra ci-après (n° 3, cor. 1 du th. 1) qu'inversement si l'idéal J est de type fini, $\mathrm{prof}_{\mathrm{A}}(\mathrm{J}\,;\mathrm{M}) = +\infty$ implique $\mathrm{M} = \mathrm{JM}$.

2) Pour que $\mathrm{prof}_{\mathrm{A}}(\mathrm{J}\,;\mathrm{M})$ soit nul, il faut et il suffit que $\mathrm{Hom}_{\mathrm{A}}(\mathrm{A}/\mathrm{J},\mathrm{M})$ soit non nul, c'est-à-dire que M possède un élément non nul annulé par J ; il en est en particulier ainsi lorsque l'on a $\mathrm{Ass}(\mathrm{M}) \cap \mathrm{V}(\mathrm{J}) \neq \varnothing$. Si l'anneau A est noethérien et que le A-module M est de type fini, les conditions suivantes sont équivalentes (IV, § 1, n° 4, prop. 8) :

a) $\mathrm{prof}_{\mathrm{A}}(\mathrm{J}\,;\mathrm{M}) = 0$;

b) pour tout $x \in \mathrm{J}$, l'homothétie x_{M} n'est pas injective ;

c) on a $\mathrm{Ass}(\mathrm{M}) \cap \mathrm{V}(\mathrm{J}) \neq \varnothing$.

3) D'après la remarque 2, pour qu'un anneau local A soit de profondeur nulle, il faut et il suffit qu'il existe un élément non nul x de A tel que $\mathfrak{m}_{\mathrm{A}}x = 0$. Si A n'est pas un corps, un élément x tel que $\mathfrak{m}_{\mathrm{A}}x = 0$ n'est pas inversible, donc appartient à $\mathfrak{m}_{\mathrm{A}}$ et par suite satisfait à $x^2 = 0$. Ainsi un anneau local réduit de dimension $\geqslant 1$ est de profondeur $\geqslant 1$.

4) Soit $(\mathrm{M}_\iota)_{\iota\in\mathrm{I}}$ une famille de A-modules. D'après A, X, p. 89, prop. 7, on a $\mathrm{prof}(\mathrm{J}\,;\prod_{\iota\in\mathrm{I}}\mathrm{M}_\iota) = \inf_{\iota\in\mathrm{I}}\mathrm{prof}(\mathrm{J}\,;\mathrm{M}_\iota)$.

PROPOSITION 1.— *Soient* A *un anneau,* J *un idéal de* A *et* $0 \to M' \to M \to M'' \to 0$ *une suite exacte de* A*-modules. Posons*

$$p' = \operatorname{prof}(J\,;M') \quad , \quad p = \operatorname{prof}(J\,;M) \quad , \quad p'' = \operatorname{prof}(J\,;M'') \, .$$

On est alors dans l'un des trois cas suivants, qui s'excluent mutuellement :

$$p' = p \leqslant p'' \quad , \quad p = p'' < p' \quad , \quad p'' = p' - 1 < p \, .$$

Considérons la suite exacte des modules d'extensions associée à A/J et à la suite exacte ci-dessus (A, X, p. 92, th. 2). Excluons le cas $p = p' = p'' = +\infty$; il existe alors dans cette suite un premier module non nul, et le module suivant est également non nul. Cela donne les trois possibilités suivantes :

a) Le premier module non nul est $\operatorname{Ext}_A^{p'}(A/J, M')$. On a alors $p' = p \leqslant p''$.

b) Le premier module non nul est $\operatorname{Ext}_A^{p}(A/J, M)$. On a alors $p = p'' < p'$.

c) Le premier module non nul est $\operatorname{Ext}_A^{p''}(A/J, M'')$. On a alors $p'' + 1 = p' \leqslant p$.

Remarque 5.— Supposons que l'on ait $p = p'$ et que l'injection $u : M' \to M$ qui intervient dans la suite exacte de la prop. 1 appartienne à $J \operatorname{Hom}_A(M', M)$. *On a alors* $p'' = p - 1$. En effet, l'hypothèse entraîne que l'application $\operatorname{Ext}_A^i(1_{A/J}, u)$ est nulle pour tout entier i ; cela exclut le cas a) considéré ci-dessus.

PROPOSITION 2.— *Soient* A *un anneau,* J *un idéal de* A, M *un* A*-module et* N *un* A*-module annulé par une puissance de* J. *On a* $\operatorname{Ext}_A^i(N, M) = 0$ *pour tout entier* $i < \operatorname{prof}_A(J\,;M)$.

Supposons d'abord $JN = 0$ et raisonnons par récurrence sur l'entier $i < \operatorname{prof}_A(J\,;M)$. L'assertion est évidente pour $i < 0$. Considérons N comme un (A/J)-module et choisissons une suite exacte de (A/J)-modules

$$0 \to K \longrightarrow (A/J)^{(I)} \longrightarrow N \to 0 \, .$$

On en déduit une suite exacte de modules d'extensions

$$\operatorname{Ext}_A^{i-1}(K, M) \longrightarrow \operatorname{Ext}_A^i(N, M) \longrightarrow \operatorname{Ext}_A^i((A/J)^{(I)}, M) \, .$$

Le A-module $\operatorname{Ext}_A^{i-1}(K, M)$ est nul d'après l'hypothèse de récurrence, et le A-module $\operatorname{Ext}_A^i((A/J)^{(I)}, M)$ est isomorphe à $\operatorname{Ext}_A^i(A/J, M)^I$ (A, X, p. 89, prop. 7), qui est nul par définition de la profondeur. Par suite on a $\operatorname{Ext}_A^i(N, M) = 0$.

Passons au cas général, et raisonnons par récurrence sur le plus petit entier $m > 0$ tel que $J^m N = 0$. Nous venons de traiter le cas $m = 1$. Supposons $m > 1$ et soit $i < \operatorname{prof}_A(J\,;M)$ un entier. Considérons la suite exacte

$$\operatorname{Ext}_A^i(N/JN, M) \longrightarrow \operatorname{Ext}_A^i(N, M) \longrightarrow \operatorname{Ext}_A^i(JN, M)$$

déduite de la suite exacte $0 \to JN \to N \to N/JN \to 0$. Les deux modules extrêmes sont nuls d'après l'hypothèse de récurrence, puisque N/JN et JN sont annulés par J^{m-1}. On a donc $\operatorname{Ext}_A^i(N, M) = 0$, ce qu'on voulait démontrer.

COROLLAIRE 1.— *Soit* m *un entier* > 0 *et soit* J' *un idéal de* A *qui contient* J^m. *On a* $\mathrm{prof}_A(J\,;M) \leqslant \mathrm{prof}_A(J'\,;M)$.

En effet J^m annule le A-module A/J', donc $\mathrm{Ext}^i_A(A/J', M)$ est nul pour tout entier $i < \mathrm{prof}_A(J\,;M)$ (prop. 2).

COROLLAIRE 2.— *Supposons l'idéal* J *de type fini, et soit* J' *un idéal de* A *tel que* $V(J) \supset V(J')$.

a) *On a* $\mathrm{prof}_A(J\,;M) \leqslant \mathrm{prof}_A(J'\,;M)$.

b) *Si l'idéal* J' *est de type fini et si* $V(J) = V(J')$, *on a* $\mathrm{prof}_A(J\,;M) = \mathrm{prof}_A(J'\,;M)$.

D'après II, § 4, n° 3, cor. 2 de la prop. 11 et § 2, n° 6, prop. 15, il existe un entier $m > 0$ tel que $J^m \subset J'$. L'assertion a) résulte donc du cor. 1 et l'assertion b) s'en déduit.

Le cor. 2 peut être en défaut lorsque l'idéal J n'est pas de type fini (exercice 2).

2. Profondeur et acyclicité

PROPOSITION 3.— *Soient* A *un anneau,* C *un complexe borné à gauche de* A*-modules et* p *un entier. On suppose que pour tout couple d'entiers* (m, n) *avec* $m \geqslant n \geqslant p$, *la profondeur du* A*-module* C_m *relativement à l'annulateur de* $H_n(C)$ *est* $> m - n$. *On a alors* $H_n(C) = 0$ *pour* $n \geqslant p$.

Puisque C est borné à gauche, $H_n(C)$ est nul pour n assez grand. Si la conclusion était fausse, il existerait un entier $q \geqslant p$ tel que $H_n(C) = 0$ pour $n > q$ et $H_q(C) \neq 0$. Désignons par J l'annulateur de $H_q(C)$; on a alors $\mathrm{prof}_A(J\,;H_q(C)) = 0$. Par ailleurs, puisque $Z_q(C)$ est un sous-module de C_q, et qu'on a par hypothèse $\mathrm{prof}_A(J\,;C_q) > q - q = 0$, on a $\mathrm{prof}_A(J\,;Z_q(C)) > 0$. On déduit alors de la suite exacte

$$0 \to B_q(C) \to Z_q(C) \to H_q(C) \to 0$$

l'égalité $\mathrm{prof}_A(J\,;B_q(C)) = 1$ (n° 1, prop. 1). D'après la définition de q, $B_n(C)$ est égal à $Z_n(C)$ pour tout entier $n > q$. Des suites exactes canoniques

$$0 \to B_n(C) \to C_n \to B_{n-1}(C) \to 0 \qquad (n > q)$$

et de l'hypothèse $\mathrm{prof}_A(J\,;C_n) > n - q$, on tire par récurrence l'égalité $\mathrm{prof}_A(J\,;B_n(C)) = n - q + 1$ pour tout $n \geqslant q$ (*loc. cit.*). Mais cela est absurde puisque $B_n(C)$ est nul pour n assez grand.

COROLLAIRE 1.— *Soient* A *un anneau,* J *un idéal de* A, C *un complexe borné à gauche de* A*-modules et* p *un entier. On suppose qu'on a* $JH_m(C) = 0$ *et* $\mathrm{prof}_A(J\,;C_m) > m - p$ *pour* $m \geqslant p$. *On a alors* $H_n(C) = 0$ *pour* $n \geqslant p$.

En effet pour $n \geqslant p$ l'annulateur J_n de $H_n(C)$ contient J, donc on a $\mathrm{prof}_A(J_n\,;C_m) \geqslant \mathrm{prof}_A(J\,;C_m)$ (n° 1, cor. 1 de la prop. 2), de sorte que l'hypothèse de la proposition est satisfaite.

COROLLAIRE 2.— *Soient* A *un anneau local,* C *un complexe borné à gauche de* A*-modules,* p *un entier. On suppose que pour* $m \geqslant p$, $\mathrm{H}_m(\mathrm{C})$ *est de longueur finie et* C_m *de profondeur* $> m-p$. *On a alors* $\mathrm{H}_n(\mathrm{C}) = 0$ *pour* $n \geqslant p$.

Le A-module $\bigoplus_{m \geqslant p} \mathrm{H}_m(\mathrm{C})$ est de longueur finie. Notons J son annulateur ; d'après A, VIII, § 1, n° 3, corollaire, l'anneau A/J est artinien, donc J contient une puissance de l'idéal maximal de A (A, VIII, § 10, n° 1, th. 1). On a par suite $\mathrm{prof}_{\mathrm{A}}(\mathrm{J}\,;\mathrm{C}_m) \geqslant \mathrm{prof}(\mathrm{C}_m) > m-p$ pour $m \geqslant p$ (n° 1, cor. 1 de la prop. 2), de sorte qu'on peut appliquer le cor. 1.

3. Profondeur et complexe de Koszul

Soient A un anneau, M un A-module, $\mathbf{x} = (x_i)_{i \in \mathrm{I}}$ une famille d'éléments de A. Notons $u : \mathrm{A}^{(\mathrm{I})} \to \mathrm{A}$ la forme linéaire telle que $u(e_i) = x_i$ pour tout $i \in \mathrm{I}$, et $\mathbf{K}^{\bullet}(\mathbf{x}, \mathrm{M})$ le complexe $\mathbf{K}^{\bullet}_{\mathrm{A}}(u, \mathrm{M})$ associé à u (A, X, p. 147). On a $\mathbf{K}^p(\mathbf{x}, \mathrm{M}) = 0$ pour $p < 0$; pour $p \geqslant 0$ le A-module $\mathbf{K}^p(\mathbf{x}, \mathrm{M}) = \mathrm{Hom}_{\mathrm{A}}(\bigwedge^p(\mathrm{A}^{(\mathrm{I})}), \mathrm{M})$ s'identifie canoniquement au A-module $\mathrm{C}^p_{\mathrm{I}}(\mathrm{M})$ formé des applications *alternées* de I^p dans M (A, X, p. 153), la différentielle $\partial^p : \mathbf{K}^p(\mathbf{x}, \mathrm{M}) \longrightarrow \mathbf{K}^{p+1}(\mathbf{x}, \mathrm{M})$ étant donnée par la formule

$$(\partial^p \boldsymbol{m})(\alpha_1, \ldots, \alpha_{p+1}) = \sum_{j=1}^{p+1} (-1)^{j+1} x_{\alpha_j} \boldsymbol{m}(\alpha_1, \ldots, \alpha_{j-1}, \alpha_{j+1}, \ldots, \alpha_{p+1})$$

pour $\boldsymbol{m} \in \mathbf{K}^p(\mathbf{x}, \mathrm{M})$ et $(\alpha_1, \ldots, \alpha_{p+1}) \in \mathrm{I}^{p+1}$ (A, X, p. 154, formule (12)). Il en résulte en particulier que le complexe $\mathbf{K}^{\bullet}(\mathbf{x}, \mathrm{M})$ ne dépend que de la structure de **Z**-module de M et des endomorphismes $(x_i)_{\mathrm{M}}$.

On note $\mathrm{H}^{\bullet}(\mathbf{x}, \mathrm{M})$ l'homologie du complexe $\mathbf{K}^{\bullet}(\mathbf{x}, \mathrm{M})$. Le A-module $\mathrm{H}^0(\mathbf{x}, \mathrm{M})$ s'identifie à $\mathrm{Hom}_{\mathrm{A}}(\mathrm{A}/\mathrm{J}, \mathrm{M})$, où J est l'idéal de A engendré par les x_i (A, X, p. 147, lemme 1).

Soient $(\mathrm{M}_\alpha)_{\alpha \in \mathrm{K}}$ une famille de A-modules, et M son produit ; le complexe $\mathbf{K}^{\bullet}(\mathbf{x}, \mathrm{M})$ est canoniquement isomorphe au complexe produit des $\mathbf{K}^{\bullet}(\mathbf{x}, \mathrm{M}_\alpha)$, de sorte que pour chaque entier s le A-module $\mathrm{H}^s(\mathbf{x}, \mathrm{M})$ s'identifie au produit des $\mathrm{H}^s(\mathbf{x}, \mathrm{M}_\alpha)$ (A, X, p. 28, prop. 1).

THÉORÈME 1.— *Soient* A *un anneau,* J *un idéal de* A, $\mathbf{x} = (x_i)_{i \in \mathrm{I}}$ *une famille génératrice de* J, M *un* A*-module. La profondeur de* M *relativement à* J *est la borne inférieure (dans* $\mathbf{N} \cup \{+\infty\}$*) des entiers* n *tels que* $\mathrm{H}^n(\mathbf{x}, \mathrm{M}) \neq 0$.

Posons $p = \mathrm{prof}_{\mathrm{A}}(\mathrm{J}\,;\mathrm{M})$. Considérons le complexe $\mathbf{K}^{\bullet}(\mathbf{x}, \mathrm{M})$. Son homologie est annulée par J (A, X, p. 148, cor. 2), et la profondeur relativement à J de chacun des modules $\mathbf{K}^i(\mathbf{x}, \mathrm{M})$ est égale à p ou à $+\infty$ (n° 1, remarque 4). Il résulte alors du cor. 1 du n° 2 que l'on a $\mathrm{H}^i(\mathbf{x}, \mathrm{M}) = 0$ pour $i < p$. Il reste à prouver que $\mathrm{H}^p(\mathbf{x}, \mathrm{M})$ n'est pas nul lorsque $p < +\infty$.

Le cas $p = 0$ étant évident, supposons $0 < p < +\infty$ et $\mathrm{H}^p(\mathbf{x}, \mathrm{M}) = 0$. Soit L une résolution libre du A-module A/J ; notons C le complexe $\mathrm{Homgr}_{\mathrm{A}}(\mathrm{L}, \mathrm{M})$. Le A-module $\mathrm{H}^i(\mathrm{C})$ est isomorphe à $\mathrm{Ext}^i_{\mathrm{A}}(\mathrm{A}/\mathrm{J}, \mathrm{M})$ (A, X, p. 100, th. 1) ; il est donc nul pour $i < p$. On a alors pour $i < p$ des suites exactes canoniques

$$0 \to \mathrm{B}^i(\mathrm{C}) \to \mathrm{C}^i \to \mathrm{B}^{i+1}(\mathrm{C}) \to 0 \,.$$

Le A-module C^i est produit de A-modules isomorphes à M ; on a donc $\mathrm{H}^s(\mathbf{x}, \mathrm{C}^i) = 0$ pour $s \leqslant p$. On déduit des suites exactes précédentes et de A, X, p. 150 que l'homomorphisme de liaison $\partial^s : \mathrm{H}^s(\mathbf{x}, \mathrm{B}^{i+1}(\mathrm{C})) \longrightarrow \mathrm{H}^{s+1}(\mathbf{x}, \mathrm{B}^i(\mathrm{C}))$ est injectif pour $s \leqslant p$ et $i < p$; comme $\mathrm{B}^0(\mathrm{C}) = 0$, il en résulte que $\mathrm{H}^{p-i}(\mathbf{x}, \mathrm{B}^{i+1}(\mathrm{C}))$ est nul pour $i < p$. On a en particulier $\mathrm{H}^1(\mathbf{x}, \mathrm{B}^p(\mathrm{C})) = 0$, de sorte que la suite exacte

$$0 \to \mathrm{B}^p(\mathrm{C}) \to \mathrm{Z}^p(\mathrm{C}) \to \mathrm{H}^p(\mathrm{C}) \to 0$$

fournit une surjection $\mathrm{H}^0(\mathbf{x}, \mathrm{Z}^p(\mathrm{C})) \longrightarrow \mathrm{H}^0(\mathbf{x}, \mathrm{H}^p(\mathrm{C}))$. Comme $\mathrm{H}^p(\mathrm{C})$ est isomorphe à $\mathrm{Ext}^p_{\mathrm{A}}(\mathrm{A}/\mathrm{J}, \mathrm{M})$, qui est non nul et annulé par J, on a $\mathrm{H}^0(\mathbf{x}, \mathrm{H}^p(\mathrm{C})) \neq 0$, d'où $\mathrm{H}^0(\mathbf{x}, \mathrm{Z}^p(\mathrm{C})) \neq 0$ et par suite $\mathrm{H}^0(\mathbf{x}, \mathrm{C}^p) \neq 0$. Mais cela implique $\mathrm{H}^0(\mathbf{x}, \mathrm{M}) \neq 0$, contrairement à l'hypothèse. On a donc $\mathrm{H}^p(\mathbf{x}, \mathrm{M}) \neq 0$, ce qui achève la démonstration.

COROLLAIRE 1.— *Supposons l'idéal* J *de type fini et* $\mathrm{JM} \neq \mathrm{M}$. *Alors* $\mathrm{prof}_{\mathrm{A}}(\mathrm{J}\,;\mathrm{M})$ *est finie et* $\leqslant \mathrm{Card}(\mathrm{I})$; *pour qu'elle soit égale à* $\mathrm{Card}(\mathrm{I})$, *il faut et il suffit que la famille* $\mathbf{x}$ *soit complètement sécante pour* M (A, X, p. 157, déf. 2).

Supposons d'abord I fini, et notons r son cardinal. Le A-module $\mathrm{H}^r(\mathbf{x}, \mathrm{M})$ est canoniquement isomorphe à $\mathrm{H}_0(\mathbf{x}, \mathrm{M})$, lui-même isomorphe à M/JM (A, X, p. 155) ; l'inégalité $\mathrm{prof}_{\mathrm{A}}(\mathrm{J}\,;\mathrm{M}) \leqslant r$ résulte donc du th. 1. Pour qu'on ait égalité, il faut et il suffit que le A-module $\mathrm{H}^i(\mathbf{x}, \mathrm{M})$ soit nul pour $i < r$, ce qui signifie que la famille $\mathbf{x}$ est complètement sécante pour M (A, X, p. 157).

D'après ce qui précède, $\mathrm{prof}_{\mathrm{A}}(\mathrm{J}\,;\mathrm{M})$ est finie ; il reste à démontrer que si la famille $\mathbf{x}$ est complètement sécante pour M, l'ensemble I est fini. Or la condition $\mathrm{H}_1(\mathbf{x}, \mathrm{M}) = 0$ (A, X, p. 157, déf. 2) implique qu'on a une suite exacte

$$\textstyle\bigwedge^2(\mathrm{A}^{(\mathrm{I})}) \otimes_{\mathrm{A}} \mathrm{M} \xrightarrow{\partial_2} \mathrm{M}^{(\mathrm{I})} \xrightarrow{\partial_1} \mathrm{JM} \to 0 \,,$$

où l'image de ∂_2 est contenue dans $\mathrm{JM}^{(\mathrm{I})}$. Par produit tensoriel avec A/J, on en déduit un isomorphisme A-linéaire de $(\mathrm{M}/\mathrm{JM})^{(\mathrm{I})}$ sur $\mathrm{JM}/\mathrm{J}^2\mathrm{M}$. Or ce dernier module est de type fini, puisque J et M le sont ; comme M/JM n'est pas nul, il en résulte que l'ensemble I est fini.

COROLLAIRE 2.— *Soient* A *un anneau local,* J *un idéal de type fini de* A *distinct de* A, M *un* A*-module non nul de type fini. Posons* $r = [\mathrm{J}/\mathfrak{m}_{\mathrm{A}}\mathrm{J} : \kappa_{\mathrm{A}}]$. *On a* $\mathrm{prof}_{\mathrm{A}}(\mathrm{J}\,;\mathrm{M}) \leqslant r$; *il y a égalité si et seulement si* J *est engendré par une famille complètement sécante pour* M. *Dans ce cas, pour qu'une famille génératrice de* J *soit complètement sécante, il faut et il suffit qu'elle ait* r *éléments.*

D'après le lemme de Nakayama, on a $\mathrm{JM} \neq \mathrm{M}$, et r est le nombre minimal de générateurs de J ; le cor. 2 résulte donc du cor. 1.

PROPOSITION 4.— *Soient* $\rho : A \to B$ *un homomorphisme d'anneaux,* J *un idéal de* A *et* N *un* B*-module. On a l'égalité* $\mathrm{prof}_A(J;N) = \mathrm{prof}_B(JB;N)$.

Soit $\mathbf{x} = (x_i)_{i\in I}$ une famille génératrice de J ; la famille $\rho(\mathbf{x}) = (\rho(x_i))_{i\in I}$ engendre JB. Par construction le complexe $\mathbf{K}^\bullet(\rho(\mathbf{x}),N)$ est égal à $\mathbf{K}^\bullet(\mathbf{x},N)$. La proposition résulte donc du th. 1.

COROLLAIRE.— *Soient* A *un anneau local,* $\mathfrak{a}$ *un idéal de* A *distinct de* A *et* M *un* A*-module annulé par* $\mathfrak{a}$. *On a* $\mathrm{prof}_A(M) = \mathrm{prof}_{A/\mathfrak{a}}(M)$.

Soient $\rho : A \to B$ un homomorphisme d'anneaux, $\mathbf{x} = (x_i)_{i\in I}$ une famille finie d'éléments de A et M un A-module. Pour tout entier p, notons $u^p : B\otimes_A C_I^p(M) \longrightarrow C_I^p(B\otimes_A M)$ l'homomorphisme B-linéaire qui associe à $b\otimes m$ l'application alternée $(\alpha_1,\dots,\alpha_p)\mapsto b\otimes m(\alpha_1,\dots,\alpha_p)$. La famille (u^p) définit un isomorphisme de complexes

$$u : B\otimes_A \mathbf{K}^\bullet(\mathbf{x},M) \longrightarrow \mathbf{K}^\bullet(\mathbf{x},B\otimes_A M)\ .$$

Considérons l'homomorphisme canonique

$$\gamma^p(B,\mathbf{K}^\bullet(\mathbf{x},M)) : B\otimes_A H^p(\mathbf{x},M) \longrightarrow H^p(B\otimes_A \mathbf{K}^\bullet(\mathbf{x},M))$$

(A, X, p. 62) ; par composition avec $H^p(u)$, on en déduit un homomorphisme

$$v^p : B\otimes_A H^p(\mathbf{x},M) \longrightarrow H^p(\mathbf{x},B\otimes_A M)\ .$$

Lemme 1.— *Si le* A*-module* B *est plat, l'homomorphisme* v^p *est bijectif pour tout entier* p.

Cela résulte de A, X, p. 66, cor. 2.

PROPOSITION 5.— *Soient* A *un anneau,* J *un idéal de type fini de* A *et* M *un* A*-module. Notons* Ω *l'ensemble des idéaux maximaux de* A *appartenant à* Supp(M) *et contenant* J. *On a*

$$\mathrm{prof}_A(J;M) = \inf_{\mathfrak{p}\in \mathrm{Spec}(A)} \mathrm{prof}_{A_\mathfrak{p}}(J_\mathfrak{p};M_\mathfrak{p}) = \inf_{\mathfrak{m}\in\Omega} \mathrm{prof}_{A_\mathfrak{m}}(J_\mathfrak{m};M_\mathfrak{m})\ .$$

Soit $\mathbf{x} = (x_i)_{i\in I}$ une famille génératrice finie de J. Soit $\mathfrak{p}$ un idéal premier de A ; l'idéal $J_\mathfrak{p}$ est engendré par l'image $\mathbf{x}_\mathfrak{p}$ de la famille (x_i) dans $A_\mathfrak{p}$. Pour tout $p\geqslant 0$, le $A_\mathfrak{p}$-module $\big(H^p(\mathbf{x},M)\big)_\mathfrak{p}$ est isomorphe à $H^p(\mathbf{x}_\mathfrak{p},M_\mathfrak{p})$ (lemme 1) ; d'après le th. 1, on a donc $\mathrm{prof}_A(J;M) \leqslant \inf_{\mathfrak{p}\in\mathrm{Spec}(A)} \mathrm{prof}_{A_\mathfrak{p}}(J_\mathfrak{p};M_\mathfrak{p}) \leqslant \inf_{\mathfrak{m}\in\Omega} \mathrm{prof}_{A_\mathfrak{m}}(J_\mathfrak{m};M_\mathfrak{m})$.

Soit p un entier strictement inférieur à $\mathrm{prof}_{A_\mathfrak{m}}(JA_\mathfrak{m};M_\mathfrak{m})$ pour tout $\mathfrak{m}\in\Omega$. On a alors $H^p(\mathbf{x}_\mathfrak{m},M_\mathfrak{m}) = 0$ pour tout idéal maximal $\mathfrak{m}$ de A : cela résulte du th. 1 si $\mathfrak{m}\in\Omega$, du fait que $M_\mathfrak{m} = 0$ si $\mathfrak{m}\notin \mathrm{Supp}(M)$, et du fait que l'idéal $JA_\mathfrak{m}$, qui annule $H^p(\mathbf{x}_\mathfrak{m},M_\mathfrak{m})$ (A, X, p. 148, cor. 2), est égal à $A_\mathfrak{m}$ si $\mathfrak{m}\notin V(J)$. On a donc $\big(H^p(\mathbf{x},M)\big)_\mathfrak{m} = 0$ pour tout idéal maximal $\mathfrak{m}$ de A, ce qui entraîne $H^p(\mathbf{x},M) = 0$ (II, § 3, n° 3, cor. 2 du th. 1). La proposition résulte alors du th. 1.

PROPOSITION 6.— *Soient* A *un anneau,* J *un idéal de type fini de* A *et* M *un* A*-module. Soient* B *un anneau et* $\rho : A \to B$ *un homomorphisme d'anneaux faisant de* B *un* A*-module plat.*

a) *On a* $\mathrm{prof}_A(J\,;M) \leqslant \mathrm{prof}_B(JB\,;B \otimes_A M)$.

b) *Supposons de plus que tout idéal maximal de* Supp(M) *contenant* J *appartienne à l'image de l'application canonique* Spec(B) → Spec(A). *On a alors* $\mathrm{prof}_A(J\,;M) = \mathrm{prof}_B(JB\,;B \otimes_A M)$. *C'est le cas par exemple si le* A*-module* B *est fidèlement plat.*

L'assertion a) résulte du th. 1 et du lemme 1.

Soit p un entier strictement inférieur à $\mathrm{prof}_B(JB\,;B \otimes_A M)$, et soit $\mathfrak{m}$ un idéal maximal de A appartenant à $\mathrm{Supp}(M) \cap V(J)$. Soit $\mathbf{x}$ une famille génératrice finie de l'idéal J. Sous l'hypothèse de b), il existe un idéal premier $\mathfrak{n}$ de B au-dessus de $\mathfrak{m}$, et l'on a un isomorphisme canonique

$$B_{\mathfrak{n}} \otimes_{A_{\mathfrak{m}}} \left(A_{\mathfrak{m}} \otimes_A H^p(\mathbf{x}, M)\right) \longrightarrow B_{\mathfrak{n}} \otimes_B \left(B \otimes_A H^p(\mathbf{x}, M)\right) .$$

Or $B \otimes_A H^p(\mathbf{x}, M)$ est isomorphe à $H^p(\rho(\mathbf{x}), B \otimes_A M)$ (lemme 1), donc est nul ; de plus $B_{\mathfrak{n}}$ est fidèlement plat sur $A_{\mathfrak{m}}$ (I, § 3, n° 5, prop. 9 et II, § 3, n° 4, prop. 14 et remarque). On a donc $A_{\mathfrak{m}} \otimes_A H^p(\mathbf{x}, M) = 0$ et par suite $p < \mathrm{prof}_{A_{\mathfrak{m}}}(J_{\mathfrak{m}}\,;M_{\mathfrak{m}})$ (lemme 1 et th. 1). La première assertion de b) résulte alors de la prop. 5 ; la seconde résulte de I, § 3, n° 5, prop. 9).

COROLLAIRE.— *Soient* A *un anneau noethérien,* J *un idéal de* A, M *un* A*-module de type fini,* $\widehat{A}$ *et* $\widehat{M}$ *les séparés complétés de* A *et* M *pour la topologie* J*-adique. On a alors* $\mathrm{prof}_A(J\,;M) = \mathrm{prof}_{\widehat{A}}(J\widehat{A}\,;\widehat{M})$.

En effet, le A-module $\widehat{A}$ est plat et le $\widehat{A}$-module $\widehat{M}$ est isomorphe à $\widehat{A} \otimes_A M$ (III, § 3, n° 4, th. 3) ; par ailleurs, tout idéal maximal de A contenant J appartient à l'image de l'application $\mathrm{Spec}(\widehat{A}) \to \mathrm{Spec}(A)$ (*loc. cit.*, prop. 8).

4. Profondeur et suites régulières

Soient A un anneau, M un A-module. Rappelons (A, X, p. 158) qu'une suite finie $(x_1, \ldots, x_r)$ d'éléments de A est dite *régulière pour* M ou M-*régulière* si, pour $i = 1, \ldots, r$, l'homothétie de rapport x_i dans le A-module $M/(x_1M + \ldots + x_{i-1}M)$ est injective. Soit $(x_1, \ldots, x_r)$ une suite M-régulière ; pour tout A-module plat N, la suite $(x_1, \ldots, x_r)$ est $M \otimes_A N$ régulière. Si $\rho : A \to B$ est un homomorphisme d'anneaux faisant de B un A-module plat, la suite $(\rho(x_1), \ldots, \rho(x_r))$ est régulière pour le B-module $B \otimes_A M$. En particulier, pour tout idéal premier $\mathfrak{p}$ de A, l'image dans $A_{\mathfrak{p}}$ de la suite $(x_1, \ldots, x_r)$ est $M_{\mathfrak{p}}$-régulière.

Dans la suite nous considérerons surtout la notion de suite M-régulière dans le cas où l'anneau A est local noethérien, le module M est de type fini et les éléments de la suite appartiennent à $\mathfrak{m}_A$; la notion de suite M-régulière coïncide alors avec celle de suite complètement sécante pour M (A, X, p. 160, cor. 1).

PROPOSITION 7.— *Soient* A *un anneau,* J *un idéal de* A, M *un* A*-module, et* $(x_1, \ldots, x_r)$ *une suite* M*-régulière d'éléments de* J. *On a*

$$\mathrm{prof}_{\mathrm{A}}(\mathrm{J}\,;\mathrm{M}) = r + \mathrm{prof}_{\mathrm{A}}(\mathrm{J}\,;\mathrm{M}/(x_1\mathrm{M} + \ldots + x_r\mathrm{M}))$$

et en particulier $\mathrm{prof}_{\mathrm{A}}(\mathrm{J}\,;\mathrm{M}) \geqslant r$.

Le cas $r = 1$ résulte de la remarque 5 du n° 1, appliquée à la suite exacte

$$0 \to \mathrm{M} \xrightarrow{(x_1)_{\mathrm{M}}} \mathrm{M} \longrightarrow \mathrm{M}/x_1\mathrm{M} \to 0\ .$$

Le cas général s'en déduit par récurrence sur r.

THÉORÈME 2.— *Soient* A *un anneau noethérien,* J *un idéal de* A *et* M *un* A*-module de type fini.*

a) *Supposons que* $\mathrm{prof}_{\mathrm{A}}(\mathrm{J}\,;\mathrm{M})$ *soit finie. Alors toute suite* M*-régulière d'éléments de* J *peut être complétée en une suite* M*-régulière de longueur* $\mathrm{prof}_{\mathrm{A}}(\mathrm{J}\,;\mathrm{M})$ *d'éléments de* J.

b) *La profondeur de* M *relativement à* J *est la borne supérieure des longueurs des suites* M*-régulières formées d'éléments de* J.

c) *Pour que* $\mathrm{prof}_{\mathrm{A}}(\mathrm{J}\,;\mathrm{M})$ *soit finie, il faut et il suffit que le support de* M *rencontre* V(J), *ou encore que l'on ait* $\mathrm{JM} \neq \mathrm{M}$.

Soit $(x_1, \ldots, x_r)$ une suite M-régulière d'éléments de J. On a $r \leqslant \mathrm{prof}_{\mathrm{A}}(\mathrm{J}\,;\mathrm{M})$ (prop. 7) ; supposons que l'inégalité soit stricte. Notons N le A-module $\mathrm{M}/(x_1\mathrm{M} + \ldots + x_r\mathrm{M})$. On a $\mathrm{prof}_{\mathrm{A}}(\mathrm{J}\,;\mathrm{N}) > 0$ (*loc. cit.*), de sorte qu'il existe un élément x de J tel que l'homothétie x_{N} soit injective (n° 1, remarque 2), c'est-à-dire que la suite $(x_1, \ldots, x_r, x)$ soit M-régulière. Il en résulte par récurrence que pour tout entier s tel que $r \leqslant s \leqslant \mathrm{prof}_{\mathrm{A}}(\mathrm{J}\,;\mathrm{M})$ la suite $(x_1, \ldots, x_r)$ peut être complétée en une suite M-régulière de longueur s, ce qui entraîne les assertions a) et b). L'assertion c) résulte de la remarque 1 du n° 1 et du cor. 1 du th. 1 du n° 3.

COROLLAIRE 1.— *Pour toute suite* M*-régulière* $(x_1, \ldots, x_r)$ *d'éléments de* J, *les propriétés suivantes sont équivalentes :*

(i) *on a* $r = \mathrm{prof}_{\mathrm{A}}(\mathrm{J}\,;\mathrm{M})$;

(ii) *la suite* $(x_1, \ldots, x_r)$ *est maximale parmi les suites* M*-régulières formées d'éléments de* J ;

(iii) *le* A*-module* $\mathrm{M}/(x_1\mathrm{M} + \ldots + x_r\mathrm{M})$ *possède un élément non nul annulé par* J ;

(iv) *on a* $\mathrm{Ass}(\mathrm{M}/(x_1\mathrm{M} + \ldots + x_r\mathrm{M})) \cap \mathrm{V}(\mathrm{J}) \neq \varnothing$.

L'équivalence de (i) et (ii) résulte du th. 2 ; l'équivalence de (ii), (iii) et (iv) résulte de la remarque 2 du n° 1 appliquée au A-module $\mathrm{M}/(x_1\mathrm{M} + \ldots + x_r\mathrm{M})$.

COROLLAIRE 2.— *Soient* A *un anneau local noethérien,* M *un* A*-module non nul de type fini. On a*

$$\mathrm{prof}_{\mathrm{A}}(\mathrm{M}) \leqslant \dim_{\mathrm{A}}(\mathrm{M}) < +\infty\ .$$

En effet toute suite M-régulière d'éléments de $\mathfrak{m}_A$ est complètement sécante pour M (A, X, p. 157, prop. 5), donc sécante pour M (VIII, § 3, n° 2, cor. de la prop. 3) ; par suite sa longueur est majorée par l'entier $\dim_A(M)$ (*loc. cit.*, th. 1).

5. Profondeur le long d'une partie fermée

Soient A un anneau noethérien, F une partie fermée de Spec(A) et M un A-module. D'après le cor. 2 de la prop. 2 du n° 1, l'élément $\mathrm{prof}_A(J;M)$ de $\mathbf{N} \cup \{+\infty\}$ ne dépend pas de l'idéal J de A tel que $F = V(J)$; on l'appelle *profondeur de* M *le long de* F et on le note $\mathrm{prof}_F(M)$.

Remarques.— 1) Soit r un entier. D'après la prop. 2 du n° 1 et II, § 4, n° 4, cor. 2 de la prop. 17, l'inégalité $\mathrm{prof}_F(M) \geqslant r$ équivaut à la propriété suivante : pour tout A-module N de type fini et de support contenu dans F, on a $\mathrm{Ext}^i_A(N, M) = 0$ pour $i < r$.

2) Supposons que le A-module M soit de type fini. D'après la remarque 2 du n° 1 et le th. 2 du n° 4, on a les équivalences suivantes

$$\mathrm{prof}_F(M) = 0 \Longleftrightarrow \mathrm{Ass}(M) \cap F \neq \varnothing$$

$$\mathrm{prof}_F(M) < +\infty \Longleftrightarrow \mathrm{Supp}(M) \cap F \neq \varnothing \,.$$

PROPOSITION 8.— *Soient* A *un anneau noethérien,* F *une partie fermée de* Spec(A), *et* M *un* A-*module de type fini. On a*

$$\mathrm{prof}_F(M) = \inf_{\mathfrak{p} \in F} \mathrm{prof}_{A_\mathfrak{p}}(M_\mathfrak{p}) = \inf_{\mathfrak{p} \in \mathrm{Supp}(M) \cap F} \mathrm{prof}_{A_\mathfrak{p}}(M_\mathfrak{p}) \,.$$

Cela est clair si $\mathrm{prof}_F(M) = +\infty$ (remarque 2). Si $\mathrm{prof}_F(M) = 0$, il existe un idéal premier $\mathfrak{p} \in \mathrm{Ass}(M) \cap F$ (remarque 2) ; on a $\mathfrak{p}A_\mathfrak{p} \in \mathrm{Ass}(M_\mathfrak{p})$ (IV, § 1, n° 2, prop. 5), donc $\mathrm{prof}_{A_\mathfrak{p}}(M_\mathfrak{p}) = 0$ (remarque 2 du n° 1), d'où la proposition en ce cas.

Supposons $0 < \mathrm{prof}_F(M) < +\infty$; soit J un idéal de A tel que $V(J) = F$, et soit x un élément de J tel que l'homothétie x_M soit injective (*loc. cit.*). Pour chaque idéal premier $\mathfrak{p}$, l'homothétie $x_{M_\mathfrak{p}}$ est injective. D'après la prop. 7 du n° 4, on a donc

$$\mathrm{prof}_F(M/xM) = \mathrm{prof}_F(M) - 1$$

$$\mathrm{prof}_{A_\mathfrak{p}}\big((M/xM)_\mathfrak{p}\big) = \mathrm{prof}_{A_\mathfrak{p}}(M_\mathfrak{p}) - 1 \,.$$

On conclut alors par récurrence sur l'entier $\mathrm{prof}_F(M)$.

Remarque 3.— Si $\mathfrak{q}$ est un point de Supp(M), on a donc $\mathrm{prof}_A(\mathfrak{q};M) = \inf_{\mathfrak{p} \supset \mathfrak{q}} \mathrm{prof}_{A_\mathfrak{p}}(M_\mathfrak{p})$. On a en particulier l'inégalité $\mathrm{prof}_A(\mathfrak{q};M) \leqslant \mathrm{prof}_{A_\mathfrak{q}}(M_\mathfrak{q})$; il y a égalité lorsque $\mathfrak{q}$ est maximal. Dans le cas général, on peut avoir $\mathrm{prof}_A(\mathfrak{q};M) < \mathrm{prof}_{A_\mathfrak{q}}(M_\mathfrak{q})$; on peut également avoir $\mathrm{prof}_A(\mathfrak{q};M) < \inf \mathrm{prof}_{A_\mathfrak{m}}(M_\mathfrak{m})$ où $\mathfrak{m}$ parcourt l'ensemble des idéaux maximaux de A contenant $\mathfrak{q}$. Soit par exemple $\mathfrak{p}$ un idéal premier non maximal de A, contenant $\mathfrak{q}$ et distinct de $\mathfrak{q}$; posons $M = A/\mathfrak{p}$. On a $\mathrm{prof}_A(\mathfrak{q};M) = 0$, $\mathrm{prof}_{A_\mathfrak{q}}(M_\mathfrak{q}) = +\infty$ et $\mathrm{prof}_{A_\mathfrak{m}}(M_\mathfrak{m}) > 0$ pour tout idéal maximal $\mathfrak{m}$ de A.

PROPOSITION 9.— *Soient* A *un anneau noethérien,* M *et* N *deux* A*-modules de type fini et* F *le support de* N. *Alors* $\mathrm{prof}_F(M)$ *est la borne inférieure (dans* $\mathbf{N}\cup\{+\infty\}$*) de l'ensemble des entiers* n *tels que* $\mathrm{Ext}^n_A(N,M) \neq 0$.

D'après la remarque 1, on a $\mathrm{Ext}^i_A(N,M) = 0$ pour tout $i < \mathrm{prof}_F(M)$. Il reste à prouver que si $\mathrm{prof}_F(M) = n < +\infty$, on a $\mathrm{Ext}^n_A(N,M) \neq 0$. Soit J l'annulateur de N ; on a $F = V(J)$, donc $\mathrm{prof}_F(M) = \mathrm{prof}_A(J\,;M)$. D'après le cor. 1 du th. 2 (n° 4), il existe une suite M-régulière $(x_1, \dots, x_n)$ de longueur n formée d'éléments de J, et la profondeur relativement à J du A-module $\overline{M} = M/(x_1M+\dots+x_nM)$ est nulle. D'après A, X, p. 166, prop. 9, il suffit de prouver que $\mathrm{Hom}_A(N,\overline{M})$ est non nul. Or, d'après la prop. 8, il existe $\mathfrak{p} \in \mathrm{Supp}(M) \cap \mathrm{Supp}(N)$ tel que $\mathrm{prof}_{A_\mathfrak{p}}(\overline{M}_\mathfrak{p}) = 0$, c'est-à-dire $\mathrm{Hom}_{A_\mathfrak{p}}(\kappa(\mathfrak{p}), \overline{M}_\mathfrak{p}) \neq 0$. Puisque $N_\mathfrak{p}$ est non nul, le $\kappa(\mathfrak{p})$-espace vectoriel $N_\mathfrak{p} \otimes_{A_\mathfrak{p}} \kappa(\mathfrak{p})$ est non nul (lemme de Nakayama), ainsi que son dual ; il existe donc une application $A_\mathfrak{p}$-linéaire surjective de $N_\mathfrak{p}$ dans $\kappa(\mathfrak{p})$. Il en résulte qu'on a $\mathrm{Hom}_{A_\mathfrak{p}}(N_\mathfrak{p}, \overline{M}_\mathfrak{p}) \neq 0$, donc $\mathrm{Hom}_A(N,\overline{M}) \neq 0$ (II, § 2, n° 7, prop. 19), ce qu'on voulait démontrer.

Remarque 4.— Soient A un anneau noethérien, N un A-module de type fini. On appelle parfois *grade* de N, et on note grade (N), la borne inférieure dans $\mathbf{N}\cup\{+\infty\}$ de l'ensemble des entiers n tels que $\mathrm{Ext}^n_A(N,A)$ soit non nul. D'après la prop. 9, c'est aussi la profondeur de A le long du support de N, ou encore (n° 4, th. 2) la borne supérieure de l'ensemble des longueurs de suites A-régulières d'éléments de l'annulateur de N. Comme pour tout idéal premier $\mathfrak{p}$ de A l'annulateur de $N_\mathfrak{p}$ est égal à $\mathrm{Ann}(N)_\mathfrak{p}$ (II, § 2, n° 4, formule (9)), on déduit de la prop. 5 du n° 3 l'égalité

$$\mathrm{grade}\,(N) = \inf_{\mathfrak{p}\in \mathrm{Spec}(A)} \mathrm{grade}\,(N_\mathfrak{p}) = \inf_{\mathfrak{m}\in\Omega} \mathrm{grade}\,(N_\mathfrak{m})\ ,$$

où Ω désigne l'ensemble des idéaux maximaux de A.

6. Profondeur des algèbres

Lemme 2.— *Soient* $\rho : A \to B$ *un homomorphisme local d'anneaux locaux noethériens,* N *un* B*-module de type fini et* y *un élément de* $\mathfrak{m}_B$. *Les deux conditions suivantes sont équivalentes :*

(i) *le* A*-module* N/yN *est plat et l'homothétie* y_N *est injective ;*

(ii) *le* A*-module* N *est plat et l'homothétie* $y_{\kappa_A\otimes N}$ *est injective.*

Lorsqu'elles sont satisfaites, l'homothétie $y_{M\otimes_A N}$ *est injective pour tout* A*-module* M.

Supposons les hypothèses de (i) satisfaites, et prouvons (ii) ainsi que la dernière assertion. Soit M un A-module. Puisque le A-module N/yN est plat, on déduit de la suite exacte $0 \to N \xrightarrow{y_N} N \longrightarrow N/yN \to 0$ des suites exactes

$$0 \to M\otimes_A N \xrightarrow{u} M\otimes_A N \longrightarrow M\otimes_A (N/yN) \to 0$$

$$0 \to \mathrm{Tor}_1^A(M,N) \xrightarrow{v} \mathrm{Tor}_1^A(M,N) \to 0$$

où $u = 1_{\mathrm{M}} \otimes y_{\mathrm{N}}$ et $v = \mathrm{Tor}_1^{\mathrm{A}}(1_{\mathrm{M}}, y_{\mathrm{N}})$; il en résulte que l'homothétie de rapport y est injective dans $\mathrm{M} \otimes_{\mathrm{A}} \mathrm{N}$, et bijective dans $\mathrm{Tor}_1^{\mathrm{A}}(\mathrm{M}, \mathrm{N})$. Supposons de plus le A-module M de type fini ; alors le B-module $\mathrm{Tor}_1^{\mathrm{A}}(\mathrm{M}, \mathrm{N})$ est de type fini (A, X, p. 107, prop. 6), donc est nul puisque y appartient à $\mathfrak{m}_{\mathrm{B}}$ (lemme de Nakayama), ce qui entraîne que le A-module N est plat (A, X, p. 74, th. 2).

(ii) ⇒ (i) : supposons les hypothèses de (ii) satisfaites. Considérons les deux suites exactes de B-modules

$$0 \to \mathrm{Ker}(y_{\mathrm{N}}) \longrightarrow \mathrm{N} \xrightarrow{p} \mathrm{Im}(y_{\mathrm{N}}) \to 0 \tag{1}$$

$$0 \to \mathrm{Im}(y_{\mathrm{N}}) \xrightarrow{i} \mathrm{N} \longrightarrow \mathrm{N}/y\mathrm{N} \to 0\ , \tag{2}$$

où p et i sont les homomorphismes canoniques. On en déduit que l'homomorphisme $1 \otimes p : \kappa_{\mathrm{A}} \otimes_{\mathrm{A}} \mathrm{N} \longrightarrow \kappa_{\mathrm{A}} \otimes_{\mathrm{A}} \mathrm{Im}(y_{\mathrm{N}})$ est surjectif, et (puisque N est plat) que le noyau de l'homomorphisme $1 \otimes i : \kappa_{\mathrm{A}} \otimes_{\mathrm{A}} \mathrm{Im}(y_{\mathrm{N}}) \longrightarrow \kappa_{\mathrm{A}} \otimes_{\mathrm{A}} \mathrm{N}$ est isomorphe à $\mathrm{Tor}_1^{\mathrm{A}}(\kappa_{\mathrm{A}}, \mathrm{N}/y\mathrm{N})$. Mais l'application $(1 \otimes i) \circ (1 \otimes p)$, égale à $y_{\kappa_{\mathrm{A}} \otimes_{\mathrm{A}} \mathrm{N}}$, est injective par hypothèse ; on en déduit que $1 \otimes p$ est bijective et $1 \otimes i$ injective, et par suite qu'on a $\mathrm{Tor}_1^{\mathrm{A}}(\kappa_{\mathrm{A}}, \mathrm{N}/y\mathrm{N}) = 0$. Il en résulte que le A-module $\mathrm{N}/y\mathrm{N}$ est plat (III, § 5, n° 2, th. 1 et n° 4, prop. 2).

Puisque N et $\mathrm{N}/y\mathrm{N}$ sont plats sur A, il en est de même de $\mathrm{Im}(y_{\mathrm{N}})$ (suite exacte (2)). On déduit alors de la suite exacte (1) que $\kappa_{\mathrm{A}} \otimes_{\mathrm{A}} \mathrm{Ker}(y_{\mathrm{N}})$ est isomorphe au noyau de $1 \otimes p$, donc est nul ; ainsi l'homothétie y_{N} est injective par le lemme de Nakayama.

PROPOSITION 10.— *Soient* $\rho : \mathrm{A} \to \mathrm{B}$ *un homomorphisme local d'anneaux locaux noethériens,* N *un* B*-module de type fini et* $\mathbf{y} = (y_1, \ldots, y_s)$ *une suite d'éléments de* $\mathfrak{m}_{\mathrm{B}}$. *Notons* $\mathfrak{y}$ *l'idéal de* B *engendré par cette suite. Les conditions suivantes sont équivalentes :*

(i) *le* A*-module* $\mathrm{N}/\mathfrak{y}\mathrm{N}$ *est plat et la suite* $\mathbf{y}$ *est* N*-régulière ;*

(ii) *le* A*-module* N *est plat et la suite* $\mathbf{y}$ *est* $(\kappa_{\mathrm{A}} \otimes_{\mathrm{A}} \mathrm{N})$*-régulière.*

Lorsqu'elles sont satisfaites, pour tout A*-module* M, *la suite* $\mathbf{y}$ *est* $\mathrm{M} \otimes_{\mathrm{A}} \mathrm{N}$*-régulière.*

Prouvons l'équivalence de (i) et (ii) par récurrence sur s. Le cas $s = 0$ étant évident, supposons $s \geqslant 1$; notons $\mathbf{y}'$ la suite $(y_1, \ldots, y_{s-1})$ et $\mathfrak{y}'$ l'idéal de B qu'elle engendre. D'après le lemme 2 appliqué au B-module $\mathrm{N}/\mathfrak{y}'\mathrm{N}$ et à l'élément y_s de B, la condition (i) équivaut à

(i′) le A-module $\mathrm{N}/\mathfrak{y}'\mathrm{N}$ est plat, la suite $\mathbf{y}'$ est N-régulière et l'homothétie de rapport y_s dans $\kappa_{\mathrm{A}} \otimes_{\mathrm{A}} (\mathrm{N}/\mathfrak{y}'\mathrm{N}) = (\kappa_{\mathrm{A}} \otimes_{\mathrm{A}} \mathrm{N})/\mathfrak{y}'(\kappa_{\mathrm{A}} \otimes_{\mathrm{A}} \mathrm{N})$ est injective.

Cette condition équivaut à (ii) d'après l'hypothèse de récurrence.

La dernière assertion résulte de même par récurrence sur s de la dernière assertion du lemme 2.

PROPOSITION 11.— *Soient* $\rho : \mathrm{A} \to \mathrm{B}$ *un homomorphisme local d'anneaux locaux noethériens,* M *un* A*-module de type fini et* N *un* B*-module de type fini ; on suppose que le* A*-module* N *est plat.*

a) *Soient* $(x_1, \dots, x_r)$ *une suite d'éléments de* $\mathfrak{m}_A$ *régulière pour le* A*-module* M, *et* $(y_1, \dots, y_s)$ *une suite d'éléments de* $\mathfrak{m}_B$ *régulière pour le* B*-module* $\kappa_A \otimes_A N$; *alors la suite* $(y_1, \dots, y_s, \rho(x_1), \dots, \rho(x_r))$ *d'éléments de* $\mathfrak{m}_B$ *est régulière pour le* B*-module* $M \otimes_A N$.

b) *On a l'égalité*

$$\mathrm{prof}_B(M \otimes_A N) = \mathrm{prof}_A(M) + \mathrm{prof}_B(\kappa_A \otimes_A N) .$$

Notons $\mathfrak{x}$ l'idéal de A engendré par la suite $\mathbf{x}$ et $\mathfrak{y}$ l'idéal de B engendré par $\mathbf{y}$. D'après la prop. 10, la suite $\mathbf{y}$ est $M \otimes_A N$-régulière et $N/\mathfrak{y}N$ est plat sur A, de sorte que la suite $\rho(\mathbf{x}) = (\rho(x_1), \dots, \rho(x_r))$ est régulière pour $M \otimes_A (N/\mathfrak{y}N) = (M \otimes_A N)/\mathfrak{y}(M \otimes_A N)$. Cela prouve a).

Pour démontrer b), on peut supposer M et N non nuls. D'après le lemme de Nakayama, $\kappa_A \otimes_A N$ est également non nul, de sorte que $\mathrm{prof}_A(M)$ et $\mathrm{prof}_B(\kappa_A \otimes_A N)$ sont finis (n° 4, cor. 2 du th. 2). Prenons les suites régulières $\mathbf{x}$ et $\mathbf{y}$ maximales ; on a alors $r = \mathrm{prof}_A(M)$, $s = \mathrm{prof}_B(\kappa_A \otimes_A N)$, et il existe une application A-linéaire injective $u : \kappa_A \to M/\mathfrak{x}M$ et une application B-linéaire injective $v : \kappa_B \to \kappa_A \otimes_A (N/\mathfrak{y}N)$ (n° 4, cor. 1 du th. 2). Puisque $N/\mathfrak{y}N$ est plat sur A, l'application B-linéaire $(u \otimes 1_{N/\mathfrak{y}N}) \circ v$ de κ_B dans $(M/\mathfrak{x}M) \otimes_A (N/\mathfrak{y}N) = (M \otimes_A N)/(\rho(\mathfrak{x}) + \mathfrak{y})(M \otimes_A N)$ est injective. Cela implique l'égalité $\mathrm{prof}_B(M \otimes_A N) = r + s$ (*loc. cit.*).

Remarque.— Rappelons qu'on a, sous les hypothèses précédentes,

$$\dim_B(M \otimes_A N) = \dim_A(M) + \dim_B(\kappa_A \otimes_A N)$$

(VIII, § 3, n° 4, prop. 7).

COROLLAIRE.— *Soit* $\rho : A \to B$ *un homomorphisme local d'anneaux locaux noethériens faisant de* B *un* A*-module plat. On a*

$$\mathrm{prof}(B) = \mathrm{prof}(A) + \mathrm{prof}(\kappa_A \otimes_A B) ,$$

$$\dim(B) = \dim(A) + \dim(\kappa_A \otimes_A B) .$$

En effet la profondeur (resp. la dimension) du B-module $\kappa_A \otimes_A B$ est égale à la profondeur (resp. la dimension) de l'anneau $\kappa_A \otimes_A B$ d'après le cor. de la prop. 4 (resp. d'après VIII, § 1, n° 4).

7. Majorations de la profondeur

PROPOSITION 12.— *Soient* A *un anneau local noethérien,* M *un* A*-module non nul de type fini et* J *un idéal de* A *distinct de* A. *On a la suite d'inégalités*

$$\mathrm{prof}_A(J\,; M) \leqslant \mathrm{codim}(\mathrm{Supp}(M) \cap V(J), \mathrm{Supp}(M)) \leqslant \dim(M) - \dim(M/JM)$$

$$\leqslant [J/\mathfrak{m}_A J : \kappa_A] .$$

Pour tout élément $\mathfrak{p}$ de $\mathrm{Supp}(M) \cap V(J)$, $\mathrm{prof}_A(J\,; M)$ est inférieur à $\dim_{A_\mathfrak{p}}(M_\mathfrak{p})$ (n° 5, prop. 8 et n° 4, cor. 2 du th. 2), c'est-à-dire (VIII, § 1, n° 4, prop. 9) à $\operatorname{codim}(V(\mathfrak{p}), \operatorname{Supp}(M))$. Lorsque $\mathfrak{p}$ parcourt $\operatorname{Supp}(M) \cap V(J)$, $V(\mathfrak{p})$ décrit les parties fermées irréductibles de $\operatorname{Supp}(M) \cap V(J)$, d'où la première inégalité. La seconde résulte de la prop. 3 de VIII, § 1, n° 2. Par ailleurs, on peut trouver un ensemble générateur de J de cardinal $[J/\mathfrak{m}_A J : \kappa_A]$ (II, § 3, n° 2, cor. 2 de la prop. 4) ; la troisième inégalité résulte alors de VIII, § 3, n° 2, formule (8).

Remarque 1.— Considérons la chaîne d'inégalités de la prop. 12.

a) Pour qu'on ait $\operatorname{prof}_A(J ; M) = [J/\mathfrak{m}_A J : \kappa_A]$, il faut et il suffit que J puisse être engendré par une suite M-régulière (n° 3, cor. 2 du th. 1 et A, X, p. 160, cor. 1).

b) L'égalité $\dim(M) - \dim(M/JM) = [J/\mathfrak{m}_A J : \kappa_A]$ signifie que J peut être engendré par une suite sécante pour M (VIII, § 3, n° 2).

c) * Si M est macaulayen, on a $\operatorname{prof}_A(J ; M) = \dim(M) - \dim(M/JM)$ (§ 2, n° 2, cor. de la prop. 2). $_*$

Lemme 3.— *Soient* A *un anneau noethérien,* $\mathfrak{p} \subset \mathfrak{p}_1 \subset \ldots \subset \mathfrak{p}_{r-1} \subset \mathfrak{q}$ *une chaîne saturée de longueur* r *d'idéaux premiers de* A, M *un* A*-module de type fini et* n *un entier. Si le* A*-module* $\operatorname{Ext}^n_{A_\mathfrak{p}}(\kappa(\mathfrak{p}), M_\mathfrak{p})$ *est non nul, il en est de même de* $\operatorname{Ext}^{n+r}_{A_\mathfrak{q}}(\kappa(\mathfrak{q}), M_\mathfrak{q})$.

Il suffit évidemment de traiter le cas $r = 1$; remplaçant alors A, M, $\mathfrak{p}$ et $\mathfrak{q}$ par $A_\mathfrak{q}$, $M_\mathfrak{q}$, $\mathfrak{p}A_\mathfrak{q}$ et $\mathfrak{q}A_\mathfrak{q}$ respectivement, on est ramené à traiter le cas où A est local et où $\mathfrak{q} = \mathfrak{m}_A$. Soit x un élément de $\mathfrak{m}_A - \mathfrak{p}$. Le $A_\mathfrak{p}$-module $\operatorname{Ext}^n_A(A/\mathfrak{p}, M) \otimes_A A_\mathfrak{p}$ est isomorphe à $\operatorname{Ext}^n_{A_\mathfrak{p}}(\kappa(\mathfrak{p}), M_\mathfrak{p})$ (A, X, p. 111, prop. 10 b)), donc n'est pas nul par hypothèse ; *a fortiori* $\operatorname{Ext}^n_A(A/\mathfrak{p}, M)$ n'est pas nul. La suite exacte

$$0 \to A/\mathfrak{p} \xrightarrow{x_{A/\mathfrak{p}}} A/\mathfrak{p} \longrightarrow A/(\mathfrak{p} + xA) \to 0$$

fournit une suite exacte de modules d'extensions

$$\operatorname{Ext}^n_A(A/\mathfrak{p}, M) \xrightarrow{u} \operatorname{Ext}^n_A(A/\mathfrak{p}, M) \longrightarrow \operatorname{Ext}^{n+1}_A(A/(\mathfrak{p} + xA), M) ,$$

où u est l'homothétie de rapport x. D'après le lemme de Nakayama, celle-ci n'est pas surjective, donc le A-module $\operatorname{Ext}^{n+1}_A(A/(\mathfrak{p} + xA), M)$ n'est pas nul. Mais le seul idéal premier de A contenant $\mathfrak{p} + xA$ est $\mathfrak{m}_A$, donc le A-module $A/(\mathfrak{p} + xA)$ est de longueur finie (VIII, § 3, n° 2, lemme 2). Si $\operatorname{Ext}^{n+1}_A(\kappa_A, M)$ était nul, on en déduirait, par récurrence sur la longueur de N, la nullité de $\operatorname{Ext}^{n+1}_A(N, M)$ pour tout A-module N de longueur finie. Cette contradiction achève la démonstration.

PROPOSITION 13.— *Soient* A *un anneau noethérien,* M *un* A*-module de type fini,* $\mathfrak{p}$ *et* $\mathfrak{q}$ *deux idéaux premiers de* $\operatorname{Supp}(M)$ *avec* $\mathfrak{p} \subset \mathfrak{q}$. *On a*

$$\operatorname{prof}_{A_\mathfrak{q}}(M_\mathfrak{q}) \leqslant \operatorname{prof}_{A_\mathfrak{p}}(M_\mathfrak{p}) + \dim(A_\mathfrak{q}/\mathfrak{p}A_\mathfrak{q}) .$$

Plus précisément, pour toute chaîne saturée d'idéaux premiers $\mathfrak{p} \subset \mathfrak{p}_1 \subset \ldots \subset \mathfrak{p}_{r-1} \subset \mathfrak{q}$, *on a* $\operatorname{prof}_{A_\mathfrak{q}}(M_\mathfrak{q}) \leqslant \operatorname{prof}_{A_\mathfrak{p}}(M_\mathfrak{p}) + r$.

Posons $p = \operatorname{prof}_{A_\mathfrak{p}}(M_\mathfrak{p})$, et prouvons la seconde inégalité. Elle est évidente si $p = +\infty$; dans le cas contraire on a $\operatorname{Ext}^p_{A_\mathfrak{p}}(\kappa(\mathfrak{p}), M_\mathfrak{p}) \neq 0$, d'où

$\mathrm{Ext}^{p+r}_{\mathrm{A}_{\mathfrak{q}}}(\kappa(\mathfrak{q}), \mathrm{M}_{\mathfrak{q}}) \neq 0$ d'après le lemme 3, ce qui entraîne $\mathrm{prof}_{\mathrm{A}_{\mathfrak{q}}}(\mathrm{M}_{\mathfrak{q}}) \leqslant p + r$. Comme $\dim(\mathrm{A}_{\mathfrak{q}}/\mathfrak{p}\mathrm{A}_{\mathfrak{q}})$ est la borne supérieure des longueurs des chaînes saturées d'idéaux premiers d'extrémités $\mathfrak{p}$ et $\mathfrak{q}$, la première assertion est une conséquence de la seconde.

COROLLAIRE 1.— *On a l'inégalité*

$$\dim(\mathrm{M}_{\mathfrak{q}}) - \mathrm{prof}_{\mathrm{A}_{\mathfrak{q}}}(\mathrm{M}_{\mathfrak{q}}) \geqslant \dim(\mathrm{M}_{\mathfrak{p}}) - \mathrm{prof}_{\mathrm{A}_{\mathfrak{p}}}(\mathrm{M}_{\mathfrak{p}}) \geqslant 0 .$$

Cela résulte de la prop. 13 et de l'inégalité $\dim(\mathrm{M}_{\mathfrak{q}}) \geqslant \dim(\mathrm{M}_{\mathfrak{p}}) + \dim(\mathrm{A}_{\mathfrak{q}}/\mathfrak{p}\mathrm{A}_{\mathfrak{q}})$ (VIII, § 1, n° 4, prop. 9, a) et n° 3, prop. 7, b)).

COROLLAIRE 2.— *Soient* A *un anneau local noethérien et* M *un* A*-module de type fini. On a l'inégalité*

$$\mathrm{prof}_{\mathrm{A}}(\mathrm{M}) \leqslant \inf_{\mathfrak{p} \in \mathrm{Ass}(\mathrm{M})} \dim(\mathrm{A}/\mathfrak{p}) .$$

Soit $\mathfrak{p}$ un idéal premier associé à M ; on a $\mathrm{prof}_{\mathrm{A}_{\mathfrak{p}}}(\mathrm{M}_{\mathfrak{p}}) = 0$ (n° 1, remarque 2). La prop. 13 appliquée aux idéaux $\mathfrak{p} \subset \mathfrak{m}_{\mathrm{A}}$ fournit l'inégalité $\mathrm{prof}_{\mathrm{A}}(\mathrm{M}) \leqslant \dim(\mathrm{A}/\mathfrak{p})$, d'où le corollaire.

Remarque 2.— On a $\sup_{\mathfrak{p} \in \mathrm{Ass}(\mathrm{M})} \dim(\mathrm{A}/\mathfrak{p}) = \dim(\mathrm{M})$ (VIII, § 1, n° 4, remarque 2) et on retrouve l'inégalité $\mathrm{prof}(\mathrm{M}) \leqslant \dim(\mathrm{M})$ pour $\mathrm{M} \neq 0$ (n° 4, cor. 2 du th. 2).

8. Anneaux noethériens localement intègres ; anneaux noethériens normaux

Soit A un anneau noethérien. On note $(\mathrm{Y}_i)_{i \in \mathrm{I}}$ la famille finie (II, § 4, n° 2, prop. 10 et n° 3, cor. 7 de la prop. 11) des composantes connexes de Spec(A). D'après II, § 4, n° 3, prop. 15, il existe pour chaque i un unique élément idempotent e_i de A tel que $\mathrm{Y}_i = \mathrm{V}(e_i)$, et l'application canonique de A dans le produit des anneaux $\mathrm{A}/\mathrm{A}e_i$ est bijective. On dit que les anneaux quotients $\mathrm{A}/\mathrm{A}e_i$ de A sont les *composants canoniques* de A. Posons $f_i = 1 - e_i$. On a $\sum_{i \in \mathrm{I}} f_i = 1$ et $(f_i)_{i \in \mathrm{I}}$ est une famille orthogonale d'idempotents non nuls de A (*loc. cit.*). Il en résulte que l'image de f_i dans $\mathrm{A}/\mathrm{A}e_j$ est égale à 1 si $j = i$ et à 0 si $j \neq i$; on déduit donc de l'homomorphisme d'anneaux $\mathrm{A} \to \prod_j \mathrm{A}/\mathrm{A}e_j$ un isomorphisme canonique $\mathrm{A}_{f_i} \to \mathrm{A}/\mathrm{A}e_i$.

D'après *loc. cit.*, cor. 2 de la prop. 14, les conditions suivantes sont équivalentes :

(i) les composantes connexes de Spec(A) sont irréductibles ;

(ii) tout idéal premier (resp. maximal) de A n'appartient qu'à une seule composante irréductible de Spec(A) ;

(iii) tout idéal premier (resp. maximal) de A ne contient qu'un seul idéal premier minimal ;

(iv) pour tout idéal premier (resp. maximal) $\mathfrak{p}$ de A, l'espace topologique $\mathrm{Spec}(\mathrm{A}_{\mathfrak{p}})$ est irréductible ;

(v) pour tout composant canonique C de A, l'espace topologique Spec(C) est irréductible.

Notons maintenant que si A est réduit, tous les anneaux $A_{\mathfrak{p}}$ sont réduits (II, § 2, n° 6, prop. 17) et qu'inversement, si l'anneau $A_{\mathfrak{m}}$ est réduit pour tout idéal maximal $\mathfrak{m}$ de A, alors A est réduit (II, § 3, n° 3, cor. 2 du th. 1). Appliquant alors II, § 4, n° 3, cor. 1 de la prop. 14, on déduit de ce qui précède l'équivalence des conditions suivantes :

(i) A est réduit et les composantes connexes de Spec(A) sont irréductibles ;

(ii) pour tout idéal premier (resp. maximal) $\mathfrak{p}$ de A, l'anneau $A_{\mathfrak{p}}$ est intègre ;

(iii) les composants canoniques de A sont intègres.

On dit qu'un anneau noethérien est *localement intègre* s'il satisfait aux conditions équivalentes (i) à (iii) ci-dessus.

Supposons l'anneau A localement intègre ; soit u un isomorphisme de A sur un produit (fini) $\prod_{j \in J} A_j$ d'anneaux intègres. Il existe une bijection $\sigma : J \to I$ telle que l'application de $\mathrm{Spec}(\prod_{j \in J} A_j)$ dans Spec(A) associée à u définisse un homéomorphisme de $\mathrm{Spec}(A_j)$ sur la composante connexe $Y_{\sigma(j)}$ de Spec(A) ; on déduit alors de u un isomorphisme du composant canonique $A/Ae_{\sigma(j)}$ sur A_j.

PROPOSITION 14.— *Soit* A *un anneau noethérien. Les conditions suivantes sont équivalentes :*

(i) A *est réduit et intégralement fermé dans son anneau total des fractions* ;

(ii) A *est isomorphe au produit d'une famille finie d'anneaux intégralement clos* ;

(iii) *les composants canoniques de* A *sont intégralement clos* ;

(iv) *pour tout idéal premier* (resp. *maximal*) $\mathfrak{p}$ *de* A*, l'anneau* $A_{\mathfrak{p}}$ *est intégralement clos.*

L'équivalence de (i) et (ii) résulte de V, § 1, n° 2, cor. 2 de la prop. 9, et celle de (ii) et (iii) des remarques précédant la proposition. Soit $\mathfrak{p}$ un idéal premier de A ; il existe un unique composant canonique A′ de A tel que $\mathfrak{p}$ appartienne à la partie fermée Spec(A′) de Spec(A) et on a un isomorphisme canonique $A_{\mathfrak{p}} \to A'_{\mathfrak{p}A'}$. L'équivalence de (iii) et (iv) résulte donc de *loc. cit.*, n° 5, cor. 1 et cor. 3 de la prop. 16.

Un anneau A est dit *normal* s'il est noethérien et qu'il satisfait aux conditions équivalentes (i) à (iv) de la proposition 14. Un anneau noethérien est intégralement clos si et seulement s'il est intègre et normal. Un anneau local normal est intégralement clos.

9. Profondeur et connexité

Lemme 4.— *Soient* A *un anneau noethérien,* F *une partie fermée de* Spec(A), U *l'ouvert complémentaire, et* $u : M \to N$ *un homomorphisme de* A*-modules de type fini.*

a) *Supposons que* $u_{\mathfrak{p}} : M_{\mathfrak{p}} \to N_{\mathfrak{p}}$ *soit injectif pour tout* $\mathfrak{p} \in U$ *et qu'on ait* $\mathrm{prof}_F(M) \geqslant 1$. *Alors* u *est injectif.*

b) *Supposons que* $u_{\mathfrak{p}} : M_{\mathfrak{p}} \to N_{\mathfrak{p}}$ *soit bijectif pour tout* $\mathfrak{p} \in U$ *et qu'on ait* $\mathrm{prof}_F(M) \geqslant 2$ *et* $\mathrm{prof}_F(N) \geqslant 1$. *Alors* u *est bijectif.*

a) Les hypothèses impliquent $\mathrm{Supp}(\mathrm{Ker}\, u) \subset F$, puis $\mathrm{Hom}_A(\mathrm{Ker}\, u, M) = 0$ (n° 5, remarque 1) ; on a donc $\mathrm{Ker}\, u = 0$.

b) On sait déjà que u est injectif, et on a $\mathrm{Supp}(\mathrm{Coker}\, u) \subset F$. D'après *loc. cit.*, on a $\mathrm{Hom}_A(\mathrm{Coker}\, u, N) = 0$ et $\mathrm{Ext}^1_A(\mathrm{Coker}\, u, M) = 0$. De la suite exacte des modules d'extensions

$$\mathrm{Hom}_A(\mathrm{Coker}\, u, N) \to \mathrm{Hom}_A(\mathrm{Coker}\, u, \mathrm{Coker}\, u) \to \mathrm{Ext}^1_A(\mathrm{Coker}\, u, M)$$

on tire $\mathrm{Hom}_A(\mathrm{Coker}\, u, \mathrm{Coker}\, u) = 0$, ce qui implique $\mathrm{Coker}\, u = 0$.

Remarque 1.— Soient A un anneau noethérien, F une partie fermée de Spec(A), U l'ouvert complémentaire. Pour qu'on ait $\mathrm{prof}_F(A) \geqslant 1$, il faut et il suffit qu'on ait $\mathrm{Ass}(A) \subset U$ (remarque 2, n° 5). Lorsque cette condition est satisfaite, chaque composante irréductible de Spec(A) rencontre U, de sorte que U est dense dans Spec(A).

THÉORÈME 3 (Hartshorne).— *Soient* A *un anneau noethérien,* F *une partie fermée de* Spec(A) *et* U *l'ouvert complémentaire. On suppose qu'on a* $\mathrm{prof}_F(A) \geqslant 2$. *Alors, pour toute composante connexe* Y *de* Spec(A), *l'ensemble* $Y \cap U$ *est connexe et dense dans* Y.

Supposons d'abord que Spec(A) soit connexe. D'après la remarque 1, U est dense dans Spec(A) et il s'agit de prouver qu'il est connexe. Raisonnons par l'absurde et supposons donnés deux ouverts disjoints U_0 et U_1 de Spec(A), non vides et de réunion U. Comme l'ensemble Ass(A) est contenu dans U d'après la remarque 1, il est réunion disjointe de $\mathrm{Ass}(A) \cap U_0$ et $\mathrm{Ass}(A) \cap U_1$. D'après IV, § 1, n° 1, prop. 4, il existe des idéaux J_0 et J_1 de A tels que $\mathrm{Ass}(J_i) = \mathrm{Ass}(A) \cap U_i$, $\mathrm{Ass}(A/J_i) = \mathrm{Ass}(A) \cap U_{1-i}$ $(i = 0, 1)$. Le complémentaire de U_i dans Spec(A) contient $\mathrm{Ass}(A/J_i)$ et $\mathrm{Ass}(J_{1-i})$; comme il est fermé, il contient $\mathrm{Supp}(A/J_i)$ et $\mathrm{Supp}(J_{1-i})$. Pour $\mathfrak{p} \in U_i$, on a ainsi $(J_i)_{\mathfrak{p}} = A_{\mathfrak{p}}$ et $(J_{1-i})_{\mathfrak{p}} = 0$; cela implique notamment que J_0 et J_1 sont distincts de A. Soit B le A-module $A/J_0 \times A/J_1$ et soit $u : A \to B$ l'homomorphisme canonique. D'après ce qui précède, l'homomorphisme $u_{\mathfrak{p}}$ est bijectif pour tout $\mathfrak{p} \in U$; par ailleurs, on a $\mathrm{Ass}(B) \subset U_0 \cup U_1 = U$, donc $\mathrm{prof}_F(B) \geqslant 1$ d'après la remarque 1. Le lemme 4 implique alors que u est bijectif, ce qui contredit la connexité de Spec(A).

Traitons le cas général. Soit J un idéal de A tel que $F = V(J)$ et soit Y une composante connexe de Spec(A). D'après II, § 4, n° 3, prop. 15, il existe un élément idempotent f de A tel que Y s'identifie à la partie $\mathrm{Spec}(A_f)$ de Spec(A). Alors $Y \cap F$ s'identifie à $V(J_f)$; on a $\mathrm{prof}_{A_f}(J_f, A_f) \geqslant \mathrm{prof}_A(J ; A) \geqslant 2$ d'après la prop. 6, a) du n° 3. Il résulte de la première partie de la démonstration que $Y \cap U = Y - (Y \cap F)$ est connexe et dense dans Y.

COROLLAIRE 1.— *L'application qui associe à chaque composante connexe de* U *son adhérence dans* Spec(A) *est une bijection de l'ensemble des composantes connexes de* U *sur l'ensemble des composantes connexes de* Spec(A).

COROLLAIRE 2.— *Pour tout anneau local noethérien* B *de profondeur* $\geqslant 2$, *l'espace topologique* Spec(B) $-$ $\{\mathfrak{m}_B\}$ *est connexe.*

COROLLAIRE 3.— *Sous les hypothèses du théorème* 3, *supposons que* Spec($A_\mathfrak{p}$) *soit irréductible* (resp. *que* $A_\mathfrak{p}$ *soit intègre*) *pour tout* $\mathfrak{p} \in$ U ; *alors* Spec($A_\mathfrak{p}$) *est irréductible* (resp. $A_\mathfrak{p}$ *est intègre*) *pour tout* $\mathfrak{p} \in$ Spec(A).

Soit $(Y_i)_{i\in I}$ la famille (finie) des composantes irréductibles de Spec(A). Soit $\mathfrak{p} \in$ U ; comme Spec($A_\mathfrak{p}$) est irréductible, $\mathfrak{p}$ contient un seul idéal premier minimal de A, donc n'appartient qu'à une seule des Y_i (II, § 4, n° 3, cor. 2 de la prop. 14). Les sous-ensembles $Y_i \cap U$ sont des parties fermées de U, disjointes, non vides puisque U est dense dans Spec(A), et irréductibles d'après II, § 4, n° 1, prop. 7 ; ce sont donc les composantes connexes de U. Leurs adhérences Y_i sont les composantes connexes de Spec(A) (cor. 1). Cela prouve que les composantes connexes de Spec(A) sont irréductibles, donc que Spec($A_\mathfrak{p}$) est irréductible pour tout $\mathfrak{p}$ (n° 8).

Supposons que $A_\mathfrak{q}$ soit intègre pour tout $\mathfrak{q} \in$ U. Soit $\mathfrak{p} \in$ Spec(A). Puisque Spec($A_\mathfrak{p}$) est irréductible, le nilradical de $A_\mathfrak{p}$ est l'unique idéal premier minimal de $A_\mathfrak{p}$; il appartient donc à Ass($A_\mathfrak{p}$) (IV, § 1, n° 3, cor. 1 de la prop. 7), et par suite est égal à $\mathfrak{q}A_\mathfrak{p}$, où $\mathfrak{q}$ est un idéal premier associé à A (IV, § 1, n° 2, cor. de la prop. 5). On a $\mathfrak{q} \in$ U (remarque 1) et $\mathfrak{q}A_\mathfrak{q} \in$ Ass($A_\mathfrak{q}$) (*loc. cit.*) ; puisque $A_\mathfrak{q}$ est intègre, $\mathfrak{q}$ est nul, donc $A_\mathfrak{p}$ est intègre.

COROLLAIRE 4.— *Soit* A *un anneau noethérien dont le spectre est connexe. Supposons qu'il existe un entier* $d \geqslant 1$ *tel qu'on ait* prof($A_\mathfrak{p}$) $\geqslant 2$ *pour tout idéal premier* $\mathfrak{p}$ *de* A *de hauteur* $> d$.

a) *Pour toute partie fermée* Z *de* Spec(A) *de codimension* $> d$, *l'espace* Spec(A) $-$ Z *est connexe.*

b) *Soient* Y *et* Y′ *des composantes irréductibles de* Spec(A). *Il existe une suite* $X_1, X_2, \ldots, X_n$ *de composantes irréductibles de* Spec(A) *telle que l'on ait* $X_1 = Y$, $X_n = Y'$ *et, pour* $i = 1, \ldots, n-1$

$$\operatorname{codim}(X_i \cap X_{i+1}, \operatorname{Spec}(A)) \leqslant d\ .$$

Soit $Z \subset$ Spec(A) une partie fermée de codimension $> d$. Pour tout $\mathfrak{p} \in Z$, on a $\dim(A_\mathfrak{p}) > d$, donc prof($A_\mathfrak{p}$) $\geqslant 2$, ce qui implique que $\operatorname{prof}_Z(A)$ est $\geqslant 2$ (n° 5, prop. 8) et donc que Spec(A) $-$ Z est connexe (th. 3).

Prouvons b). Désignons par Z la réunion des ensembles $X' \cap X''$ où (X', X'') parcourt l'ensemble (fini) des couples de composantes irréductibles de Spec(A) tels que $\operatorname{codim}(X' \cap X'', \operatorname{Spec}(A)) > d$. D'après a), l'ensemble Spec(A) $-$ Z est connexe. Toutes les composantes irréductibles de Spec(A) rencontrent Spec(A) $-$ Z ; leurs traces sur Spec(A) $-$ Z sont les composantes irréductibles de Spec(A) $-$ Z (II, § 4, n° 1, prop. 7). Puisque Spec(A) $-$ Z est connexe, il existe une suite $X_1, \ldots, X_n$ de composantes irréductibles de Spec(A) telles que l'on ait $X_1 - Z = Y - Z$, $X_n - Z = Y' - Z$ et $(X_i - Z) \cap (X_{i+1} - Z) \neq \varnothing$ pour $1 \leqslant i \leqslant n-1$; autrement dit on a $X_1 = Y$, $X_n = Z$ et $\operatorname{codim}(X_i \cap X_{i+1}) \leqslant d$.

Remarque 2.— *Lorsque A est un anneau de Macaulay, on peut appliquer le corollaire avec $d = 1$ (§ 2, n° 5).*

Exemple (Intersection complète formée par quatre plans de coordonnées d'un espace affine de dimension 4).— Soit k un corps. Notons S l'anneau de polynômes $k[T_1, T_2, T_3, T_4]$. Rappelons (VIII, § 2, n° 4, th. 3) que toute chaîne maximale d'idéaux premiers de S est de longueur 4. Notons $\mathfrak{m}$ l'idéal de S engendré par les T_i, $\mathfrak{a}$ l'idéal engendré par T_1T_2 et T_3T_4, et $\mathfrak{p}_{ij}$, pour $1 \leqslant i < j \leqslant 4$, l'idéal engendré par T_i et T_j. Les idéaux $\mathfrak{p}_{ij}$ sont premiers de hauteur 2, leur somme est l'idéal maximal $\mathfrak{m}$ et l'on a $\mathfrak{a} = \mathfrak{p}_{13} \cap \mathfrak{p}_{14} \cap \mathfrak{p}_{23} \cap \mathfrak{p}_{24}$.

a) L'anneau $A = S/\mathfrak{a}$ est réduit ; les composantes irréductibles de Spec(A) sont les ensembles $X_{ij} = V(\mathfrak{p}_{ij}/\mathfrak{a})$ pour $i = 1, 2$, $j = 3, 4$, qui sont de dimension 2 et contiennent tous le point $\mathfrak{m}/\mathfrak{a}$. En particulier, Spec(A) est connexe et de dimension 2. L'intersection de deux composantes distinctes X_{ij} et X_{kl} est réduite à $\{\mathfrak{m}/a\}$ si $\{i,j\} \cap \{k,l\} = \varnothing$, de dimension 1 sinon. Il en résulte que la conclusion du cor. 4 est satisfaite avec $d = 1$ (nous verrons plus loin que A est un anneau de Macaulay, de sorte que l'hypothèse du corollaire 4 est elle-même satisfaite pour $d = 1$).

b) Notons $\mathfrak{b}$ l'idéal de S engendré par T_1T_2, T_1T_3, T_2T_4, T_3T_4, et B l'anneau $S/\mathfrak{b}$. On a $\mathfrak{b} = \mathfrak{p}_{14}\mathfrak{p}_{23} = \mathfrak{p}_{14} \cap \mathfrak{p}_{23}$. L'anneau B est réduit. Son spectre s'identifie à la partie fermée $X_{14} \cup X_{23}$ de Spec(A) ; il a deux composantes irréductibles (de dimension 2) dont l'intersection est réduite à un point. La profondeur de B le long de ce point est strictement positive car B est réduit, et inférieure à 1 d'après le th. 3, donc égale à 1. *Ainsi B n'est pas un anneau de Macaulay.*

10. Profondeur et normalité

Soient A un anneau noethérien et $\mathfrak{p}$ un idéal premier de A. On a $\operatorname{prof}(A_\mathfrak{p}) \leqslant \operatorname{ht}(\mathfrak{p})$ (n° 4, cor. 2 du th. 2). Si de plus A est réduit, l'anneau local $A_\mathfrak{p}$ est réduit (II, § 2, n° 6, prop. 17), ce qui entraîne :

a) si $\operatorname{ht}(\mathfrak{p}) = 0$, $A_\mathfrak{p}$ est un corps ;

b) si $\operatorname{ht}(\mathfrak{p}) \geqslant 1$, on a $\operatorname{prof}(A_\mathfrak{p}) \geqslant 1$ (n° 1, remarque 3).

Inversement :

PROPOSITION 15.— *Soit* A *un anneau noethérien satisfaisant aux deux conditions suivantes :*

(i) *pour tout idéal premier minimal* $\mathfrak{p}$ *de* A, *l'anneau* $A_\mathfrak{p}$ *est réduit ;*

(ii) *pour tout idéal premier* $\mathfrak{p}$ *de* A *de hauteur* $\geqslant 1$, *on a* $\operatorname{prof}(A_\mathfrak{p}) \geqslant 1$.

Alors A *est réduit.*

Notons $\mathfrak{n}$ le nilradical de A. Pour tout idéal premier minimal $\mathfrak{p}$ de A, on a d'après (i) $\mathfrak{n}_\mathfrak{p} = 0$, c'est-à-dire $\mathfrak{p} \notin \operatorname{Supp}(\mathfrak{n})$ et *a fortiori* $\mathfrak{p} \notin \operatorname{Ass}_A(\mathfrak{n})$. Pour tout $\mathfrak{p} \in \operatorname{Spec}(A)$ de hauteur $\geqslant 1$, on a d'après (ii) $\mathfrak{p}A_\mathfrak{p} \notin \operatorname{Ass}_{A_\mathfrak{p}}(A_\mathfrak{p})$ et *a fortiori* $\mathfrak{p}A_\mathfrak{p} \notin \operatorname{Ass}_{A_\mathfrak{p}}(\mathfrak{n}_\mathfrak{p})$, d'où $\mathfrak{p} \notin \operatorname{Ass}_A(\mathfrak{n})$ (IV, § 1, n° 2, prop. 5). Ainsi l'ensemble $\operatorname{Ass}_A(\mathfrak{n})$ est vide, ce qui implique que $\mathfrak{n}$ est nul.

PROPOSITION 16.— *Soient* A *un anneau noethérien intégralement clos,* J *un idéal de* A *de hauteur* $\geqslant 2$, *et* M *un* A*-module réflexif de type fini. On a* $\mathrm{prof}_A(J\,;M) \geqslant 2$.

Choisissons un espace vectoriel V de dimension finie sur le corps des fractions de A et un réseau N de V isomorphe à M (VII, § 4, n° 2, remarque 1). Les idéaux premiers associés à V/N, étant de hauteur 1 (*loc. cit.*, th. 2), ne contiennent pas J ; d'après la remarque 2 du n° 1, cela entraîne $\mathrm{prof}_A(J\,;V/N) \geqslant 1$. D'autre part, le A-module V est divisible et sans torsion, donc injectif (A, X, p. 17, cor. 2 de la prop. 10), ce qui implique $\mathrm{prof}_A(J\,;V) = +\infty$. L'inégalité $\mathrm{prof}_A(J\,;N) \geqslant 2$ résulte alors de la prop. 1 du n° 1.

COROLLAIRE.— *Un anneau local noethérien intégralement clos de dimension* $\geqslant 2$ *est de profondeur* $\geqslant 2$.

Soient A un anneau normal (n° 8) et $\mathfrak{p}$ un idéal premier de A. Alors :

a) si $\mathrm{ht}(\mathfrak{p}) = 0$, $A_\mathfrak{p}$ est un corps ;

b) si $\mathrm{ht}(\mathfrak{p}) = 1$, $A_\mathfrak{p}$ est un anneau de valuation discrète (VII, § 1, n° 7, prop. 11) ;

c) si $\mathrm{ht}(\mathfrak{p}) \geqslant 2$, on a $\mathrm{prof}(A_\mathfrak{p}) \geqslant 2$ (cor. de la prop. 16).

Inversement :

THÉORÈME 4 (Serre).— *Soit* A *un anneau noethérien satisfaisant aux conditions suivantes* :

(i) *pour tout idéal premier minimal* $\mathfrak{p}$ *de* A, *l'anneau* $A_\mathfrak{p}$ *est réduit* ;

(ii) *pour tout idéal premier* $\mathfrak{p}$ *de* A *de hauteur* 1, *l'anneau* $A_\mathfrak{p}$ *est intégralement clos* ;

(iii) *pour tout idéal premier* $\mathfrak{p}$ *de* A *de hauteur* $\geqslant 2$, *on a* $\mathrm{prof}(A_\mathfrak{p}) \geqslant 2$.

Alors A *est normal.*

Il s'agit de prouver que l'anneau $A_\mathfrak{p}$ est intégralement clos pour tout $\mathfrak{p} \in \mathrm{Spec}(A)$, ce que nous allons faire par récurrence sur $\mathrm{ht}(\mathfrak{p})$. Pour $\mathrm{ht}(\mathfrak{p}) \leqslant 1$ cela résulte des hypothèses (i) et (ii). Supposons donc qu'on ait $\mathrm{ht}(\mathfrak{p}) \geqslant 2$ et que $A_\mathfrak{q}$ soit intégralement clos pour tout idéal premier $\mathfrak{q}$ de A de hauteur $< \mathrm{ht}(\mathfrak{p})$. D'après l'hypothèse (iii), on a $\mathrm{prof}(A_\mathfrak{p}) \geqslant 2$. D'après l'hypothèse de récurrence et le cor. 3 du th. 3 du n° 9, appliqué à l'anneau $A_\mathfrak{p}$ et à la partie fermée $\{\mathfrak{p}A_\mathfrak{p}\}$ de $\mathrm{Spec}(A_\mathfrak{p})$, l'anneau $A_\mathfrak{p}$ est intègre. Soit K son corps des fractions et soit B un sous-anneau de K, contenant $A_\mathfrak{p}$ et fini sur $A_\mathfrak{p}$. Il s'agit de prouver que B est égal à $A_\mathfrak{p}$. Notons i l'injection canonique de $A_\mathfrak{p}$ dans B. Comme B est contenu dans K, c'est un $A_\mathfrak{p}$-module sans torsion, donc de profondeur $\geqslant 1$. Par ailleurs, pour tout idéal premier $\mathfrak{q}$ de $A_\mathfrak{p}$ distinct de $\mathfrak{p}A_\mathfrak{p}$, l'homomorphisme $i_\mathfrak{q} : (A_\mathfrak{p})_\mathfrak{q} \to B_\mathfrak{q}$ est bijectif puisque $A_\mathfrak{q}$ est intégralement clos. D'après le lemme 4 du n° 9, appliqué à la partie fermée $F = \{\mathfrak{p}A_\mathfrak{p}\}$ de $\mathrm{Spec}(A_\mathfrak{p})$, l'homomorphisme i est bijectif, ce qui achève la démonstration du théorème.

Remarque 1.— Une forme commode du th. 4 est la suivante : soit A un anneau noethérien, tel que pour tout idéal premier $\mathfrak{p}$ de A l'anneau $A_{\mathfrak{p}}$ soit intégralement clos ou de profondeur $\geqslant 2$; alors A est normal. Vérifions en effet les hypothèses du th. 4. Soit $\mathfrak{p} \in \mathrm{Spec}(A)$. Si $\mathrm{ht}(\mathfrak{p}) \leqslant 1$, alors on a $\mathrm{prof}(A_{\mathfrak{p}}) \leqslant 1$, donc $A_{\mathfrak{p}}$ est intégralement clos. Si $\mathrm{ht}(\mathfrak{p}) \geqslant 2$, l'anneau $A_{\mathfrak{p}}$ est soit de profondeur $\geqslant 2$, soit intégralement clos, ce qui implique encore $\mathrm{prof}(A_{\mathfrak{p}}) \geqslant 2$ (n° 1, cor. 2 de la prop. 1), d'où la conclusion cherchée. On vérifie de même l'énoncé suivant : soit A un anneau noethérien tel que pour tout idéal premier $\mathfrak{p}$ de A, l'anneau $A_{\mathfrak{p}}$ soit réduit ou de profondeur $\geqslant 1$; alors A est réduit.

COROLLAIRE 1.— *Soient* A *un anneau noethérien,* F *une partie fermée de* Spec(A), U *l'ouvert complémentaire. On suppose que* $\mathrm{prof}_F(A)$ *est* $\geqslant 2$ (resp. $\geqslant 1$) *et que, pour tout* $\mathfrak{p} \in U$, *l'anneau* $A_{\mathfrak{p}}$ *est intégralement clos* (resp. *réduit*). *Alors* A *est normal* (resp. *réduit*).

Pour tout $\mathfrak{p} \in F$, on a $\mathrm{prof}(A_{\mathfrak{p}}) \geqslant \mathrm{prof}_F(A)$ (n° 5, prop. 8) ; il suffit donc d'appliquer la remarque précédente.

COROLLAIRE 2.— *Soit* $\rho : A \to B$ *un homomorphisme d'anneaux noethériens faisant de* B *un* A*-module plat.*

a) *Si* B *est normal et fidèlement plat sur* A, A *est normal.*

b) *Supposons que* A *soit normal et que l'anneau* $\kappa(\mathfrak{p}) \otimes_A B$ *soit normal lorsque* $\mathfrak{p}$ *est un idéal premier minimal de* A, *et réduit lorsque* $\mathfrak{p}$ *est un idéal premier de hauteur* 1. *Alors l'anneau* B *est normal.*

a) Supposons B normal et fidèlement plat sur A. Alors ρ est injectif (I, § 3, n° 5, prop. 9) et B est réduit, donc A est réduit. Soit S l'ensemble des éléments de A non diviseurs de zéro. Puisque B est plat sur A, $\rho(S)$ est formé d'éléments non diviseurs de zéro dans B, de sorte que B est intégralement fermé dans $\rho(S)^{-1}B$. Soit x un élément de $S^{-1}A$ entier sur A ; alors l'élément $x \otimes 1_B$ de l'anneau $S^{-1}A \otimes_A B$ (qui s'identifie à $\rho(S)^{-1}B$) est entier sur B, donc appartient à B. Puisque B est fidèlement plat sur A, on a $x \in A$ (I, § 3, n° 5, prop. 10, (ii)), et A est normal.

b) Sous les hypothèses de b), il suffit d'après la remarque 1 de prouver que pour tout idéal premier $\mathfrak{q}$ de B, l'anneau local $B_{\mathfrak{q}}$ est normal ou de profondeur $\geqslant 2$. Notons $\mathfrak{p}$ l'idéal premier $\rho^{-1}(\mathfrak{q})$ de A ; l'homomorphisme local $A_{\mathfrak{p}} \to B_{\mathfrak{q}}$ déduit de ρ fait de $B_{\mathfrak{q}}$ un $A_{\mathfrak{p}}$-module fidèlement plat (I, § 3, n° 5, prop. 9). Distinguons quatre cas :

1) $\mathrm{ht}(\mathfrak{p}) = 0$. Alors $A_{\mathfrak{p}}$ est un corps, égal à $\kappa(\mathfrak{p})$; l'anneau $A_{\mathfrak{p}} \otimes_A B$ est normal par hypothèse. Il en est de même de $B_{\mathfrak{q}}$, qui en est un anneau de fractions.

2) $\mathrm{ht}(\mathfrak{p}) = 1$ et $\mathrm{ht}(\mathfrak{q}) \leqslant 1$. Alors $A_{\mathfrak{p}}$ est un anneau de valuation discrète ; soit π une uniformisante de $A_{\mathfrak{p}}$. Puisque $B_{\mathfrak{q}}$ est fidèlement plat sur $A_{\mathfrak{p}}$, l'élément $\pi 1_{B_{\mathfrak{q}}}$ de $B_{\mathfrak{q}}$ n'est pas diviseur de zéro, de sorte que l'anneau local $B_{\mathfrak{q}}/\pi B_{\mathfrak{q}}$ est de dimension 0 (VIII, § 3, n° 1, cor. 2 de la prop. 1). Il est réduit, puisque c'est un anneau de fractions de l'anneau réduit $\kappa(\mathfrak{p}) \otimes_A B$, et par suite c'est un corps. Par conséquent $B_{\mathfrak{q}}$ est un anneau de valuation discrète (VI, § 1, n° 4, prop. 2), donc intégralement clos.

3) $\mathrm{ht}(\mathfrak{p}) = 1$ et $\mathrm{ht}(\mathfrak{q}) \geqslant 2$. Alors, d'après la relation

$$\dim(B_{\mathfrak{q}}) = \dim(A_{\mathfrak{p}}) + \dim(\kappa(\mathfrak{p}) \otimes_A B_{\mathfrak{q}})$$

(VIII, § 3, n° 4, cor. 1 de la prop. 7), l'anneau $\kappa(\mathfrak{p}) \otimes_A B_{\mathfrak{q}}$ est de dimension $\geqslant 1$. Il est réduit par hypothèse, donc de profondeur $\geqslant 1$ (n° 1, remarque 3). On a alors (n° 6, cor. de la prop. 11)

$$\mathrm{prof}(B_{\mathfrak{q}}) = \mathrm{prof}(A_{\mathfrak{p}}) + \mathrm{prof}(\kappa(\mathfrak{p}) \otimes_A B_{\mathfrak{q}}) \geqslant 1 + 1 = 2\ .$$

4) $\mathrm{ht}(\mathfrak{p}) \geqslant 2$. Puisque $A_{\mathfrak{p}}$ est de profondeur $\geqslant 2$ (cor. de la prop. 16), il en est de même de $B_{\mathfrak{q}}$ d'après *loc. cit.*

COROLLAIRE 3.— *Soit* $\rho : A \to B$ *un homomorphisme d'anneaux noethériens. On suppose que* B *est un* A*-module plat, que* A *est normal et que* $\kappa(\mathfrak{p}) \otimes_A B$ *est normal pour tout* $\mathfrak{p} \in \mathrm{Spec}(A)$. *Alors* B *est normal.*

§ 2. MODULES ET ANNEAUX MACAULAYENS

1. Modules macaulayens

Soient A un anneau noethérien, M un A-module de type fini et $\mathfrak{p}$ un idéal premier de A. Si $\mathfrak{p} \notin \mathrm{Supp}(M)$, on a $M_{\mathfrak{p}} = 0$, donc $\mathrm{prof}_{A_{\mathfrak{p}}}(M_{\mathfrak{p}}) = +\infty$ et $\dim_{A_{\mathfrak{p}}}(M_{\mathfrak{p}}) = -\infty$. Si $\mathfrak{p} \in \mathrm{Supp}(M)$, on a $0 \leqslant \mathrm{prof}_{A_{\mathfrak{p}}}(M_{\mathfrak{p}}) \leqslant \dim_{A_{\mathfrak{p}}}(M_{\mathfrak{p}}) < +\infty$ (§ 1, n° 4, cor. 2 du th. 2).

DÉFINITION 1.— *Soient* A *un anneau noethérien et* M *un* A*-module de type fini. On dit que* M *est macaulayen ou est un module de Macaulay si, pour tout idéal maximal* $\mathfrak{m} \in \mathrm{Supp}(M)$, *on a* $\mathrm{prof}_{A_{\mathfrak{m}}}(M_{\mathfrak{m}}) = \dim_{A_{\mathfrak{m}}}(M_{\mathfrak{m}})$.

D'après ce qui précède, il revient au même de dire qu'on a $\mathrm{prof}_{A_{\mathfrak{m}}}(M_{\mathfrak{m}}) \geqslant \dim_{A_{\mathfrak{m}}}(M_{\mathfrak{m}})$ pour tout idéal maximal $\mathfrak{m}$ de A. Soit A un anneau local noethérien ; pour qu'un A-module non nul de type fini soit macaulayen, il faut et il suffit que sa profondeur soit égale à sa dimension.

Exemples.— 1) Tout A-module de longueur finie est macaulayen.

2) Soit M′ un sous-module facteur direct d'un A-module de type fini macaulayen M. Alors M′ est macaulayen ; en effet, pour tout idéal maximal $\mathfrak{m}$ de A, le $A_{\mathfrak{m}}$-module $M'_{\mathfrak{m}}$ est facteur direct de $M_{\mathfrak{m}}$ et on a par conséquent

$$\mathrm{prof}_{A_{\mathfrak{m}}}(M'_{\mathfrak{m}}) \geqslant \mathrm{prof}_{A_{\mathfrak{m}}}(M_{\mathfrak{m}}) \geqslant \dim_{A_{\mathfrak{m}}}(M_{\mathfrak{m}}) \geqslant \dim_{A_{\mathfrak{m}}}(M'_{\mathfrak{m}}) ,$$

d'après la remarque 4 du § 1, n° 1 et VIII, § 1, n° 4, prop. 9 c).

3) Soient M un A-module de type fini et macaulayen et $(x_1, \ldots, x_n)$ une suite M-régulière d'éléments de A. Alors le A-module $\overline{M} = M/(x_1 M + \cdots + x_n M)$ est macaulayen. Soit en effet $\mathfrak{m}$ un idéal maximal de A appartenant au support de $\overline{M}$; on a $x_i \in \mathfrak{m}$ pour tout i puisque x_i annule $\overline{M}$, et les images canoniques des x_i dans $A_{\mathfrak{m}}$ forment une suite $M_{\mathfrak{m}}$-régulière d'éléments de $\mathfrak{m}A_{\mathfrak{m}}$. On a par conséquent (§ 1, n° 4, prop. 7 et VIII, § 3, n° 2, cor. de la prop. 3) les égalités

$$\mathrm{prof}_{A_{\mathfrak{m}}}(\overline{M}_{\mathfrak{m}}) = \mathrm{prof}_{A_{\mathfrak{m}}}(M_{\mathfrak{m}}) - n ,$$
$$\dim_{A_{\mathfrak{m}}}(\overline{M}_{\mathfrak{m}}) = \dim_{A_{\mathfrak{m}}}(M_{\mathfrak{m}}) - n ,$$

d'où notre assertion.

4) Soient M un A-module de type fini, et $\mathfrak{a}$ un idéal de A tel que $\mathfrak{a}M = 0$. Pour que le A-module M soit macaulayen, il faut et il suffit qu'il soit macaulayen comme $(A/\mathfrak{a})$-module. En effet, posons $B = A/\mathfrak{a}$; soient $\mathfrak{n}$ un idéal maximal de B et $\mathfrak{m}$ son image réciproque dans A ; on a $\dim_{A_{\mathfrak{m}}}(M_{\mathfrak{m}}) = \dim_{B_{\mathfrak{n}}}(M_{\mathfrak{n}})$ et $\mathrm{prof}_{A_{\mathfrak{m}}}(M_{\mathfrak{m}}) = \mathrm{prof}_{B_{\mathfrak{n}}}(M_{\mathfrak{n}})$ (§ 1, n° 3, cor. de la prop. 4).

PROPOSITION 1.— *Soient* A *un anneau noethérien,* M *un* A*-module de type fini,* $\mathfrak{p}$ *et* $\mathfrak{q}$ *des idéaux premiers de* Supp(M) *tels que* $\mathfrak{p} \subset \mathfrak{q}$. *Supposons* $\dim_{A_{\mathfrak{q}}}(M_{\mathfrak{q}}) = \mathrm{prof}_{A_{\mathfrak{q}}}(M_{\mathfrak{q}})$. *On a alors* $\dim_{A_{\mathfrak{p}}}(M_{\mathfrak{p}}) = \mathrm{prof}_{A_{\mathfrak{p}}}(M_{\mathfrak{p}})$ *et*

$$\dim_{A_{\mathfrak{q}}}(M_{\mathfrak{q}}) = \dim_{A_{\mathfrak{p}}}(M_{\mathfrak{p}}) + \dim(A_{\mathfrak{q}}/\mathfrak{p}A_{\mathfrak{q}}) .$$

Cela résulte directement du cor. 1 de la prop. 13 du § 1, n° 7.

COROLLAIRE.— *Soient* A *un anneau noethérien et* M *un* A*-module de type fini. Les conditions suivantes sont équivalentes :*

(i) *le* A*-module* M *est macaulayen ;*

(ii) *on a* $\mathrm{prof}_{A_{\mathfrak{p}}}(M_{\mathfrak{p}}) = \dim_{A_{\mathfrak{p}}}(M_{\mathfrak{p}})$ *pour tout* $\mathfrak{p} \in \mathrm{Supp}(M)$;

(iii) *on a* $\mathrm{prof}_F(M) = \mathrm{codim}(\mathrm{Supp}(M) \cap F, \mathrm{Supp}(M))$ *pour toute partie fermée* F *de* Spec(A) ;

(iv) *on a* $\mathrm{prof}_A(\mathfrak{p}\,; M) = \dim_{A_{\mathfrak{p}}}(M_{\mathfrak{p}})$ *pour tout* $\mathfrak{p} \in \mathrm{Supp}(M)$.

(i) $\Rightarrow$ (ii) : cela résulte de la proposition 1.

(ii) $\Rightarrow$ (iii) : d'après la prop. 8 du § 1, n° 5, $\mathrm{prof}_F(M)$ est la borne inférieure des entiers $\mathrm{prof}(M_{\mathfrak{p}})$ pour $\mathfrak{p}$ parcourant $\mathrm{Supp}(M) \cap F$. Si M est macaulayen, on a pour un tel idéal $\mathfrak{p}$ les égalités $\mathrm{prof}(M_{\mathfrak{p}}) = \dim(M_{\mathfrak{p}}) = \mathrm{codim}(V(\mathfrak{p}), \mathrm{Supp}(M))$ (VIII, § 1, n° 4, prop. 9), d'où (iii).

(iii) $\Rightarrow$ (iv) : il suffit de prendre $F = V(\mathfrak{p})$.

(iv) $\Rightarrow$ (i) : cela résulte des inégalités $\mathrm{prof}_A(\mathfrak{p}\,; M) \leqslant \mathrm{prof}(M_{\mathfrak{p}}) \leqslant \dim(M_{\mathfrak{p}})$, valables pour tout $\mathfrak{p} \in \mathrm{Supp}(M)$ (§ 1, n° 5, remarque 3 et n° 4, cor. 2 du th. 2).

Remarque.— Soient S une partie multiplicative de A et M un A-module de type fini et macaulayen. Alors $S^{-1}M$ est un $S^{-1}A$-module macaulayen. En effet, soit $\mathfrak{q} \in \mathrm{Spec}(S^{-1}A)$; notons $i_A^S : A \to S^{-1}A$ l'homomorphisme canonique et $\mathfrak{p} = (i_A^S)^{-1}(\mathfrak{q})$. L'anneau $(S^{-1}A)_{\mathfrak{q}}$ s'identifie à $A_{\mathfrak{p}}$ (II, § 2, n° 5, prop. 11), et le $A_{\mathfrak{p}}$-module $(S^{-1}M)_{\mathfrak{q}}$ au $A_{\mathfrak{p}}$-module $M_{\mathfrak{p}}$ (II, § 2, n° 7, prop. 20), qui est macaulayen d'après le corollaire.

2. Support d'un module macaulayen

PROPOSITION 2.— *Soient* A *un anneau noethérien et* M *un* A*-module de type fini et macaulayen.*

a) *Le* A*-module* M *n'a pas d'idéaux premiers associés immergés.*[1]

b) *Soient* X *une partie fermée irréductible de* Supp(M) *et* Y *une partie fermée de* X. *On a*

$$\mathrm{codim}(Y, X) + \mathrm{codim}(X, \mathrm{Supp}(M)) = \mathrm{codim}(Y, \mathrm{Supp}(M)) .$$

c) *L'espace topologique* Supp(M) *est caténaire* (VIII, § 1, n° 2, déf. 4).

---

[1] Rappelons (*cf.* IV, § 2, n° 3, remarque) qu'on dit qu'un idéal premier associé à M est immergé s'il n'est pas un élément minimal de Supp(M). Dire que M n'a pas d'idéaux premiers associés immergés signifie donc que les idéaux premiers associés de M sont les éléments minimaux de Supp(M).

d) *Soient* X_1 *et* X_2 *des composantes irréductibles de* Supp(M) *et* Y *une partie fermée de* $X_1 \cap X_2$. *On a* $\operatorname{codim}(Y, X_1) = \operatorname{codim}(Y, X_2)$.

a) Soit $\mathfrak{p} \in \operatorname{Ass}(M)$. On a $\operatorname{prof}_A(\mathfrak{p}; M) = 0$ (§ 1, n° 1, remarque 2), donc $\dim(M_{\mathfrak{p}}) = 0$ (n° 1, cor. de la prop. 1), ce qui implique que $\mathfrak{p}$ est un élément minimal de Supp(M).

b) Supposons d'abord Y irréductible. Soient $\mathfrak{p}$ et $\mathfrak{q}$ les idéaux premiers de Supp(M) tels qu'on ait $Y = V(\mathfrak{q})$ et $X = V(\mathfrak{p})$. Il résulte de la prop. 1 que l'on a

$$\begin{aligned}\operatorname{codim}(Y, X) &= \dim(A_{\mathfrak{q}}/\mathfrak{p}A_{\mathfrak{q}}) = \dim(M_{\mathfrak{q}}) - \dim(M_{\mathfrak{p}}) \\ &= \operatorname{codim}(Y, \operatorname{Supp}(M)) - \operatorname{codim}(X, \operatorname{Supp}(M)) .\end{aligned}$$

Le cas général résulte de VIII, § 1, n° 2, remarque 3.

c) Soient X, Y, Z des parties fermées irréductibles de Supp(M) telles que $Z \subset Y \subset X$. La codimension de chacune de ces parties dans Supp(M) est finie (VIII, § 1, n° 4, prop. 9 et § 3, n° 1, cor. 1 de la prop. 2). On déduit alors de b) l'égalité

$$\operatorname{codim}(Z, Y) + \operatorname{codim}(Y, X) = \operatorname{codim}(Z, X)$$

qui entraîne c) (VIII, § 1, n° 2, prop. 4).

d) D'après b), on a $\operatorname{codim}(Y, X_1) = \operatorname{codim}(Y, \operatorname{Supp}(M)) = \operatorname{codim}(Y, X_2)$.

En particulier, s'il existe un A-module M de type fini, macaulayen, de support égal à Spec(A), l'anneau A est caténaire et par conséquent tout anneau de fractions ou tout anneau quotient de A est caténaire (VIII, § 1, n° 3, remarque 2).

Remarque 1.— Sous les hypothèses de la prop. 2, il peut arriver que deux composantes irréductibles X_1 et X_2 de Supp(M) aient une intersection Y réduite à un point et que l'on ait $\dim X_1 \neq \dim X_2$ et $\dim X_2 \neq \operatorname{codim}(Y, X_2)$ (*cf.* exercice 4). Cependant ceci ne peut arriver lorsque l'anneau A est local, comme le montre le corollaire qui suit.

COROLLAIRE.— *Soient* A *un anneau local noethérien et* M *un* A*-module de type fini non nul et macaulayen.*

a) *Toutes les chaînes maximales de parties fermées irréductibles de* Supp(M) *sont de longueur égale à* dim(M).

b) *Pour toute partie fermée* X *de* Supp(M), *on a*

$$\operatorname{codim}(X, \operatorname{Supp}(M)) = \dim(\operatorname{Supp}(M)) - \dim(X) .$$

c) *Toutes les composantes irréductibles de* Supp(M) *ont la même dimension.*

d) *Pour tout idéal* J *de* A, *on a*

$$\operatorname{prof}_A(J; M) = \dim(M) - \dim(M/JM) .$$

a) Une chaîne maximale de parties fermées irréductibles de Supp(M) a pour plus petit élément $\{\mathfrak{m}_A\}$ et pour plus grand élément une composante irréductible X de

Supp(M). Sa longueur est égale à la codimension de $\{\mathfrak{m}_A\}$ dans X (prop. 2, c)) ; d'après la prop. 2, b) appliquée aux parties fermées $\{\mathfrak{m}_A\} \subset X$, celle-ci est égale à $\mathrm{codim}(\{\mathfrak{m}_A\}, \mathrm{Supp}(M))$, c'est-à-dire à dim(M).

b) C'est une conséquence de a) lorsque la partie X est irréductible (VIII, § 1, n° 2, prop. 5) ; le cas général résulte de VIII, § 1, n° 1, prop. 1 et § 1, n° 2, remarque 4.

c) C'est une conséquence de b).

d) On a $\mathrm{prof}_A(J\,;M) = \mathrm{codim}(\mathrm{Supp}(M) \cap V(J), \mathrm{Supp}(M))$ d'après le cor. de la prop. 1 du n° 1. Il suffit alors d'appliquer b) avec $X = \mathrm{Supp}(M) \cap V(J) = \mathrm{Supp}(M/JM)$ (II, § 4, n° 4, cor. de la prop. 18).

Remarque 2.— Soient M un A-module de type fini et macaulayen, et $\mathfrak{p}$ un élément de Supp(M). Compte tenu du th. 2 du § 1, n° 4, on a $\mathrm{prof}_A(\mathfrak{p}\,;M) < +\infty$, et il existe une suite M-régulière de longueur $\mathrm{prof}_A(\mathfrak{p}\,;M)$ formée d'éléments de $\mathfrak{p}$. Notons J l'idéal de A engendré par une telle suite ; alors le A-module M/JM est macaulayen (n° 1, exemple 3) et $\mathfrak{p}$ est un élément minimal de son support. En effet, $\mathfrak{p}$ contient J donc appartient au support de M/JM (II, § 4, n° 4, cor. de la prop. 18) ; d'après le corollaire 1 du théorème 2 du § 1, n° 4, l'idéal $\mathfrak{p}$ est contenu dans un élément de Ass(M/JM), mais tout idéal premier associé à un module de type fini macaulayen est un élément minimal de son support (prop. 2).

3. Modules macaulayens sur un anneau local

PROPOSITION 3.— *Soient* A *un anneau local noethérien,* M *un* A-*module non nul de type fini et* d *la dimension de* M. *Les conditions suivantes sont équivalentes* :

(i) *le* A-*module* M *est macaulayen* ;

(ii) *on a* $\mathrm{prof}(M) = d$;

(iii) *on a* $\mathrm{Ext}^i_A(\kappa_A, M) = 0$ *pour tout entier* $i < d$;

(iv) *on a* $\mathrm{Ext}^i_A(N, M) = 0$ *pour tout* A-*module* N *de longueur finie et tout entier* $i < d$;

(v) *on a* $\mathrm{Ext}^i_A(N, M) = 0$ *pour tout* A-*module* N *de type fini et tout entier* $i < d - \dim(M \otimes_A N)$;

(vi) *il existe une suite* M-*régulière d'éléments de* $\mathfrak{m}_A$ *de longueur* d.

La condition (i) équivaut à l'égalité $\mathrm{prof}(M) = d$, c'est-à-dire à la condition (ii), ou encore à l'inégalité $\mathrm{prof}(M) \geqslant d$, c'est-à-dire à (iii) et à (vi) (§ 1, n° 4, th. 2). Les implications (v)$\Rightarrow$(iv) et (iv)$\Rightarrow$(iii) sont évidentes.

Enfin, supposons M macaulayen et soit N un A-module de type fini. Posons $F = \mathrm{Supp}(N)$; d'après II, § 4, n° 4, prop. 18, on a $\mathrm{Supp}(M) \cap F = \mathrm{Supp}(M \otimes_A N)$, de sorte que

$$\mathrm{prof}_F(M) = \mathrm{codim}(\mathrm{Supp}(M) \cap F, \mathrm{Supp}(M)) = \dim M - \dim(M \otimes_A N)$$

(n° 1, cor. de la prop. 1 et n° 2, cor. de la prop. 2). L'implication (i)$\Rightarrow$(v) résulte alors de la remarque 1 du § 1, n° 5.

Nous dirons dans la suite de ce numéro qu'un module M de type fini sur un anneau local noethérien A est *pur* si, pour tout idéal premier $\mathfrak{p}$ associé à M, on a $\dim(A/\mathfrak{p}) = \dim(M)$. Cela signifie aussi que M n'a pas d'idéaux premiers associés immergés et que les composantes irréductibles du support de M ont toutes la même dimension. Tout module macaulayen sur un anneau local noethérien est pur (n° 2, prop. 2 et son corollaire).

Lemme 1.— *Soient* A *un anneau local noethérien,* M *un* A*-module de type fini et pur, et* x *un élément de* $\mathfrak{m}_A$. *Les conditions suivantes sont équivalentes* :

(i) *on a* $\dim(M/xM) = \dim(M) - 1$;

(ii) *l'homothétie* x_M *est injective.*

On peut supposer M non nul. L'assertion (i) équivaut au fait que x n'appartienne à aucun des éléments minimaux $\mathfrak{p}$ de Supp(M) tels que $\dim(A/\mathfrak{p}) = \dim(M)$ (VIII, § 3, n° 2, prop. 3) et l'assertion (ii) équivaut au fait que x n'appartienne à aucun des idéaux premiers associés à M (IV, § 1, n° 1, cor. 2 de la prop. 2). Puisque M est pur, ses idéaux premiers associés sont les éléments minimaux de Supp(M), donc (i) et (ii) sont équivalentes.

Soient A un anneau local noethérien et M un A-module non nul de type fini. Rappelons (VIII, § 3, n° 2) qu'une suite $(x_1, \ldots, x_r)$ d'éléments de $\mathfrak{m}_A$ est dite sécante pour M si l'on a $\dim(M/(x_1M + \ldots + x_rM)) = \dim(M) - r$.

Proposition 4.— *Soient* A *un anneau local noethérien,* M *un* A*-module non nul de type fini et* $(x_1, \ldots, x_r)$ *une suite d'éléments de* $\mathfrak{m}_A$ *sécante pour* M. *Les conditions suivantes sont équivalentes* :

(i) *le* A*-module* M *est macaulayen* ;

(ii) *la suite* $(x_1, \ldots, x_r)$ *est* M*-régulière et le* A*-module* $M/(x_1M + \ldots + x_rM)$ *est macaulayen.*

Supposons que la suite $(x_1, \ldots, x_r)$ soit M-régulière. On a alors

$$\dim(M) = r + \dim(M/(x_1M + \ldots + x_rM))$$

$$\operatorname{prof}(M) = r + \operatorname{prof}(M/(x_1M + \ldots + x_rM))$$

(§ 1, n° 4, prop. 7), d'où l'implication (ii)$\Rightarrow$(i).

Supposons le A-module M macaulayen et démontrons (ii) par récurrence sur r. L'assertion est évidente si $r = 0$. Si $r \geqslant 1$, le A-module $N = M/(x_1M + \ldots + x_{r-1}M)$ est macaulayen par l'hypothèse de récurrence et l'on a $\dim(N/x_rN) = \dim(N) - 1$ puisque la suite $(x_1, \ldots, x_r)$ est sécante ; l'homothétie $(x_r)_N$ est donc injective (lemme 1), et N/x_rN est macaulayen (n° 1, exemple 3), d'où (ii).

Théorème 1.— *Soient* A *un anneau local noethérien,* M *un* A*-module non nul de type fini,* d *la dimension de* M, $\mathbf{x} = (x_1, \ldots, x_d)$ *une suite d'éléments de* $\mathfrak{m}_A$ *sécante pour* M, *et* J *l'idéal qu'elle engendre. Les conditions suivantes sont équivalentes* :

(i) *le* A*-module* M *est macaulayen* ;

(ii) *la suite* $\mathbf{x}$ *est* M*-régulière* ;

(iii) *la suite* $\mathbf{x}$ *est complètement sécante pour* M (A, X, p. 157, déf. 2) ;

(iv) *la multiplicité* (VIII, § 7, n° 1, déf. 1) $e_J(M)$ *de* M *relativement à l'idéal* J *est égale à la longueur du* A*-module* M/JM ;

(v) *pour chaque entier* i *tel que* $1 \leqslant i \leqslant d$, *le* A*-module* $M/(x_1M+\ldots+x_{i-1}M)$ *est pur.*

L'équivalence de (ii) et (iii) résulte de A, X, p. 160, cor. 1 du th. 1. Le A-module M/JM étant de longueur finie (VIII, § 3, n° 2, th. 1), l'équivalence de (iii) et (iv) résulte de VIII, § 4, n° 3, prop. 4 et n° 4, th. 3. Il reste à prouver l'équivalence de (i), (ii) et (v).

(i) ⇒ (v) : si M est macaulayen, chacun des modules $M/(x_1M + \ldots + x_{i-1}M)$ est macaulayen (prop. 4), donc pur.

(v) ⇒ (ii) : cela résulte du lemme 1 appliqué à chacun des modules $M/(x_1M + \ldots + x_{i-1}M)$.

(ii) ⇒ (i) : cela résulte de la prop. 4, puisque M/JM est de longueur finie, donc macaulayen.

4. Parties fortement sécantes et quotients d'un module macaulayen

Soient A un anneau noethérien, M un A-module de type fini, et S une partie de A. Conformément aux conventions du ch. VIII nous noterons SM le sous-module $\sum_{s\in S} sM$ de M, et $\mathfrak{S}$ l'idéal de A engendré par S.

Lemme 2.— *Soit* $\overline{\mathfrak{S}}$ *l'image de* $\mathfrak{S}$ *dans* A/Ann(M). *On a*

$$\mathrm{ht}(\overline{\mathfrak{S}}) = \mathrm{codim}(\mathrm{Supp}(M/SM), \mathrm{Supp}(M)) .$$

Lorsque de plus $SM \neq M$, *on a*

$$\mathrm{ht}(\overline{\mathfrak{S}}) \leqslant \mathrm{Card}(S) .$$

Notons $\mathfrak{a}$ l'annulateur de M. D'après le cor. de la prop. 18 de II, § 4, n° 4, le support du A-module M/SM est $V(\mathfrak{S}+\mathfrak{a})$. Sa codimension dans Supp(M) est donc égale à la codimension de $V(\mathfrak{S}+\mathfrak{a})$ dans $V(\mathfrak{a})$, soit encore à la codimension de $V\big((\mathfrak{S}+\mathfrak{a})/\mathfrak{a}\big)$ dans $\mathrm{Spec}(A/\mathfrak{a})$, qui n'est autre que la hauteur de $\overline{\mathfrak{S}}$.

Supposons $SM \neq M$; l'inégalité $\mathrm{ht}(\overline{\mathfrak{S}}) \leqslant \mathrm{Card}(S)$ est évidente lorsque S est infinie, et résulte de la prop. 4 b) de VIII, § 3, n° 3 lorsque S est finie.

DÉFINITION 2.— *Soient* A *un anneau noethérien,* M *un* A*-module de type fini, et* S *une partie finie de* A. *On dit que* S *est fortement sécante pour* M *si l'on a*

$$\mathrm{Card}(S) \leqslant \mathrm{codim}(\mathrm{Supp}(M/SM), \mathrm{Supp}(M)) .$$

Remarques.— 1) Toute partie finie S de A telle que $SM = M$ est fortement sécante pour M. Lorsque $SM \neq M$, il résulte du lemme 2 que pour que S soit fortement sécante pour M, il faut et il suffit qu'on ait $\mathrm{Card}(S) = \mathrm{codim}(\mathrm{Supp}(M/SM), \mathrm{Supp}(M))$, ou encore $\mathrm{ht}(\overline{\mathfrak{S}}) = \mathrm{Card}(S)$.

2) Si l'anneau A est local et le module M non nul, toute partie S de $\mathfrak{m}_A$ fortement sécante pour M est sécante pour M. En effet, comme le A-module M/SM est non nul, on a

$$\mathrm{Card}(S) \leqslant \mathrm{codim}(\mathrm{Supp}(M/SM), \mathrm{Supp}(M)) \leqslant \dim(M) - \dim(M/SM)$$

(VIII, § 1, n° 2, prop. 3 a)), d'où notre assertion.

PROPOSITION 5.— *Soient* A *un anneau noethérien,* M *un* A*-module de type fini, et* S *une partie finie de* A. *Les conditions suivantes sont équivalentes :*

(i) *la partie* S *de* A *est fortement sécante pour* M ;

(ii) *pour tout élément* $\mathfrak{p}$ *de* Supp(M/SM), *l'application canonique* $A \to A_\mathfrak{p}$ *induit une bijection de* S *sur une partie de* $\mathfrak{p}A_\mathfrak{p}$ *sécante pour* $M_\mathfrak{p}$.

(i) ⇒ (ii) : Soit $\mathfrak{p} \in \mathrm{Supp}(M/SM)$ et soit S′ l'image de S dans $A_\mathfrak{p}$. L'ensemble S′ est contenu dans l'idéal maximal $\mathfrak{p}A_\mathfrak{p}$, et l'on a

$$\dim(M_\mathfrak{p}/S'M_\mathfrak{p}) = \mathrm{codim}(V(\mathfrak{p}), \mathrm{Supp}(M/SM))$$

(VIII, § 1, n° 4, prop. 9). L'inégalité $\mathrm{Card}(S) \leqslant \mathrm{codim}(\mathrm{Supp}(M/SM), \mathrm{Supp}(M))$ et la prop. 3 b) de VIII, § 1, n° 2 entraînent les relations

$$\mathrm{Card}(S) + \dim(M_\mathfrak{p}/S'M_\mathfrak{p}) \leqslant \mathrm{codim}\big(V(\mathfrak{p}), \mathrm{Supp}(M)\big) = \dim(M_\mathfrak{p}) .$$

Comme $M_\mathfrak{p}$ n'est pas nul, on a d'autre part $\dim(M_\mathfrak{p}) \leqslant \mathrm{Card}(S') + \dim(M_\mathfrak{p}/S'M_\mathfrak{p})$ (VIII, § 3, n° 2, formule (8)). La condition (ii) découle alors de l'inégalité $\mathrm{Card}(S') \leqslant \mathrm{Card}(S)$.

(ii) ⇒ (i) : On peut supposer $SM \neq M$. Si la condition (ii) est satisfaite, on a pour tout idéal premier $\mathfrak{p}$ de Supp(M/SM)

$$\mathrm{Card}(S) = \mathrm{Card}(S') \leqslant \dim(M_\mathfrak{p}) = \mathrm{codim}(V(\mathfrak{p}), \mathrm{Supp}(M)) ,$$

ce qui entraîne (i) par passage à la borne inférieure.

COROLLAIRE.— *Soient* A *un anneau noethérien et* M *un* A*-module de type fini. Toute suite* M*-régulière est fortement sécante pour* M.

Soient **x** une suite M-régulière, et J l'idéal de A qu'elle engendre. Pour tout idéal premier $\mathfrak{p} \in \mathrm{Supp}(M/JM)$, l'image de **x** dans $A_\mathfrak{p}$ est une suite $M_\mathfrak{p}$-régulière d'éléments de $\mathfrak{p}A_\mathfrak{p}$, donc une suite sécante pour $M_\mathfrak{p}$ (VIII, § 3, n° 2, cor. de la prop. 3).

PROPOSITION 6.— *Soient* A *un anneau noethérien,* M *un* A*-module macaulayen de type fini, et* S *une partie finie de* A *fortement sécante pour* M. *Alors le* A*-module* M/SM *est macaulayen.*

Pour tout idéal maximal $\mathfrak{m} \in \mathrm{Supp}(M/SM)$, l'image de S dans $A_{\mathfrak{m}}$ est sécante pour $M_{\mathfrak{m}}$ (prop. 5). Puisque $M_{\mathfrak{m}}$ est un $A_{\mathfrak{m}}$-module macaulayen, il en est de même de $(M/SM)_{\mathfrak{m}}$ (prop. 4), d'où la proposition.

THÉORÈME 2 (Macaulay-Cohen).— *Soient* A *un anneau noethérien et* M *un* A*-module de type fini. Les conditions suivantes sont équivalentes :*

(i) *le* A*-module* M *est macaulayen ;*

(ii) *pour tout idéal* J *de* A *engendré par une suite* M*-régulière d'éléments de* A*, le* A*-module* M/JM *n'a pas d'idéaux premiers associés immergés ;*

(iii) *pour toute partie finie* S *de* A *fortement sécante pour* M*, le* A*-module* M/SM *n'a pas d'idéaux premiers associés immergés.*

(i) ⇒ (iii) : Soit S une partie finie de A fortement sécante pour M. Le A-module M/SM est macaulayen (prop. 6) et en particulier n'a pas d'idéaux premiers associés immergés (n° 2, prop. 2, a)).

(iii) ⇒ (ii) : Cela résulte du cor. de la prop. 5.

(ii) ⇒ (i) : Soit $\mathfrak{p} \in \mathrm{Supp}(M)$; démontrons que le $A_{\mathfrak{p}}$-module $M_{\mathfrak{p}}$ est macaulayen. Raisonnons par récurrence sur l'entier $\dim(M_{\mathfrak{p}})$. Si $\dim(M_{\mathfrak{p}})$ est nul, $M_{\mathfrak{p}}$ est un $A_{\mathfrak{p}}$-module de longueur finie, donc macaulayen (exemple 1, n° 1). Supposons que $\dim(M_{\mathfrak{p}})$ soit non nul, c'est-à-dire que $\mathfrak{p}$ ne soit pas un élément minimal de Supp(M) (VIII, § 1, n° 4, prop. 9 a)). Comme M n'a pas d'idéaux premiers associés immergés, $\mathfrak{p}$ n'est contenu dans aucun idéal premier associé à M et il existe un élément x de $\mathfrak{p}$ tel que l'homothétie x_M soit injective (§ 1, remarque 2). L'homothétie $x_{M_{\mathfrak{p}}}$ est alors injective et l'on a $\dim(M_{\mathfrak{p}}/xM_{\mathfrak{p}}) < \dim(M_{\mathfrak{p}})$ (VIII, § 3, n° 2, prop. 3). D'après l'hypothèse de récurrence appliquée au A-module M/xM et à l'idéal premier $\mathfrak{p}$ de $\mathrm{Supp}(M/xM)$, le $A_{\mathfrak{p}}$-module $M_{\mathfrak{p}}/xM_{\mathfrak{p}}$ est macaulayen, ce qui entraîne que le $A_{\mathfrak{p}}$-module $M_{\mathfrak{p}}$ est macaulayen (n° 3, prop. 4).

5. Anneaux de Macaulay

DÉFINITION 3.— *On dit qu'un anneau* A *est macaulayen, ou est un anneau de Macaulay, s'il est noethérien et que le* A*-module* A *est macaulayen.*

Exemples.— 1) Tout anneau artinien est un anneau de Macaulay (n° 1, exemple 1).

2) Un anneau de Macaulay ne possède pas d'idéaux premiers associés immergés (n° 2, prop. 2). Inversement, soit A un anneau noethérien de dimension $\leqslant 1$ qui ne possède pas d'idéaux premiers associés immergés ; pour toute partie finie non vide fortement sécante S de A, le A-module A/SA est de dimension $\leqslant 0$, donc macaulayen (n° 1, exemple 1) ; par suite A est un anneau de Macaulay (n° 4, th. 2). En particulier un anneau noethérien réduit de dimension $\leqslant 1$ est un anneau de Macaulay.

3) Un anneau noethérien normal de dimension $\leqslant 2$ est un anneau de Macaulay (§ 1, n° 10, texte précédant le th. 4). Inversement, soit A un anneau de Macaulay dont l'anneau local $A_{\mathfrak{p}}$ en tout idéal premier $\mathfrak{p}$ de hauteur $\leqslant 1$ est intégralement clos ; alors A est normal (§ 1, n° 10, th. 4).

4) Si A est un anneau de Macaulay, il en est de même de $S^{-1}A$ pour toute partie multiplicative S de A (n° 1, remarque). Inversement, si l'anneau $A_{\mathfrak{m}}$ est un anneau de Macaulay pour tout idéal maximal $\mathfrak{m}$ de A, alors l'anneau A est de Macaulay (n° 1, déf. 1).

5) Soient A un anneau noethérien et J un idéal de A. Pour que A/J soit un anneau de Macaulay, il faut et il suffit que ce soit un A-module macaulayen (n° 1, exemple 4).

6) Soient A un anneau local noethérien et J un idéal de A engendré par une suite A-régulière. Pour que A/J soit un anneau de Macaulay, il faut et il suffit que A en soit un (exemple 5 et prop. 4 du n° 3).

7) Pour qu'un anneau local noethérien A soit de Macaulay, il faut et il suffit qu'il possède un idéal de définition engendré par une suite A-régulière : cela résulte de la prop. 3 du n° 3, et du fait qu'une suite A-régulière d'éléments de $\mathfrak{m}_A$ engendre un idéal de définition si et seulement si elle est de longueur dim(A) (VIII, § 3, n° 2, th. 1 et cor. de la prop. 3). En particulier, tout anneau local noethérien régulier est un anneau de Macaulay (VIII, § 5, n° 2, th. 1). Plus généralement, le quotient d'un anneau local noethérien régulier A par un idéal engendré par une suite A-régulière est un anneau de Macaulay (exemple 6).

PROPOSITION 7.— *Soit* A *un anneau noethérien. Les conditions suivantes sont équivalentes :*

(i) A *est un anneau de Macaulay ;*

(ii) *pour toute partie fermée* F *de* Spec(A), *on a* $\mathrm{prof}_F(A) = \mathrm{codim}(F)$;

(iii) *tout idéal* J *de* A *contient une suite* A*-régulière de longueur* ht(J) ;

(iii′) *tout idéal maximal* $\mathfrak{m}$ *de* A *contient une suite* A*-régulière de longueur* $\mathrm{ht}(\mathfrak{m})$;

(iv) *pour tout idéal* J *de* A, *on a* $\mathrm{Ext}^i_A(A/J, A) = 0$ *pour* $i < \mathrm{ht}(J)$;

(iv′) *pour tout idéal maximal* $\mathfrak{m}$ *de* A, *on a* $\mathrm{Ext}^i_A(A/\mathfrak{m}, A) = 0$ *pour* $i < \mathrm{ht}(\mathfrak{m})$;

(v) *pour tout idéal premier* $\mathfrak{p}$ *de* A *et tout idéal* J *de* $A_{\mathfrak{p}}$ *engendré par une suite sécante maximale pour* $A_{\mathfrak{p}}$, *on a* $e_J(A_{\mathfrak{p}}) = \mathrm{long}(A_{\mathfrak{p}}/JA_{\mathfrak{p}})$;

(v′) *pour tout idéal maximal* $\mathfrak{m}$ *de* A, *il existe un idéal* J *de* $A_{\mathfrak{m}}$, *engendré par une suite sécante maximale pour* $A_{\mathfrak{m}}$, *satisfaisant à* $e_J(A_{\mathfrak{m}}) = \mathrm{long}(A_{\mathfrak{m}}/JA_{\mathfrak{m}})$;

(vi) (critère de Macaulay-Cohen) *pour toute partie finie* S *de* A *telle que l'idéal* $\mathfrak{S}$ *engendré par* S *soit de hauteur* Card(S), *le* A*-module* $A/\mathfrak{S}$ *n'a pas d'idéaux premiers associés immergés.*

L'équivalence de (i) et (ii) résulte du n° 1, cor. de la prop. 1. D'après le th. 2 du § 1, n° 4, et la définition de la profondeur, les conditions (iii) et (iv) (resp. (iii′) et (iv′)) signifient qu'on a $\mathrm{prof}_A(J; A) \geqslant \mathrm{ht}(J)$ pour tout idéal (resp. tout idéal maximal) J de A. On a donc

$$(\mathrm{i}) \Leftrightarrow (\mathrm{ii}) \Rightarrow (\mathrm{iii}) \Leftrightarrow (\mathrm{iv}) \Rightarrow (\mathrm{iii}') \Leftrightarrow (\mathrm{iv}').$$

Mais (iv′) implique, pour tout idéal maximal $\mathfrak{m}$ de A, $\mathrm{Ext}^i_{A_{\mathfrak{m}}}(\kappa(\mathfrak{m}), A_{\mathfrak{m}}) = 0$ pour $i < \dim(A_{\mathfrak{m}})$, d'où $\mathrm{prof}(A_{\mathfrak{m}}) \geqslant \dim(A_{\mathfrak{m}})$, de sorte que A est un anneau de Macaulay.

L'équivalence de (i), (v) et (v′) résulte du th. 1 du n° 3, et celle de (i) et (vi) du th. 2 du n° 4.

6. Modules macaulayens et algèbres finies

Remarque.— Soit $\rho : \mathrm{A} \to \mathrm{B}$ un homomorphisme d'anneaux, et soit $\mathfrak{p} \in \mathrm{Spec(A)}$. Notons $\overline{\mathrm{B}}$ l'anneau $\kappa(\mathfrak{p}) \otimes_{\mathrm{A}} \mathrm{B}$. Il s'identifie à $\mathrm{S}^{-1}\mathrm{B}/\mathfrak{p}(\mathrm{S}^{-1}\mathrm{B})$, où S est la partie multiplicative $\rho(\mathrm{A} - \mathfrak{p})$ de B ; les idéaux premiers de $\overline{\mathrm{B}}$ sont donc les idéaux $\mathfrak{q}\overline{\mathrm{B}}$, où $\mathfrak{q}$ est un idéal premier de B qui contient $\mathfrak{p}\mathrm{B}$ et ne rencontre pas S, autrement dit un idéal premier de B au-dessus de $\mathfrak{p}$. Pour un tel idéal $\mathfrak{q}$, on a $\mathrm{S} \subset \mathrm{B} - \mathfrak{q}$, donc l'anneau local de $\overline{\mathrm{B}}$ en $\mathfrak{q}\overline{\mathrm{B}}$ s'identifie à $\mathrm{B}_{\mathfrak{q}}/\mathfrak{p}\mathrm{B}_{\mathfrak{q}}$, c'est-à-dire encore à $\kappa(\mathfrak{p}) \otimes_{\mathrm{A}} \mathrm{B}_{\mathfrak{q}}$.

De même, si N est un B-module, le $\overline{\mathrm{B}}_{\mathfrak{q}\overline{\mathrm{B}}}$-module $\big(\kappa(\mathfrak{p}) \otimes_{\mathrm{A}} \mathrm{N}\big)_{\mathfrak{q}\overline{\mathrm{B}}}$ s'identifie à $\kappa(\mathfrak{p}) \otimes_{\mathrm{A}} \mathrm{N}_{\mathfrak{q}}$. Supposons de plus que le B-module N soit de type fini ; d'après le lemme de Nakayama, la condition $\kappa(\mathfrak{p}) \otimes_{\mathrm{A}} \mathrm{N}_{\mathfrak{q}} = 0$ équivaut à $\mathrm{N}_{\mathfrak{q}} = 0$. Ainsi le support du $\overline{\mathrm{B}}$-module $\kappa(\mathfrak{p}) \otimes_{\mathrm{A}} \mathrm{N}$ est formé des idéaux $\mathfrak{q}\overline{\mathrm{B}}$, où $\mathfrak{q}$ parcourt les idéaux premiers de $\mathrm{Supp_B(N)}$ au-dessus de $\mathfrak{p}$. En particulier, *pour que le module* $\kappa(\mathfrak{p}) \otimes_{\mathrm{A}} \mathrm{N}$ *soit non nul, il faut et il suffit qu'il existe un idéal premier de* $\mathrm{Supp_B(N)}$ *au-dessus de* $\mathfrak{p}$.

PROPOSITION 8.— *Soit* $\rho : \mathrm{A} \to \mathrm{B}$ *un homomorphisme d'anneaux noethériens et soit* N *un* B*-module qui est un* A*-module de type fini . Pour que le* A*-module* N *soit macaulayen, il faut et il suffit que le* B*-module* N *soit macaulayen et que, pour tout couple* $(\mathfrak{n}, \mathfrak{n}')$ *d'idéaux maximaux de* $\mathrm{Supp_B(N)}$ *tel que* $\rho^{-1}(\mathfrak{n}) = \rho^{-1}(\mathfrak{n}')$, *on ait* $\dim_{\mathrm{B}_{\mathfrak{n}}}(\mathrm{N}_{\mathfrak{n}}) = \dim_{\mathrm{B}'_{\mathfrak{n}}}(\mathrm{N}'_{\mathfrak{n}})$.

Le A-module $\mathrm{B}/\mathrm{Ann_B(N)}$ est isomorphe à un sous-module du A-module de type fini $\mathrm{End_A(N)}$, donc est de type fini. Remplaçant A par $\mathrm{A}/\mathrm{Ann_A(N)}$ et B par $\mathrm{B}/\mathrm{Ann_B(N)}$, on se ramène au cas où ρ est injectif et fait de B une A-algèbre finie, et où l'on a $\mathrm{Supp_A(N)} = \mathrm{Spec(A)}$ et $\mathrm{Supp_B(N)} = \mathrm{Spec(B)}$. L'application $f : \mathrm{Spec(B)} \to \mathrm{Spec(A)}$ déduite de ρ est alors surjective et un idéal premier $\mathfrak{q}$ de B est maximal si et seulement si $f(\mathfrak{q})$ est un idéal maximal de A (V, § 2, n° 1, th. 1 et prop. 1).

Soit $\mathfrak{m}$ un idéal maximal de A. D'après la remarque ci-dessus, les idéaux premiers de l'anneau $\mathrm{B}_{\mathfrak{m}}$ contenant $\mathfrak{m}\mathrm{B}_{\mathfrak{m}}$ sont les idéaux de la forme $\mathfrak{q}\mathrm{B}_{\mathfrak{m}}$ où $\mathfrak{q} \in \mathrm{Spec(B)}$ est un idéal de B (nécessairement maximal) tel que $f(\mathfrak{q}) = \mathfrak{m}$. On a

$$\mathrm{prof}_{\mathrm{A}_{\mathfrak{m}}}(\mathrm{N}_{\mathfrak{m}}) = \mathrm{prof}_{\mathrm{B}_{\mathfrak{m}}}(\mathfrak{m}\mathrm{B}_{\mathfrak{m}} ; \mathrm{N}_{\mathfrak{m}}) = \inf_{\mathfrak{q} \in f^{-1}(\mathfrak{m})} (\mathrm{prof}_{\mathrm{B}_{\mathfrak{q}}}(\mathrm{N}_{\mathfrak{q}}))$$

(§ 1, n° 3, prop. 4 et n° 5, prop. 8), et

$$\dim_{\mathrm{A}_{\mathfrak{m}}}(\mathrm{N}_{\mathfrak{m}}) = \dim_{\mathrm{B}_{\mathfrak{m}}}(\mathrm{N}_{\mathfrak{m}}) = \sup_{\mathfrak{q} \in f^{-1}(\mathfrak{m})} (\dim_{\mathrm{B}_{\mathfrak{q}}}(\mathrm{N}_{\mathfrak{q}}))$$

(VIII, § 2, n° 3, th. 1 et § 1, n° 4, prop. 9). Comme on a $\mathrm{prof}_{\mathrm{B}_{\mathfrak{q}}}(\mathrm{N}_{\mathfrak{q}}) \leqslant \dim_{\mathrm{B}_{\mathfrak{q}}}(\mathrm{N}_{\mathfrak{q}})$ pour tout $\mathfrak{q} \in f^{-1}(\mathfrak{m})$, la proposition résulte de ces égalités.

COROLLAIRE 1.— *Soit* $\rho : A \to B$ *un homomorphisme d'anneaux noethériens. Si* B *est une* A*-algèbre finie et un* A*-module macaulayen, c'est un anneau de Macaulay. Si de plus* ρ *est injectif, on a* $\mathrm{ht}(\mathfrak{a}B) = \mathrm{ht}(\mathfrak{a})$ *pour tout idéal* $\mathfrak{a}$ *de* A, *et* $\mathrm{ht}(\mathfrak{b}) = \mathrm{ht}(\rho^{-1}(\mathfrak{b}))$ *pour tout idéal* $\mathfrak{b}$ *de* B.

La première assertion résulte de la prop. 8. Supposons ρ injectif. Soit $\mathfrak{a}$ un idéal de A. On a $\mathrm{ht}(\mathfrak{a}) = \mathrm{prof}_A(\mathfrak{a}\,;B)$ puisque le A-module B est macaulayen, de support égal à Spec(A) (n° 1, cor. de la prop. 1), $\mathrm{ht}(\mathfrak{a}B) = \mathrm{prof}_B(\mathfrak{a}B\,;B)$ (*loc. cit.*) et $\mathrm{prof}_A(\mathfrak{a}\,;B) = \mathrm{prof}_B(\mathfrak{a}B\,;B)$ (§ 1, n° 3, prop. 4), d'où $\mathrm{ht}(\mathfrak{a}B) = \mathrm{ht}(\mathfrak{a})$. Soit $\mathfrak{b}$ un idéal de B. D'après ce qui précède, on a $\mathrm{ht}(\rho^{-1}(\mathfrak{b})) = \mathrm{ht}(\rho^{-1}(\mathfrak{b})B)$. Mais $\rho^{-1}(\mathfrak{b})B$ est contenu dans $\mathfrak{b}$, donc de hauteur inférieure à $\mathrm{ht}(\mathfrak{b})$ et on a $\mathrm{ht}(\mathfrak{b}) \leqslant \mathrm{ht}(\rho^{-1}(\mathfrak{b}))$ d'après VIII, § 2, n° 3, th. 1, b).

COROLLAIRE 2.— *Soient* A *un anneau noethérien intégralement clos et* B *un anneau contenant* A. *On suppose que* B *est un* A*-module sans torsion, de type fini. Si* B *est un anneau de Macaulay, le* A*-module* B *est macaulayen.*

En effet, deux idéaux premiers de B qui sont au-dessus du même idéal de A ont la même hauteur (VIII, § 2, n° 3, th. 2). On peut donc appliquer la prop. 8 avec N = B.

COROLLAIRE 3.— *Soient* A *un anneau intégralement clos,* K *son corps des fractions,* L *une* K*-algèbre finie telle que* $[L : K]\,1_A$ *soit inversible dans* A, *et* B *une sous-*A*-algèbre de* L, *finie sur* A.

a) *Le sous-*A*-module* $A1_B$ *de* B *est facteur direct.*

b) *Pour tout idéal* J *de* A, *on a l'inégalité* $\mathrm{prof}_A(J\,;A) \geqslant \mathrm{prof}_B(JB\,;B)$.

c) *Si* B *est un anneau de Macaulay, il en est de même de* A.

L'application K-linéaire $\mathrm{Tr}_{L/K} : L \to K$ applique B dans A (V, § 1, n° 6, cor. 2 de la prop. 17), donc définit par restriction une application A-linéaire $t : B \to A$. Pour tout $x \in A$, on a $t(x1_B) = [L : K]\,x$, d'où a).

D'après la prop. 4 du § 1, n° 3, on a $\mathrm{prof}_A(J\,;B) = \mathrm{prof}_B(JB\,;B)$; mais d'après a) et la remarque 4 du § 1, n° 1, on a $\mathrm{prof}_A(J\,;A) \geqslant \mathrm{prof}_A(J\,;B)$, d'où b).

Si l'anneau B est noethérien, il en est de même de A : en effet, on a d'après a) $\mathfrak{a}B \cap A = \mathfrak{a}$ pour tout idéal $\mathfrak{a}$ de A ; ainsi toute suite croissante $(\mathfrak{a}_n)_{n\in\mathbf{N}}$ d'idéaux de A est stationnaire puisque la suite $(\mathfrak{a}_nB)_{n\in\mathbf{N}}$ est stationnaire. Sous les hypothèses de c), le A-module B est macaulayen (cor. 2), et il en est de même du A-module A (n° 1, exemple 2).

Exemple.— Le corollaire 3 s'applique notamment dans les deux situations suivantes :

a) On considère un anneau noethérien intégralement clos A, une extension séparable L de son corps des fractions, de degré fini n tel que $n1_A$ soit inversible dans A, et on prend pour B la fermeture intégrale de A dans L (V, § 1, n° 6, cor. 1 de la prop. 18).

b) On considère un anneau noethérien intégralement clos B et un groupe fini G d'automorphismes de B, tel que $\mathrm{Card}(G)\,1_B$ soit inversible dans B. On prend pour A l'anneau des éléments de B invariants pour l'action de G. Vérifions que nous sommes dans un cas particulier de a). Le groupe G opère sur le corps des fractions L de B, et le corps des invariants de L pour cette action est le corps des fractions K de A (V, § 1, n° 9, cor. de la prop. 23). L'extension L de K est galoisienne, et *a fortiori* séparable ; son groupe de Galois est isomorphe à G de sorte que [L : K] est égal à Card G. L'inverse de $[L : K] 1_B$ est invariant par G de sorte que $[L : K] 1_A$ est inversible dans A. Comme B est intégralement clos, l'anneau A, égal à $K \cap B$, est intégralement clos et B est sa fermeture intégrale dans L (*loc. cit.*, prop. 22).

En particulier, si B est un anneau de Macaulay, il en est de même de A.

7. Modules macaulayens et algèbres plates

PROPOSITION 9.— *Soient* $\rho : A \to B$ *un homomorphisme d'anneaux noethériens,* M *un* A*-module de type fini et* N *un* B*-module de type fini, plat sur* A. *Notons* ${}^a\rho : \mathrm{Spec}(B) \longrightarrow \mathrm{Spec}(A)$ *l'application associée à* ρ. *Les conditions suivantes sont équivalentes :*

(i) *le* B*-module* $M \otimes_A N$ *est macaulayen ;*

(ii) *le* $(\kappa(\mathfrak{p}) \otimes_A B)$*-module* $\kappa(\mathfrak{p}) \otimes_A N$ *est macaulayen pour tout* $\mathfrak{p} \in \mathrm{Supp}_A(M)$, *et le* $A_\mathfrak{p}$*-module* $M_\mathfrak{p}$ *est macaulayen pour tout* $\mathfrak{p} \in {}^a\rho(\mathrm{Supp}_B(N))$;

(iii) *pour tout idéal maximal de* $\mathrm{Supp}_B(N)$ *dont l'image inverse* $\mathfrak{p}$ *dans* A *appartient à* $\mathrm{Supp}_A(M)$, *le* $A_\mathfrak{p}$*-module* $M_\mathfrak{p}$ *et le* $(\kappa(\mathfrak{p}) \otimes_A B)$*-module* $\kappa(\mathfrak{p}) \otimes_A N$ *sont macaulayens.*

Si de plus le B*-module* N *est fidèlement plat, ces conditions entraînent que le* A*-module* M *est macaulayen.*

Soit $\mathfrak{q}$ un idéal premier de B appartenant au support de $M \otimes_A N$. Posons $\mathfrak{p} = \rho^{-1}(\mathfrak{q})$. Comme le module $(M \otimes_A N)_\mathfrak{q}$ s'identifie à $M_\mathfrak{p} \otimes_{A_\mathfrak{p}} N_\mathfrak{q}$, les modules $M_\mathfrak{p}$ et $N_\mathfrak{q}$ sont non nuls, et il en est de même de $\kappa(\mathfrak{p}) \otimes_A N_\mathfrak{q}$ (n° 6, remarque). Le $A_\mathfrak{p}$-module $N_\mathfrak{q}$, étant isomorphe à un module de fractions de $N_\mathfrak{p}$, est plat et on a les égalités

$$\mathrm{prof}_{B_\mathfrak{q}}((M \otimes_A N)_\mathfrak{q}) = \mathrm{prof}_{A_\mathfrak{p}}(M_\mathfrak{p}) + \mathrm{prof}_{B_\mathfrak{q}}(\kappa(\mathfrak{p}) \otimes_A N_\mathfrak{q})$$
$$\dim_{B_\mathfrak{q}}((M \otimes_A N)_\mathfrak{q}) = \dim_{A_\mathfrak{p}}(M_\mathfrak{p}) + \dim_{B_\mathfrak{q}}(\kappa(\mathfrak{p}) \otimes_A N_\mathfrak{q})$$

(§ 1, n° 6, prop. 11, b) et remarque), dans lesquelles chaque terme est un entier $\geqslant 0$. Compte tenu du fait que le $B_\mathfrak{q}$-module $\kappa(\mathfrak{p}) \otimes_A N_\mathfrak{q}$ est macaulayen si et seulement s'il l'est en tant que $(\kappa(\mathfrak{p}) \otimes_A B_\mathfrak{q})$-module (n° 1, exemple 4), on en déduit l'équivalence des deux conditions suivantes :

(α) le $B_\mathfrak{q}$-module $(M \otimes_A N)_\mathfrak{q}$ est macaulayen ;

(β) le $A_\mathfrak{p}$-module $M_\mathfrak{p}$ et le $(\kappa(\mathfrak{p}) \otimes_A B_\mathfrak{q})$-module $\kappa(\mathfrak{p}) \otimes_A N_\mathfrak{q}$ sont macaulayens.

Prouvons maintenant que (iii) implique (i). Soient $\mathfrak{n}$ un idéal maximal de B appartenant au support de $M \otimes_A N$, et $\mathfrak{p} = \rho^{-1}(\mathfrak{n})$. On a d'après ce qui précède $\mathfrak{p} \in \mathrm{Supp}_A(M) \cap {}^a\rho(\mathrm{Supp}_B(N))$; la condition (iii) et la remarque du n° 6 entraînent que la condition (β) ci-dessus est satisfaite avec $\mathfrak{q} = \mathfrak{n}$. Il en résulte que le $B_\mathfrak{n}$-module $(M \otimes_A N)_\mathfrak{n}$ est macaulayen, d'où (i).

L'implication (ii) $\Rightarrow$ (iii) est claire ; prouvons que (i) implique (ii). Supposons le B-module $M \otimes_A N$ macaulayen. Soit $\mathfrak{p}$ un élément de $\mathrm{Supp}_A(M)$. On peut supposer que le $(\kappa(\mathfrak{p}) \otimes_A B)$-module $\kappa(\mathfrak{p}) \otimes_A N$ est non nul, c'est-à-dire qu'il existe un idéal premier $\mathfrak{q}$ de $\mathrm{Supp}_B(N)$ au-dessus de $\mathfrak{p}$ (n° 6, remarque). Le $B_\mathfrak{q}$-module $(M \otimes_A N)_\mathfrak{q}$ est macaulayen (n° 1, exemple 3) ; il résulte de l'implication $(\alpha) \Rightarrow (\beta)$ démontrée précédemment et de la remarque du n° 6 que le $A_\mathfrak{p}$-module $M_\mathfrak{p}$ et le $(\kappa(\mathfrak{p}) \otimes_A B)$-module $(\kappa(\mathfrak{p}) \otimes_A N)$ sont macaulayens, d'où (ii).

Si de plus N est fidèlement plat sur A, on a $\kappa(\mathfrak{p}) \otimes_A N \neq 0$ pour tout $\mathfrak{p} \in \mathrm{Spec}(A)$, d'où ${}^a\rho(\mathrm{Supp}_B(N)) = \mathrm{Spec}(A)$ (n° 6, remarque), de sorte que (ii) implique que M est macaulayen.

COROLLAIRE 1.— *Soient* $\rho : A \to B$ *un homomorphisme local d'anneaux locaux noethériens,* M *un* A*-module non nul de type fini et* N *un* B*-module non nul de type fini qui est un* A*-module plat. Pour que le* B*-module* $M \otimes_A N$ *soit macaulayen, il faut et il suffit que le* A*-module* M *soit macaulayen et que le* $B/\mathfrak{m}_A B$*-module* $N/\mathfrak{m}_A N$ *soit macaulayen.*

En effet, N est un A-module fidèlement plat puisque $N/\mathfrak{m}_A N$ est non nul (I, § 3, n° 1, définition 1).

COROLLAIRE 2.— *Soit* $\rho : A \to B$ *un homomorphisme d'anneaux noethériens faisant de* B *un* A*-module fidèlement plat et soit* M *un* A*-module de type fini. Pour que le* B*-module* $M \otimes_A B$ *soit macaulayen, il faut et il suffit que le* A*-module* M *soit macaulayen et que* $\kappa(\mathfrak{p}) \otimes_A B$ *soit un anneau de Macaulay pour tout* $\mathfrak{p} \in \mathrm{Supp}(M)$.

COROLLAIRE 3.— *Soient* A *un anneau noethérien,* B *une* A*-algèbre finie et plate,* M *un* A*-module de type fini et macaulayen. Le* B*-module* $M \otimes_A B$ *est macaulayen.*

En effet, pour tout $\mathfrak{p} \in \mathrm{Spec}(A)$, l'anneau $\kappa(\mathfrak{p}) \otimes_A B$ est une $\kappa(\mathfrak{p})$-algèbre finie, donc est de Macaulay (n° 5, exemple 1), et on applique la prop. 9.

COROLLAIRE 4.— *Soient* A *un anneau noethérien,* J *un idéal de* A *et* M *un* A*-module de type fini. Notons* $\widehat{A}$ *et* $\widehat{M}$ *les séparés complétés de* A *et* M *pour la topologie* J*-adique, et* S *la partie multiplicative* $1 + J$ *de* A. *Considérons les conditions suivantes :*

(i) *le* A*-module* M *est macaulayen ;*

(ii) *le* $\widehat{A}$*-module* $\widehat{M}$ *est macaulayen ;*

(iii) *le* $S^{-1}A$*-module* $S^{-1}M$ *est macaulayen ;*

(iv) *pour tout idéal maximal* $\mathfrak{m} \in \mathrm{Supp}(M) \cap V(J)$, *le* $A_\mathfrak{m}$*-module* $M_\mathfrak{m}$ *est macaulayen ;*

(v) *pour tout idéal premier* $\mathfrak{p} \in \mathrm{Supp}(M)$ *tel que* $\mathfrak{p} + J \neq A$, *le* $A_\mathfrak{p}$*-module* $M_\mathfrak{p}$ *est macaulayen et l'anneau* $\kappa(\mathfrak{p}) \otimes_A \widehat{A}$ *est de Macaulay.*

Les conditions (ii) *à* (v) *sont équivalentes, et sont entraînées par* (i). *Lorsque l'idéal* J *est contenu dans le radical de* A, *les conditions* (i) *à* (v) *sont équivalentes.*

On sait que (i) implique (iii) (n° 1, exemple 3), et (iii) est identique à (i) lorsque J est contenu dans le radical de A (puisque les éléments de S sont alors inversibles).

L'anneau $\widehat{A}$ est noethérien (III, § 3, n° 4, prop. 8) ; il s'identifie au complété de $S^{-1}A$ pour la topologie $S^{-1}J$-adique, et le $\widehat{A}$-module $\widehat{M}$ au complété de $S^{-1}M$ pour la topologie $S^{-1}J$-adique (III, § 3, n° 5, prop. 12). Par suite, pour prouver l'équivalence des conditions (ii) à (v), on peut remplacer A par $S^{-1}A$, J par $S^{-1}J$ et M par $S^{-1}M$; autrement dit on peut supposer que J est contenu dans le radical de A. Le A-module $\widehat{A}$ est alors fidèlement plat (*loc. cit.*, prop. 9).

Il est clair que (v) implique (iv) et que (iv) implique (i).

(i) ⇒ (ii) : Soit $\mathfrak{m}$ un idéal maximal de A ; alors $\mathfrak{m}\widehat{A}$ est un idéal maximal de $\widehat{A}$ au-dessus de $\mathfrak{m}$, et tout idéal maximal de $\widehat{A}$ est obtenu de cette façon (III, § 3, n° 4, prop. 8). L'anneau $\kappa(\mathfrak{m}) \otimes_A \widehat{A}$ est un corps, donc un anneau de Macaulay ; si le A-module M est macaulayen, il en est de même du $\widehat{A}$-module $\widehat{M}$ d'après l'implication (iii) ⇒ (i) de la prop. 9.

(ii) ⇒ (v) : Le $\widehat{A}$-module $\widehat{M}$ est isomorphe à $M \otimes_A \widehat{A}$ (III, § 3, n° 4, th. 3) ; s'il est macaulayen, il résulte de la prop. 9, (i) ⇒ (ii) que $\kappa(\mathfrak{p}) \otimes_A \widehat{A}$ est un anneau de Macaulay pour tout $\mathfrak{p} \in \mathrm{Supp}(M)$, et que le A-module M est macaulayen.

PROPOSITION 10.— *Soit* $\rho : A \to B$ *un homomorphisme d'anneaux noethériens faisant de* B *un* A*-module plat. Les conditions suivantes sont équivalentes :*

(i) B *est un anneau de Macaulay ;*

(ii) *pour tout idéal premier* $\mathfrak{q}$ *de* B, *les anneaux* $A_{\rho^{-1}(\mathfrak{q})}$ *et* $\kappa(\rho^{-1}(\mathfrak{q})) \otimes_A B$ *sont de Macaulay ;*

(iii) *pour tout idéal maximal* $\mathfrak{n}$ *de* B, *les anneaux* $A_{\rho^{-1}(\mathfrak{n})}$ *et* $\kappa(\rho^{-1}(\mathfrak{n})) \otimes_A B$ *sont de Macaulay.*

Si de plus B *est fidèlement plat sur* A, *ces conditions entraînent que* A *est un anneau de Macaulay.*

C'est le cas particulier $M = A$, $N = B$ de la prop. 9.

COROLLAIRE 1.— *Toute algèbre finie et plate sur un anneau de Macaulay est un anneau de Macaulay.*

COROLLAIRE 2.— *Soient* A *un anneau de Macaulay et* n *un entier positif ; alors* $A[X_1, \ldots, X_n]$ *et* $A[[X_1, \ldots, X_n]]$ *sont des anneaux de Macaulay.*

Il suffit de traiter le cas $n = 1$. L'anneau A[T] est noethérien (A, VIII, § 1, n° 4, cor. 1), et, pour tout corps k, l'anneau k[T] est un anneau de Macaulay (n° 5, exemple 2) ; par conséquent, l'anneau A[T] est de Macaulay (prop. 10) et l'anneau A[[T]] est de Macaulay (cor. 4 de la prop. 9).

COROLLAIRE 3.— *Toute algèbre de type fini sur un anneau noethérien de Macaulay est caténaire.*

En effet, une telle algèbre est un quotient d'un anneau de polynômes sur un anneau de Macaulay, donc un quotient d'un anneau de Macaulay (cor. 2), et par suite est caténaire (n° 2).

§ 3. PROFONDEUR ET DIMENSION HOMOLOGIQUE

1. Dimension projective, dimension injective, dimension homologique

Soient A un anneau, M un A-module. Rappelons (A, X, p. 134, déf. 1) que la dimension projective de M, notée $\mathrm{dp}_{A}(M)$, est la borne inférieure (dans $\overline{\mathbf{Z}}$) de l'ensemble des longueurs des résolutions projectives de M. On a $\mathrm{dp}_{A}(0) = -\infty$ et $\mathrm{dp}_{A}(M) \geqslant 0$ si M est non nul. Pour que M soit projectif, il faut et il suffit que l'on ait $\mathrm{dp}_{A}(M) \leqslant 0$.

Exemple.— Soit J un idéal de A engendré par une suite A-régulière $\mathbf{x} = (x_1, \ldots, x_r)$. On a $\mathrm{dp}_{A}(A/J) \leqslant r$. En effet, c'est clair si A est nul ; dans le cas contraire, le complexe de Koszul $\mathbf{K}_{\bullet}(\mathbf{x}, A)$ est une résolution libre de A/J de longueur r (*loc. cit.*, p. 159, remarque 3). De plus, pour tout A-module N, les A-modules $\mathrm{Ext}^{r}_{A}(A/J, N)$ et N/JN sont isomorphes (*loc. cit.*) ; par suite, pour qu'on ait $\mathrm{dp}_{A}(A/J) = r$, il faut et il suffit que J soit distinct de A (*loc. cit.*, p. 134, prop. 1).

On définit de même la dimension injective de M, que l'on note $\mathrm{di}_{A}(M)$, comme la borne inférieure de l'ensemble des longueurs des résolutions injectives de M. On a $\mathrm{di}_{A}(0) = -\infty$, et $\mathrm{di}_{A}(M)_0$ si $M \neq 0$. Pour que M soit injectif, il faut et il suffit que l'on ait $\mathrm{di}_{A}(M) \leqslant 0$.

PROPOSITION 1.— *Soient* A *un anneau,* M *un* A*-module et* n *un entier* $\geqslant 0$. *Les conditions suivantes sont équivalentes* :

(i) *on a* $\mathrm{di}_{A}(M) \leqslant n$ (*autrement dit,* M *possède une résolution injective de longueur* $\leqslant n$) ;

(ii) *pour tout* A*-module* N *et tout entier* $i > n$, *on a* $\mathrm{Ext}^{i}_{A}(N, M) = 0$;

(iii) *pour tout idéal* $\mathfrak{a}$ *de* A, *on a* $\mathrm{Ext}^{n+1}_{A}(A/\mathfrak{a}, M) = 0$;

(iv) *pour toute suite exacte de* A*-modules*

$$0 \to M \longrightarrow I^0 \longrightarrow I^1 \longrightarrow \ldots \longrightarrow I^{n-1} \longrightarrow Q \to 0 ,$$

où les I^i *sont injectifs, le* A*-module* Q *est injectif.*

(i) $\Rightarrow$ (ii) : cela résulte de A, X, p. 100, th. 1.

(ii) $\Rightarrow$ (iii) : c'est clair.

(iii) $\Rightarrow$ (iv) : dans la situation de (iv), on a pour tout A-module N un isomorphisme de $\mathrm{Ext}^{1}_{A}(N, Q)$ sur $\mathrm{Ext}^{n+1}_{A}(N, M)$ (A, X, p. 128, cor. 4) ; sous l'hypothèse (iii), le A-module $\mathrm{Ext}^{1}_{A}(A/\mathfrak{a}, Q)$ est nul pour tout idéal $\mathfrak{a}$ de A et Q est injectif (A, X, p. 93, prop. 11).

(iv) $\Rightarrow$ (i) : considérons la suite exacte (A, X, p. 52)

$$0 \longrightarrow M \longrightarrow I^0(M) \longrightarrow \ldots \longrightarrow I^{n-1}(M) \longrightarrow K^{n-1}(M) \longrightarrow 0 ;$$

si la condition (iv) est satisfaite, le A-module $K^{n-1}(M)$ est injectif, d'où (i).

Rappelons (A, X, p. 138, déf. 2) que la dimension homologique de l'anneau A, notée dh(A), est la borne supérieure dans $\overline{\mathbf{Z}}$ de l'ensemble des entiers n pour lesquels il existe deux A-modules M et N tels que $\operatorname{Ext}^n_A(M,N)$ soit non nul. C'est donc aussi la borne supérieure de l'ensemble des dimensions projectives (ou injectives) de tous les A-modules ; lorsque A est noethérien, on peut se borner aux A-modules de type fini (A, X, p. 139, cor.).

2. Localisation de la dimension homologique

PROPOSITION 2.— *Soient* A *un anneau,* M *et* N *des* A*-modules,* i *un entier et* S *une partie multiplicative de* A. *On a un isomorphisme canonique de* $S^{-1}A$*-modules*

$$S^{-1}\operatorname{Tor}_i^A(M,N) \longrightarrow \operatorname{Tor}_i^{S^{-1}A}(S^{-1}M, S^{-1}N)\ .$$

Si l'anneau A *est noethérien et le* A*-module* M *de type fini, on a un isomorphisme canonique de* $S^{-1}A$*-modules*

$$S^{-1}\operatorname{Ext}^i_A(M,N) \longrightarrow \operatorname{Ext}^i_{S^{-1}A}(S^{-1}M, S^{-1}N)\ .$$

Comme le A-module $S^{-1}A$ est plat, cela résulte de A, X, p. 110, prop. 9 et p. 111, prop. 10.

COROLLAIRE.— *Soient* A *un anneau,* M *et* N *des* A*-modules,* i *un entier.*

a) *Le support de* $\operatorname{Tor}_i^A(M,N)$ *est contenu dans* $\operatorname{Supp}(M)\cap\operatorname{Supp}(N)$, *et il en est de même du support de* $\operatorname{Ext}^i_A(M,N)$ *si* A *est noethérien et* M *de type fini.*

b) *Supposons* A *noethérien, les modules* M *et* N *de type fini ; si le* A*-module* $M\otimes_A N$ *est de longueur finie, il en est de même de* $\operatorname{Tor}_i^A(M,N)$ *et de* $\operatorname{Ext}^i_A(M,N)$.

Si $\mathfrak{p}$ est un idéal premier de A n'appartenant pas à $\operatorname{Supp}(M)\cap\operatorname{Supp}(N)$, l'un des modules $M_\mathfrak{p}$ ou $N_\mathfrak{p}$ est nul, ce qui implique a) compte tenu de la prop. 2.

Pour qu'un module de type fini sur un anneau noethérien soit de longueur finie, il faut et il suffit que son support soit formé d'idéaux maximaux (IV, § 2, n° 5, prop. 7). Sous l'hypothèse b), les A-modules $\operatorname{Tor}_i^A(M,N)$ et $\operatorname{Ext}^i_A(M,N)$ sont de type fini (A, X, p. 108, cor.) ; l'assertion b) résulte donc de a).

PROPOSITION 3.— *Soient* A *un anneau noethérien,* M *un* A*-module de type fini et* N *un* A*-module.*

a) *On a*

$$\operatorname{dp}_A(M) = \sup_\mathfrak{p} \operatorname{dp}_{A_\mathfrak{p}}(M_\mathfrak{p})\ ,\quad \operatorname{di}_A(N) = \sup_\mathfrak{p} \operatorname{di}_{A_\mathfrak{p}}(N_\mathfrak{p})\ ,\quad \operatorname{dh}(A) = \sup_\mathfrak{p} \operatorname{dh}(A_\mathfrak{p})\ ,$$

où $\mathfrak{p}$ *parcourt l'ensemble des idéaux premiers* (resp. *maximaux*) *de* A.

b) *L'application* $\mathfrak{p}\mapsto \operatorname{dp}_{A_\mathfrak{p}}(M_\mathfrak{p})$ *de* Spec(A) *dans* $\overline{\mathbf{Z}}$ *est semi-continue supérieurement.*

Prouvons a). Soit n un entier $\geqslant 0$. Supposons qu'on ait $\operatorname{dp}_A(M) < n$. Pour tout idéal premier $\mathfrak{p}$ de A et tout $A_\mathfrak{p}$-module Q, le $A_\mathfrak{p}$-module $\operatorname{Ext}^n_{A_\mathfrak{p}}(M_\mathfrak{p},Q)$ est isomorphe à $\left(\operatorname{Ext}^n_A(M,Q)\right)_\mathfrak{p}$ (prop. 2), donc est nul ; on en déduit l'inégalité

$\mathrm{dp}_{\mathrm{A}_{\mathfrak{p}}}(\mathrm{M}_{\mathfrak{p}}) \leqslant \mathrm{dp}_{\mathrm{A}}(\mathrm{M})$ (A, X, p. 134, prop. 1). Supposons inversement qu'on ait $\mathrm{dp}_{\mathrm{A}_{\mathfrak{m}}}(\mathrm{M}_{\mathfrak{m}}) < n$ pour tout idéal maximal $\mathfrak{m}$ de A, et soit R un A-module. On a $\left(\mathrm{Ext}^n_{\mathrm{A}}(\mathrm{M},\mathrm{R})\right)_{\mathfrak{m}} = 0$ pour tout $\mathfrak{m}$ (prop. 2), donc $\mathrm{Ext}^n_{\mathrm{A}}(\mathrm{M},\mathrm{R}) = 0$ (II, § 3, n° 3, cor. 2 du th. 1), ce qui entraîne $\mathrm{dp}_{\mathrm{A}}(\mathrm{M}) < n$ (A, X, p. 134, prop. 1). La première égalité de a) en résulte. La seconde se démontre de la même manière, en utilisant la caractérisation de la dimension injective donnée dans la prop. 1 (iii). Comme dh(A) est la borne supérieure de l'ensemble des dimensions injectives de A-modules (n° 1), la troisième égalité en résulte.

Prouvons b). Soient $\mathfrak{p}$ un idéal premier de A et $n = \mathrm{dp}_{\mathrm{A}_{\mathfrak{p}}}(\mathrm{M}_{\mathfrak{p}})$. Démontrons qu'il existe un voisinage U de $\mathfrak{p}$ dans Spec(A) tel que l'on ait $\mathrm{dp}_{\mathrm{A}_{\mathfrak{q}}}(\mathrm{M}_{\mathfrak{q}}) \leqslant n$ pour tout $\mathfrak{q} \in \mathrm{U}$. C'est clair si $n = +\infty$; si $n = -\infty$, cela résulte du fait que le support de M est fermé. Supposons maintenant n fini et choisissons une suite exacte de A-modules

$$\mathrm{P}_{n-1} \xrightarrow{d_{n-1}} \mathrm{P}_{n-2} \longrightarrow \ldots \longrightarrow \mathrm{P}_0 \xrightarrow{d_0} \mathrm{M} \to 0 ,$$

où les P_i sont libres de type fini (A, X, p. 53, prop. 6). Posons $\mathrm{P} = \mathrm{Ker}\, d_{n-1}$; c'est un module de présentation finie. Le $\mathrm{A}_{\mathfrak{p}}$-module $\mathrm{P}_{\mathfrak{p}}$ est projectif (A, X, p. 134, prop. 1), donc libre (II, § 3, n° 2, cor. 2 de la prop. 5). D'après II, § 5, n° 1, cor. de la prop. 2, il existe un élément f de $\mathrm{A} - \mathfrak{p}$ tel que le A_f-module P_f soit libre ; le $\mathrm{A}_{\mathfrak{q}}$-module $\mathrm{P}_{\mathfrak{q}}$ est alors libre pour tout élément $\mathfrak{q}$ de l'ouvert U de Spec(A) formé des idéaux premiers ne contenant pas f. Cela prouve b).

COROLLAIRE 1.— *Pour toute partie multiplicative* S *de* A, *on a*

$$\mathrm{dp}_{\mathrm{S}^{-1}\mathrm{A}}(\mathrm{S}^{-1}\mathrm{M}) \leqslant \mathrm{dp}_{\mathrm{A}}(\mathrm{M}) \quad , \quad \mathrm{di}_{\mathrm{S}^{-1}\mathrm{A}}(\mathrm{S}^{-1}\mathrm{N}) \leqslant \mathrm{di}_{\mathrm{A}}(\mathrm{N}) \quad , \quad \mathrm{dh}(\mathrm{S}^{-1}\mathrm{A}) \leqslant \mathrm{dh}(\mathrm{A}) .$$

COROLLAIRE 2.— *Si on a* $\mathrm{dp}_{\mathrm{A}_{\mathfrak{m}}}(\mathrm{M}_{\mathfrak{m}}) < +\infty$ *pour tout idéal maximal* $\mathfrak{m}$ *de* Supp(M), *on a* $\mathrm{dp}_{\mathrm{A}}(\mathrm{M}) < +\infty$.

En effet, le sous-espace X de Supp(M) formé des idéaux maximaux est quasi-compact (II, § 4, n° 2, prop. 8 et 9 et n° 3, cor. 7 de la prop. 11) ; l'application $\mathfrak{m} \mapsto \mathrm{dp}_{\mathrm{A}_{\mathfrak{m}}}(\mathrm{M}_{\mathfrak{m}})$ de X dans $\overline{\mathbf{R}}$ est semi-continue supérieurement (prop. 3), donc bornée (TG, IV, p. 30, cor. du th. 3).

Remarque.— Soit A un anneau noethérien régulier de dimension infinie (VIII, § 5, exerc. 6 *c*)). Nous verrons ci-dessous (n° 7, th. 2 et § 4, n° 1, prop. 1) qu'on a $\mathrm{di}_{\mathrm{A}_{\mathfrak{m}}}(\mathrm{A}_{\mathfrak{m}}) = \mathrm{dh}(\mathrm{A}_{\mathfrak{m}}) < +\infty$ pour tout idéal maximal $\mathfrak{m}$ de A ; la prop. 3 entraîne donc $\mathrm{di}_{\mathrm{A}}(\mathrm{A}) = \mathrm{dh}(\mathrm{A}) = +\infty$. Par conséquent, les fonctions $\mathfrak{p} \mapsto \mathrm{di}_{\mathrm{A}_{\mathfrak{p}}}(\mathrm{N}_{\mathfrak{p}})$ et $\mathfrak{p} \mapsto \mathrm{dh}(\mathrm{A}_{\mathfrak{p}})$ ne sont pas en général semi-continues supérieurement.

3. Dimension homologique des anneaux noethériens

Soient A un anneau local noethérien, M un A-module de type fini. Rappelons (A, X, § 3, n° 6) qu'une résolution

$$\ldots \longrightarrow \mathrm{L}_n \xrightarrow{d_n} \mathrm{L}_{n-1} \longrightarrow \ldots \longrightarrow \mathrm{L}_0 \xrightarrow{d_0} \mathrm{M} \to 0$$

de M est une *résolution projective minimale* si chacun des modules L_i est libre de type fini, et si le complexe $\kappa_{\mathrm{A}} \otimes_{\mathrm{A}} \mathrm{L}$ est à différentielle nulle. Pour tout entier $i \geqslant 0$, on a alors

$$(1) \qquad [\mathrm{Ext}^i_{\mathrm{A}}(\mathrm{M}, \kappa_{\mathrm{A}}) : \kappa_{\mathrm{A}}] = [\mathrm{Tor}^{\mathrm{A}}_i(\mathrm{M}, \kappa_{\mathrm{A}}) : \kappa_{\mathrm{A}}] = \mathrm{rg}_{\mathrm{A}}(\mathrm{L}_i)$$

(A, X, p. 103, exemple 3). Tout A-module de type fini admet une telle résolution (A, X, p. 56, prop. 10).

PROPOSITION 4.— *Soient* A *un anneau local noethérien,* M *un* A*-module de type fini et* n *un entier* $\geqslant 0$. *Les conditions suivantes sont équivalentes* :

(i) *on a* $\mathrm{dp}_{\mathrm{A}}(\mathrm{M}) < n$;

(ii) *on a* $\mathrm{Tor}^{\mathrm{A}}_n(\mathrm{M}, \kappa_{\mathrm{A}}) = 0$;

(iii) *on a* $\mathrm{Ext}^n_{\mathrm{A}}(\mathrm{M}, \kappa_{\mathrm{A}}) = 0$;

(iv) *toute résolution projective minimale de* M *est de longueur* $< n$.

Les assertions (i)$\Rightarrow$(ii) et (i)$\Rightarrow$(iii) sont immédiates (A, X, p. 100, th. 1). Soit L une résolution projective minimale de M ; si (ii) ou (iii) est vérifiée, on a $\mathrm{L}_n = 0$ d'après (1). Comme toute résolution projective minimale de M est isomorphe à L (A, X, p. 54, prop. 8), on en déduit (iv). L'implication (iv)$\Rightarrow$(i) est triviale.

COROLLAIRE 1.— *Soient* A *un anneau local noethérien et* n *un entier* $\geqslant 0$. *Les conditions suivantes sont équivalentes* :

(i) *on a* $\mathrm{dh}(\mathrm{A}) < n$;

(ii) *on a* $\mathrm{Ext}^i_{\mathrm{A}}(\mathrm{M},\mathrm{N}) = 0$ *et* $\mathrm{Tor}^{\mathrm{A}}_i(\mathrm{M},\mathrm{N}) = 0$ *pour tout couple* (M, N) *de* A*-modules et tout entier* $i \geqslant n$;

(iii) *on a* $\mathrm{Tor}^{\mathrm{A}}_n(\kappa_{\mathrm{A}}, \kappa_{\mathrm{A}}) = 0$;

(iv) *on a* $\mathrm{Ext}^n_{\mathrm{A}}(\kappa_{\mathrm{A}}, \kappa_{\mathrm{A}}) = 0$;

(v) *on a* $\mathrm{dp}_{\mathrm{A}}(\kappa_{\mathrm{A}}) < n$.

Il est clair que (i) implique (ii) et que (ii) implique (iii) et (iv). D'après la prop. 4 appliquée au A-module κ_{A}, chacune des conditions (iii) et (iv) implique (v). Prouvons que (v) implique (i) : si $\mathrm{dp}_{\mathrm{A}}(\kappa_{\mathrm{A}}) < n$, on a $\mathrm{Tor}^{\mathrm{A}}_n(\mathrm{M}, \kappa_{\mathrm{A}}) = 0$ pour tout A-module M ; par suite tout A-module de type fini est de dimension projective $< n$ (prop. 4), ce qui entraîne $\mathrm{dh}(\mathrm{A}) < n$ (A, X, p. 138, prop. 4).

COROLLAIRE 2.— *On a* $\mathrm{dh}(\mathrm{A}) = \mathrm{dp}_{\mathrm{A}}(\kappa_{\mathrm{A}})$.

Remarques.— 1) Soit A un anneau local. Le A-module $\mathrm{Tor}^{\mathrm{A}}_1(\kappa_{\mathrm{A}}, \kappa_{\mathrm{A}})$ est isomorphe à $\mathfrak{m}_{\mathrm{A}}/\mathfrak{m}^2_{\mathrm{A}}$ (A, X, p. 72, exemple). Par suite lorsque A est noethérien, pour que $\mathrm{Tor}^{\mathrm{A}}_1(\kappa_{\mathrm{A}}, \kappa_{\mathrm{A}})$ soit nul, il faut et il suffit que $\mathfrak{m}_{\mathrm{A}}$ soit nul, c'est-à-dire que A soit un corps. Le cor. 1 entraîne donc qu'un anneau local noethérien de dimension homologique 0 est un corps.

2) Soient A un anneau local noethérien, M un A-module de type fini et de dimension projective finie n, N un A-module non nul de type fini. *Le* A*-module* $\mathrm{Ext}^n_{\mathrm{A}}(\mathrm{M},\mathrm{N})$ *n'est pas nul* : soient en effet L une résolution projective minimale de M, et d sa différentielle. On a une suite exacte

$$\mathrm{Hom}_{\mathrm{A}}(\mathrm{L}_{n-1}, \mathrm{N}) \xrightarrow{\mathrm{Hom}(d_n,1)} \mathrm{Hom}_{\mathrm{A}}(\mathrm{L}_n, \mathrm{N}) \longrightarrow \mathrm{Ext}^n_{\mathrm{A}}(\mathrm{M},\mathrm{N}) \to 0\,.$$

Comme $d_n \otimes 1_{\kappa_A}$ est nulle, on en déduit par produit tensoriel avec κ_A un isomorphisme $\kappa_A \otimes_A \mathrm{Hom}_A(L_n, N) \longrightarrow \kappa_A \otimes_A \mathrm{Ext}^n_A(M, N)$, d'où compte tenu de la formule (1) ci-dessus,

$$[\kappa_A \otimes_A \mathrm{Ext}^n_A(M,N) : \kappa_A] = [\mathrm{Ext}^n_A(M,\kappa_A) : \kappa_A]\,[\kappa_A \otimes_A N : \kappa_A] ,$$

qui est non nul par la prop. 4 et le lemme de Nakayama. Par conséquent, la dimension projective de M est le plus grand entier i tel que $\mathrm{Ext}^i_A(M,N)$ soit non nul.

3) Soient A un anneau noethérien, M un A-module de type fini et de dimension projective finie, N un A-module de type fini dont le support est égal à Spec(A). D'après la remarque précédente et les prop. 2 et 3 du n° 2, la dimension projective n de M est le plus grand entier i tel que $\mathrm{Ext}^i_A(M,N)$ soit non nul ; le support du A-module $\mathrm{Ext}^n_A(M,N)$ est l'ensemble des éléments $\mathfrak{p}$ de Spec(A) tels que $\mathrm{dp}_{A_\mathfrak{p}}(M_\mathfrak{p}) = n$.

Il peut exister des A-modules M de type fini, de dimension projective $+\infty$, satisfaisant à $\mathrm{Ext}^i_A(M,A) = 0$ pour i assez grand : * c'est le cas par exemple du A-module κ_A lorsque A est un anneau local de Gorenstein qui n'est pas régulier *.

PROPOSITION 5.— *Soient* A *un anneau noethérien,* M *un* A-*module de type fini et* n *un entier* $\geqslant 0$. *Les conditions suivantes sont équivalentes :*

(i) *on a* $\mathrm{dp}_A(M) < n$;

(ii) *pour tout idéal maximal* $\mathfrak{m}$ *de* A, *on a* $\mathrm{Ext}^n_A(M, A/\mathfrak{m}) = 0$ (resp. *on a* $\mathrm{Tor}^A_n(M, A/\mathfrak{m}) = 0$) ;

(iii) *pour tout idéal maximal* $\mathfrak{m}$ *de* A, *on a* $\mathrm{Ext}^n_{A_\mathfrak{m}}(M_\mathfrak{m}, A/\mathfrak{m}) = 0$ (resp. *on a* $\mathrm{Tor}^{A_\mathfrak{m}}_n(M_\mathfrak{m}, A/\mathfrak{m}) = 0$).

(i) ⇒ (ii) : c'est clair.

(ii) ⇒ (iii) : cela résulte de la prop. 2 du n° 2.

(iii) ⇒ (i) : d'après la prop. 4, la condition (iii) implique l'inégalité $\mathrm{dp}_{A_\mathfrak{m}}(M_\mathfrak{m}) < n$ pour tout idéal maximal $\mathfrak{m}$ de A, et on conclut grâce à la prop. 3.

Remarque 4.— Soient A un anneau noethérien et n un entier $\geqslant 0$. Si $\mathfrak{m}$ et $\mathfrak{m}'$ sont deux idéaux maximaux de A distincts, les A-modules $\mathrm{Ext}^n_A(A/\mathfrak{m}, A/\mathfrak{m}')$ et $\mathrm{Tor}^A_n(A/\mathfrak{m}, A/\mathfrak{m}')$ sont annulés par $\mathfrak{m} + \mathfrak{m}'$, donc sont nuls. Par une démonstration analogue à celle du cor. 1 de la prop. 4, on déduit de la prop. 5 l'équivalence des conditions suivantes :

(i) *on a* $\mathrm{dh}(A) < n$;

(ii) *on a* $\mathrm{Ext}^i_A(M,N) = 0$ *et* $\mathrm{Tor}^A_i(M,N) = 0$ *pour tout couple* (M, N) *de* A-*modules et tout entier* $i \geqslant n$;

(iii) *on a* $\mathrm{Tor}^A_n(A/\mathfrak{m}, A/\mathfrak{m}) = 0$ *pour tout idéal maximal* $\mathfrak{m}$ *de* A ;

(iv) *on a* $\mathrm{Ext}^n_A(A/\mathfrak{m}, A/\mathfrak{m}) = 0$ *pour tout idéal maximal* $\mathfrak{m}$ *de* A ;

(v) *on a* $\mathrm{dp}_A(A/\mathfrak{m}) < n$ *pour tout idéal maximal* $\mathfrak{m}$ *de* A.

On a en particulier $\mathrm{dh}(A) = \sup_{\mathfrak{m}} \mathrm{dp}_A(A/\mathfrak{m})$, où $\mathfrak{m}$ parcourt l'ensemble des idéaux maximaux de A.

PROPOSITION 6.— *Soient* A *un anneau noethérien,* N *un* A*-module,* n *un entier* $\geqslant 0$. *Les conditions suivantes sont équivalentes :*

(i) *on a* $\mathrm{di}_A(N) < n$;

(ii) *pour tout idéal premier* $\mathfrak{p}$ *de* A, *on a* $\mathrm{Ext}^n_A(A/\mathfrak{p}, N) = 0$;

(iii) *pour tout idéal premier* $\mathfrak{p}$ *de* A, *on a* $\mathrm{Ext}^n_{A_\mathfrak{p}}(\kappa(\mathfrak{p}), N_\mathfrak{p}) = 0$.

Si de plus le A*-module* N *est de type fini, ces conditions équivalent à :*

(iv) *pour tout idéal maximal* $\mathfrak{m}$ *de* A, *on a* $\mathrm{Ext}^i_A(A/\mathfrak{m}, N) = 0$ *pour* $n \leqslant i \leqslant n + \mathrm{ht}(\mathfrak{m})$.

Observons que la condition (iii) équivaut à

(iii′) *pour tout idéal premier* $\mathfrak{p}$ *de* A, *on a* $\mathrm{Ext}^n_A(A/\mathfrak{p}, N) \otimes_A \kappa(\mathfrak{p}) = 0$.

En effet, comme $\mathrm{Ext}^n_A(A/\mathfrak{p}, N)$ est annulé par $\mathfrak{p}$, le A-module $\mathrm{Ext}^n_A(A/\mathfrak{p}, N) \otimes_A \kappa(\mathfrak{p})$ est isomorphe à $\mathrm{Ext}^n_A(A/\mathfrak{p}, N) \otimes_A A_\mathfrak{p}$, donc à $\mathrm{Ext}^n_{A_\mathfrak{p}}(\kappa(\mathfrak{p}), N_\mathfrak{p})$ (n° 2, prop. 2).

Les implications (i) ⇒ (ii) et (i) ⇒ (iv) résultent de la prop. 1 du n° 1, et l'implication (ii) ⇒ (iii′) est claire.

(iii) ⇒ (i) : pour tout A-module M, posons $T(M) = \mathrm{Ext}^n_A(M, N)$. Supposons que (i) ne soit pas vérifiée. Il existe alors (n° 1, prop. 1) un idéal $\mathfrak{a}$ de A tel que $T(A/\mathfrak{a}) \neq 0$. Soit $\mathfrak{p}$ un idéal de A maximal parmi les idéaux possédant cette propriété ; prouvons que $\mathfrak{p}$ est premier. D'après IV, § 1, n° 4, th. 1 et th. 2, il existe une suite de composition $(M_i)_{0 \leqslant i \leqslant m}$ de $A/\mathfrak{p}$ tel que chaque quotient M_i/M_{i+1} soit isomorphe à un module $A/\mathfrak{p}_i$, où $\mathfrak{p}_i$ $(0 \leqslant i \leqslant m-1)$ est un idéal premier contenant $\mathfrak{p}$. Si $T(A/\mathfrak{p}_i)$ était nul pour tout i, on déduirait par récurrence sur i des suites exactes

$$T(M_0/M_i) \longrightarrow T(M_0/M_{i+1}) \longrightarrow T(M_i/M_{i+1})$$

que $T(M_0/M_m) = T(A/\mathfrak{p})$ est nul, ce qui n'est pas. Il existe donc un indice i tel que $T(A/\mathfrak{p}_i) \neq 0$. Vu le caractère maximal de $\mathfrak{p}$, on a $\mathfrak{p} = \mathfrak{p}_i$, de sorte que $\mathfrak{p}$ est *premier*.

Soit x un élément de $A - \mathfrak{p}$; on déduit de la suite exacte

$$0 \to A/\mathfrak{p} \xrightarrow{x_{A/\mathfrak{p}}} A/\mathfrak{p} \longrightarrow A/(\mathfrak{p} + xA) \to 0$$

une suite exacte

$$T(A/(\mathfrak{p} + xA)) \longrightarrow T(A/\mathfrak{p}) \xrightarrow{u} T(A/\mathfrak{p}),$$

où $u = \mathrm{Ext}^n_A(x_A, 1_N) = x_{T(A/\mathfrak{p})}$ (A, X, p. 89, prop. 6). À cause du caractère maximal de $\mathfrak{p}$, on a $T(A/(\mathfrak{p} + xA)) = 0$, de sorte que l'homomorphisme u est injectif. Le $A/\mathfrak{p}$-module non nul $T(A/\mathfrak{p})$ est donc sans torsion. Cela implique que $T(A/\mathfrak{p}) \otimes_A \kappa(\mathfrak{p})$ n'est pas nul (A, II, p. 117, cor. 1), ce qui contredit (iii′).

Supposons le A-module N de type fini, et prouvons que (iv) implique (iii). Soient $\mathfrak{p}$ un idéal premier de A et $\mathfrak{m}$ un idéal maximal de A contenant $\mathfrak{p}$. Il existe une chaîne saturée d'idéaux premiers de A d'extrémités $\mathfrak{p}$ et $\mathfrak{m}$. La longueur r de cette chaîne est inférieure à $\mathrm{ht}(\mathfrak{m})$; sous l'hypothèse (iv), on a donc

$$\mathrm{Ext}^{n+r}_{\mathrm{A}_\mathfrak{m}}(\kappa(\mathfrak{m}), \mathrm{N}_\mathfrak{m}) = \mathrm{Ext}^{n+r}_{\mathrm{A}}(\mathrm{A}/\mathfrak{m}, \mathrm{N}) \otimes_\mathrm{A} \mathrm{A}_\mathfrak{m} = 0 .$$

Il résulte alors du lemme 3 du § 1, n° 7 qu'on a $\mathrm{Ext}^n_{\mathrm{A}_\mathfrak{p}}(\kappa(\mathfrak{p}), \mathrm{N}_\mathfrak{p}) = 0$, ce qui prouve (iii).

Remarque 5.— Soit N un A-module de type fini ; la condition $\mathrm{Ext}^n_\mathrm{A}(\mathrm{A}/\mathfrak{m}, \mathrm{N}) = 0$ pour tout idéal maximal $\mathfrak{m}$ de A n'entraîne pas nécessairement $\mathrm{di}_\mathrm{A}(\mathrm{N}) < n$. Si par exemple l'anneau A est local et n'est pas un anneau de Gorenstein (n° 7, déf. 1), on a $\mathrm{Ext}^n_\mathrm{A}(\mathrm{A}/\mathfrak{m}, \mathrm{A}) = 0$ pour $n < \mathrm{prof}(\mathrm{A})$ mais $\mathrm{di}_\mathrm{A}(\mathrm{A}) = +\infty$.

4. Quotient par un élément simplifiable

Dans ce numéro, A désigne un anneau et x un élément de A *simplifiable.*

Soient M un A-module et $p : \mathrm{P} \to \mathrm{M}$ une résolution projective de M. D'après A, X, p. 101, cor. du th. 1, $\mathrm{H}_n(\mathrm{P}/x\mathrm{P})$ s'identifie à $\mathrm{Tor}^\mathrm{A}_n(\mathrm{M}, \mathrm{A}/x\mathrm{A})$, donc est isomorphe à $\mathrm{M}/x\mathrm{M}$ si $n = 0$, à $\mathrm{Ker}(x_\mathrm{M})$ si $n = 1$, et est nul sinon (*loc. cit.*, p. 102, exemple 1). Considérons les complexes de $(\mathrm{A}/x\mathrm{A})$-modules R et R′ tels que

$$\begin{array}{lll} \mathrm{R}_n = \mathrm{P}_n/x\mathrm{P}_n & \mathrm{R}'_n = 0 & \text{pour } n \geqslant 2, \\ \mathrm{R}_1 = \mathrm{Z}_1(\mathrm{P}/x\mathrm{P}) & \mathrm{R}'_1 = (\mathrm{P}_1/x\mathrm{P}_1)/\mathrm{R}_1 , & \\ \mathrm{R}_n = 0 & \mathrm{R}'_n = \mathrm{P}_n/x\mathrm{P}_n & \text{pour } n \leqslant 0, \end{array}$$

et dont les différentielles se déduisent de celle de P. Les complexes R(1) et R′ sont des résolutions gauches de $\mathrm{Ker}(x_\mathrm{M})$ et $\mathrm{M}/x\mathrm{M}$ respectivement et on a une suite exacte de complexes

$$(2) \qquad 0 \to \mathrm{R} \longrightarrow \mathrm{P}/x\mathrm{P} \longrightarrow \mathrm{R}' \longrightarrow 0 .$$

De manière analogue, soit $e : \mathrm{M} \to \mathrm{E}$ une résolution injective de M ; notons K le complexe $\mathrm{Ker}(x_\mathrm{E})$. D'après A, X, p. 101, cor. du th. 1, $\mathrm{H}_n(\mathrm{K})$ s'identifie à $\mathrm{Ext}^n_\mathrm{A}(\mathrm{A}/x\mathrm{A}, \mathrm{M})$, donc est isomorphe à $\mathrm{Ker}(x_\mathrm{M})$ si $n = 0$, à $\mathrm{M}/x\mathrm{M}$ si $n = 1$, et est nul sinon (*loc. cit.*, p. 102, exemple 1). On déduit de E des complexes de $(\mathrm{A}/x\mathrm{A})$-modules S et S′ tels que

$$\begin{array}{lll} \mathrm{S}^n = \mathrm{K}^n & \mathrm{S}'^n = 0 & \text{pour } n \leqslant 0, \\ \mathrm{S}^1 = \mathrm{B}^1(\mathrm{K}) & \mathrm{S}'^1 = \mathrm{K}^1/\mathrm{S}^1 , & \\ \mathrm{S}^n = 0 & \mathrm{S}'^n = \mathrm{K}^n & \text{pour } n \geqslant 2. \end{array}$$

Les complexes S et S′(−1) sont des résolutions droites de $\mathrm{Ker}(x_\mathrm{M})$ et $\mathrm{M}/x\mathrm{M}$ respectivement, et on a une suite exacte de complexes

$$(3) \qquad 0 \to \mathrm{S} \longrightarrow \mathrm{Ker}(x_\mathrm{E}) \longrightarrow \mathrm{S}' \to 0 .$$

Soient N un $(\mathrm{A}/x\mathrm{A})$-module, et $e' : \mathrm{N} \to \mathrm{E}'$ une résolution injective de N. On déduit de la suite exacte (2) une suite exacte de complexes de $(\mathrm{A}/x\mathrm{A})$-modules

$$0 \to \mathrm{Homgr}_{\mathrm{A}/x\mathrm{A}}(\mathrm{R}', \mathrm{E}') \longrightarrow \mathrm{Homgr}_{\mathrm{A}/x\mathrm{A}}(\mathrm{P}/x\mathrm{P}, \mathrm{E}') \longrightarrow \mathrm{Homgr}_{\mathrm{A}/x\mathrm{A}}(\mathrm{R}, \mathrm{E}') \to 0 .$$

Considérons la suite exacte d'homologie associée à cette suite exacte. D'après A, X, p. 100, th. 1, on a pour tout entier $n \geqslant 0$ des isomorphismes

$$\mathrm{H}^n(\mathrm{Homgr}_{\mathrm{A}/x\mathrm{A}}(\mathrm{R}',\mathrm{E}')) \longrightarrow \mathrm{Ext}^n_{\mathrm{A}/x\mathrm{A}}(\mathrm{M}/x\mathrm{M},\mathrm{N})$$
$$\mathrm{H}^n(\mathrm{Homgr}_{\mathrm{A}/x\mathrm{A}}(\mathrm{P}/x\mathrm{P},\mathrm{E}')) \longrightarrow \mathrm{H}^n(\mathrm{Homgr}_{\mathrm{A}}(\mathrm{P},\mathrm{E}')) \longrightarrow \mathrm{Ext}^n_{\mathrm{A}}(\mathrm{M},\mathrm{N})$$
$$\mathrm{H}^n(\mathrm{Homgr}_{\mathrm{A}/x\mathrm{A}}(\mathrm{R},\mathrm{E}')) = \mathrm{H}^{n-1}(\mathrm{Homgr}_{\mathrm{A}/x\mathrm{A}}(\mathrm{R}(1),\mathrm{E}')) \longrightarrow \mathrm{Ext}^{n-1}_{\mathrm{A}/x\mathrm{A}}(\mathrm{Ker}(x_{\mathrm{M}}),\mathrm{N})\ ;$$

on en déduit une suite exacte longue de $(\mathrm{A}/x\mathrm{A})$-modules

$$(4)\quad \begin{aligned} \ldots \longrightarrow \mathrm{Ext}^n_{\mathrm{A}/x\mathrm{A}}(\mathrm{M}/x\mathrm{M},\mathrm{N}) \longrightarrow \mathrm{Ext}^n_{\mathrm{A}}(\mathrm{M},\mathrm{N}) \longrightarrow \mathrm{Ext}^{n-1}_{\mathrm{A}/x\mathrm{A}}(\mathrm{Ker}(x_{\mathrm{M}}),\mathrm{N}) \\ \longrightarrow \mathrm{Ext}^{n+1}_{\mathrm{A}/x\mathrm{A}}(\mathrm{M}/x\mathrm{M},\mathrm{N}) \longrightarrow \mathrm{Ext}^{n+1}_{\mathrm{A}}(\mathrm{M},\mathrm{N}) \longrightarrow \ldots \end{aligned}$$

De même, soit $p' : \mathrm{P}' \to \mathrm{N}$ une résolution projective du $(\mathrm{A}/x\mathrm{A})$-module N. On déduit de la suite exacte (3) une suite exacte de complexes de $(\mathrm{A}/x\mathrm{A})$-modules

$$0 \to \mathrm{Homgr}_{\mathrm{A}/x\mathrm{A}}(\mathrm{P}',\mathrm{S}) \longrightarrow \mathrm{Homgr}_{\mathrm{A}/x\mathrm{A}}(\mathrm{P}',\mathrm{Ker}(x_{\mathrm{E}})) \longrightarrow \mathrm{Homgr}_{\mathrm{A}/x\mathrm{A}}(\mathrm{P}',\mathrm{S}') \to 0\ .$$

Compte tenu de l'isomorphisme $\mathrm{Homgr}_{\mathrm{A}/x\mathrm{A}}(\mathrm{P}',\mathrm{Ker}(x_{\mathrm{E}})) \longrightarrow \mathrm{Homgr}_{\mathrm{A}}(\mathrm{P}',\mathrm{E})$, la suite exacte d'homologie associée s'écrit

$$(5)\quad \begin{aligned} \ldots \longrightarrow \mathrm{Ext}^n_{\mathrm{A}/x\mathrm{A}}(\mathrm{N},\mathrm{Ker}(x_{\mathrm{M}})) \longrightarrow \mathrm{Ext}^n_{\mathrm{A}}(\mathrm{N},\mathrm{M}) \longrightarrow \mathrm{Ext}^{n-1}_{\mathrm{A}/x\mathrm{A}}(\mathrm{N},\mathrm{M}/x\mathrm{M}) \\ \longrightarrow \mathrm{Ext}^{n+1}_{\mathrm{A}/x\mathrm{A}}(\mathrm{N},\mathrm{Ker}(x_{\mathrm{M}})) \longrightarrow \mathrm{Ext}^{n+1}_{\mathrm{A}}(\mathrm{N},\mathrm{M}) \longrightarrow \ldots \end{aligned}$$

Considérons enfin la suite exacte de complexes de $(\mathrm{A}/x\mathrm{A})$-modules

$$0 \to \mathrm{R} \otimes_{\mathrm{A}/x\mathrm{A}} \mathrm{P}' \longrightarrow (\mathrm{P}/x\mathrm{P}) \otimes_{\mathrm{A}/x\mathrm{A}} \mathrm{P}' \longrightarrow \mathrm{R}' \otimes_{\mathrm{A}/x\mathrm{A}} \mathrm{P}' \to 0$$

déduite de la suite exacte (2) ; compte tenu de l'isomorphisme $\mathrm{P} \otimes_{\mathrm{A}} \mathrm{P}' \longrightarrow (\mathrm{P}/x\mathrm{P}) \otimes_{\mathrm{A}/x\mathrm{A}} \mathrm{P}'$, la suite exacte d'homologie associée s'écrit

$$(6)\quad \begin{aligned} \ldots \longrightarrow \mathrm{Tor}^{\mathrm{A}}_n(\mathrm{M},\mathrm{N}) \longrightarrow \mathrm{Tor}^{\mathrm{A}/x\mathrm{A}}_n(\mathrm{M}/x\mathrm{M},\mathrm{N}) \longrightarrow \mathrm{Tor}^{\mathrm{A}/x\mathrm{A}}_{n-2}(\mathrm{Ker}\, x_{\mathrm{M}},\mathrm{N}) \\ \longrightarrow \mathrm{Tor}^{\mathrm{A}}_{n-1}(\mathrm{M},\mathrm{N}) \longrightarrow \mathrm{Tor}^{\mathrm{A}/x\mathrm{A}}_{n-1}(\mathrm{M}/x\mathrm{M},\mathrm{N}) \longrightarrow \ldots \end{aligned}$$

PROPOSITION 7.— *Soient* A *un anneau,* x *un élément simplifiable de* A, M *un* A*-module tel que l'homothétie* x_{M} *soit injective,* N *un* A*-module annulé par* x, n *un entier. Les homomorphismes canoniques de* $(\mathrm{A}/x\mathrm{A})$*-modules*

$$\mathrm{Ext}^n_{\mathrm{A}/x\mathrm{A}}(\mathrm{M}/x\mathrm{M},\mathrm{N}) \longrightarrow \mathrm{Ext}^n_{\mathrm{A}}(\mathrm{M},\mathrm{N})\ ,$$
$$\mathrm{Ext}^n_{\mathrm{A}}(\mathrm{N},\mathrm{M}) \longrightarrow \mathrm{Ext}^{n-1}_{\mathrm{A}/x\mathrm{A}}(\mathrm{N},\mathrm{M}/x\mathrm{M})\ ,$$
$$\mathrm{Tor}^{\mathrm{A}}_n(\mathrm{M},\mathrm{N}) \longrightarrow \mathrm{Tor}^{\mathrm{A}/x\mathrm{A}}_n(\mathrm{M}/x\mathrm{M},\mathrm{N})$$

déduits des suites exactes (4), (5) *et* (6) *sont des isomorphismes.*

COROLLAIRE.— *Soient* A *un anneau local noethérien,* M *un* A*-module de type fini et* J *un idéal de* A *engendré par une suite* $(x_1, \ldots, x_r)$ *d'éléments de* $\mathfrak{m}_A$ *qui est à la fois* A*-régulière et* M*-régulière. On a* $\mathrm{dp}_{A/J}(M/JM) = \mathrm{dp}_A(M)$ *et* $\mathrm{di}_{A/J}(M/JM) = \mathrm{di}_A(M) - r$.

Il suffit de traiter le cas $r = 1$. Posons alors $x = x_1$. Les A-modules $\mathrm{Ext}^n_{A/xA}(M/xM, \kappa_A)$ et $\mathrm{Ext}^n_A(M, \kappa_A)$ sont isomorphes pour tout entier n (prop. 7) ; l'égalité $\mathrm{dp}_{A/xA}(M/xM) = \mathrm{dp}_A(M)$ résulte de la prop. 4 du n° 3. De même, les A-modules $\mathrm{Ext}^{n-1}_{A/xA}(\kappa_A, M/xM)$ et $\mathrm{Ext}^n_A(\kappa_A, M)$ sont isomorphes pour tout entier n, et l'égalité $\mathrm{di}_{A/xA}(M/xM) = \mathrm{di}_A(M) - 1$ résulte de la prop. 6 du n° 3.

5. Profondeur et dimension projective

THÉORÈME 1 (Auslander-Buchsbaum).— *Soient* A *un anneau local noethérien et* M *un* A*-module de type fini et* de dimension projective finie. *On a l'égalité*

$$\mathrm{dp}_A(M) + \mathrm{prof}_A(M) = \mathrm{prof}(A) .$$

Raisonnons par récurrence sur $\mathrm{dp}_A(M)$.

a) Si $\mathrm{dp}_A(M)$ est nul, M est un A-module libre de type fini non nul ; sa profondeur est égale à $\mathrm{prof}(A)$ (§ 1, n° 1, remarque 4).

b) Supposons $\mathrm{dp}_A(M) = 1$ et choisissons une résolution projective minimale

$$0 \to L_1 \xrightarrow{d_1} L_0 \xrightarrow{d_0} M \to 0$$

de M (n° 3, prop. 4, (iv)). Les A-modules L_0 et L_1 sont libres de type fini et non nuls, donc de profondeur $\mathrm{prof}(A)$ (§ 1, n° 1, remarque 4). L'application $1_{\kappa_A} \otimes d_1 : \kappa_A \otimes_A L_1 \longrightarrow \kappa_A \otimes_A L_0$ est nulle, ce qui entraîne que d_1 appartient à $\mathfrak{m}_A \mathrm{Hom}_A(L_1, L_0)$. D'après la remarque 5 du § 1, n° 1, on a $\mathrm{prof}_A(M) = \mathrm{prof}(A) - 1$.

c) Supposons $\mathrm{dp}_A(M) > 1$. Choisissons une suite exacte

$$0 \to N \longrightarrow L \longrightarrow M \to 0$$

où L est un A-module libre de type fini. On a alors $\mathrm{prof}_A(L) = \mathrm{prof}(A)$ (§ 1, n° 1, remarque 4), $\mathrm{dp}_A(N) = \mathrm{dp}_A(M) - 1$ (A, X, p. 135, cor. 2 c)), d'où $\mathrm{prof}_A(N) = \mathrm{prof}(A) - \mathrm{dp}_A(N)$ (hypothèse de récurrence), et en particulier $\mathrm{prof}_A(N) < \mathrm{prof}_A(L)$. D'après la prop. 1 du § 1, n° 1, on a alors $\mathrm{prof}_A(M) = \mathrm{prof}_A(N) - 1$, ce qui achève la démonstration.

Remarque.— Compte tenu du cor. 2 de la prop. 4 (n° 3), le th. 1 appliqué au A-module κ_A entraîne que l'on est dans l'un ou l'autre des cas suivants :

(i) on a $\mathrm{dp}_A(\kappa_A) = \mathrm{dh}(A) = +\infty$;

(ii) on a $\mathrm{dp}_A(\kappa_A) = \mathrm{dh}(A) = \mathrm{prof}(A) < +\infty$.

Nous verrons ultérieurement (§ 4, n° 2) que (ii) caractérise les anneaux locaux réguliers.

COROLLAIRE 1.— *Conservons les hypothèses du théorème* 1.

a) *On a* $\mathrm{dp}_A(M) \leqslant \mathrm{prof}(A)$. *Pour qu'il y ait égalité, il faut et il suffit que l'idéal maximal* $\mathfrak{m}_A$ *soit associé à* M.

b) *On a* $\mathrm{prof}_A(M) \leqslant \mathrm{prof}(A)$. *Pour qu'il y ait égalité, il faut et il suffit que* M *soit libre.*

a) En effet, « $\mathrm{prof}_A(M) = 0$ » équivaut à « $\mathfrak{m}_A \in \mathrm{Ass}(A)$ » (§ 1, n° 1, remarque 2).

b) En effet, « $\mathrm{dp}_A(M) = 0$ » équivaut à « M est libre ».

COROLLAIRE 2.— *Conservons les hypothèses du théorème* 1 *et supposons de plus que* A *soit un anneau de Macaulay. Alors* $\mathrm{dp}_A(M)$ *est la somme des deux entiers positifs* $\dim(A) - \dim_A(M)$ *et* $\dim_A(M) - \mathrm{prof}(M)$.

En particulier, $\mathrm{dp}_A(M)$ est alors supérieur à $\dim(A) - \dim_A(M)$, et il y a égalité si et seulement si M est macaulayen.

COROLLAIRE 3.— *Soient* A *un anneau noethérien,* M *un* A*-module de type fini et de dimension projective finie,* i *un entier* $\geqslant 0$, N *un* A*-module de type fini et* F *le support du* A*-module* $\mathrm{Ext}^i_A(M,N)$ (resp. $\mathrm{Tor}^A_i(M,N)$). *On a alors* $\mathrm{prof}_F(A) \geqslant i$.

En effet, soit $\mathfrak{p} \in F$. On a $\mathrm{Ext}^i_{A_\mathfrak{p}}(M_\mathfrak{p}, N_\mathfrak{p}) \neq 0$ (resp. $\mathrm{Tor}^{A_\mathfrak{p}}_i(M_\mathfrak{p}, N_\mathfrak{p}) \neq 0$) d'après la prop. 2 du n° 2, donc $i \leqslant \mathrm{dp}_{A_\mathfrak{p}}(M_\mathfrak{p}) \leqslant \mathrm{dp}_A(M) < +\infty$ (n° 2, prop. 3). Le th. 1 entraîne $\mathrm{prof}(A_\mathfrak{p}) \geqslant i$. Par suite (§ 1, n° 5, prop. 8)

$$\mathrm{prof}_F(A) = \inf_{\mathfrak{p} \in F} \mathrm{prof}(A_\mathfrak{p}) \geqslant i .$$

Avec la terminologie du § 1, n° 5, remarque 4, la conclusion du cor. 3 signifie que les modules $\mathrm{Ext}^i_A(M,N)$ et $\mathrm{Tor}^A_i(M,N)$ sont de grade $\geqslant i$. Elle entraîne que la codimension de leur support dans Spec(A) est $\geqslant i$ (§ 1, n° 7, prop. 12).

COROLLAIRE 4.— *Soient* A *un anneau noethérien de Macaulay et* M *un* A*-module de type fini et de dimension projective finie.*

a) *Soit* $\mathfrak{p} \in \mathrm{Spec}(A)$; *notons* $\mathscr{C}(\mathfrak{p})$ *l'ensemble des composantes irréductibles de* Supp(M) *contenant* $\mathfrak{p}$. *On a*

$$\dim_{A_\mathfrak{p}}(M_\mathfrak{p}) - \mathrm{prof}_{A_\mathfrak{p}}(M_\mathfrak{p}) = \mathrm{dp}_{A_\mathfrak{p}}(M_\mathfrak{p}) - \inf_{X \in \mathscr{C}(\mathfrak{p})} \mathrm{codim}(X, \mathrm{Spec}(A)) .$$

b) *L'application* $\mathfrak{p} \mapsto \dim_{A_\mathfrak{p}}(M_\mathfrak{p}) - \mathrm{prof}_{A_\mathfrak{p}}(M_\mathfrak{p})$ *de* Spec(A) *dans* $\overline{\mathbf{Z}}$ *est semi-continue supérieurement.*

c) *L'ensemble des idéaux premiers* $\mathfrak{p}$ *de* A *tels que le* $A_\mathfrak{p}$*-module* $M_\mathfrak{p}$ *soit macaulayen est ouvert et dense dans* Spec(A). *Son intersection avec* Supp(M) *est dense dans* Supp(M).

a) On peut supposer $\mathfrak{p} \in \mathrm{Supp}(M)$. Posons $\varphi(\mathfrak{p}) = \dim(A_\mathfrak{p}) - \dim_{A_\mathfrak{p}}(M_\mathfrak{p})$. D'après le cor. 2 ci-dessus, on a

$$\dim_{A_\mathfrak{p}}(M_\mathfrak{p}) - \mathrm{prof}_{A_\mathfrak{p}}(M_\mathfrak{p}) = \mathrm{dp}_{A_\mathfrak{p}}(M_\mathfrak{p}) - \varphi(\mathfrak{p}) .$$

Puisque A est un anneau de Macaulay, on a

$$\dim(A_\mathfrak{p}) = \mathrm{codim}(V(\mathfrak{p}), \mathrm{Spec}(A)) = \mathrm{codim}(V(\mathfrak{p}), X) + \mathrm{codim}(X, \mathrm{Spec}(A))$$

pour toute $X \in \mathscr{C}(\mathfrak{p})$ (§ 2, n° 2, prop. 2 b)) ; on a d'autre part (VIII, § 1, n° 4, prop. 9 et n° 2, remarque 3)

$$\dim_{A_\mathfrak{p}}(M_\mathfrak{p}) = \operatorname{codim}(V(\mathfrak{p}), \operatorname{Supp}(M)) = \sup_{X \in \mathscr{C}(\mathfrak{p})} \operatorname{codim}(V(\mathfrak{p}), X)$$

et par suite

$$\varphi(\mathfrak{p}) = \inf_{X \in \mathscr{C}(\mathfrak{p})} \operatorname{codim}(X, \operatorname{Spec}(A)) .$$

b) Soit $\mathfrak{p} \in \operatorname{Spec}(A)$, et soit F la réunion des composantes irréductibles de Supp(M) qui ne contiennent pas $\mathfrak{p}$. Pour tout élément $\mathfrak{q}$ de $\operatorname{Spec}(A) - F$, on a $\mathscr{C}(\mathfrak{q}) \subset \mathscr{C}(\mathfrak{p})$, d'où $\varphi(\mathfrak{q}) \geqslant \varphi(\mathfrak{p})$ d'après la formule ci-dessus. Par conséquent la fonction φ est semi-continue inférieurement ; l'assertion b) résulte alors de la prop. 3 du n° 2.

c) Soit U l'ensemble des éléments $\mathfrak{p}$ de Spec(A) tels que $M_\mathfrak{p}$ soit macaulayen. La condition $\mathfrak{p} \in U$ équivaut à $\dim(M_\mathfrak{p}) - \operatorname{prof}(M_\mathfrak{p}) \leqslant 0$, de sorte que U est ouvert d'après b). Comme U contient $\operatorname{Spec}(A) - \operatorname{Supp}(M)$, il suffit de prouver que $U \cap \operatorname{Supp}(M)$ est dense dans Supp(M). Pour tout idéal premier minimal $\mathfrak{p}$ de Supp(M), le $A_\mathfrak{p}$-module $M_\mathfrak{p}$ est de longueur finie (IV, § 2, n° 5, cor. 2 de la prop. 7 et § 1, n° 3, cor. 1 de la prop. 7), donc macaulayen ; par conséquent U rencontre toutes les composantes irréductibles de Supp(M). On conclut à l'aide de la prop. 1 de II, § 4, n° 1.

6. Profondeur et dimension injective

PROPOSITION 8.— *Soient* A *un anneau noethérien,* M *un* A-*module de type fini. On a* $\dim_A(M) \leqslant \operatorname{di}_A(M)$.

Soit r un entier positif inférieur à $\dim_A(M)$. Il existe une chaîne saturée d'idéaux premiers $\mathfrak{p} \subset \mathfrak{p}_1 \subset \ldots \subset \mathfrak{p}_{r-1} \subset \mathfrak{q}$ telle que $\mathfrak{p}$ soit un élément minimal du support de M ; le $A_\mathfrak{p}$-module $M_\mathfrak{p}$ est alors de longueur finie, de sorte qu'on a $\operatorname{Hom}_{A_\mathfrak{p}}(\kappa(\mathfrak{p}), M_\mathfrak{p}) \neq 0$, donc $\operatorname{Ext}^r_{A_\mathfrak{q}}(\kappa(\mathfrak{q}), M_\mathfrak{q}) \neq 0$ (§ 1, n° 7, lemme 3), ce qui implique $\operatorname{di}_A(M) \geqslant r$ (n° 3, prop. 6).

PROPOSITION 9.— *Soient* A *un anneau local noethérien et* M *un* A-*module non nul de type fini et* de dimension injective finie. *On a* $\operatorname{di}_A(M) = \operatorname{prof}(A)$.

Posons $r = \operatorname{di}_A(M)$. On a $\operatorname{Ext}^i_A(\kappa_A, M) = 0$ pour $i > r$, donc $\operatorname{Ext}^r_A(\kappa_A, M) \neq 0$ d'après la prop. 6 du n° 3, (iv)$\Rightarrow$(i). Soit s la profondeur de A et soit $(x_1, \ldots, x_s)$ une suite A-régulière d'éléments de $\mathfrak{m}_A$ (§ 1, n° 4, th. 2) ; posons $N = A/(x_1A + \ldots + x_sA)$. D'après l'exemple du n° 1, on a $\operatorname{dp}_A(N) = s$ et $\operatorname{Ext}^s_A(N, M) \neq 0$, donc $s \leqslant \operatorname{di}_A(M) = r$. Mais N est de profondeur 0 (§ 1, n° 4, prop. 7), donc il existe une suite exacte de A-modules

$$0 \to \kappa_A \longrightarrow N \longrightarrow N' \to 0 .$$

On en déduit une suite exacte de modules d'extensions

$$\operatorname{Ext}^r_A(N, M) \longrightarrow \operatorname{Ext}^r_A(\kappa_A, M) \longrightarrow \operatorname{Ext}^{r+1}_A(N', M) \ ;$$

comme on a $\operatorname{Ext}^{r+1}_A(N', M) = 0$ et $\operatorname{Ext}^r_A(\kappa_A, M) \neq 0$, on obtient $\operatorname{Ext}^r_A(N, M) \neq 0$, d'où $r \leqslant \operatorname{dp}_A(N) = s$. En définitive, on a $r = s$, ce qui achève la démonstration.

7. Anneaux de Gorenstein

DÉFINITION 1.— *On dit qu'un anneau* A *est un anneau de Gorenstein s'il est noethérien et que le* $A_{\mathfrak{m}}$*-module* $A_{\mathfrak{m}}$ *est de dimension injective finie pour tout idéal maximal* $\mathfrak{m}$ *de* A.

Pour qu'un anneau local noethérien A soit un anneau de Gorenstein, il faut et il suffit que $\mathrm{di}_A(A)$ soit finie ; pour qu'un anneau noethérien A soit un anneau de Gorenstein, il faut et il suffit qu'il en soit ainsi de $A_{\mathfrak{m}}$ pour tout idéal maximal $\mathfrak{m}$ de A.

PROPOSITION 10.— *Soit* A *un anneau de Gorenstein* ; *alors* A *est un anneau de Macaulay, et satisfait à* $\mathrm{di}_A(A) = \dim(A)$.

Pour tout idéal maximal $\mathfrak{m}$ de A, on a

$$\begin{aligned} \dim(A_{\mathfrak{m}}) &\leqslant \mathrm{di}_{A_{\mathfrak{m}}}(A_{\mathfrak{m}}) && \text{(n° 6, prop. 8)} \\ \mathrm{di}_{A_{\mathfrak{m}}}(A_{\mathfrak{m}}) &= \mathrm{prof}(A_{\mathfrak{m}}) && \text{(n° 6, prop. 9)} \\ \mathrm{prof}(A_{\mathfrak{m}}) &\leqslant \dim(A_{\mathfrak{m}}) && \text{(§ 1, n° 4, cor. 2 du th. 2) ;} \end{aligned}$$

il en résulte que A est un anneau de Macaulay, et que $\mathrm{di}_A(A) = \dim(A)$ par passage à la borne supérieure (n° 2, prop. 3).

Ainsi les anneaux noethériens A tels que $\mathrm{di}_A(A)$ soit finie sont les anneaux de Gorenstein de dimension finie (prop. 3 du n° 2), et les anneaux noethériens tels que le A-module A soit injectif sont les anneaux de Gorenstein artiniens.

Exemples.— 1) Pour toute partie multiplicative S d'un anneau de Gorenstein A, l'anneau de fractions $S^{-1}A$ est un anneau de Gorenstein : en effet, soit $\mathfrak{q}$ un idéal maximal de $S^{-1}A$; il est de la forme $S^{-1}\mathfrak{p}$, où $\mathfrak{p}$ est un idéal premier de A ne rencontrant pas S. Soit $\mathfrak{m}$ un idéal maximal de A contenant $\mathfrak{p}$; alors l'anneau $B = (S^{-1}A)_{\mathfrak{q}}$ est isomorphe à $A_{\mathfrak{p}}$ (II, § 2, n° 5, prop. 11), donc à un anneau de fractions de $A_{\mathfrak{m}}$, et par suite satisfait à $\mathrm{di}_B(B) < +\infty$ (n° 2, cor. 1 de la prop. 3).

2) Soit A un anneau de Gorenstein et soit J un idéal de A, engendré par une suite A-régulière **x**. L'anneau quotient A/J est un anneau de Gorenstein : en effet, pour tout idéal maximal $\mathfrak{m}$ de A contenant J, l'image dans $A_{\mathfrak{m}}$ de la suite **x** est $A_{\mathfrak{m}}$-régulière et engendre l'idéal $J_{\mathfrak{m}}$, de sorte que $A_{\mathfrak{m}}/J_{\mathfrak{m}}$ est un anneau de Gorenstein d'après le cor. de la prop. 7 (n° 4).

3) Soient A un anneau local noethérien, J un idéal de A engendré par une suite A-régulière d'éléments de $\mathfrak{m}_A$. Si A/J est un anneau de Gorenstein, il en est de même de A (n° 4, cor. de la prop. 7).

4) Soit A un anneau local noethérien régulier ; alors A est un anneau de Gorenstein. En effet, soit **x** un système de coordonnées de A (VIII, § 5, n° 1, déf. 1). La suite **x** est A-régulière (*loc. cit.*, n° 2, th. 1) et engendre l'idéal $\mathfrak{m}_A$; on peut donc appliquer l'exemple 3.

5) Tout anneau quotient d'un anneau principal est un anneau de Gorenstein (exemple 2). En particulier, toute algèbre monogène sur un corps est un anneau de Gorenstein.

Lemme 1.— *Soit* A *un anneau local artinien. Les conditions suivantes sont équivalentes :*

(i) A *est un anneau de Gorenstein ;*

(ii) *le* A*-module* A *est injectif ;*

(iii) *le* κ_A*-espace vectoriel* $\mathrm{Hom}_A(\kappa_A, A)$ *est de dimension* 1.

Rappelons (A, VIII, p. 3.5) que A possède un idéal non nul minimal ; un tel idéal est un module simple, donc isomorphe à κ_A. Le κ_A-espace vectoriel $\mathrm{Hom}_A(\kappa_A, A)$ est donc non nul ; dire qu'il est de dimension 1 signifie que A contient un seul idéal non nul minimal, qui est donc le *socle* de A (A, VIII, § 4, n° 6).

L'équivalence de (i) et (ii) a été démontrée après la prop. 10. Supposons le A-module A injectif. Soient x et y deux éléments non nuls de A annulés par $\mathfrak{m}_A$. Il existe une unique application A-linéaire $\varphi : Ax \to A$ telle que $\varphi(x) = y$; comme A est injectif, elle s'étend en un endomorphisme de A, ce qui entraîne que y appartient à Ax, d'où (iii).

Supposons inversement que $\mathrm{Hom}_A(\kappa_A, A)$ soit de dimension 1. Soit M un A-module de type fini ; il est de longueur finie, donc possède une suite de composition dont les quotients sont isomorphes à κ_A. On en déduit par récurrence sur la longueur de M l'inégalité $\mathrm{long}_A(\mathrm{Hom}_A(M, A)) \leqslant \mathrm{long}_A(M)$. Dans la suite exacte des modules d'extensions

$$0 \to \mathrm{Hom}_A(\kappa_A, A) \longrightarrow \mathrm{Hom}_A(A, A) \xrightarrow{\alpha} \mathrm{Hom}_A(\mathfrak{m}_A, A) \longrightarrow \mathrm{Ext}^1_A(\kappa_A, A) \to 0\ ,$$

on a donc $\mathrm{long}_A(\mathrm{Hom}_A(\mathfrak{m}_A, A)) \leqslant \mathrm{long}_A(\mathfrak{m}_A) = \mathrm{long}(A) - 1 = \mathrm{long}_A(\mathrm{Im}\,\alpha)$. Par suite α est surjective, $\mathrm{Ext}^1_A(\kappa_A, A)$ est nul et le A-module A est injectif (n° 3, prop. 4).

Lemme 2.— *Soit* A *un anneau local noethérien tel que* $\mathrm{di}_A(A) = +\infty$. *On a* $\mathrm{Ext}^i_A(\kappa_A, A) \neq 0$ *pour tout entier* $i \geqslant \dim(A)$.

Raisonnons par récurrence sur $\dim(A)$. Lorsque $\dim(A) = 0$, $\mathfrak{m}_A$ est l'unique idéal premier de A et l'assertion résulte de la prop. 6 du n° 3. Supposons donc $\dim(A) > 0$ et soit $\mathfrak{p}$ un idéal premier de A distinct de $\mathfrak{m}_A$; on a alors $\dim(A_\mathfrak{p}) < \dim(A)$. Si $\mathrm{di}_{A_\mathfrak{p}}(A_\mathfrak{p}) = +\infty$, l'hypothèse de récurrence implique $\mathrm{Ext}^j_{A_\mathfrak{p}}(\kappa(\mathfrak{p}), A_\mathfrak{p}) \neq 0$ pour tout entier $j \geqslant \dim(A_\mathfrak{p})$; d'après le lemme 3 du § 1, n° 7, cela implique $\mathrm{Ext}^i_A(\kappa_A, A) \neq 0$ pour tout entier $i \geqslant \dim(A_\mathfrak{p}) + \dim(A/\mathfrak{p})$, et en particulier pour $i \geqslant \dim(A)$ (VIII, § 1, n° 3, prop. 8, b)).

Il nous reste à traiter le cas où $\mathrm{di}_A(A)$ est infinie mais où la dimension injective de $A_\mathfrak{p}$ est finie pour tout idéal premier $\mathfrak{p}$ de A distinct de $\mathfrak{m}_A$. Pour un tel idéal, on a dans ce cas, d'après la prop. 10, $\mathrm{di}_{A_\mathfrak{p}}(A_\mathfrak{p}) = \dim(A_\mathfrak{p}) < \dim(A)$, donc $\mathrm{Ext}^i_{A_\mathfrak{p}}(\kappa(\mathfrak{p}), A_\mathfrak{p}) = 0$ pour $i \geqslant \dim(A)$. Puisque $\mathrm{di}_A(A)$ est infinie, la prop. 6 du n° 3 impose alors $\mathrm{Ext}^i_A(\kappa_A, A) \neq 0$ pour tout entier $i \geqslant \dim(A)$.

THÉORÈME 2 (Bass).— *Soit* A *un anneau local noethérien ; posons* $d = \dim(A)$. *Soient* $\mathbf{x} = (x_1, \ldots, x_d)$ *une suite sécante maximale d'éléments de* $\mathfrak{m}_A$, *et* $\mathfrak{x}$ *l'idéal qu'elle engendre. Les conditions suivantes sont équivalentes :*

(i) A *est un anneau de Gorenstein* ;

(ii) *on a* $\mathrm{di}_A(A) = d$;

(iii) *il existe un entier* $i > d$ *tel que* $\mathrm{Ext}^i_A(\kappa_A, A) = 0$;

(iv) *on a* $\mathrm{Ext}^i_A(\kappa_A, A) = 0$ *pour* $i < d$ *et le* κ_A*-espace vectoriel* $\mathrm{Ext}^d_A(\kappa_A, A)$ *est de dimension* 1 ;

(v) *l'anneau* A *est de Macaulay et le* κ_A*-espace vectoriel* $\mathrm{Hom}_A(\kappa_A, A/x)$ *est de dimension* 1 ;

(vi) *la suite* $\mathbf{x}$ *est* A*-régulière et le* κ_A*-espace vectoriel* $\mathrm{Hom}_A(\kappa_A, A/x)$ *est de dimension* 1.

L'équivalence de (i), (ii) et (iii) résulte du lemme 2 et de la prop. 10. Si $\mathrm{Ext}^i_A(\kappa_A, A)$ est nul pour tout entier $i < d$, l'anneau A est de Macaulay (§ 2, n° 3, prop. 3) ; si l'anneau A est de Macaulay, la suite $\mathbf{x}$ est A-régulière (*loc. cit.*, th. 1) ; si la suite $\mathbf{x}$ est A-régulière, on a $\mathrm{Ext}^i_A(\kappa_A, A) = 0$ pour $i < d$ et les κ_A-espaces vectoriels $\mathrm{Ext}^d_A(\kappa_A, A)$ et $\mathrm{Hom}_A(\kappa_A, A/x)$ sont isomorphes (A, X, p. 166, prop. 9). Cela prouve l'équivalence des conditions (iv), (v) et (vi).

Prouvons que (i) implique (v) : si A est un anneau de Gorenstein, c'est un anneau de Macaulay (prop. 10). La suite $\mathbf{x}$ est alors A-régulière (§ 2, n° 3, prop. 4), donc A/x est un anneau artinien de Gorenstein (exemple 2), de sorte que le κ_A-espace vectoriel $\mathrm{Hom}_A(\kappa_A, A/x)$ est de dimension 1.

Prouvons enfin que (vi) implique (i) : sous l'hypothèse (vi), l'anneau A/x est un anneau de Gorenstein (lemme 1), donc A est un anneau de Gorenstein (exemple 3).

COROLLAIRE.— *Soit* A *un anneau local noethérien de dimension* d. *Le* A*-module* $\mathrm{Ext}^d_A(\kappa_A, A)$ *n'est pas nul.*

Cela résulte du th. 2 si A est un anneau de Gorenstein et du lemme 2 sinon.

PROPOSITION 11.— *Soit* A *un anneau noethérien. Les conditions suivantes sont équivalentes* :

(i) A *est un anneau de Gorenstein* ;

(ii) *pour tout idéal premier* $\mathfrak{p}$ *de* A, *le* $\kappa(\mathfrak{p})$*-espace vectoriel* $\mathrm{Ext}^i_{A_\mathfrak{p}}(\kappa(\mathfrak{p}), A_\mathfrak{p})$ *est nul pour* $i \neq \mathrm{ht}(\mathfrak{p})$ *et de dimension* 1 *pour* $i = \mathrm{ht}(\mathfrak{p})$.

(iii) *pour tout idéal maximal* $\mathfrak{m}$ *de* A, *il existe un entier* $i > \mathrm{ht}(\mathfrak{m})$ *tel que* $\mathrm{Ext}^i_{A_\mathfrak{m}}(A/\mathfrak{m}, A_\mathfrak{m}) = 0$.

(i)$\Rightarrow$(ii) : cela résulte du th. 2 appliqué à l'anneau local de Gorenstein $A_\mathfrak{p}$ (exemple 1).

(ii)$\Rightarrow$(iii) : c'est trivial.

(iii)$\Rightarrow$(i) : sous l'hypothèse (iii), $A_\mathfrak{m}$ est un anneau de Gorenstein pour tout idéal maximal $\mathfrak{m}$ de A (th. 2), et A est de Gorenstein.

8. Anneaux de Gorenstein et algèbres plates

PROPOSITION 12.— *Soit* $\rho : \mathrm{A} \to \mathrm{B}$ *un homomorphisme local d'anneaux locaux noethériens, faisant de* B *un* A*-module plat. Les conditions suivantes sont équivalentes :*

(i) B *est un anneau de Gorenstein ;*

(ii) A *et* $\kappa_{\mathrm{A}} \otimes_{\mathrm{A}} \mathrm{B}$ *sont des anneaux de Gorenstein.*

Traitons d'abord le cas où les anneaux A et B sont artiniens. Notons C l'anneau local $\kappa_{\mathrm{A}} \otimes_{\mathrm{A}} \mathrm{B}$; son corps résiduel κ_{C} s'identifie à κ_{B}. Puisque B est plat sur A, le B-module $\mathrm{Hom}_{\mathrm{B}}(\mathrm{C},\mathrm{B})$ est isomorphe à $\mathrm{Hom}_{\mathrm{A}}(\kappa_{\mathrm{A}},\mathrm{A}) \otimes_{\mathrm{A}} \mathrm{B}$ (I, § 2, n° 10, prop. 11), donc à $\mathrm{Hom}_{\mathrm{A}}(\kappa_{\mathrm{A}},\mathrm{A}) \otimes_{\kappa_{\mathrm{A}}} \mathrm{C}$. On en déduit une suite d'isomorphismes

$$\mathrm{Hom}_{\mathrm{B}}(\kappa_{\mathrm{B}},\mathrm{B}) \longrightarrow \mathrm{Hom}_{\mathrm{C}}(\kappa_{\mathrm{C}},\mathrm{Hom}_{\mathrm{B}}(\mathrm{C},\mathrm{B})) \longrightarrow \mathrm{Hom}_{\mathrm{C}}(\kappa_{\mathrm{C}},\mathrm{Hom}_{\mathrm{A}}(\kappa_{\mathrm{A}},\mathrm{A}) \otimes_{\kappa_{\mathrm{A}}} \mathrm{C})$$
$$\longrightarrow \mathrm{Hom}_{\mathrm{A}}(\kappa_{\mathrm{A}},\mathrm{A}) \otimes_{\kappa_{\mathrm{A}}} \mathrm{Hom}_{\mathrm{C}}(\kappa_{\mathrm{C}},\mathrm{C}) .$$

En particulier, on a $[\mathrm{Hom}_{\mathrm{B}}(\kappa_{\mathrm{B}},\mathrm{B}) : \kappa_{\mathrm{B}}] = [\mathrm{Hom}_{\mathrm{A}}(\kappa_{\mathrm{A}},\mathrm{A}) : \kappa_{\mathrm{A}}]\,[\mathrm{Hom}_{\mathrm{C}}(\kappa_{\mathrm{C}},\mathrm{C}) : \kappa_{\mathrm{C}}]$ et la proposition résulte alors du lemme 1 du n° 7.

Passons au cas général. Si l'on remplace dans l'énoncé le mot « Gorenstein » par le mot « Macaulay », la proposition est un cas particulier de la prop. 10 du § 2, n° 7. On peut donc supposer que les anneaux A, B et $\mathrm{C} = \kappa_{\mathrm{A}} \otimes_{\mathrm{A}} \mathrm{B}$ sont de Macaulay. Le B-module C est macaulayen (§ 2, n° 1, exemple 4). Posons $r = \dim(\mathrm{A})$, $s = \dim(\mathrm{C})$. Il existe une suite A-régulière $(x_1, \ldots, x_r)$ d'éléments de $\mathfrak{m}_{\mathrm{A}}$ et une suite $(y_1, \ldots, y_s)$ d'éléments de $\mathfrak{m}_{\mathrm{B}}$ régulière pour le B-module C (§ 2, n° 3, prop. 3) ; notons $\mathfrak{x}$ l'idéal de A et $\mathfrak{y}$ l'idéal de B qu'elles engendrent respectivement. La suite $(y_1, \ldots, y_s, \rho(x_1), \ldots, \rho(x_r))$ est B-régulière (§ 1, n° 6, prop. 11) et le A-module $\mathrm{B}/\mathfrak{y}$ est plat (*loc. cit.*, prop. 10). L'homomorphisme de $\mathrm{A}/\mathfrak{x}$ dans $\mathrm{B}/(\mathfrak{x}\mathrm{B} + \mathfrak{y})$ déduit de ρ par passage aux quotients fait donc de $\mathrm{B}/(\mathfrak{x}\mathrm{B} + \mathfrak{y})$ un $(\mathrm{A}/\mathfrak{x})$-module plat et l'anneau $\kappa_{\mathrm{A}/\mathfrak{x}} \otimes_{\mathrm{A}/\mathfrak{x}} \mathrm{B}/(\mathfrak{x}\mathrm{B} + \mathfrak{y})$ est isomorphe à $\mathrm{C}/\mathfrak{y}\mathrm{C}$. La proposition résulte ainsi de la première partie de la démonstration, compte tenu de l'exemple 3 du n° 7.

COROLLAIRE 1.— *Soit* $\rho : \mathrm{A} \to \mathrm{B}$ *un homomorphisme d'anneaux noethériens faisant de* B *un* A*-module plat. Les conditions suivantes sont équivalentes :*

(i) B *est un anneau de Gorenstein ;*

(ii) (resp. (iii)) *pour tout idéal premier* (resp. *maximal*) $\mathfrak{q}$ *de* B, *les anneaux* $\mathrm{A}_{\rho^{-1}(\mathfrak{q})}$ *et* $\kappa(\rho^{-1}(\mathfrak{q})) \otimes_{\mathrm{A}} \mathrm{B}$ *sont de Gorenstein.*

Si de plus B *est un* A*-module fidèlement plat, ces conditions entraînent que* A *est un anneau de Gorenstein.*

Soit $\mathfrak{q}$ un idéal premier de B ; posons $\mathfrak{p} = \rho^{-1}(\mathfrak{q})$. L'anneau $\mathrm{B}_{\mathfrak{q}}$, isomorphe à un anneau de fractions de $\mathrm{B}_{\mathfrak{p}}$, est plat sur $\mathrm{A}_{\mathfrak{p}}$. Pour que $\mathrm{B}_{\mathfrak{q}}$ soit un anneau de Gorenstein, il faut et il suffit que les anneaux $\mathrm{A}_{\mathfrak{p}}$ et $\kappa(\mathfrak{p}) \otimes_{\mathrm{A}_{\mathfrak{p}}} \mathrm{B}_{\mathfrak{q}}$ le soient (prop. 12).

(i) $\Rightarrow$ (ii) : soient $\mathfrak{q}$ un idéal premier de B et $\mathfrak{p} = \rho^{-1}(\mathfrak{q})$. Si B est un anneau de Gorenstein, il en est de même de $\mathrm{B}_{\mathfrak{q}}$, donc de $\mathrm{A}_{\mathfrak{p}}$ et $\kappa(\mathfrak{p}) \otimes_{\mathrm{A}_{\mathfrak{p}}} \mathrm{B}_{\mathfrak{q}}$ d'après ce qui précède. D'après la remarque du § 2, n° 6, l'anneau local de $\kappa(\mathfrak{p}) \otimes_{\mathrm{A}} \mathrm{B}$ en un idéal premier quelconque est alors un anneau de Gorenstein, ce qui entraîne que $\kappa(\mathfrak{p}) \otimes_A B$ est un anneau de Gorenstein, d'où (ii).

(ii) ⇒ (iii) : c'est clair.

(iii) ⇒ (i) : pour tout idéal maximal $\mathfrak{n}$ de B, il résulte du début de la démonstration (appliqué avec $\mathfrak{q} = \mathfrak{n}$) que $B_{\mathfrak{n}}$ est un anneau de Gorenstein, d'où (i).

Si B est un A-module fidèlement plat, l'application ${}^a\mathrm{p} : \mathrm{Spec}(B) \longrightarrow \mathrm{Spec}(A)$ est surjective (II, § 2, n° 5, cor. 4 de la prop. 11), d'où la dernière assertion.

COROLLAIRE 2.— *Soient* A *un anneau noethérien,* J *un idéal de* A, $\widehat{A}$ *le séparé complété de* A *pour la topologie* J*-adique. Considérons les conditions suivantes :*

(i) A *est un anneau de Gorenstein ;*

(ii) $\widehat{A}$ *est un anneau de Gorenstein ;*

(iii) *pour tout idéal maximal* $\mathfrak{m}$ *de* A *contenant* J, $A_{\mathfrak{m}}$ *est un anneau de Gorenstein ;*

(iv) *pour tout idéal premier* $\mathfrak{p}$ *de* A *tel que* $\mathfrak{p} + J \neq A$, $A_{\mathfrak{p}}$ *et* $\kappa(\mathfrak{p}) \otimes_A \widehat{A}$ *sont des anneaux de Gorenstein.*

Les conditions (ii) *à* (iv) *sont équivalentes, et sont entraînées par* (i). *Lorsque l'idéal* J *est contenu dans le radical de* A, *les conditions* (i) *à* (iv) *sont équivalentes.*

On déduit ce corollaire du cor. 1 de la même façon que l'on a déduit de la prop. 9 du § 2, n° 7, son corollaire 4 : il suffit dans la démonstration de remplacer le mot « Macaulay » par le mot « Gorenstein ».

COROLLAIRE 3.— *Soient* A *un anneau de Gorenstein et* $(T_i)_{i\in I}$ *une famille finie d'indéterminées. Les anneaux* $A[(T_i)_{i\in I}]$ *et* $A[[(T_i)_{i\in I}]]$ *sont des anneaux de Gorenstein.*

Pour tout corps k, l'anneau $k[T]$ est de Gorenstein (n° 7, exemple 5) ; par ailleurs l'anneau A[T] est noethérien. C'est donc un anneau de Gorenstein (cor. 1). On en déduit par récurrence sur Card(I) que $A[(T_i)_{i\in I}]$ est un anneau de Gorenstein ; puis on applique le cor. 2.

§ 4. ANNEAUX RÉGULIERS

1. Propriétés homologiques élémentaires des anneaux locaux réguliers

PROPOSITION 1.— *Soient* A *un anneau local noethérien régulier et* n *sa dimension. On a* $\mathrm{dh}(\mathrm{A}) = n$ *et, pour tout entier* $i \geqslant 0$,

$$[\mathrm{Ext}^i_{\mathrm{A}}(\kappa_{\mathrm{A}}, \kappa_{\mathrm{A}}) : \kappa_{\mathrm{A}}] = [\mathrm{Tor}^{\mathrm{A}}_i(\kappa_{\mathrm{A}}, \kappa_{\mathrm{A}}) : \kappa_{\mathrm{A}}] = \binom{n}{i}.$$

Soit $\mathbf{x} = (x_1, \dots, x_n)$ un système de coordonnées de A (VIII, § 5, n° 1, déf. 1). La suite $\mathbf{x}$ engendre $\mathfrak{m}_{\mathrm{A}}$ et est complètement sécante pour A (*loc. cit.*, n° 2, th. 1). Le complexe de Koszul $\mathbf{K}_\bullet(\mathbf{x}, \mathrm{A})$ est une résolution libre de κ_{A} (A, X, p. 159, remarque 3), dont la différentielle est nulle modulo $\mathfrak{m}_{\mathrm{A}}$. Pour tout entier $i \geqslant 0$, on a donc (§ 3, n° 3, formule (1))

$$[\mathrm{Ext}^i_{\mathrm{A}}(\kappa_{\mathrm{A}}, \kappa_{\mathrm{A}}) : \kappa_{\mathrm{A}}] = [\mathrm{Tor}^{\mathrm{A}}_i(\kappa_{\mathrm{A}}, \kappa_{\mathrm{A}}) : \kappa_{\mathrm{A}}] = \mathrm{rg}_{\mathrm{A}}(\mathbf{K}_i(\mathbf{x}, \mathrm{A})) = \binom{n}{i}.$$

Il résulte alors du cor. 1 de la prop. 4 du n° 3, § 3 que $\mathrm{dh}(\mathrm{A}) = n$.

PROPOSITION 2.— *Un anneau local noethérien régulier est factoriel.*

D'après la prop. 1, tout module de type fini sur un anneau local noethérien régulier admet une résolution projective de longueur finie par des modules projectifs de type fini, donc libres (II, § 3, n° 2, cor. 2 de la prop. 5). Il résulte alors de VII, § 4, n° 7, cor. 3 de la prop. 16 qu'un tel anneau est factoriel.

PROPOSITION 3.— *Soient* A *un anneau local noethérien régulier et* M *un* A*-module non nul de type fini. Sa dimension projective est finie et l'on a*

$$\mathrm{dp}_{\mathrm{A}}(\mathrm{M}) + \mathrm{prof}_{\mathrm{A}}(\mathrm{M}) = \dim(\mathrm{A}).$$

En effet, M est de dimension projective finie (prop. 1), et l'on a $\mathrm{prof}(\mathrm{A}) = \dim(\mathrm{A})$ puisque A est un anneau de Macaulay (§ 2, n° 5, exemple 7). On applique alors le th. 1 du § 3, n° 5.

COROLLAIRE 1.— *On a* $\mathrm{dp}_{\mathrm{A}}(\mathrm{M}) \geqslant \dim(\mathrm{A}) - \dim(\mathrm{M})$; *pour qu'il y ait égalité, il faut et il suffit que* M *soit macaulayen.*

COROLLAIRE 2.— *Pour que le* A*-module* M *soit libre, il faut et il suffit qu'il soit macaulayen et de dimension* $\dim(\mathrm{A})$, *ou encore qu'il soit de profondeur* $\geqslant \dim(\mathrm{A})$.

COROLLAIRE 3.— *Tout module réflexif de type fini sur un anneau local noethérien régulier de dimension* 2 *est libre.*

En effet, un anneau local noethérien régulier est intégralement clos (VIII, § 5, n° 2, cor. 1 du th. 1). Le corollaire 3 résulte donc du corollaire 2 et du § 1, n° 10, prop. 16.

COROLLAIRE 4.— *Soit* $\rho : A \to B$ *un homomorphisme local d'anneaux locaux noethériens. On suppose que* A *est régulier et que* ρ *fait de* B *un* A*-module de type fini. On a alors* $dp_A(B) \geqslant \dim(A) - \dim(B)$. *Pour que* B *soit un anneau de Macaulay, il faut et il suffit que l'on ait* $dp_A(B) = \dim(A) - \dim(B)$. *Pour que* B *soit un anneau de Macaulay de dimension égale à* $\dim(A)$, *il faut et il suffit que le* A*-module* B *soit libre.*

En effet, on a $\dim(B) = \dim_A(B)$ (VIII, § 2, n° 3, th. 1) ; par ailleurs, B est un anneau de Macaulay si et seulement si c'est un A-module de Macaulay (§ 2, n° 6, prop. 8). Il suffit donc d'appliquer les corollaires 1 et 2.

Remarque.— Le corollaire 4 permet de caractériser les anneaux locaux de Macaulay dans plusieurs cas importants. Soit A un anneau local noethérien ; c'est un anneau de Macaulay si et seulement s'il en est ainsi de $\widehat{A}$ (§ 2, n° 7, cor. 4 de la prop. 9). Supposons désormais l'anneau local A *complet* et posons $d = \dim(A)$.

a) Supposons que A possède un sous-corps. Il possède alors un sous-corps de représentants K (IX, § 3, n° 3), et il existe une algèbre de séries formelles $E = K[[T_1, \ldots, T_n]]$ et un homomorphisme surjectif de K-algèbres $E \to A$ (*loc. cit.*) ; il existe aussi une algèbre de séries formelles $E' = K[[T_1, \ldots, T_d]]$ et un homomorphisme local injectif de K-algèbres $E' \to A$ tel que A soit une algèbre finie sur E′ (*loc. cit.*). Les propriétés suivantes sont équivalentes :

(i) A est un anneau de Macaulay ;

(ii) on a $dp_E(A) = n - d$;

(iii) A est un E′-module libre.

b) Supposons que le corps résiduel de A soit de caractéristique $p > 0$. Il existe un p-anneau de longueur $+\infty$, de corps résiduel κ_A (IX, § 2, n° 3, prop. 5). Soit C un tel anneau ; il existe une algèbre de séries formelles $E = C[[T_1, \ldots, T_n]]$ et un homomorphisme surjectif $\rho : E \to A$ (IX, § 2, n° 5, th. 3). Les propriétés suivantes sont équivalentes :

(i) A est un anneau de Macaulay ;

(ii) on a $dp_E(A) = n + 1 - d$.

Supposons de plus que $p1_A$ ne soit pas diviseur de zéro dans A ; il existe alors une algèbre de séries formelles $E' = K[[T_1, \ldots, T_{d-1}]]$ et un homomorphisme local injectif de K-algèbres $E' \to A$ tel que A soit une algèbre finie sur E′ (*loc. cit.*). L'anneau local E′ est régulier, de dimension $n+1$ (VIII, § 5, n° 5, exemple 2). Les conditions précédentes équivalent aussi à

(iii) A est un E′-module libre.

Pour des résultats analogues dans le cas des modules, voir le § 5, n° 5.

2. Caractérisation homologique des anneaux noethériens réguliers

THÉORÈME 1 (Serre).— *Pour qu'un anneau local noethérien soit régulier, il faut et il suffit que sa dimension homologique soit finie.*

Nous avons vu qu'un anneau local noethérien régulier est de dimension homologique finie (prop. 1).

Inversement, soit A un anneau local noethérien de dimension homologique finie n ; d'après le § 3, n° 3, cor. 2 de la prop. 4 et n° 5, th. 1, on a

$$n = \mathrm{dh}(\mathrm{A}) = \mathrm{dp}_{\mathrm{A}}(\kappa_{\mathrm{A}}) = \mathrm{prof}(\mathrm{A}) .$$

Si $n = 0$, le A-module κ_{A} est libre, donc $\mathfrak{m}_{\mathrm{A}} = 0$ et A est un corps. Supposons $n > 0$ et raisonnons par récurrence sur n. Puisque $\mathrm{prof}(\mathrm{A}) > 0$, l'idéal $\mathfrak{m}_{\mathrm{A}}$ n'est pas associé à A (§ 1, n° 1, remarque 2), donc n'est pas contenu dans la réunion de $\mathfrak{m}_{\mathrm{A}}^2$ et des idéaux associés à A (II, § 1, n° 1, prop. 2). Par conséquent (IV, § 1, n° 1, cor. 2 de la prop. 2), on peut trouver un élément x de $\mathfrak{m}_{\mathrm{A}} - \mathfrak{m}_{\mathrm{A}}^2$ tel que l'homothétie x_{A} soit injective. Notons B l'anneau local noethérien $\mathrm{A}/x\mathrm{A}$ et considérons la suite de A-modules

$$0 \to \kappa_{\mathrm{A}} \xrightarrow{i} \mathfrak{m}_{\mathrm{A}}/x\mathfrak{m}_{\mathrm{A}} \xrightarrow{p} \mathfrak{m}_{\mathrm{B}} \to 0$$

où l'application i est déduite par passage aux quotients de l'application $a \mapsto ax$ de A dans $\mathfrak{m}_{\mathrm{A}}$ et où p est la surjection canonique ; elle est exacte. Puisque la classe de x dans le κ_{A}-espace vectoriel $\mathfrak{m}_{\mathrm{A}}/\mathfrak{m}_{\mathrm{A}}^2$ n'est pas nulle, il existe une application A-linéaire $\phi : \mathfrak{m}_{\mathrm{A}} \to \kappa_{\mathrm{A}}$ avec $\phi(x) = 1$; par passage au quotient, on déduit de ϕ une rétraction de i, de sorte que la suite exacte précédente est scindée. Cela entraîne les relations

$$\mathrm{dp}_{\mathrm{B}}(\mathfrak{m}_{\mathrm{B}}) \leqslant \mathrm{dp}_{\mathrm{B}}(\mathfrak{m}_{\mathrm{A}}/x\mathfrak{m}_{\mathrm{A}}) = \mathrm{dp}_{\mathrm{A}}(\mathfrak{m}_{\mathrm{A}}) < +\infty$$

(cor. 2 de la prop. 7 du § 3, n° 4 et A, X, p. 135, cor. 1). Le cor. 2 de *loc. cit.* appliqué à la suite exacte de B-modules $0 \to \mathfrak{m}_{\mathrm{B}} \to \mathrm{B} \to \kappa_{\mathrm{B}} \to 0$ entraîne $\mathrm{dp}_{\mathrm{B}}(\kappa_{\mathrm{B}}) < +\infty$. L'anneau B est donc de dimension homologique finie (§ 3, n° 3, cor. 2 de la prop. 4), et de profondeur $n - 1$ (§ 1, n° 4, prop. 7 et n° 3, cor. de la prop. 4). Il résulte de l'hypothèse de récurrence que B est régulier, donc que A est régulier (VIII, § 5, n° 3, cor. 1 de la prop. 2).

Par conséquent, si A est un anneau local noethérien, il y a équivalence entre les trois propriétés suivantes :

(i) A est régulier ;

(ii) le A-module κ_{A} est de dimension projective finie ;

(iii) tout A-module de type fini est de dimension projective $< +\infty$.

DÉFINITION 1.— *On dit qu'un anneau* A *est régulier s'il est noethérien et que l'anneau local* $\mathrm{A}_{\mathfrak{m}}$ *est régulier pour tout idéal maximal* $\mathfrak{m}$ *de* A.

PROPOSITION 4.— *Soit* A *un anneau noethérien. Les conditions suivantes sont équivalentes :*

(i) A *est régulier ;*

(ii) *tout* A*-module de type fini est de dimension projective* $< +\infty$;

(iii) *pour tout idéal maximal* $\mathfrak{m}$ *de* A, *la dimension projective de* $\mathrm{A}/\mathfrak{m}$ *est finie ;*

(iv) *pour tout idéal premier* $\mathfrak{p}$ *de* A, *l'anneau local* $\mathrm{A}_{\mathfrak{p}}$ *est régulier.*

Soit $\mathfrak{p}$ un idéal premier de A ; si le A-module $A/\mathfrak{p}$ est de dimension projective finie, il en est de même du $A_\mathfrak{p}$-module $\kappa(\mathfrak{p})$ d'après le cor. 1 de la prop. 3 du § 3, n° 2, de sorte que l'anneau local $A_\mathfrak{p}$ est régulier (th. 1). On en déduit que (ii) implique (iv) et que (iii) implique (i). Les implications (iv)$\Rightarrow$(i) et (ii)$\Rightarrow$(iii) sont claires.

Prouvons que (i) implique (ii). Soit M un A-module de type fini. Sous l'hypothèse (i), on a $\mathrm{dp}_{A_\mathfrak{m}}(M_\mathfrak{m}) \leqslant \mathrm{dh}(A_\mathfrak{m}) < +\infty$ pour tout idéal maximal $\mathfrak{m}$ de A (n° 1, prop. 1) ; donc M est de dimension projective $< +\infty$ (§ 3, n° 2, cor. 2 de la prop. 3), d'où (ii).

Exemples.— 1) Si l'anneau A est régulier, l'anneau de fractions $S^{-1}A$ est régulier pour toute partie multiplicative S de A : cela résulte par exemple de la caractérisation (iii) ci-dessus.

2) Pour qu'un anneau soit régulier, il faut et il suffit qu'il soit isomorphe au produit d'une famille finie d'anneaux réguliers intègres ; cela résulte en effet de ce que tout anneau régulier est localement intègre (§ 1, n° 8), puisque les anneaux locaux réguliers sont intègres.

3) Les anneaux réguliers intègres de dimension $\leqslant 1$ sont les anneaux de Dedekind (VIII, § 5, n° 1, exemple 1 et VII, § 2, n° 2, théorème 1).

COROLLAIRE 1.— *Soit* A *un anneau noethérien. Les conditions suivantes sont équivalentes* :

(i) *on a* $\mathrm{dh}(A) < +\infty$;

(ii) A *est régulier et l'on a* $\dim(A) < +\infty$.

Si ces conditions sont réalisées, on a $\dim(A) = \mathrm{dh}(A)$.

Si l'anneau A est régulier, on a pour tout idéal maximal $\mathfrak{m}$ de A l'égalité $\dim(A_\mathfrak{m}) = \mathrm{dh}(A_\mathfrak{m})$ (n° 1, prop. 1), et donc

$$\mathrm{dh}(A) = \sup_{\mathfrak{m}} \mathrm{dh}(A_\mathfrak{m}) = \sup_{\mathfrak{m}} \dim(A_\mathfrak{m}) = \dim A$$

(§ 3, n° 2, prop. 3 et VIII, § 1, n° 3, prop. 8). D'autre part, si $\mathrm{dh}(A) < +\infty$, l'anneau A est régulier d'après la prop. 4. Le corollaire en résulte.

Il existe des anneaux noethériens réguliers de dimension infinie (VIII, § 5, exerc. 6).

COROLLAIRE 2.— *Un anneau régulier est normal, de Gorenstein et de Macaulay.*

En effet, un anneau local régulier est intégralement clos (VIII, § 5, n° 2, cor. 1 du th. 1), de Gorenstein (§ 3, n° 9, exemple 4) et de Macaulay (§ 2, n° 5, exemple 6).

COROLLAIRE 3.— *Soient* A *un anneau noethérien,* J *un idéal de* A *et* $\widehat{A}$ *le séparé complété de* A *pour la topologie* J*-adique.*

a) *Pour que l'anneau* $\widehat{A}$ *soit régulier, il faut et il suffit que, pour tout idéal maximal* $\mathfrak{m}$ *de* A *contenant* J, *l'anneau* $A_\mathfrak{m}$ *soit régulier.*

b) *Si l'anneau* A *est régulier, l'anneau* $\widehat{A}$ *est régulier. Si l'anneau* $\widehat{A}$ *est régulier et l'idéal* J *contenu dans le radical de* A, *l'anneau* A *est régulier.*

D'après la prop. 8 de III, § 3, n° 4, pour que l'anneau $\widehat{A}$ soit régulier, il faut et il suffit qu'il en soit ainsi de $\widehat{A}_{\widehat{\mathfrak{m}}}$ pour tout idéal maximal $\mathfrak{m}$ de A contenant J. Comme les complétés des anneaux locaux $\widehat{A}_{\widehat{\mathfrak{m}}}$ et $A_{\mathfrak{m}}$ sont isomorphes (*loc. cit.*), l'assertion a) résulte de VIII, § 5, n° 1, cor. de la prop. 1. L'assertion b) résulte de a).

COROLLAIRE 4.— *Soient* A *un anneau régulier et* P *un* A*-module projectif de type fini. L'algèbre symétrique* $\mathbf{S}_A(P)$ *est un anneau régulier.*

Soient $\mathfrak{p}$ un idéal premier de $\mathbf{S}_A(P)$ et $\mathfrak{q}$ son image réciproque dans A. L'anneau local $\mathbf{S}_A(P)_{\mathfrak{p}}$ est un anneau de fractions de l'anneau $\mathbf{S}_A(P)_{\mathfrak{q}}$, qui est isomorphe à $\mathbf{S}_{A_{\mathfrak{q}}}(P_{\mathfrak{q}})$ (A, III, p. 72, prop. 7) ; il suffit de prouver que ce dernier est régulier. Cela nous ramène au cas où A est local ; mais alors P est libre de type fini. D'après la prop. 1 du n° 1 et A, X, p. 143, cor. 1, on a $\mathrm{dh}(\mathbf{S}_A(P)) = \mathrm{dh}(A) + \mathrm{rg}_A(P) < +\infty$, et $\mathbf{S}_A(P)$ est régulier d'après la prop. 4.

COROLLAIRE 5.— *Soient* A *un anneau régulier, et* $(T_i)_{i\in I}$ *une famille finie d'indéterminées. L'anneau de polynômes* $A[(T_i)_{i\in I}]$ *et l'anneau de séries formelles* $A[[(T_i)_{i\in I}]]$ *sont réguliers.*

Cela résulte du cor. 4 et du cor. 3 b).

3. Anneaux réguliers et algèbres finies

PROPOSITION 5.— *Soient* $\rho : A \to B$ *un homomorphisme d'anneaux noethériens et* N *un* B*-module. On suppose que*

a) *l'anneau* A *est régulier,*

b) N *est un* A*-module de type fini,*

c) *le* B*-module* N *est macaulayen,*

d) *tout idéal premier minimal de* $\mathrm{Supp}_B(N)$ *est au-dessus d'un idéal premier minimal de* A.

Alors N *est un* A*-module projectif (de type fini).*

Il s'agit de prouver que, pour tout idéal maximal $\mathfrak{m}$ de A, le $A_{\mathfrak{m}}$-module $N_{\mathfrak{m}}$ est libre (II, § 5, n° 2, th. 1). Le A-module $B/\mathrm{Ann}_B(N)$ est un sous-module du A-module de type fini $\mathrm{End}_A(N)$, donc est de type fini. Si l'on remplace B par $B/\mathrm{Ann}_B(N)$, les hypothèses de la proposition sont encore vérifiées (§ 2, n° 1, exemple 5) ; on peut donc supposer que B est un A-module de type fini et que $\mathrm{Supp}_B(N) = \mathrm{Spec}(B)$.

Soit $\mathfrak{m}$ un idéal maximal de $\mathrm{Supp}_A(N)$; posons $n = \dim(A_{\mathfrak{m}})$. D'après le cor. 2 de la prop. 3 du n° 1, il suffit de prouver que $N_{\mathfrak{m}}$ est un $A_{\mathfrak{m}}$-module macaulayen de dimension n. Tout idéal maximal de $B_{\mathfrak{m}}$ est de la forme $\mathfrak{n}B_{\mathfrak{m}}$, où $\mathfrak{n}$ est un idéal premier de B au-dessus de $\mathfrak{m}$ (V, § 2, n° 1, lemme 1 et prop. 1). Soit $\mathfrak{p}$ un idéal premier minimal de $\mathrm{Supp}_B(N)$, contenu dans $\mathfrak{n}$. La partie fermée $V(\mathfrak{p}B_{\mathfrak{n}})$ de $\mathrm{Supp}_{B_{\mathfrak{n}}}(N_{\mathfrak{n}})$ est alors de codimension nulle ; le $B_{\mathfrak{n}}$-module $N_{\mathfrak{n}}$ étant macaulayen, le cor. de la prop. 2, § 2, n° 2 entraîne l'égalité $\dim_{B_{\mathfrak{n}}}(N_{\mathfrak{n}}) = \dim(B_{\mathfrak{n}}/\mathfrak{p}B_{\mathfrak{n}})$. Mais $\mathfrak{p}$ est au-dessus d'un idéal premier minimal de A, contenu dans $\mathfrak{m}$, de sorte que

$\mathfrak{p}B_{\mathfrak{n}}$ est au-dessus d'un idéal premier minimal de $A_{\mathfrak{m}}$, qui est nul puisque l'anneau local $A_{\mathfrak{m}}$ est régulier, donc intègre. L'application canonique $A_{\mathfrak{m}} \to B_{\mathfrak{n}}/\mathfrak{p}B_{\mathfrak{n}}$ est donc injective et il résulte de VIII, § 2, n° 3, th. 1 que l'on a $\dim(B_{\mathfrak{n}}/\mathfrak{p}B_{\mathfrak{n}}) = n$. La prop. 2 du § 2, n° 2 entraîne que le $A_{\mathfrak{m}}$-module $N_{\mathfrak{m}}$ est macaulayen. La proposition résulte alors des relations $\dim_{A_{\mathfrak{m}}}(N_{\mathfrak{m}}) = \dim_{B_{\mathfrak{m}}}(N_{\mathfrak{m}})$ (VIII, § 2, n° 3, th. 1) et $\dim_{B_{\mathfrak{m}}}(N_{\mathfrak{m}}) \geqslant \dim_{B_{\mathfrak{n}}}(N_{\mathfrak{n}}) = n$.

COROLLAIRE.— *Soit* B *un anneau noethérien intègre et soit* A *un sous-anneau régulier de* B. *Supposons que le* A-*module* B *soit de type fini. Pour que l'anneau* B *soit de Macaulay, il faut et il suffit que le* A-*module* B *soit projectif.*

Si l'anneau B est de Macaulay, le A-module B est projectif d'après la prop. 5.

Supposons inversement le A-module B projectif. Le A-module A est macaulayen (cor. 2 de la prop. 4) ; le A-module B est facteur direct dans un A-module libre de type fini, donc est macaulayen (§ 2, n° 1, exemple 2). On applique alors le cor. 1 de la prop. 8 du § 2, n° 6.

Exemple.— Soit B une algèbre intègre non nulle de type fini sur un corps K. D'après VIII, § 2, n° 4, cor. 1 du th. 3, il existe une sous-algèbre A de B isomorphe à une algèbre de polynômes sur K et telle que B soit un A-module de type fini. Les propriétés suivantes sont équivalentes :

(i) l'anneau B est macaulayen ;

(ii) le A-module B est projectif ;

(iii) le A-module B est libre.

4. Anneaux présentables

On dit qu'un anneau A est *présentable* s'il existe un anneau régulier R et un homomorphisme surjectif de R dans A.

Par définition, les anneaux réguliers sont présentables.

PROPOSITION 6.— a) *Tout anneau de fractions d'un anneau présentable est présentable. Toute algèbre de type fini sur un anneau présentable est un anneau présentable.*

b) *Soient* A *un anneau présentable et* J *un idéal de* A. *Le séparé complété* $\widehat{A}$ *de* A *pour la topologie* J-*adique est présentable.*

c) *Tout anneau local noethérien complet est présentable.*

d) *Soit* A *un anneau local présentable. Il existe un anneau local régulier* R *et un homomorphisme local surjectif de* R *dans* A.

Soit A un anneau présentable ; choisissons un anneau régulier R et un homomorphisme surjectif $\rho : R \to A$.

a) Soit S une partie multiplicative de A ; posons $T = \rho^{-1}(S)$. L'homomorphisme $T^{-1}R \to S^{-1}A$ déduit de ρ est surjectif et l'anneau $T^{-1}R$ est régulier (n° 3, exemple 1), donc $S^{-1}A$ est présentable.

Soit B une A-algèbre de type fini ; il existe un ensemble fini I et un homomorphisme surjectif $A[(T_i)_{i\in I}] \to B$, donc un homomorphisme surjectif $R[(T_i)_{i\in I}] \to B$. Comme l'anneau $R[(T_i)_{i\in I}]$ est régulier (n° 2, cor. 5 de la prop. 4), l'anneau B est présentable.

b) Posons $I = \rho^{-1}(J)$ et notons $\widehat{R}$ le séparé complété de R pour la topologie I-adique ; pour chaque entier $n \geqslant 0$, l'application canonique $I^n/I^{n+1} \to J^n/J^{n+1}$ est surjective. Par conséquent, l'homomorphisme $\widehat{R} \to \widehat{A}$ déduit de ρ est surjectif (III, § 2, n° 8, cor. 2 du th. 1) ; comme $\widehat{R}$ est régulier (n° 2, cor. 3 de la prop. 4), l'anneau $\widehat{A}$ est présentable.

c) Cela résulte de IX, § 2, n° 5, th. 3 a) et IX, § 3, n° 3, th. 2 a).

d) Soit $\mathfrak{m}_A$ l'idéal maximal de A ; alors $\mathfrak{p} = \rho^{-1}(\mathfrak{m}_A)$ est un idéal premier de R, l'anneau local $R_{\mathfrak{p}}$ est régulier et l'homomorphisme $R_{\mathfrak{p}} \to A$ déduit de ρ est local et surjectif.

Puisque les corps et les anneaux de Dedekind sont réguliers, donc présentables, la proposition 6 implique que la plupart des anneaux rencontrés usuellement en géométrie algébrique sont présentables.

PROPOSITION 7.— *Soit* A *un anneau présentable.*

a) *L'anneau* A *est noethérien et caténaire.*

b) *Soit* M *un* A*-module de type fini. L'application*

$$\mathfrak{p} \mapsto \dim_{A_{\mathfrak{p}}}(M_{\mathfrak{p}}) - \operatorname{prof}_{A_{\mathfrak{p}}}(M_{\mathfrak{p}})$$

de Spec(A) *dans* $\mathbf{Z}$ *est semi-continue supérieurement.*

c) *Soit* M *un* A*-module de type fini. L'ensemble des* $\mathfrak{p} \in \operatorname{Spec}(A)$ *tels que le* $A_{\mathfrak{p}}$*-module* $M_{\mathfrak{p}}$ *soit macaulayen est un ouvert dense. Son intersection avec* Supp(M) *est dense dans* Supp(M).

Choisissons un anneau régulier R et un homomorphisme surjectif $R \to A$.

a) L'anneau R est de Macaulay (n° 2, cor. 2 de la prop. 4), donc A est caténaire (§ 2, n° 2, prop. 2 et VIII, § 1, n° 3, rem. 2).

b) Le R-module M est de type fini et de dimension projective $< +\infty$ (n° 1, prop. 1). Identifions Spec(A) à une partie fermée de Spec(R). Alors la fonction $\mathfrak{p} \mapsto \dim_{A_{\mathfrak{p}}}(M_{\mathfrak{p}}) - \operatorname{prof}_{A_{\mathfrak{p}}}(M_{\mathfrak{p}})$ sur Spec(A) est la restriction de la fonction $\mathfrak{q} \mapsto \dim_{R_{\mathfrak{q}}}(M_{\mathfrak{q}}) - \operatorname{prof}_{R_{\mathfrak{q}}}(M_{\mathfrak{q}})$ sur Spec(R) ; il suffit alors d'appliquer le cor. 4 du th. 1 du § 3, n° 5.

c) Cela se démontre comme la partie c) de *loc. cit.*

5. Anneaux réguliers et extensions plates

PROPOSITION 8.— *Soit* $\rho : A \to B$ *un homomorphisme d'anneaux noethériens faisant de* B *un* A*-module fidèlement plat.*

a) *Pour tout* A*-module* M *de type fini, on a* $\operatorname{dp}_A(M) = \operatorname{dp}_B(B \otimes_A M)$.

b) *Si l'anneau* B *est régulier, l'anneau* A *est régulier.*

Le B-module $B \otimes_A M$ est de type fini (I, § 3, n° 6, prop. 12). Pour qu'il soit nul, il faut et il suffit que M le soit (I, § 3, n° 1, déf. 1) ; pour qu'il soit projectif, il faut et il suffit que M soit un A-module projectif (I, n° 6, prop. 12). Cela prouve a) lorsque $\mathrm{dp}_A(M) \leqslant 0$. Supposons donc $\mathrm{dp}_A(M) \geqslant 1$ (d'où $\mathrm{dp}_B(B \otimes_A M) \geqslant 1$) et démontrons a) par récurrence sur $\mathrm{dp}_A(M)$. Choisissons une suite exacte de A-modules

$$0 \to N \to L \to M \to 0$$

où le A-module L est libre de type fini. On a $\mathrm{dp}_A(N) = \mathrm{dp}_A(M) - 1$ (A, X, p. 135, cor. 2 de la prop. 1). Comme B est plat sur A, la suite

$$0 \to B \otimes_A N \to B \otimes_A L \to B \otimes_A M \to 0$$

est exacte et on a $\mathrm{dp}_B(B \otimes_A N) = \mathrm{dp}_B(B \otimes_A M) - 1$. L'hypothèse de récurrence appliquée à N permet de conclure. Cela prouve a) ; l'assertion b) résulte de a) et de la prop. 4 du n° 2.

COROLLAIRE.— *Soit* B *un anneau régulier intègre et soit* A *un sous-anneau noethérien de* B *tel que* B *soit un* A-*module de type fini. Les conditions suivantes sont équivalentes :*

(i) A *est régulier ;*

(ii) B *est un* A-*module projectif ;*

(iii) B *est un* A-*module plat ;*

(iv) B *est un* A-*module fidèlement plat.*

(i) ⇒ (ii) : cela résulte du cor. de la prop. 5 du n° 3.

(ii) ⇒ (iii) : cela résulte de I, § 3, n° 1, prop. 1.

(iii) ⇒ (iv) : pour tout idéal premier $\mathfrak{p}$ de A, on a $\mathfrak{p}B \neq B$ (V, § 2, n° 1, cor. 1 du théorème 1). Il suffit alors d'appliquer I, § 3, n° 1, prop. 1.

(iv) ⇒ (i) : cela résulte de la prop. 8, b).

Pour tout anneau local noethérien A, notons $\delta(A)$ l'entier

$$\delta(A) = [\mathfrak{m}_A/\mathfrak{m}_A^2 : \kappa_A] - \dim(A) .$$

Rappelons (VIII, § 5, n° 1) que $\delta(A)$ est toujours positif et que son annulation caractérise les anneaux locaux réguliers.

Soit $\rho : A \to B$ un homomorphisme local d'anneaux locaux noethériens ; on déduit de ρ un homomorphisme κ_A-linéaire $\mathfrak{m}_A/\mathfrak{m}_A^2 \longrightarrow \mathfrak{m}_B/\mathfrak{m}_B^2$, d'où un homomorphisme κ_B-linéaire

$$d\rho : \kappa_B \otimes_{\kappa_A} (\mathfrak{m}_A/\mathfrak{m}_A^2) \longrightarrow \mathfrak{m}_B/\mathfrak{m}_B^2 .$$

Lemme 1.— *On a*

$$\delta(B) + [\mathrm{Ker}(d\rho) : \kappa_B] = \delta(A) + \delta(\kappa_A \otimes_A B) + (\dim(A) - \dim(B) + \dim(\kappa_A \otimes_A B)) .$$

Notons C l'anneau local $\kappa_A \otimes_A B$. Considérons la suite exacte de B-modules

$$B \otimes_A \mathfrak{m}_A \longrightarrow \mathfrak{m}_B \longrightarrow \mathfrak{m}_C \to 0 ;$$

par produit tensoriel avec κ_B, on obtient une suite exacte de κ_B-espaces vectoriels

$$\kappa_B \otimes_{\kappa_A} (\mathfrak{m}_A/\mathfrak{m}_A^2) \xrightarrow{d\rho} \mathfrak{m}_B/\mathfrak{m}_B^2 \longrightarrow \mathfrak{m}_C/\mathfrak{m}_C^2 \to 0 ,$$

d'où l'on déduit l'égalité

$$[\mathfrak{m}_B/\mathfrak{m}_B^2 : \kappa_B] + [\mathrm{Ker}(d\rho) : \kappa_B] = [\mathfrak{m}_A/\mathfrak{m}_A^2 : \kappa_A] + [\mathfrak{m}_C/\mathfrak{m}_C^2 : \kappa_C] ,$$

qui entraîne le lemme.

PROPOSITION 9.— *Soit* $\rho : A \to B$ *un homomorphisme local d'anneaux locaux noethériens. Les conditions suivantes sont équivalentes :*

(i) *l'anneau* B *est régulier et l'application* κ_B*-linéaire*

$$d\rho : \kappa_B \otimes_{\kappa_A} (\mathfrak{m}_A/\mathfrak{m}_A^2) \longrightarrow \mathfrak{m}_B/\mathfrak{m}_B^2$$

est injective ;

(ii) *les anneaux* B *et* $\kappa_A \otimes_A B$ *sont réguliers et le* A*-module* B *est plat ;*

(iii) *les anneaux* A *et* $\kappa_A \otimes_A B$ *sont réguliers et le* A*-module* B *est plat ;*

(iv) *les anneaux* A *et* $\kappa_A \otimes_A B$ *sont réguliers, et l'on a*

$$\dim(B) = \dim(A) + \dim(\kappa_A \otimes_A B).$$

On a $\dim(B) \leqslant \dim(A) + \dim(\kappa_A \otimes_A B)$ (VIII, § 3, n° 4, cor. 1 de la prop. 7) ; l'équivalence de (i) et (iv) résulte donc du lemme 1. Sous l'hypothèse (ii), le A-module B est fidèlement plat puisqu'on a $\mathfrak{m}_A B \subset \mathfrak{m}_B \neq B$ (I, § 3, n° 1, prop. 1), ce qui entraîne (iii) d'après la prop. 8. L'implication (iii) $\Rightarrow$ (iv) résulte de VIII, *loc. cit.*

Il nous suffit maintenant de prouver que lorsque les conditions équivalentes (i) et (iv) sont satisfaites, le A-module B est plat. Soit $\mathbf{x}$ un système de coordonnées de A. Puisque $d\rho$ est injective, l'image par ρ de cette suite fait partie d'un système de coordonnées de B. Ainsi la suite $\mathbf{x}$ est complètement sécante pour A et pour B (VIII, § 5, n° 3, prop. 2), et engendre l'idéal $\mathfrak{m}_A$ de A. D'après la remarque 3 de A, X, p. 159, le A-module $\mathrm{Tor}_1^A(\kappa_A, B)$ est isomorphe à $H_1(\mathbf{x}, B)$, donc est nul ; il en résulte que B est plat sur A (III, § 5, n° 2, th. 1 et n° 4, prop. 2).

Exemple.— * Soient X, Y deux variétés analytiques complexes, localement de dimension finie, f un morphisme de X dans Y, et x un point de X. Considérons l'homomorphisme local $\rho : \mathscr{O}_{Y,f(x)} \to \mathscr{O}_{X,x}$ associé à f. L'application $d\rho$ est la transposée de l'application tangente $T_x(f) : T_x(X) \to T_{f(x)}(Y)$. Les conditions (i) à (iv) de la proposition 9 équivalent donc dans ce cas au fait que f soit une *submersion* en x (VAR, R, 5.9.1). *

COROLLAIRE.— *Soit* $\rho : A \to B$ *un homomorphisme d'anneaux noethériens faisant de* B *un* A*-module plat. Si* A *est régulier et si* $\kappa(\rho^{-1}(\mathfrak{n})) \otimes_A B$ *est régulier pour tout idéal maximal* $\mathfrak{n}$ *de* B*, l'anneau* B *est régulier.*

En effet pour tout idéal maximal $\mathfrak{n}$ de B le $A_{\rho^{-1}(\mathfrak{n})}$-module $B_\mathfrak{n}$ est plat (II, § 3, n° 4, prop. 15), de sorte que l'anneau $B_\mathfrak{n}$ est régulier d'après la prop. 9.

§ 5. INTERSECTIONS COMPLÈTES

1. Idéal engendré par une suite complètement sécante

DÉFINITION 1.— *Soient* A *un anneau,* J *un idéal de* A. *On dit que l'idéal* J *est complètement sécant au point* $\mathfrak{p}$ *de* V(J) *si l'idéal* $J_{\mathfrak{p}}$ *de* $A_{\mathfrak{p}}$ *est engendré par une suite complètement sécante pour* $A_{\mathfrak{p}}$. *On dit que* J *est complètement sécant s'il l'est en tous les points de* V(J).

Si l'idéal J de A est complètement sécant, il en est de même de l'idéal $S^{-1}J$ de $S^{-1}A$ pour toute partie multiplicative S de A.

Tout idéal engendré par une suite complètement sécante est complètement sécant. Plus précisément :

PROPOSITION 1.— *Soient* A *un anneau,* J *un idéal de* A, *engendré par une suite finie* $\mathbf{x} = (x_1, \dots, x_r)$ *d'éléments de* A. *Les conditions suivantes sont équivalentes :*

(i) *la suite* $\mathbf{x}$ *est complètement sécante pour* A ;

(ii) (resp. (ii')) *pour tout idéal premier* (resp. *maximal)* $\mathfrak{p} \in V(J)$, *l'image de* $\mathbf{x}$ *dans* $A_{\mathfrak{p}}$ *est complètement sécante pour* $A_{\mathfrak{p}}$;

(iii) (resp. (iii')) *pour tout idéal premier* (resp. *maximal)* $\mathfrak{p} \in V(J)$, *l'idéal* J *est complètement sécant en* $\mathfrak{p}$ *et l'image de* $\mathbf{x}$ *dans le* $\kappa(\mathfrak{p})$*-espace vectoriel* $\kappa(\mathfrak{p}) \otimes_A J$ *en forme une base.*

Lorsque A *est noethérien, ces conditions sont encore équivalentes à :*

(iv) *pour tout entier* $n \geqslant 0$, *le* A/J*-module* J^n/J^{n+1} *est libre, et les images des monômes* $x_1^{\alpha_1} \dots x_r^{\alpha_r}$ *de degré total* n *en forment une base.*

Soit $\mathfrak{p}$ un idéal premier de A ; notons $\mathbf{x}_{\mathfrak{p}}$ l'image dans $A_{\mathfrak{p}}$ de la suite $\mathbf{x}$. Pour tout entier $i \geqslant 0$, le $A_{\mathfrak{p}}$-module $H_i(\mathbf{x}_{\mathfrak{p}}, A_{\mathfrak{p}})$ est isomorphe à $(H_i(\mathbf{x}, A))_{\mathfrak{p}}$ (A, X, p. 151, 2)) ; il est nul si $\mathfrak{p}$ ne contient pas J, puisqu'on a alors $J_{\mathfrak{p}} = A_{\mathfrak{p}}$ (A, X, p. 148, cor. 2). L'équivalence de (i), (ii) et (ii') résulte de là et de II, § 3, n° 3, cor. 2 du th. 1. D'autre part l'équivalence de (ii) et (iii) et celle de (ii') et (iii') résultent du § 1, n° 3, cor. 2 du th. 1.

L'implication (i)$\Rightarrow$(iv) est une conséquence du th. 1 de A, X, p. 160. Enfin la condition (iv) implique par localisation la condition analogue pour les $(A_{\mathfrak{p}}/J_{\mathfrak{p}})$-modules $J_{\mathfrak{p}}^n/J_{\mathfrak{p}}^{n+1}$ pour tout $\mathfrak{p} \in V(J)$, et celle-ci entraîne (ii) d'après le cor. 1 de A, X, p. 160.

Remarques.— 1) Lorsque l'anneau A est noethérien, on peut remplacer dans les conditions (ii) et (ii') « complètement sécante » par « régulière » (A, X, p. 160, cor. 1).

On prendra garde qu'il n'en est pas ainsi dans la condition (i) : une suite complètement sécante pour A n'est pas nécessairement A-régulière (exerc. 1).

2) Soient A un anneau, J un idéal de type fini de A et $\mathfrak{p}$ un idéal premier de A contenant J. D'après le cor. 2 du th. 1 du § 1, n° 3, on a

$$\mathrm{prof}_{\mathrm{A}_{\mathfrak{p}}}(\mathrm{J}_{\mathfrak{p}}\,;\mathrm{A}_{\mathfrak{p}}) \leqslant [\kappa(\mathfrak{p}) \otimes_{\mathrm{A}} \mathrm{J} : \kappa(\mathfrak{p})]\ ,$$

et il y a égalité si et seulement si J est complètement sécant en $\mathfrak{p}$.

Supposons que J soit distinct de A et engendré par une suite complètement sécante $(x_1, \ldots, x_r)$. On a alors (prop. 4 du § 1, n° 3, et prop. 1 ci-dessus)

$$\mathrm{prof}_{\mathrm{A}}(\mathrm{J}\,;\mathrm{A}) = \inf_{\mathfrak{p}\in \mathrm{V}(\mathrm{J})} \mathrm{prof}_{\mathrm{A}_{\mathfrak{p}}}(\mathrm{J}_{\mathfrak{p}}\,;\mathrm{A}_{\mathfrak{p}}) = r\ .$$

Si de plus A est noethérien, on a $\mathrm{codim}(\mathrm{V}(\mathrm{J}), \mathrm{Spec}(\mathrm{A})) \leqslant r$ (VIII, § 3, n° 3, prop. 4) et $\mathrm{prof}_{\mathrm{A}}(\mathrm{J}\,;\mathrm{A}) \leqslant \mathrm{codim}(\mathrm{V}(\mathrm{J}), \mathrm{Spec}(\mathrm{A}))$ (§ 1, n° 7, prop. 12), d'où finalement

$$\mathrm{prof}_{\mathrm{A}}(\mathrm{J}\,;\mathrm{A}) = r = \mathrm{codim}(\mathrm{V}(\mathrm{J}), \mathrm{Spec}(\mathrm{A})) = \mathrm{ht}(\mathrm{J})\ .$$

2. Caractérisation des idéaux complètement sécants

Soient A un anneau et J un idéal de A. Le A-module gradué $\bigoplus_{n\in\mathbf{N}} \mathrm{J}^n$ possède une structure naturelle de A-algèbre graduée, déduite de la multiplication dans l'anneau A ; l'application identique de J dans J^1 se prolonge donc en un homomorphisme surjectif de A-algèbres graduées, dit *canonique*

$$\alpha_{\mathrm{J}} : \mathbf{S}_{\mathrm{A}}(\mathrm{J}) \longrightarrow \bigoplus_{n\in\mathbf{N}} \mathrm{J}^n\ .$$

Par extension des scalaires à l'anneau A/J, on déduit de α_{J} un homomorphisme surjectif de A/J-algèbres graduées, également dit canonique

$$\beta_{\mathrm{J}} : \mathbf{S}_{\mathrm{A/J}}(\mathrm{J}/\mathrm{J}^2) \longrightarrow \mathrm{gr}_{\mathrm{J}}(\mathrm{A})\ ,$$

avec $\mathrm{gr}_{\mathrm{J}}(\mathrm{A}) = \bigoplus_{n\in\mathbf{N}} \mathrm{J}^n/\mathrm{J}^{n+1}$.

THÉORÈME 1.— *Soient* A *un anneau noethérien et* J *un idéal de* A. *Les conditions suivantes sont équivalentes :*

(i) *l'idéal* J *est complètement sécant ;*

(ii) *l'idéal* J *est complètement sécant en tout idéal maximal* $\mathfrak{m} \in \mathrm{V}(\mathrm{J})$;

(iii) *le* A/J*-module* J/J^2 *est projectif et l'homomorphisme canonique* $\alpha_{\mathrm{J}} : \mathbf{S}_{\mathrm{A}}(\mathrm{J}) \longrightarrow \bigoplus_{n\in\mathbf{N}} \mathrm{J}^n$ *est bijectif ;*

(iv) *le* A/J*-module* J/J^2 *est projectif et l'homomorphisme canonique* $\beta_{\mathrm{J}} : \mathbf{S}_{\mathrm{A/J}}(\mathrm{J}/\mathrm{J}^2) \longrightarrow \mathrm{gr}_{\mathrm{J}}(\mathrm{A})$ *est bijectif.*

(i) ⇒ (ii) : c'est trivial.

(ii) ⇒ (iii) : supposons la condition (ii) satisfaite. Il suffit de prouver que pour tout idéal maximal $\mathfrak{m}$ de A, le $A_\mathfrak{m}/J_\mathfrak{m}$-module $J_\mathfrak{m}/J_\mathfrak{m}^2$ est libre et l'homomorphisme $\alpha_{J_\mathfrak{m}} : \mathbf{S}_{A_\mathfrak{m}}(J_\mathfrak{m}) \longrightarrow \bigoplus_n J_\mathfrak{m}^n$ est bijectif (II, § 5, n° 2, th. 1 et § 3, n° 3, th. 1). Mais ces assertions sont triviales lorsque $\mathfrak{m}$ n'appartient pas à V(J) puisqu'on a alors $J_\mathfrak{m} = A_\mathfrak{m}$, et elles résultent de A, X, p. 160, th. 1 et p. 161, remarque, lorsque $\mathfrak{m}$ appartient à V(J).

(iii) ⇒ (iv) : c'est clair.

(iv) ⇒ (i) : supposons la condition (iv) satisfaite ; soit $\mathfrak{p}$ un idéal premier de A contenant J. Alors le $A_\mathfrak{p}/J_\mathfrak{p}$-module $J_\mathfrak{p}/J_\mathfrak{p}^2$ est libre. Soit $\mathbf{x} = (x_1, \ldots, x_r)$ une suite d'éléments de $J_\mathfrak{p}$ relevant une base de $J_\mathfrak{p}/J_\mathfrak{p}^2$. La suite $\mathbf{x}$ engendre $J_\mathfrak{p}$ (lemme de Nakayama), et satisfait par construction à la condition (iv) de la prop. 1. Par suite l'idéal $J_\mathfrak{p}$ de $A_\mathfrak{p}$ est complètement sécant, et J est complètement sécant en $\mathfrak{p}$.

Remarque 1.— Suppposons l'idéal J complètement sécant ; soit $(x_1, \ldots, x_r)$ une suite d'éléments de J, telle que pour tout idéal maximal $\mathfrak{m} \in V(J)$ les images canoniques des x_i dans $J/\mathfrak{m}J$ forment une base de ce $A/\mathfrak{m}$-espace vectoriel. Alors le A/J-module J/J^2 est libre et les images canoniques dans J/J^2 des x_i en forment une base : il suffit en effet de vérifier que les images des x_i forment une base du $A_\mathfrak{m}/J_\mathfrak{m}$-module $J_\mathfrak{m}/J_\mathfrak{m}^2$ pour tout $\mathfrak{m} \in V(J)$ (II, § 3, n° 3, th. 1), ce qui résulte de *loc. cit.*, n° 2, prop. 5 et cor. 2, puisque le $A_\mathfrak{m}/J_\mathfrak{m}$-module $J_\mathfrak{m}/J_\mathfrak{m}^2$ est projectif (th. 1).

COROLLAIRE 1.— *Soient* $\widehat{A}$ *l'anneau séparé complété de* A *pour la topologie* J*-adique et* $\widehat{J} = J\widehat{A}$ *le séparé complété de* J. *Pour que l'idéal* $\widehat{J}$ *de* $\widehat{A}$ *soit complètement sécant, il faut et il suffit que l'idéal* J *de* A *soit complètement sécant.*

En effet, l'application canonique $\mathrm{gr}_J(A) \to \mathrm{gr}_{\widehat{J}}(\widehat{A})$ est un isomorphisme d'anneaux gradués ; il suffit donc d'appliquer le critère (iv).

Plus généralement :

COROLLAIRE 2.— *Soient* $\rho : A \to B$ *un homomorphisme d'anneaux noethériens faisant de* B *un* A*-module plat, et* J *un idéal de* A.

a) *Si* J *est complètement sécant, l'idéal* JB *de* B *est complètement sécant.*

b) *Supposons que l'idéal* JB *de* B *soit complètement sécant et que tout idéal maximal* $\mathfrak{m} \in V(J)$ *soit l'image réciproque d'un idéal maximal de* B. *Alors l'idéal* J *est complètement sécant. C'est le cas par exemple si* B *est un* A*-module fidèlement plat.*

Remarquons d'abord que, puisque le A-module B est plat, $J^n \otimes_A B$ s'identifie à J^nB et $(J^n/J^{n+1}) \otimes_{A/J} (B/JB)$ à $J^nB/J^{n+1}B$ pour tout entier $n \geqslant 0$. L'assertion a) résulte alors du critère (iii). Sous les hypothèses de b), le A/J-module B/JB est fidèlement plat (I, § 2, n° 7, cor. 2 de la prop. 8 et § 3, n° 5, prop. 9) et J est complètement sécant d'après le critère (iv), compte tenu de I, § 3, n° 1, prop. 2 et n° 6, prop. 12. La dernière assertion résulte de la prop. 8 de I, § 3, n° 5.

COROLLAIRE 3.— *Soient* A *un anneau noethérien et* J *un idéal complètement sécant de* A. *Si* A *est un anneau de Macaulay* (resp. *de Gorenstein*), *il en est de même de* A/J.

Soit en effet $\mathfrak{m}$ un idéal maximal de A contenant J. L'idéal $J_{\mathfrak{m}}$ de $A_{\mathfrak{m}}$ est engendré par une suite $A_{\mathfrak{m}}$-régulière ; donc $(A/J)_{\mathfrak{m}}$ est un anneau de Macaulay (resp. de Gorenstein) d'après l'exemple 6 du § 2, n° 5 (resp. l'exemple 2 du § 3, n° 9).

Remarque 2.— On dit qu'un anneau noethérien A est un *anneau d'intersection complète* si, pour tout idéal maximal $\mathfrak{m}$ de A, l'anneau local complet $\widehat{A_{\mathfrak{m}}}$ est isomorphe au quotient d'un anneau noethérien local complet régulier par un idéal complètement sécant. Il résulte du cor. 3 ci-dessus et du cor. 2 de la prop. 12 du § 3, n° 8 qu'un tel anneau est un anneau de Gorenstein.

3. Idéaux complètement sécants et anneaux réguliers

PROPOSITION 2.— *Soit* A *un anneau noethérien. Les conditions suivantes sont équivalentes* :

(i) A *est régulier* ;

(ii) *tout idéal maximal de* A *est complètement sécant* ;

(iii) *tout idéal* J *de* A *tel que* A/J *soit régulier est complètement sécant.*

(i) ⇒ (iii) : supposons l'anneau A régulier ; soit J un idéal de A tel que A/J soit régulier et soit $\mathfrak{p}$ un idéal premier de A contenant J. Alors les anneaux locaux $A_{\mathfrak{p}}$ et $A_{\mathfrak{p}}/J_{\mathfrak{p}}$ sont réguliers, donc $J_{\mathfrak{p}}$ est engendré par une suite complètement sécante pour $A_{\mathfrak{p}}$ (VIII, § 5, n° 3, cor. 2 et prop. 2), ce qui signifie que J est complètement sécant en $\mathfrak{p}$.

(iii) ⇒ (ii) : c'est clair puisqu'un corps est un anneau régulier.

(ii) ⇒ (i) : soit $\mathfrak{m}$ un idéal maximal de A ; sous l'hypothèse (ii), l'idéal maximal $\mathfrak{m}A_{\mathfrak{m}}$ de $A_{\mathfrak{m}}$ est engendré par une suite complètement sécante pour $A_{\mathfrak{m}}$, donc $A_{\mathfrak{m}}$ est régulier (VIII, § 5, n° 2, th. 1). Par conséquent A est régulier.

PROPOSITION 3.— *Soient* A *un anneau noethérien et* J *un idéal de* A *tel que* A/J *soit régulier. Les conditions suivantes sont équivalentes* :

(i) *l'idéal* J *est complètement sécant* ;

(ii) *pour tout idéal premier* (resp. *maximal*) $\mathfrak{p}$ *de* A *contenant* J, *l'anneau* $A_{\mathfrak{p}}$ *est régulier* ;

(iii) *l'anneau séparé complété de* A *pour la topologie* J*-adique est régulier.*

D'après le th. 1, la condition (i) signifie que pour tout idéal premier (resp. maximal) $\mathfrak{p}$ de A contenant J, l'idéal $J_{\mathfrak{p}}$ de l'anneau local $A_{\mathfrak{p}}$ est engendré par une suite complètement sécante pour $A_{\mathfrak{p}}$. Puisque $A_{\mathfrak{p}}/J_{\mathfrak{p}}$ est régulier par hypothèse, cette dernière condition équivaut à ce que $A_{\mathfrak{p}}$ soit régulier (VIII, § 5, n° 3, prop. 2 et son cor. 2) ; cela prouve l'équivalence de (i) et (ii). L'équivalence de (ii) et (iii) résulte du § 4, n° 2, cor. 3 de la prop. 4.

PROPOSITION 4.— *Soient* A *un anneau régulier,* J *un idéal de* A *et* A_0 *un sous-anneau de* A *tel que l'homomorphisme canonique* $A_0 \to A/J$ *soit bijectif.*

a) *L'idéal* J *est complètement sécant, le* A_0*-module* J/J^2 *est projectif de type fini, et l'anneau* A_0 *est régulier.*

b) *Soit* $\varphi : J/J^2 \to J$ *une section* A_0*-linéaire de la surjection canonique* $J \to J/J^2$. *L'homomorphisme de* A_0*-algèbres* $\mathsf{S}_{A_0}(J/J^2) \longrightarrow A$ *prolongeant* φ *s'étend en un isomorphisme du complété de l'anneau gradué* $\mathsf{S}_{A_0}(J/J^2)$ *sur le séparé complété de* A *pour la topologie* J*-adique.*

a) Soit $\mathfrak{p}$ un idéal premier de A contenant J. On a $\mathfrak{p} = (\mathfrak{p} \cap A_0) \oplus J$ et par suite $\mathfrak{p}^2 = (\mathfrak{p} \cap A_0)^2 \oplus \mathfrak{p}J$, donc $\mathfrak{p}^2 \cap J = \mathfrak{p}J$. Notons i l'injection canonique de J dans $\mathfrak{p}$. D'après ce qui précède l'application $i \otimes 1_{A/\mathfrak{p}} : J \otimes_A A/\mathfrak{p} \longrightarrow \mathfrak{p} \otimes_A A/\mathfrak{p}$ est injective, et il en est de même de $i_\mathfrak{p} \otimes 1_{\kappa(\mathfrak{p})} : J_\mathfrak{p} \otimes_{A_\mathfrak{p}} \kappa(\mathfrak{p}) \longrightarrow \mathfrak{p}A_\mathfrak{p} \otimes_{A_\mathfrak{p}} \kappa(\mathfrak{p})$. Le lemme de Nakayama implique que l'idéal $J_\mathfrak{p}$ de $A_\mathfrak{p}$ est engendré par une partie d'un système de coordonnées de l'anneau local régulier $A_\mathfrak{p}$. D'après la prop. 2 de VIII, § 5, n° 3, l'anneau $A_\mathfrak{p}/J_\mathfrak{p}$ est régulier et l'idéal $J_\mathfrak{p}$ est complètement sécant. Ainsi J est complètement sécant, l'anneau A_0, isomorphe à A/J, est régulier, et le A_0-module J/J^2 est projectif de type fini d'après le th. 1 (n° 2).

b) Il résulte du th. 1 que l'homomorphisme canonique $\beta_J : \mathsf{S}_{A_0}(J/J^2) \longrightarrow \mathrm{gr}_J(A)$ est bijectif. Soit $f : \mathsf{S}_{A_0}(J/J^2) \longrightarrow A$ l'homomorphisme de A_0-algèbres prolongeant l'application A_0-linéaire $\varphi : J/J^2 \longrightarrow J$. Si l'on munit A de la filtration J-adique et $\mathsf{S}_{A_0}(J/J^2)$ de la filtration associée à sa graduation, β_J s'identifie à l'homomorphisme déduit de f par passage aux gradués associés. L'assertion b) résulte alors de III, § 2, n° 8, cor. 3 du th. 1.

4. Anneaux gradués réguliers

Soient A_0 un anneau et P un A_0-module gradué de type **N** à degrés > 0. Notons A l'anneau $\mathsf{S}_{A_0}(P)$; il existe sur A une unique graduation de type **N** pour laquelle A_0 est de degré 0 et P est un sous-A_0-module gradué de A. Notons A_+ l'idéal $\bigoplus_{n>0} A_n$ de A. Alors l'application canonique $P \longrightarrow A_+/A_+^2$ est un isomorphisme de A_0-modules gradués (*cf.* A, III, p. 76, prop. 10).

Si le A_0-module P est gradué libre (A, II, p. 167, remarque 3) et si $(x_i)_{i\in I}$ est une base de P formée d'éléments homogènes, la A_0-algèbre graduée $\mathsf{S}_{A_0}(P)$ est isomorphe à l'algèbre de polynômes $A_0[(X_i)_{i\in I}]$, munie de la graduation pour laquelle chaque X_i est homogène de degré $\deg(x_i)$. On appelle A_0-algèbre graduée de polynômes toute A_0-algèbre graduée de type **N**, isomorphe à une A_0-algèbre graduée de la forme précédente.

Lorsque l'anneau A_0 est régulier et que le A_0-module P est projectif de type fini, l'anneau $\mathsf{S}_{A_0}(P)$ est régulier (§ 4, n° 2, cor. 4 de la prop. 4). Inversement :

THÉORÈME 2.— *Soit* A *un anneau régulier, gradué de type* **N**. *L'anneau* A_0 *formé des éléments de degré* 0 *dans* A *est régulier ; il existe un* A_0*-module projectif de type fini* P *gradué à degrés* > 0 *tel que* A *soit isomorphe comme* A_0*-algèbre graduée à* $\mathsf{S}_{A_0}(P)$.

Notons P le A_0-module gradué A_+/A_+^2. D'après la prop. 4 du n° 3, l'anneau A_0 est régulier et le A_0-module P est projectif et de type fini. Les composants homogènes de P sont donc projectifs et il existe une section A_0-linéaire $\varphi : P \to A_+$, graduée de degré 0, de la surjection canonique $A_+ \to P$. Soit $f : \mathbf{S}_{A_0}(P) \longrightarrow A$ l'homomorphisme de A_0-algèbres graduées qui prolonge φ. D'après la prop. 4, f s'étend en un isomorphisme du séparé complété de $\mathbf{S}_{A_0}(P)$ pour la topologie $\mathbf{S}_{A_0}(P)_+$-adique sur le séparé complété de A pour la topologie A_+-adique. Par conséquent, f est injectif et son image est dense dans A pour la topologie A_+-adique. Mais puisque les topologies induites sur les composants homogènes de A sont discrètes et que l'image de f est un sous-module gradué, cela implique que f est bijectif.

COROLLAIRE 1.— *Soit* B *un anneau régulier, gradué à degrés positifs. Supposons que tout* B_0*-module projectif de type fini soit libre.*

a) *L'anneau* B_0 *est intègre et régulier et la* B_0*-algèbre* B *est une* B_0*-algèbre graduée de polynômes, de type fini.*

b) *Soit* A *un sous-anneau gradué de* B *tel que* $A_0 = B_0$ *et que* B *soit un* A*-module de type fini. Les conditions suivantes sont équivalentes :*

(i) *le* A*-module* B *est gradué libre ;*

(ii) *le* A*-module* B *est plat ;*

(iii) A *est une* A_0*-algèbre graduée de polynômes, de type fini.*

D'après le th. 2, l'anneau B_0 est régulier, donc produit d'anneaux réguliers intègres (§ 4, n° 2, exemple 2). Pour tout élément idempotent e de B_0, le B_0-module B_0e est projectif, donc libre, ce qui entraîne $e = 0$ ou 1 ; ainsi B_0 est intègre. L'assertion a) résulte alors du théorème 2 et de ce qu'un B_0-module gradué et projectif de type fini est gradué libre.

Démontrons b).

(i) $\Leftrightarrow$ (ii) : les A_0-modules gradués plats et de type fini sont gradués libres (II, § 5, n° 2, cor. 2 du th. 1). L'équivalence de (i) et (ii) résulte donc de A, X, p. 144, prop. 8.

(ii) $\Leftrightarrow$ (iii) : puisque B est entier sur A et est une A_0-algèbre de type fini, A est une A_0-algèbre de type fini (V, § 1, n° 9, lemme 5), donc un anneau noethérien. L'équivalence de (ii) et (iii) résulte alors du cor. de la prop. 8 du § 4, n° 5 et de a) appliqué à A.

COROLLAIRE 2.— *Soient* k *un corps,* B *une* k*-algèbre graduée de polynômes, de type fini, et* A *une sous-algèbre graduée de* B. *Les conditions suivantes sont équivalentes :*

(i) B *est un* A*-module gradué libre ;*

(ii) B *est un* A*-module plat ;*

(iii) *on a* $\mathrm{Tor}_1^A(k, B) = 0$;

(iv) *l'algèbre* A *est une* k*-algèbre graduée de polynômes de type fini, et toute suite génératrice algébriquement libre de* A *formée d'éléments homogènes est* B*-régulière.*

Les implications (i) $\Rightarrow$ (ii) et (ii) $\Rightarrow$ (iii) sont claires, et l'implication (iii) $\Rightarrow$ (i) résulte de A, X, p. 144, prop. 8, a).

(i) ⇒ (iv) : puisque l'anneau B est régulier et fidèlement plat sur A, l'anneau A est noethérien d'après la prop. 11 de I, § 3, n° 6 et régulier d'après la prop. 8 du § 4, n° 5, donc est une k-algèbre graduée de polynômes (cor. 1, a)). Toute suite génératrice algébriquement libre de A est A-régulière (A, X, p. 158, exemple), donc B-régulière puisque B est plat sur A.

(iv) ⇒ (iii) : supposons la condition (iv) satisfaite, et soit $\mathbf{x}$ une suite génératrice algébriquement libre de A formée d'éléments homogènes. La suite $\mathbf{x}$, étant A-régulière, est complètement sécante pour A (A, X, p. 157, prop. 5), de sorte que le A-module $\mathrm{Tor}_1^{\mathrm{A}}(k, \mathrm{B})$ est isomorphe à $\mathrm{H}_1(\mathbf{x}, \mathrm{B})$ (A, X, p. 159, remarque 3) ; mais ce dernier est nul, puisque la suite $\mathbf{x}$ est B-régulière.

Les corollaires 1 et 2 impliquent le lemme 5 de LIE, V, § 5, n° 5.

5. Suites régulières et extension des scalaires

PROPOSITION 5.— *Soient* $\rho : \mathrm{A} \to \mathrm{B}$ *un homomorphisme local d'anneaux locaux noethériens,* N *un* B*-module de type fini,* $\mathbf{x} = (x_1, \ldots, x_r)$ *une suite d'éléments de* $\mathfrak{m}_{\mathrm{B}}$ *et* $u : \mathrm{A}[\mathrm{T}_1, \ldots, \mathrm{T}_r] \longrightarrow \mathrm{B}$ *l'unique homomorphisme de* A*-algèbres tel que* $u(\mathrm{T}_i) = x_i$ *pour* $i = 1, \ldots, r$. *Les conditions suivantes sont équivalentes :*

(i) *l'homomorphisme* u *fait de* N *un* $\mathrm{A}[\mathrm{T}_1, \ldots, \mathrm{T}_r]$*-module plat ;*

(ii) *le* A*-module* N *est plat et, pour tout* A*-module* M, *la suite* $\mathbf{x}$ *est* $\mathrm{M} \otimes_{\mathrm{A}} \mathrm{N}$*-régulière ;*

(iii) *le* A*-module* N *est plat et la suite* $\mathbf{x}$ *est* $\kappa_{\mathrm{A}} \otimes_{\mathrm{A}} \mathrm{N}$*-régulière ;*

(iv) *le* A*-module* $\mathrm{N}/(x_1\mathrm{N} + \ldots + x_r\mathrm{N})$ *est plat et la suite* $\mathbf{x}$ *est* N*-régulière.*

(i) ⇒ (ii) : posons $\mathbf{T} = (\mathrm{T}_1, \ldots, \mathrm{T}_r)$. Supposons que le $\mathrm{A}[\mathbf{T}]$-module N soit plat. Puisque $\mathrm{A}[\mathbf{T}]$ est plat sur A, le A-module N est plat (I, § 2, n° 7, cor. 3 de la prop. 8). Soit M un A-module. La suite $\mathbf{T}$ est évidemment $\mathrm{M}[\mathbf{T}]$-régulière, donc $\mathrm{M}[\mathbf{T}] \otimes_{\mathrm{A}[\mathbf{T}]} \mathrm{N}$-régulière, puisque N est plat sur $\mathrm{A}[\mathbf{T}]$. Or le $\mathrm{A}[\mathbf{T}]$-module $\mathrm{M}[\mathbf{T}] \otimes_{\mathrm{A}[\mathbf{T}]} \mathrm{N}$ s'identifie à $\mathrm{M} \otimes_{\mathrm{A}} \mathrm{N}$, l'homothétie de rapport T_i correspondant à l'endomorphisme $1_{\mathrm{M}} \otimes (x_i)_{\mathrm{N}}$. La condition (ii) est donc satisfaite.

(ii) ⇒ (iii) : c'est trivial.

(iii) ⇒ (iv) : cela résulte de la prop. 10 du § 1, n° 6.

(iv) ⇒ (i) : notons $\mathfrak{t}$ l'idéal de $\mathrm{A}[\mathbf{T}]$ engendré par $\mathbf{T}$. Le $(\mathrm{A}[\mathbf{T}]/\mathfrak{t})$-module $\mathrm{N}/\mathfrak{t}\mathrm{N}$ est plat par hypothèse et N est idéalement séparé pour $\mathfrak{t}$ (III, § 5, n° 4, prop. 2). Pour démontrer que N est plat sur $\mathrm{A}[\mathbf{T}]$, il suffit de prouver, vu le th. 1 de *loc. cit.*, n° 2, que le A-module $\mathrm{Tor}_1^{\mathrm{A}[\mathbf{T}]}(\mathrm{A}[\mathbf{T}]/\mathfrak{t}, \mathrm{N})$ est nul. Mais puisque la suite $\mathbf{T}$ est $\mathrm{A}[\mathbf{T}]$-régulière, ce module est isomorphe à $\mathrm{H}_1(\mathbf{T}, \mathrm{N})$ (A, X, p. 159, remarque 3), qui est nul puisque la suite $\mathbf{T}$ est N-régulière (*loc. cit.*, p. 157, prop. 5).

COROLLAIRE.— *Soient* k *un corps,* A *une* k*-algèbre locale noethérienne,* $\mathbf{x} = (x_1, \ldots, x_r)$ *une suite d'éléments de* $\mathfrak{m}_{\mathrm{A}}$ *et* M *un* A*-module de type fini. Soient* $\widehat{\mathrm{A}}$ *et* $\widehat{\mathrm{M}}$ *les complétés de* A *et* M *pour leur topologie* $(x_1\mathrm{A} + \ldots + x_r\mathrm{A})$*-adique ; notons* $u : k[\mathrm{T}_1, \ldots, \mathrm{T}_r] \longrightarrow \mathrm{A}$ *l'unique homomorphisme de* k*-algèbres tel que* $u(\mathrm{T}_i) = x_i$ *pour* $i = 1, \ldots, r$, *et* $\hat{u} : k[[\mathrm{T}_1, \ldots, \mathrm{T}_r]] \longrightarrow \widehat{\mathrm{A}}$ *l'unique homomorphisme continu qui le prolonge. Les conditions suivantes sont équivalentes :*

(i) *la suite* $\mathbf{x}$ *est* M-*régulière* ;

(ii) *l'homomorphisme* u *fait de* M *un* $k[\mathrm{T}_1, \ldots, \mathrm{T}_r]$-*module plat* ;

(iii) *l'homomorphisme* $\hat{u}$ *fait de* $\widehat{\mathrm{M}}$ *un* $k[[\mathrm{T}_1, \ldots, \mathrm{T}_r]]$-*module plat.*

L'équivalence de (i) et (ii) résulte de l'équivalence des conditions (i) et (iv) de la prop. 5 ; l'équivalence de (ii) et (iii) résulte de III, § 5, n° 4, prop. 4.

Ces résultats permettent de caractériser les modules macaulayens dans deux cas importants. Notons A un anneau local noethérien, M un A-module de type fini. Il est équivalent de dire que le A-module M est macaulayen ou que le $\widehat{\mathrm{A}}$-module $\widehat{\mathrm{M}}$ est macaulayen (§ 2, n° 7, cor. 4 de la prop. 8). Nous supposerons désormais que l'anneau local noethérien A est *complet.*

1) Supposons d'abord que A possède un sous-corps ; il admet alors un corps de représentants k (IX, § 3, n° 3, th. 1). Soit $(x_1, \ldots, x_r)$ une suite sécante maximale pour M ; notons $u : k[[\mathrm{T}_1, \ldots, \mathrm{T}_r]] \longrightarrow \mathrm{A}$ l'unique homomorphisme continu tel que $u(\mathrm{T}_i) = x_i$ pour $i = 1, \ldots, r$. D'après le lemme 4 b) de IX, § 2, n° 5 et la remarque 1 de VIII, § 3, n° 2, A/ Ann(M) est un $k[[\mathrm{T}_1, \ldots, \mathrm{T}_r]]$-module de type fini et par suite M est un $k[[\mathrm{T}_1, \ldots, \mathrm{T}_r]]$-module de type fini. Cela étant, les conditions suivantes sont équivalentes :

(i) le $k[[\mathrm{T}_1, \ldots, \mathrm{T}_r]]$-module M est libre ;

(ii) le A-module M est macaulayen.

En effet, il est équivalent de dire que M est un A-module macaulayen ou que la suite $(x_1, \ldots, x_r)$ est M-régulière (§ 2, n° 3, th. 1). D'après le cor. ci-dessus, cette dernière condition signifie que le $k[[\mathrm{T}_1, \ldots, \mathrm{T}_r]]$-module M est plat, ou encore qu'il est libre puisqu'il est de type fini.

2) Supposons que le corps résiduel κ_{A} de A soit de caractéristique $p > 0$ et que l'on ait $\dim(\mathrm{M}/p\mathrm{M}) < \dim(\mathrm{M})$. Soit $(x_1, \ldots, x_r)$ une suite sécante maximale pour M/pM, de sorte que $(p1_{\mathrm{A}}, x_1, \ldots, x_r)$ est une suite sécante maximale pour M. Soit C un p-anneau de longueur $+\infty$, de corps résiduel κ_{A} (IX, § 2, n° 3, prop. 5). Il existe un homomorphisme u_0 de C dans A qui induit l'identité sur les corps résiduels ; soit $u : \mathrm{C}[[\mathrm{T}_1, \ldots, \mathrm{T}_r]] \longrightarrow \mathrm{A}$ l'unique homomorphisme prolongeant u_0 et appliquant T_i sur x_i pour tout i. Il résulte comme précédemment de *loc. cit.*, n° 5, lemme 4 que u fait de M un $\mathrm{C}[[\mathrm{T}_1, \ldots, \mathrm{T}_r]]$-module de type fini. Les conditions suivantes sont équivalentes :

(i) le $\mathrm{C}[[\mathrm{T}_1, \ldots, \mathrm{T}_r]]$-module M est libre ;

(ii) le A-module M est macaulayen.

En effet la condition (ii) équivaut à dire que la suite $(x_1, \ldots, x_r)$ est M-régulière et que l'homothétie de rapport p dans $\mathrm{M}/(x_1\mathrm{M} + \ldots + x_r\mathrm{M})$ est injective (§ 2, n° 3, th. 1). Or cette dernière condition signifie que le C-module $\mathrm{M}/(x_1\mathrm{M} + \ldots + x_r\mathrm{M})$ est sans torsion, donc plat (A, X, p. 9, exemple 7). Ainsi, compte tenu de la prop. 5, (iv)$\Leftrightarrow$(i), la condition (ii) équivaut au fait que le $\mathrm{C}[\mathrm{T}_1, \ldots, \mathrm{T}_r]$-module M est plat, ou encore (III, § 5, n° 4, prop. 4) que le $\mathrm{C}[[\mathrm{T}_1, \ldots, \mathrm{T}_r]]$-module M est plat, c'est-à-dire libre puisqu'il est de type fini.

6. Idéaux complètement sécants et extension des scalaires

PROPOSITION 6.— *Soient* $\rho : A \to B$ *un homomorphisme d'anneaux noethériens et* J *un idéal de* B. *Les conditions suivantes sont équivalentes* :

(i) *le* A*-module* B/J *est plat et l'idéal* J *est complètement sécant* ;

(ii) *pour tout* $\mathfrak{q} \in V(J)$, *le* A*-module* $B_\mathfrak{q}$ *est plat et, pour toute* A*-algèbre* A′ *telle que l'anneau* $A' \otimes_A B$ *soit noethérien, l'idéal* $J(A' \otimes_A B)$ *de* $A' \otimes_A B$ *est complètement sécant* ;

(iii) *pour tout idéal maximal* $\mathfrak{n}$ *de* B *contenant* J, *le* A*-module* $B_\mathfrak{n}$ *est plat et l'idéal* $J(\kappa(\rho^{-1}(\mathfrak{n})) \otimes_A B_\mathfrak{n})$ *de* $\kappa(\rho^{-1}(\mathfrak{n})) \otimes_A B_\mathfrak{n}$ *est complètement sécant.*

D'après le th. 1 du n° 2, la condition (i) équivaut à la condition (i′) (resp. (i″)) suivante :

(i′) (resp. (i″)) pour tout idéal premier (resp. maximal) $\mathfrak{q}$ de B contenant J, le $A_{\rho^{-1}(\mathfrak{q})}$-module $B_\mathfrak{q}/J_\mathfrak{q}$ est plat et l'idéal $J_\mathfrak{q}$ de $B_\mathfrak{q}$ est engendré par une suite $B_\mathfrak{q}$-régulière.

(i′) ⇒ (ii) : supposons (i′) vérifiée. Soit A′ une A-algèbre telle que l'anneau $B' = A' \otimes_A B$ soit noethérien. Soit $\mathfrak{q}$ un idéal premier de B contenant J ; posons $\mathfrak{p} = \rho^{-1}(\mathfrak{q})$. Puisque $B'_\mathfrak{q}$ s'identifie à $A'_\mathfrak{p} \otimes_{A_\mathfrak{p}} B_\mathfrak{q}$, il résulte de l'implication (iv) ⇒ (ii) de la prop. 5 (n° 5) que l'idéal $JB'_\mathfrak{q}$ de $B'_\mathfrak{q}$ est engendré par une suite $B'_\mathfrak{q}$-régulière et que $B_\mathfrak{q}$ est plat sur $A_\mathfrak{p}$, donc sur A. Par ailleurs, pour tout idéal premier $\mathfrak{r}$ de B′ contenant JB′, l'image réciproque $\mathfrak{q}$ de $\mathfrak{r}$ dans B contient J et $B'_\mathfrak{r}$ s'identifie à un anneau de fractions de $B'_\mathfrak{q}$. Ainsi $JB'_\mathfrak{r}$ est un idéal complètement sécant de $B'_\mathfrak{r}$ et JB′ est un idéal complètement sécant de B′.

(ii) ⇒ (iii) : c'est trivial.

(iii) ⇒ (i″) : supposons (iii) vérifiée. Soit $\mathfrak{n}$ un idéal maximal de B contenant J ; posons $\mathfrak{m} = \rho^{-1}(\mathfrak{n})$. Soit $\mathbf{x}$ une suite d'éléments de $J_\mathfrak{n}$ dont les images dans $J_\mathfrak{n}/\mathfrak{n}J_\mathfrak{n}$ forment une base de ce $\kappa(\mathfrak{n})$-espace vectoriel. La suite $\mathbf{x}$ engendre $J_\mathfrak{n}$; d'après la prop. 1 du n° 1, elle est $(\kappa(\mathfrak{m}) \otimes_A B_\mathfrak{n})$-régulière. Comme le $A_\mathfrak{m}$-module $B_\mathfrak{n}$ est plat par hypothèse, il résulte de l'implication (iii) ⇒ (iv) de la prop. 5 que la condition (i″) est satisfaite.

Remarque 1.— Supposons que les conditions équivalentes de la prop. 6 soient satisfaites. Comme B/J est plat sur A, pour toute A-algèbre A′, la suite canonique de A′-modules

$$0 \to A' \otimes_A J \longrightarrow A' \otimes_A B \longrightarrow A' \otimes_A (B/J) \to 0$$

est donc exacte, et l'homomorphisme canonique $A' \otimes_A J \longrightarrow J(A' \otimes_A B)$ est bijectif.

§ 6. EXTENSION DES SCALAIRES DANS LES ALGÈBRES RÉGULIÈRES

1. Algèbres essentiellement de type fini

Soit k un anneau. Soient A une k-algèbre et $\mathbf{x} = (x_i)_{i \in \mathrm{I}}$ une famille d'éléments de A ; notons A' la sous-algèbre de A engendrée par les x_i. Nous dirons que $\mathbf{x}$ est une famille *essentiellement génératrice* de la k-algèbre A si, pour tout élément a de A, il existe un élément s de A', inversible dans A, tel que sa appartienne à A'. Il revient au même de dire que, pour tout $a \in \mathrm{A}$, il existe des polynômes P et Q de $k[(\mathrm{X}_i)_{i \in \mathrm{I}}]$ tels que $\mathrm{Q}(\mathbf{x})$ soit inversible dans A et que l'on ait $a = \mathrm{P}(\mathbf{x})\mathrm{Q}(\mathbf{x})^{-1}$.

Nous dirons qu'une k-algèbre A est *essentiellement de type fini* si elle admet une famille essentiellement génératrice finie. Il revient au même de dire qu'il existe une k-algèbre A' de type fini et une partie multiplicative S de A' telle que la k-algèbre A soit isomorphe à $\mathrm{S}^{-1}\mathrm{A}'$.

Exemples.— 1) Dire qu'une extension L d'un corps K est une K-algèbre essentiellement de type fini signifie que c'est une extension de type fini au sens de A, V, p. 11, déf. 2. La K-algèbre L n'est de type fini que si c'est une extension de degré fini de K (V, § 3, n° 4, cor. 3 du th. 3).

2) Pour qu'une k-algèbre locale soit essentiellement de type fini, il faut et il suffit qu'elle soit isomorphe à une k-algèbre de la forme $\mathrm{A}_{\mathfrak{p}}$, où A est une k-algèbre de type fini et $\mathfrak{p}$ un idéal premier de A (*cf.* II, § 2, n° 5, prop. 11 (iii)).

PROPOSITION 1.— *Si l'anneau k est noethérien, toute k-algèbre essentiellement de type fini est un anneau noethérien.*

Cela résulte de III, § 2, n° 10, cor. 3 du th. 2 et II, § 2, n° 4, cor. 2 de la prop. 10.

On déduit de la définition les propriétés suivantes :

PROPOSITION 2.— a) *Toute algèbre quotient d'une k-algèbre essentiellement de type fini est essentiellement de type fini.*

b) *Tout anneau de fractions d'une k-algèbre essentiellement de type fini est une k-algèbre essentiellement de type fini.*

c) *La k-algèbre produit d'une famille finie de k-algèbres essentiellement de type fini est essentiellement de type fini.*

d) *Soit $k \to k'$ un homomorphisme d'anneaux ; pour toute k-algèbre A essentiellement de type fini, la k'-algèbre $\mathrm{A}_{(k')} = k' \otimes_k \mathrm{A}$ est essentiellement de type fini.*

COROLLAIRE.— *Soient* A *une* k*-algèbre essentiellement de type fini et* B *une* k*-algèbre noethérienne. Alors l'anneau* $A \otimes_k B$ *est noethérien.*

En effet, c'est une B-algèbre essentiellement de type fini (prop. 2, d)) et on applique la proposition 1.

PROPOSITION 3.— *Soient* k *un anneau,* A *une* k*-algèbre et* B *une* A*-algèbre. Si* A *est essentiellement de type fini sur* k *et* B *essentiellement de type fini sur* A, *alors* B *est essentiellement de type fini sur* k.

Notons $\rho : A \to B$ l'application canonique. Soient $\mathbf{x} = (x_i)_{i \in I}$ une famille essentiellement génératrice finie de la k-algèbre A et A′ la sous-algèbre qu'elle engendre ; soit $\mathbf{y} = (y_j)_{j \in J}$ une famille essentiellement génératrice finie de la A-algèbre B. Notons B′ la sous-k-algèbre de B engendrée par les $\rho(x_i)$ et les y_j. Soit $b \in B$; par hypothèse il existe des polynômes P et Q dans $A[(Y_j)_{j \in J}]$ tels que $Q(\mathbf{y})$ soit inversible dans B et que l'on ait $Q(\mathbf{y})\,b = P(\mathbf{y})$. Les coefficients non nuls de P et Q sont en nombre fini ; il existe un polynôme $R \in k[(X_i)_{i \in I}]$ tel que $R(\mathbf{x})$ soit inversible dans A et que $R(\mathbf{x})\,P$ et $R(\mathbf{x})\,Q$ appartiennent à $A'[(Y_j)_{j \in J}]$. Alors $\rho(R(\mathbf{x}))\,Q(\mathbf{y})$ est inversible dans B, et l'on a

$$\rho(R(\mathbf{x}))\,Q(\mathbf{y})\,b = \rho(R(\mathbf{x}))\,P(\mathbf{y}) \in B' .$$

Ainsi les éléments $\rho(x_i)$ pour $i \in I$ et y_j pour $j \in J$ forment une famille essentiellement génératrice finie de la k-algèbre B.

COROLLAIRE.— *Le produit tensoriel de deux* k*-algèbres essentiellement de type fini est une* k*-algèbre essentiellement de type fini.*

Soient en effet A et B deux k-algèbres essentiellement de type fini. Alors $A \otimes_k B$ est essentiellement de type fini sur A (prop. 2, d)) donc sur k (prop. 3).

2. Produits tensoriels d'algèbres de Macaulay ou de Gorenstein

PROPOSITION 4.— *Soient* k *un corps,* A *une* k*-algèbre essentiellement de type fini et* B *une* k*-algèbre.*

a) *Si* A *et* B *sont des anneaux de Macaulay, il en est de même de* $A \otimes_k B$.

b) *Si* A *et* B *sont des anneaux de Gorenstein, il en est de même de* $A \otimes_k B$.

Supposons que A et B soient des anneaux de Macaulay (resp. de Gorenstein) et prouvons qu'il en est de même de $A \otimes_k B$. L'anneau $A \otimes_k B$ est noethérien (n° 1, cor. de la prop. 2). Le A-module $A \otimes_k B$ est libre, donc plat. D'après la prop. 10 du § 2, n° 7 (resp. le cor. 1 de la prop. 12 du § 3, n° 8), il nous suffit de prouver que $\kappa(\mathfrak{p}) \otimes_k B$ est un anneau de Macaulay (resp. de Gorenstein) pour tout idéal premier $\mathfrak{p}$ de A. L'extension $\kappa(\mathfrak{p})$ de k est de type fini (n° 1, prop. 2 et exemple 1) ; nous sommes donc ramenés à démontrer l'énoncé dans le cas où la k-algèbre A est une extension de type fini K de k.

Soit $(t_1, \ldots, t_n)$ une base de transcendance de K sur k, de sorte que K est une extension de degré fini de l'extension pure $k' = k(t_1, \ldots, t_n)$ (A, V, p. 112, prop. 17). L'anneau $B' = k' \otimes_k B$ est isomorphe à un anneau de fractions de l'anneau de polynômes $B[T_1, \ldots, T_n]$, donc est un anneau de Macaulay (resp. de Gorenstein) d'après le cor. 2 de la prop. 10 du § 2, n° 7 (resp. le cor. 3 de la prop. 12 du § 3, n° 8). Puisque $K \otimes_k B$ s'identifie à $K \otimes_{k'} B'$, nous sommes ramenés à prouver les assertions a) et b) lorsque K est une extension de degré fini de k.

L'anneau $K \otimes_k B$ est alors un B-module libre de rang fini, donc un B-module macaulayen. D'après le § 2, n° 6, cor. 1 de la prop. 8, c'est un anneau de Macaulay, ce qui prouve a). Supposons maintenant que B soit un anneau de Gorenstein. Il existe des sous-extensions K_i, $0 \leqslant i \leqslant m$, de K avec

$$k = K_0 \subset K_1 \subset \cdots \subset K_m = K$$

telles que K_i soit une K_{i-1}-algèbre monogène pour $i = 1, \ldots, m$, et cela nous permet de nous ramener au cas où l'extension K de k est monogène (de degré fini). L'homomorphisme canonique $B \to K \otimes_k B$ fait de $K \otimes_k B$ une B-algèbre plate et, pour tout $\mathfrak{q} \in \mathrm{Spec}(B)$, l'anneau $(K \otimes_k B) \otimes_B \kappa(\mathfrak{q})$, isomorphe à $K \otimes_k \kappa(\mathfrak{q})$, est une $\kappa(\mathfrak{q})$-algèbre monogène, donc un anneau de Gorenstein (§ 3, n° 9, exemple 5). Ainsi $K \otimes_k B$ est un anneau de Gorenstein (§ 3, n° 8, cor. 1 de la prop. 12), ce qui achève de prouver b).

COROLLAIRE 1.— *Soient k un corps,* K *une extension de k et* A *une k-algèbre essentiellement de type fini. Pour que $A_{(K)}$ soit un anneau de Macaulay* (resp. *de Gorenstein*), *il faut et il suffit qu'il en soit de même de* A.

Si A est un anneau de Macaulay (resp. de Gorenstein), il en est de même de $A_{(K)}$ d'après la prop. 4. Puisque $A_{(K)}$ est un A-module fidèlement plat, la réciproque résulte de la prop. 10 du § 2, n° 7 (resp. du cor. 1 de la prop. 12 du § 3, n° 8).

COROLLAIRE 2.— *Soient k un anneau noethérien,* A *et* B *des k-algèbres. On suppose que* A *est plate et essentiellement de type fini sur k. Si* A *et* B *sont des anneaux de Macaulay* (resp. *de Gorenstein*), *alors $A \otimes_k B$ est un anneau de Macaulay* (resp. *de Gorenstein*).

Supposons d'abord que B soit un corps ; notons φ l'homomorphisme canonique de k dans B, et $\mathfrak{r}$ son noyau. L'homomorphisme φ induit un homomorphisme du corps des fractions $\kappa(\mathfrak{r})$ de $k/\mathfrak{r}$ dans B. Alors $A \otimes_k B$ s'identifie à $(A \otimes_k \kappa(\mathfrak{r})) \otimes_{\kappa(\mathfrak{r})} B$; comme $\varphi^{-1}(0) = \mathfrak{r}$, l'anneau $A \otimes_k \kappa(\mathfrak{r})$ est un anneau de Macaulay (resp. de Gorenstein) d'après la prop. 10 du § 2, n° 7 (resp. le cor. 1 de la prop. 12 du § 3, n° 8). L'assertion résulte dans ce cas du cor. 1.

Passons au cas général. La B-algèbre $A \otimes_k B$ est plate, et noethérienne par le cor. de la prop. 2 du n° 1. Pour chaque idéal premier $\mathfrak{q}$ de B, l'anneau $(A \otimes_k B) \otimes_B \kappa(\mathfrak{q})$, qui s'identifie à $A \otimes_k \kappa(\mathfrak{q})$, est un anneau de Macaulay (resp. de Gorenstein) d'après ce qui précède. On conclut en appliquant la prop. 10 du § 2, n° 7 (resp. le cor. 1 de la prop. 12 du § 3, n° 8).

3. Extension séparable du corps de base dans les algèbres régulières[1] ou normales

Lemme 1.— *Soit* A *un anneau noethérien, réunion d'une famille filtrante croissante* $(A_\alpha)_{\alpha\in I}$ *de sous-anneaux noethériens.*

a) *Si les anneaux* A_α *sont réguliers et si* A *est un* A_α*-module plat pour tout* $\alpha \in I$, *l'anneau* A *est régulier.*

b) *Si les anneaux* A_α *sont normaux* (§ 1, n° 8), A *est normal.*

a) Soit $\mathfrak{m}$ un idéal maximal de A ; pour tout $\alpha \in I$, notons $\mathfrak{m}_\alpha$ l'idéal $\mathfrak{m} \cap A_\alpha$ de A_α. Puisque A est noethérien, $\mathfrak{m}$ est de type fini et il existe un élément α de I tel que $\mathfrak{m} = A\mathfrak{m}_\alpha$, de sorte que le A-module $(A_\alpha/\mathfrak{m}_\alpha) \otimes_{A_\alpha} A$ est isomorphe à $A/\mathfrak{m}$. Comme A est plat sur A_α, on a $\mathrm{dp}_A(A/\mathfrak{m}) \leqslant \mathrm{dp}_{A_\alpha}(A_\alpha/\mathfrak{m}_\alpha)$ (A, X, p. 141, lemme 2). Puisque les anneaux A_α sont réguliers, il en résulte que A est régulier (§ 4, n° 2, prop. 4).

b) Puisque les A_α sont réduits, A est réduit. Soient a et b des éléments de A tels que b ne soit pas diviseur de zéro et que l'élément a/b de l'anneau total des fractions de A soit entier sur A. Il existe un polynôme unitaire $P \in A[X]$ tel que $P(a/b) = 0$. Soit α un élément de I tel que l'anneau A_α contienne a, b et les coefficients de P. Puisque A_α est normal, il existe $c \in A_\alpha$ tel que $a = bc$. Ainsi $a/b = c$ appartient à A et A est normal.

Lemme 2.— *Soient* k *un corps,* K *et* L *des extensions de* k. *On suppose que* K *est de type fini et que l'une des extensions* K *ou* L *est séparable. Alors l'anneau* $K \otimes_k L$ *est régulier.*

Notons A l'anneau $K \otimes_k L$; il est noethérien d'après le cor. de la prop. 2 (n° 2). Supposons d'abord que l'extension K soit séparable. D'après A, V, p. 130, corollaire, il existe une base de transcendance $\mathbf{t} = (t_1, \ldots, t_n)$ de K telle que K soit une extension finie séparable de l'extension pure $k(\mathbf{t})$. L'anneau $E = k(\mathbf{t}) \otimes_k L$, isomorphe à un anneau de fractions d'un anneau de polynômes sur L, est régulier (§ 4, n° 2, cor. 5 de la prop. 4) ; pour tout idéal premier $\mathfrak{p}$ de E, l'anneau $\kappa(\mathfrak{p}) \otimes_E A$ est isomorphe à $\kappa(\mathfrak{p}) \otimes_{k(\mathbf{t})} K$, donc à un produit fini de corps (A, V, p. 35, déf. 1, p. 34, th. 4, et p. 33, prop. 5). Puisque A est un E-module libre, c'est un anneau régulier d'après le cor. de la prop. 9 du § 4, n° 5.

Supposons maintenant que L soit séparable sur k. D'après la première partie de la démonstration, l'anneau $K \otimes_k L'$ est régulier pour toute sous-extension de type fini L' de L. On conclut en appliquant le lemme 1.

PROPOSITION 5.— *Soient* k *un corps,* A *une* k*-algèbre et* K *une extension de* k. *Supposons que* A *soit essentiellement de type fini ou que l'extension* K *soit de type fini.*

[1] Dans ce numéro, une algèbre sur un corps k est dite régulière si c'est un anneau régulier. En particulier, toute extension de k est une algèbre régulière. On évitera de confondre cette notion avec celle d'extension régulière, introduite en A, V, p. 135, déf. 2, qui n'interviendra pas ici.

a) *Si l'anneau* $A_{(K)}$ *est régulier* (resp. *normal*), *l'anneau* A *est régulier* (resp. *normal*).

b) *Si l'anneau* A *est régulier* (resp. *normal*) *et si l'extension* K *de* k *est séparable, l'anneau* $A_{(K)}$ *est régulier* (resp. *normal*).

Le A-module $A_{(K)}$ est libre, donc fidèlement plat ; l'assertion a) résulte donc du cor. de la prop. 8 de I, § 3, n° 5 et de la prop. 8 du § 4, n° 5 (resp. du cor. 2 du th. 4 du § 1, n° 10). Sous les hypothèses de b), pour tout idéal premier $\mathfrak{p}$ de A, l'anneau $\kappa(\mathfrak{p}) \otimes_k K$ est régulier (lemme 2), et *a fortiori* normal (§ 4, n° 2, cor. 2 de la prop. 4). L'assertion b) résulte donc du cor. de la prop. 9 du § 4, n° 5 (resp. du cor. 3 du th. 4 du § 1, n° 10).

4. Algèbres absolument régulières ou absolument normales

DÉFINITION 1.— *Soient* k *un corps et* A *une* k*-algèbre. On dit que* A *est absolument régulière* (resp. *absolument normale*)[1] *si l'anneau* $A_{(k')}$ *est régulier* (resp. *normal*) *pour toute extension* k' *radicielle et de degré fini de* k.

Toute k-algèbre absolument régulière (resp. absolument normale) est régulière (resp. normale), comme on le voit en prenant $k' = k$ dans la définition 1. Rappelons que les k-algèbres A telles que l'anneau $A_{(k')}$ soit *réduit* pour toute extension k' radicielle et de degré fini de k sont les k-algèbres séparables (A, V, p. 117, th. 2).

Exemples.— 1) Si k est parfait, toute k-algèbre régulière (resp. normale) est absolument régulière (resp. absolument normale).

2) Soit A une k-algèbre artinienne. Si A est normale, elle est réduite, donc isomorphe à un produit fini d'extensions de k (A, VIII, § 8, n° 1, prop. 2). Les conditions suivantes sont équivalentes :

- A *est séparable* ;
- A *est absolument régulière* ;
- A *est absolument normale.*

En effet, si A est absolument normale, elle est séparable ; si A est séparable, pour toute extension finie k' de k, l'anneau $A_{(k')}$ est réduit et artinien, donc isomorphe à un produit de corps, et par suite régulier, de sorte que A est absolument régulière.

Si de plus la k-algèbre A est de degré fini, les conditions précédentes équivalent encore à dire que A est étale (A, V, p. 34, th. 4).

3) Soit A une k-algèbre locale régulière. Si l'extension κ_A de k est séparable, l'algèbre A est absolument régulière. Soit en effet k' une extension de degré fini de k. Le A-module $A_{(k')}$ est libre. Puisqu'il est de type fini, chaque idéal maximal de $A_{(k')}$ est au-dessus de $\mathfrak{m}_A$ (V, § 2, n° 1, prop. 1). L'anneau $\kappa_A \otimes_A A_{(k')}$, isomorphe à $\kappa_A \otimes_k k'$, est régulier (n° 3, lemme 2). D'après le cor. de la prop. 9 du § 4, n° 5, l'anneau $A_{(k')}$ est régulier, ce qui prouve que la k-algèbre A est absolument régulière.

[1] Certains auteurs utilisent la terminologie « géométriquement régulière » (resp. « géométriquement normale ».

PROPOSITION 6.— *Soient k un corps et* A *une k-algèbre noethérienne.*

a) *Si* A *est absolument régulière* (resp. *absolument normale,* resp. *séparable*), *il en est de même de* $S^{-1}A$ *pour toute partie multiplicative* S *de* A.

b) *Si* $A_{\mathfrak{m}}$ *est absolument régulière* (resp. *absolument normale,* resp. *séparable*), *pour tout idéal maximal* $\mathfrak{m}$ *de* A, *alors* A *est absolument régulière* (resp. *absolument normale,* resp. *séparable*).

a) Cela résulte de ce que l'anneau $(S^{-1}A)_{(k')}$ est isomorphe à un anneau de fractions de l'anneau $A_{(k')}$ pour toute extension k' de k.

b) Supposons que $A_{\mathfrak{m}}$ soit absolument régulière (resp. absolument normale, resp. séparable) pour tout idéal maximal $\mathfrak{m}$ de A. Soit k' une extension radicielle de k de degré fini et soit $\mathfrak{m}'$ un idéal maximal de $A_{(k')}$. Il s'agit de vérifier que l'anneau local $(A_{(k')})_{\mathfrak{m}'}$ est régulier (resp. normal, resp. réduit).

L'homomorphisme canonique $A \to A_{(k')}$ fait de $A_{(k')}$ une A-algèbre finie. L'idéal $\mathfrak{m}'$ est au-dessus d'un idéal maximal $\mathfrak{m}$ de A (V, § 2, n° 1, prop. 1) et $(A_{(k')})_{\mathfrak{m}'}$ est isomorphe à un anneau de fractions de l'anneau régulier (resp. normal, resp. réduit) $(A_{\mathfrak{m}})_{(k')}$, donc est régulier (resp. normal, resp. réduit).

Lemme 3.— *Soient k un corps et* K *une extension de type fini de k. Il existe une extension* L *de* K, *de degré fini, et une sous-k-extension k' de* L, *radicielle et de degré fini sur k, telles que l'extension* L *de k' soit séparable.*

Choisissons une extension composée E de K et d'une clôture parfaite $\hat{k}$ de k, et des éléments $(t_1, \ldots, t_n)$ de E tels que E soit une extension algébrique séparable de $\hat{k}(t_1, \ldots, t_n)$ (A, V, p. 130, cor.). Soit I une partie génératrice finie de K sur k. Le corps $\hat{k}(t_1, \ldots, t_n)$ (resp. $\hat{k}K$) est réunion des sous-corps $k'(t_1, \ldots, t_n)$ (resp. $k'K$), où k' parcourt l'ensemble des sous-extensions de $\hat{k}$ de degré fini sur k ; on peut donc trouver une telle sous-extension k' telle que les éléments $t_1, \ldots, t_n$ de $E = \hat{k}K$ appartiennent à $k'K$ et que chaque élément de I soit algébrique et séparable sur $k'(t_1, \ldots, t_n)$. Alors $L = k'K$ est une extension séparable de k', de degré fini sur K, et k' est une extension radicielle de degré fini de k.

PROPOSITION 7.— *Soient k un corps,* A *et* B *des k-algèbres dont l'une est essentiellement de type fini. Supposons que* A *soit absolument régulière* (resp. *absolument normale*). *Si l'anneau* B *est régulier* (resp. *normal*), *il en est de même de l'anneau* $A \otimes_k B$.

Soit K une extension de type fini de k ; prouvons que l'anneau $A_{(K)}$ est régulier (resp. normal). Considérons en effet des extensions L et k' ayant les propriétés du lemme 3. Alors l'anneau $A_{(k')}$ est régulier (resp. normal) par définition, et l'anneau $A_{(L)}$, qui s'identifie à $A_{(k')} \otimes_{k'} L$, est régulier (resp. normal) d'après la prop. 5, b) du n° 3. Par conséquent, $A_{(K)}$ est régulier (resp. normal) d'après la prop. 5, a).

Supposons l'anneau B régulier (resp. normal) et démontrons la proposition. L'homomorphisme canonique $B \to A \otimes_k B$ fait de $A \otimes_k B$ un B-module libre. Pour tout idéal premier $\mathfrak{p}$ de B, l'anneau $(A \otimes_k B) \otimes_B \kappa(\mathfrak{p})$ s'identifie à $A \otimes_k \kappa(\mathfrak{p})$; d'après le corollaire de la prop. 9 du § 4, n° 5 (resp. le cor. 3 du th. 4 du § 1, n° 10), il nous suffit de prouver que $A \otimes_k \kappa(\mathfrak{p})$ est régulier (resp. normal) pour tout idéal premier $\mathfrak{p}$ de B.

Si la k-algèbre B est essentiellement de type fini, l'extension $\kappa(\mathfrak{p})$ de k est de type fini et l'anneau $A \otimes_k \kappa(\mathfrak{p})$ est régulier (resp. normal) d'après ce qu'on a vu plus haut. Supposons maintenant la k-algèbre A essentiellement de type fini ; l'anneau $A \otimes_k \kappa(\mathfrak{p})$ est noethérien et réunion de la famille filtrante croissante des sous-anneaux noethériens $A \otimes_k K$, où K parcourt les sous-extensions de type fini de $\kappa(\mathfrak{p})$. Ces derniers sont réguliers (resp. normaux), et on applique le lemme 1 du n° 3.

COROLLAIRE 1.— *Soit k un corps. Le produit tensoriel de deux k-algèbres absolument régulières* (resp. *absolument normales*) *dont l'une est essentiellement de type fini, est une k-algèbre absolument régulière* (resp. *absolument normale*).

Soient A et B deux k-algèbres satisfaisant aux hypothèses du corollaire. Soit k' une extension radicielle de k de degré fini. L'anneau $B_{(k')}$ est régulier (resp. normal) ; l'anneau $A \otimes_k B_{(k')}$ est régulier (resp. normal) d'après la prop. 7, ainsi que l'anneau $(A \otimes_k B) \otimes_k k'$ qui lui est isomorphe.

COROLLAIRE 2.— *Soient k un corps,* A *une k-algèbre absolument régulière* (resp. *absolument normale*) *et* K *une extension de k. Supposons que* A *soit essentiellement de type fini ou que l'extension* K *de k soit de type fini.*

a) *L'anneau $A_{(K)}$ est régulier* (resp. *normal*).

b) *Si l'extension* K *de k est séparable, la k-algèbre $A_{(K)}$ est absolument régulière* (resp. *absolument normale*).

L'assertion a) résulte de la proposition 7 ; l'assertion b) résulte du cor. 1 et de l'exemple 2.

COROLLAIRE 3.— *Soient k un corps,* A *une k-algèbre et* K *une extension de k. Supposons que la k-algèbre* A *soit essentiellement de type fini ou que l'extension* K *de k soit de type fini. Pour que la k-algèbre* A *soit absolument régulière* (resp. *absolument normale*), *il faut et il suffit qu'il en soit ainsi de la* K*-algèbre $A_{(K)}$.*

Supposons A absolument régulière (resp. absolument normale) et soit K′ une extension radicielle de K de degré fini. L'anneau $K' \otimes_K A_{(K)}$, isomorphe à $K' \otimes_k A$, est régulier (resp. normal) d'après le cor. 2.

Supposons inversement la K-algèbre $A_{(K)}$ absolument régulière (resp. absolument normale) et soit k' une extension radicielle de k de degré fini. Soit L une extension composée de k' et de K ; alors l'anneau $A_{(L)}$ s'identifie à $L \otimes_K A_{(K)}$, donc est régulier (resp. normal) ; par suite, l'anneau $A_{(k')}$ est régulier (resp. normal) d'après la prop. 5, a) du n° 3.

COROLLAIRE 4.— *Soient k un corps,* A *une k-algèbre essentiellement de type fini et* K *une extension de k qui soit un corps parfait. Pour que* A *soit absolument régulière* (resp. *absolument normale*), *il faut et il suffit que l'anneau $A_{(K)}$ soit régulier* (resp. *normal*).

Cela résulte du cor. 3 et de l'exemple 1.

5. Caractérisations des algèbres absolument régulières

PROPOSITION 8.— *Soient k un corps et A une k-algèbre essentiellement de type fini. Notons I le noyau de l'homomorphisme de k-algèbres $\mu : A \otimes_k A \to A$ tel que $\mu(x \otimes y) = xy$ pour x et y dans A. Les conditions suivantes sont équivalentes :*

(i) *la k-algèbre A est absolument régulière ;*

(ii) *pour toute k-algèbre régulière C, l'anneau $A \otimes_k C$ est régulier ;*

(iii) *l'anneau $A \otimes_k A$ est régulier ;*

(iv) *l'idéal I de $A \otimes_k A$ est complètement sécant* (§ 5, n° 1, déf. 1).

Notons B l'anneau $A \otimes_k A$ et munissons-le de la structure de A-algèbre déduite de l'homomorphisme $\rho : A \to A \otimes_k A$ tel que $\rho(x) = x \otimes 1$; alors μ est un homomorphisme de A-algèbres, et induit par passage au quotient un isomorphisme de B/I sur A.

(i) ⇒ (ii) : cela résulte de la prop. 7.

(ii) ⇒ (iii) : il suffit d'appliquer (ii) avec $C = k$, puis avec $C = A$.

(iii) ⇒ (iv) : le A-module B est libre, donc fidèlement plat. Si l'anneau B est régulier, A est régulier (§ 4, n° 5, prop. 8) ; l'idéal I est alors complètement sécant (§ 5, n° 3, prop. 2).

(iv) ⇒ (i) : supposons l'idéal I complètement sécant et prouvons d'abord que A est régulier. Soit $\mathfrak{m}$ un idéal maximal de A et soit $\nu : (A/\mathfrak{m}) \otimes_k A \to A/\mathfrak{m}$ l'homomorphisme déduit de μ. L'idéal maximal $\mathfrak{n} = \operatorname{Ker} \nu$ est égal à $I((A/\mathfrak{m}) \otimes_k A)$; appliquant la prop. 6 du § 5, n° 6 à la A-algèbre $A' = A/\mathfrak{m}$, on voit que l'idéal $\mathfrak{n}$ est complètement sécant dans $(A/\mathfrak{m}) \otimes_k A$. Par conséquent (§ 5, n° 3, prop. 3) l'anneau local $((A/\mathfrak{m}) \otimes_k A)_{\mathfrak{n}}$ est régulier. Notons $j : A \to (A/\mathfrak{m}) \otimes_k A$ l'homomorphisme $x \mapsto 1 \otimes x$; puisque $\nu \circ j$ est l'homomorphisme canonique de A dans $A/\mathfrak{m}$, on a $j^{-1}(\mathfrak{n}) = \mathfrak{m}$. Ainsi j se prolonge en un homomorphisme local d'anneaux locaux de $A_{\mathfrak{m}}$ dans $((A/\mathfrak{m}) \otimes_k A)_{\mathfrak{n}}$, qui fait de ce dernier un $A_{\mathfrak{m}}$-module fidèlement plat. D'après la prop. 8 du § 4, n° 5, l'anneau $A_{\mathfrak{m}}$ est donc régulier. Nous avons ainsi prouvé que A est régulier.

Soit maintenant k' une extension de k. Le noyau de l'application $\mu' : A_{(k')} \otimes_{k'} A_{(k')} \to A_{(k')}$ déduite de la multiplication de $A_{(k')}$ n'est autre que $I A_{(k')}$; il est donc complètement sécant dans $A_{(k')}$ (§ 5, n° 6, prop. 6). La k'-algèbre $A_{(k')}$ satisfait donc à la condition (iv) ; d'après ce qu'on vient de voir, elle est régulière, et cela prouve (i).

Rappelons (A, III, p. 133-134) que le quotient I/I^2 muni de la structure de A-module déduite de ρ est noté $\Omega_k(A)$ et appelé le module des k-différentielles de A. Lorsque la k-algèbre A est essentiellement de type fini, l'anneau $A \otimes_k A$ est noethérien, de sorte que le A-module $\Omega_k(A)$ est de type fini.

On note $d_{A/k}$ ou simplement d l'application k-linéaire de A dans $\Omega_k(A)$ qui associe à un élément x de A la classe de $x \otimes 1 - 1 \otimes x$ dans $\Omega_k(A)$. L'application d est une k-dérivation ; pour tout A-module M et toute k-dérivation $D : A \to M$, il existe une unique application A-linéaire $g : \Omega_k(A) \to M$ telle que $D = g \circ d$ (*loc. cit.*, prop. 18).

Si S est une partie multiplicative de A, l'application $S^{-1}A$-linéaire canonique (*loc. cit.*, p. 136)

$$S^{-1}\Omega_k(A) \to \Omega_k(S^{-1}A)$$

est bijective : en effet, il suffit de vérifier que, pour tout $S^{-1}A$-module M, toute k-dérivation $D : A \to M$ se prolonge de manière unique en une k-dérivation $D : S^{-1}A \to M$; or cela résulte du raisonnement de *loc. cit.*, p. 123, prop. 5.

Soient k un corps et A une k-algèbre locale essentiellement de type fini. Posons $n = \dim(A) + \mathrm{deg.tr}_k(\kappa_A)$. Soient B une k-algèbre de type fini et $\mathfrak{q}$ un idéal premier de B tels que la k-algèbre A soit isomorphe à $B_\mathfrak{q}$ (*cf.* n° 1, exemple 2) ; on a $n = \dim_\mathfrak{q}(B)$ (VIII, § 2, n° 4, cor. 5 du th. 3). D'après *loc. cit.*, th. 3, c) et cor. 5, on a aussi

$$n = \sup\ \mathrm{deg.tr}_k(\kappa(\mathfrak{p}))$$

où $\mathfrak{p}$ parcourt la famille (finie) des idéaux premiers minimaux de A. Si A est intègre, n est donc le degré de transcendance du corps des fractions de A.

THÉORÈME 1.— *Soient k un corps et A une k-algèbre locale essentiellement de type fini. Posons $n = \dim(A) + \mathrm{deg.tr}_k(\kappa_A)$.*

a) *On a $[\kappa_A \otimes_A \Omega_k(A) : \kappa_A] \geqslant n$.*

b) *Les conditions suivantes sont équivalentes :*

(i) *la k-algèbre A est absolument régulière ;*

(ii) *le A-module $\Omega_k(A)$ est libre de rang n ;*

(iii) *on a $[\kappa_A \otimes_A \Omega_k(A) : \kappa_A] = n$.*

Considérons l'assertion

(iii′) *on a $[\kappa_A \otimes_A \Omega_k(A) : \kappa_A] \leqslant n$;*

il est clair que (ii) implique (iii) et que (iii) implique (iii′). Pour démontrer le théorème il suffit de prouver les implications (i) ⇒ (ii) et (iii′) ⇒ (i).

Choisissons une k-algèbre de type fini B et un idéal premier $\mathfrak{q}$ de B tels que A soit isomorphe à $B_\mathfrak{q}$ (n° 1, exemple 2). On a $\dim_\mathfrak{q}(B) = n$; remplaçant B par un anneau B_f, avec $f \in B - \mathfrak{q}$, on peut imposer que le spectre de B est connexe et de dimension n, ce que nous supposerons désormais.

(i) ⇒ (ii) : Supposons la k-algèbre A absolument régulière. Comme dans la démonstration de la prop. 8, notons $\mu : A \otimes_k A \to A$ et $\nu : \kappa_A \otimes_k A \to \kappa_A$ les homomorphismes déduits de la multiplication de A ; posons $I = \mathrm{Ker}(\mu)$ et $\mathfrak{n} = \mathrm{Ker}(\nu)$. L'idéal I est complètement sécant ; l'idéal $\mathfrak{n}$ est maximal et l'anneau local $(\kappa_A \otimes_k A)_\mathfrak{n}$ est régulier (*loc. cit.*). D'après le théorème 1 du § 5, n° 2, le A-module de type fini I/I^2, qui n'est autre que $\Omega_k(A)$, est projectif, donc libre. Mais d'après la remarque du § 5, n° 6, l'idéal $\mathfrak{n}$ s'identifie à $\kappa_A \otimes_A I$, de sorte que $\mathfrak{n}/\mathfrak{n}^2$ est isomorphe à $\kappa_A \otimes_A \Omega_k(A)$. On a donc

$$\mathrm{rg}(\Omega_k(A)) = [\kappa_A \otimes_k \Omega_k(A) : \kappa_A] = [\mathfrak{n}/\mathfrak{n}^2 : \kappa_A] = \dim(\kappa_A \otimes_k A)_\mathfrak{n}\ .$$

Désignons par B′ l'anneau $\kappa_A \otimes_k B$, et par S l'image dans B′ de $B - \mathfrak{q}$. L'anneau $\kappa_A \otimes_k A$ s'identifie à $B' \otimes_B B_\mathfrak{q}$, c'est-à-dire à $S^{-1}B'$. Il existe donc un idéal maximal

$\mathfrak{q}'$ de B' ne rencontrant pas S tel que l'on ait $\mathfrak{n} = S^{-1}\mathfrak{q}'$; l'anneau $(\kappa_A \otimes_k A)_\mathfrak{n}$ est alors isomorphe à $B'_{\mathfrak{q}'}$, et l'on a

$$\dim(\kappa_A \otimes_k A)_\mathfrak{n} = \dim(\kappa_A \otimes_k B)_{\mathfrak{q}'} = \dim_{\mathfrak{q}'}(\kappa_A \otimes_k B) .$$

Comme $\mathfrak{n}$ contient $\kappa_A \otimes_k \mathfrak{q}B_\mathfrak{q}$, $\mathfrak{q}'$ contient l'idéal $\kappa_A \otimes \mathfrak{q}$ de B', donc son image réciproque dans B contient $\mathfrak{q}$; elle est égale à $\mathfrak{q}$ puisque $\mathfrak{q}'$ ne rencontre pas S. D'après VIII, § 2, n° 4, cor. de la prop. 5, on a

$$\dim_{\mathfrak{q}'}(\kappa_A \otimes_k B) = \dim_\mathfrak{q}(B) = n ,$$

ce qui prouve (ii).

(iii') ⇒ (i) : Supposons que l'on ait $[\kappa_A \otimes_A \Omega_k(A) : \kappa_A] \leqslant n$, c'est-à-dire $[\kappa(\mathfrak{q}) \otimes_B \Omega_k(B) : \kappa(\mathfrak{q})] \leqslant n$, et prouvons que la k-algèbre B est absolument régulière. Soit $(x_1, \ldots, x_n)$ une suite d'éléments de B telle que $1 \otimes dx_1, \ldots, 1 \otimes dx_n$ engendrent le $\kappa(\mathfrak{q})$-espace vectoriel $\kappa(\mathfrak{q}) \otimes_B \Omega_k(B)$. Remplaçant B par B_f, pour un élément f convenable de $B - \mathfrak{q}$, on peut supposer que $dx_1, \ldots, dx_n$ engendrent le B-module $\Omega_k(B)$ (lemme de Nakayama et II, § 5, n° 1, prop. 2). Soit $\bar{k}$ une extension algébriquement close de k. Il nous suffit de prouver que la $\bar{k}$-algèbre $B_{(\bar{k})}$ est régulière, puisque cela impliquera que B est absolument régulière (cor. 4 de la prop. 7 du n° 4). Pour tout composant canonique C de $B_{(\bar{k})}$, les différentielles $d(1 \otimes x_i)$ engendrent le C-module $\Omega_{\bar{k}}(C)$ (A, III, § 10, n° 12, prop. 20). Le théorème résulte donc des deux lemmes suivants :

Lemme 4.— *Soient k un corps,* K *une extension algébrique de k,* B *une k-algèbre dont le spectre est connexe. Pour tout composant canonique* C *de* $B_{(K)}$, *on a* $\dim(C) = \dim(B)$.

Traitons d'abord le cas où l'extension K est de degré fini sur k. Le B-module C est facteur direct d'un module libre, donc projectif de type fini. Comme la fonction $\mathfrak{p} \mapsto \mathrm{rg}_\mathfrak{p}\, C$ est constante sur Spec(B) (II, § 5, n° 3), le support du B-module C est égal à Spec(B), de sorte que le B-module C est fidèlement plat. Cela entraîne $\dim(C) \geqslant \dim(B)$ (VIII, § 2, n° 1, prop. 2), d'où l'égalité cherchée puisqu'on a $\dim(C) \leqslant \dim(B_{(K)}) = \dim(B)$ (VIII, § 2, n° 4, cor. de la prop. 5).

Passons au cas général. Soit e l'élément idempotent de $B_{(K)}$ tel que $C = B_{(K)}/B_{(K)}e$. Il existe une sous-extension K′ de K de degré fini tel que e soit l'image d'un élément idempotent e' de $B_{(K')}$. Posons $C' = B_{(K')}/B_{(K')}e'$. L'anneau $C' \otimes_{K'} K$ s'identifie à C, et C′ est un composant canonique de $B_{(K')}$. On a $\dim(C') = \dim(B)$ d'après le cas déjà traité, et $\dim(C') = \dim(C)$ d'après *loc. cit.*, d'où le lemme.

Lemme 5.— *Soient k un corps algébriquement clos,* A *une k-algèbre de type fini dont le spectre est connexe, n un entier et $(x_1, \ldots, x_n)$ une suite finie d'éléments de* A . *On suppose que* A *est de dimension n et que les différentielles $dx_1, \ldots, dx_n$ engendrent le* A-*module* $\Omega_k(A)$. *Alors l'anneau* A *est intègre et régulier et le* A-*module* $\Omega_k(A)$ *est libre de base* $(dx_1, \ldots, dx_n)$.

Soit $\mathfrak{m}$ un idéal maximal de A tel que $\dim(A_\mathfrak{m}) = n$. On a $[A/\mathfrak{m} : k] = 1$ (V, § 3, n° 3, prop. 1 (iii)), donc $A = \mathfrak{m} \oplus k1_A$. Notons p et q les projecteurs correspondants. Pour a et b dans A, on a

$$ab = \big(p(a)q(b) + q(a)p(b) + p(a)p(b)\,,\, q(a)q(b)\big)\,,$$

d'où $p(ab) \equiv p(a)q(b) + q(a)p(b) \pmod{\mathfrak{m}^2}$. Par conséquent l'application $\delta : \mathrm{A} \to \mathfrak{m}/\mathfrak{m}^2$ qui associe à chaque élément x de A la classe de $p(x)$ modulo $\mathfrak{m}^2$ est une k-dérivation de A dans le k-espace vectoriel $\mathfrak{m}/\mathfrak{m}^2$. Il existe donc une application A-linéaire $\phi : \Omega_k(\mathrm{A}) \to \mathfrak{m}/\mathfrak{m}^2$ telle que $\delta(x) = \phi(dx)$ pour tout $x \in \mathrm{A}$. Puisque δ est surjective, les $\phi(dx_i)$ engendrent le $\mathrm{A}/\mathfrak{m}$-espace vectoriel $\mathfrak{m}/\mathfrak{m}^2$, et on a $[\mathfrak{m}/\mathfrak{m}^2 : \mathrm{A}/\mathfrak{m}] \leqslant n = \dim(\mathrm{A}_\mathfrak{m})$. Il en résulte que $\mathrm{A}_\mathfrak{m}$ est régulier et que les images des dx_i forment une base du $\mathrm{A}/\mathfrak{m}$-espace vectoriel $\mathrm{A}/\mathfrak{m} \otimes_\mathrm{A} \Omega_k(\mathrm{A})$.

Prouvons maintenant que l'anneau A est intègre et régulier. Il existe un idéal premier minimal $\mathfrak{q}$ de A tel que $\dim(\mathrm{A}/\mathfrak{q}) = n$. Pour tout idéal maximal $\mathfrak{m}$ de A contenant $\mathfrak{q}$, on a $\dim(\mathrm{A}_\mathfrak{m}) = n$ (VIII, § 2, n° 4, cor. 2 du th. 3), de sorte que $\mathrm{A}_\mathfrak{m}$ est régulier d'après ce que nous venons de voir. En particulier $\mathrm{A}_\mathfrak{m}$ est intègre, ce qui impose $\mathfrak{q}\mathrm{A}_\mathfrak{m} = 0$. Comme cela a lieu pour tous les idéaux maximaux $\mathfrak{m}$ de $\mathrm{V}(\mathfrak{q})$, on en déduit qu'on a $\mathrm{Supp}(\mathfrak{q}) \cap \mathrm{V}(\mathfrak{q}) = \varnothing$. Mais Spec(A) est connexe, $\mathrm{V}(\mathfrak{q})$ est non vide et l'on a $\mathrm{Supp}(\mathfrak{q}) \cup \mathrm{V}(\mathfrak{q}) = \mathrm{Spec}(\mathrm{A})$ (II, § 4, n° 4, prop. 16). On en déduit $\mathrm{Supp}(\mathfrak{q}) = \varnothing$, d'où $\mathfrak{q} = 0$, ce qui signifie que A est intègre. On a alors $\dim(\mathrm{A}_\mathfrak{m}) = n$ pour tout idéal maximal $\mathfrak{m}$ de A ; appliquant la première partie de la démonstration, on en déduit que A est régulier.

Enfin, soit $\sum_{i=1}^{n} a_i\, dx_i = 0$ une relation linéaire entre les dx_i à coefficients dans A. Si les a_i ne sont pas tous nuls, il existe un indice i et un idéal maximal $\mathfrak{m}$ de A tel que a_i n'appartienne pas à $\mathfrak{m}$ (V, § 3, n° 3, prop. 1, (iii) et (iv)) ; mais cela contredit le fait démontré plus haut que les classes des dx_i dans $(\mathrm{A}/\mathfrak{m}) \otimes_\mathrm{A} \Omega_k(\mathrm{A})$ sont linéairement indépendantes.

Exemple.— Lorsque A est une extension de type fini de k, le théorème 1 redonne le cor. 1 de A, V, p. 128, compte tenu de l'exemple 2 du n° 4.

COROLLAIRE 1.— *Soient k un corps et* A *une k-algèbre essentiellement de type fini. L'ensemble des éléments $\mathfrak{p}$ de* Spec(A) *tels que la k-algèbre $\mathrm{A}_\mathfrak{p}$ soit absolument régulière est ouvert dans* Spec(A).

On peut supposer que la k-algèbre A est de type fini. L'ensemble considéré est alors formé des idéaux premiers $\mathfrak{p}$ tels que $[\kappa(\mathfrak{p}) \otimes_k \Omega_k(\mathrm{A}) : \kappa(\mathfrak{p})] \leqslant \dim_\mathfrak{p}(\mathrm{A})$. Or la fonction $\mathfrak{p} \mapsto \dim_\mathfrak{p}(\mathrm{A})$ est semi-continue inférieurement par définition, et la fonction $\mathfrak{p} \mapsto [\kappa(\mathfrak{p}) \otimes_k \Omega_k(\mathrm{A}) : \kappa(\mathfrak{p})]$ est semi-continue supérieurement (lemme de Nakayama et II, § 5, n° 1, prop. 2).

Nous verrons plus loin (§ 7, n° 9, cor. 4 du th. 3) que sous les hypothèses du cor. 1, l'ensemble des idéaux premiers $\mathfrak{p}$ de A tels que l'anneau $\mathrm{A}_\mathfrak{p}$ soit régulier est ouvert dans Spec(A).

COROLLAIRE 2.— *Soient k un corps et* A *une k-algèbre essentiellement de type fini. Pour que* A *soit absolument régulière, il faut et il suffit que le* A*-module $\Omega_k(\mathrm{A})$ soit projectif et que pour tout idéal premier minimal $\mathfrak{q}$ de* A, *la k-algèbre $\mathrm{A}_\mathfrak{q}$ soit séparable.*

Supposons A absolument régulière. Pour tout idéal premier $\mathfrak{p}$ de A, la k-algèbre $A_\mathfrak{p}$ est absolument régulière, de sorte que le $A_\mathfrak{p}$-module $\Omega_k(A_\mathfrak{p})$ est libre (th. 1) ; il en résulte que le A-module $\Omega_k(A)$ est projectif (II, § 5, n° 2, th. 1). En outre, pour tout idéal premier minimal $\mathfrak{q}$ de A, la k-algèbre locale $A_\mathfrak{q}$ est artinienne et absolument régulière, donc est un corps, extension séparable de k (n° 4, exemple 2).

Inversement, supposons que le A-module $\Omega_k(A)$ soit projectif et que la k-algèbre $A_\mathfrak{q}$ soit séparable pour tout idéal premier minimal $\mathfrak{q}$ de A. Soient $\mathfrak{p}$ un idéal premier de A, et $\mathfrak{q}$ un idéal premier minimal de A contenu dans $\mathfrak{p}$. Puisque le $A_\mathfrak{p}$-module $\Omega_k(A)_\mathfrak{p}$ est libre (II, § 3, n° 2, cor. 2 de la prop. 5), on a

$$[\kappa(\mathfrak{p}) \otimes_A \Omega_k(A) : \kappa(\mathfrak{p})] = [\kappa(\mathfrak{q}) \otimes_A \Omega_k(A) : \kappa(\mathfrak{q})] .$$

La k-algèbre $A_\mathfrak{q}$ est artinienne et séparable, donc absolument régulière (n° 4, exemple 2). Le th. 1 entraîne

$$[\kappa(\mathfrak{q}) \otimes_A \Omega_k(A) : \kappa(\mathfrak{q})] = \operatorname{deg.tr}_k(\kappa(\mathfrak{q})) .$$

Il résulte alors du th. 1 que la k-algèbre $A_\mathfrak{p}$ est absolument régulière, d'où le corollaire.

Remarque.— Supposons la k-algèbre A absolument régulière. Alors l'anneau total des fractions F de A s'identifie au produit des $A_\mathfrak{q}$, où $\mathfrak{q}$ parcourt l'ensemble des idéaux premiers minimaux de A (IV, § 2, n° 5, prop. 10) ; c'est donc une k-algèbre séparable. Supposons inversement que F soit une k-algèbre séparable ; pour tout idéal premier minimal $\mathfrak{q}$ de A, la k-algèbre $A_\mathfrak{q}$ est un anneau de fractions de F (IV, § 1, n° 1, cor. 3 de la prop. 2 et n° 3, cor. 1 de la prop. 7), donc une k-algèbre séparable (n° 4, prop. 6). Si en outre le A-module $\Omega_k(A)$ est projectif, il résulte du cor. 2 que la k-algèbre A est absolument régulière.

COROLLAIRE 3.— *Soient k un corps de caractéristique 0 et A une k-algèbre essentiellement de type fini. Pour que A soit régulière, il faut et il suffit que le A-module $\Omega_k(A)$ soit projectif.*

D'après le corollaire 2, il suffit de prouver qu'une k-algèbre locale artinienne A telle que $\Omega_k(A)$ soit un A-module libre est un corps. Or, d'après IX, § 3, n° 3, th. 1, il existe un sous-corps K de A tel que $A = K \oplus \mathfrak{m}_A$. Soit $\delta : A \to \mathfrak{m}_A/\mathfrak{m}_A^2$ l'application composée de la projection de A sur $\mathfrak{m}_A$ et de l'application canonique $\mathfrak{m}_A \to \mathfrak{m}_A/\mathfrak{m}_A^2$. On vérifie comme dans la démonstration du lemme 4 que δ est une k-dérivation. Mais toute k-dérivation de A dans un A-module annule $\mathfrak{m}_A$: soient en effet $x \in \mathfrak{m}_A$, et n un entier $\geqslant 1$ tel qu'on ait $x^{n-1} \neq 0$, $x^n = 0$. Cela implique dans le A-module $\Omega_k(A)$ la relation $nx^{n-1}dx = 0$, donc $dx = 0$ puisque $nx^{n-1} \neq 0$. Ainsi $\delta(\mathfrak{m}_A) = 0$, donc $\mathfrak{m}_A = \mathfrak{m}_A^2$, et en définitive $\mathfrak{m}_A = \{0\}$.

§ 7. ALGÈBRES LISSES

1. Dérivations et relèvements d'homomorphismes

Soient k un anneau, C une k-algèbre et N un idéal de C de carré nul. Notons $\pi : \mathrm{C} \to \mathrm{C}/\mathrm{N}$ l'homomorphisme canonique ; puisque $\mathrm{N}^2 = \{0\}$, la structure de C-module de N provient d'une structure de C/N-module.

Soient A une k-algèbre et $\varphi : \mathrm{A} \to \mathrm{C}/\mathrm{N}$ un homomorphisme de k-algèbres. Munissons N de la structure de A-module déduite de φ. On appelle *relèvement de* φ (à C) tout homomorphisme de k-algèbres $\tilde{\varphi} : \mathrm{A} \to \mathrm{C}$ tel que $\pi \circ \tilde{\varphi} = \varphi$. Soient $\tilde{\varphi}$ un tel relèvement, et δ une application de A dans N ; notons $\delta + \tilde{\varphi}$ l'application $x \mapsto \delta(x) + \tilde{\varphi}(x)$ de A dans C.

PROPOSITION 1.— *Si* φ *admet un relèvement, l'application* $(\delta, \tilde{\varphi}) \mapsto \delta + \tilde{\varphi}$ *définit une opération simplement transitive du groupe des* k*-dérivations de* A *dans* N *sur l'ensemble des relèvements de* φ.

Soit $\tilde{\varphi}_0 : \mathrm{A} \to \mathrm{C}$ un relèvement de φ. L'application $\delta \mapsto \delta + \tilde{\varphi}_0$ induit une bijection de l'ensemble des applications de A dans N sur l'ensemble des applications $\tilde{\varphi} : \mathrm{A} \to \mathrm{C}$ telles que $\pi \circ \tilde{\varphi} = \varphi$. Fixons δ, et posons $\tilde{\varphi} = \delta + \tilde{\varphi}_0$. Pour que $\tilde{\varphi}$ soit un homomorphisme de k-algèbres, il faut et il suffit que δ soit une k-dérivation de A dans N : en effet, pour x, y dans A et λ dans k, on a les relations

$$\begin{aligned}
\tilde{\varphi}(x+y) - \tilde{\varphi}(x) - \tilde{\varphi}(y) &= \delta(x+y) - \delta(x) - \delta(y) \\
\tilde{\varphi}(\lambda x) - \lambda\tilde{\varphi}(x) &= \delta(\lambda x) - \lambda\delta(x) \\
\tilde{\varphi}(xy) - \tilde{\varphi}(x)\tilde{\varphi}(y) &= \delta(xy) - \delta(x)\delta(y) - \delta(x)\,\tilde{\varphi}_0(y) - \tilde{\varphi}_0(x)\,\delta(y) \\
&= \delta(xy) - \varphi(x)\,\delta(y) - \varphi(y)\,\delta(x) \ ,
\end{aligned}$$

la dernière égalité résultant du fait que N est de carré nul. La proposition en résulte.

Exemple.— Soient B une k-algèbre, N un B-module. Munissons le k-module $\mathrm{B} \oplus \mathrm{N}$ de la structure de k-algèbre définie par $(b, x)(b', x') = (bb', bx' + b'x)$ (*cf.* A, III, p. 127), de sorte que N est un idéal de carré nul de $\mathrm{B} \oplus \mathrm{N}$. Soit $\varphi : \mathrm{A} \to \mathrm{B}$ un homomorphisme de k-algèbres. Alors les relèvements de φ à $\mathrm{B} \oplus \mathrm{N}$ sont les applications $x \mapsto (\varphi(x), \delta(x))$, où δ parcourt l'ensemble des k-dérivations de A dans N (*cf. loc. cit.*, prop. 12).

Soit $\Omega_k(\mathrm{A})$ le module des k-différentielles de l'anneau A, et soit $d : \mathrm{A} \longrightarrow \Omega_k(\mathrm{A})$ la k-dérivation universelle (A, III, p. 133 et 134) ; rappelons (*loc. cit.*) que pour tout A-module M, l'application $v \mapsto v \circ d$ est un isomorphisme A-linéaire de $\mathrm{Hom}_{\mathrm{A}}(\Omega_k(\mathrm{A}), \mathrm{M})$ sur le A-module des k-dérivations de A dans M.

Soit J un idéal de A. D'après A, III, p. 137, on a une suite exacte d'applications A/J-linéaires

$$J/J^2 \xrightarrow{\bar{d}} (A/J) \otimes_A \Omega_k(A) \longrightarrow \Omega_k(A/J) \to 0 ,$$

où $\bar{d}$ est l'homomorphisme déduit par passage aux quotients de la restriction de d à J.

Notons $\rho : A \to A/J^2$ et $\pi : A/J^2 \to A/J$ les surjections canoniques. Soit $v : (A/J) \otimes_A \Omega_k(A) \longrightarrow J/J^2$ une application k-linéaire ; on lui associe une application k-linéaire $H_v : A \to A/J^2$ en posant $H_v(x) = \rho(x) - v(1 \otimes dx)$. Si v est une *rétraction* de $\bar{d}$, H_v s'annule sur J, donc induit par passage au quotient une application k-linéaire $h_v : A/J \to A/J^2$. D'autre part, étant donnée une application k-linéaire $h : A/J \to A/J^2$, notons $\psi_h : A/J \oplus J/J^2 \longrightarrow A/J^2$ l'application $(x, y) \mapsto h(x) + y$.

PROPOSITION 2.— *Munissons le k-module $A/J \oplus J/J^2$ de la structure de k-algèbre définie dans l'exemple ci-dessus. Les applications $v \mapsto h_v$ et $h \mapsto \psi_h$ induisent des bijections entre les ensembles suivants :*

(i) *l'ensemble des rétractions A/J-linéaires v de $\bar{d}$;*

(ii) *l'ensemble des homomorphismes de k-algèbres $h : A/J \to A/J^2$ tels que $\pi \circ h = \mathrm{Id}_{A/J}$;*

(iii) *l'ensemble des isomorphismes de k-algèbres $\psi : A/J \oplus J/J^2 \longrightarrow A/J^2$ tels que $\pi \circ \psi = \mathrm{pr}_1$ et $\psi(0, z) = z$ pour $z \in J/J^2$.*

Appliquons la prop. 1 avec $C = A/J^2$ et $N = J/J^2$. Soit $\varphi : A \to A/J$ la surjection canonique ; l'homomorphisme ρ est un relèvement de φ à A/J^2. Le A-module $\mathrm{Hom}_{A/J}((A/J) \otimes_A \Omega_k(A), J/J^2)$ s'identifie à $\mathrm{Hom}_A(\Omega_k(A), J/J^2)$; d'après la prop. 1, l'application $v \mapsto H_v$ est une bijection de cet ensemble sur l'ensemble des relèvements de φ à A/J^2. Pour $x \in J$, on a $1 \otimes dx = \bar{d}(\rho(x))$; pour que H_v s'annule sur J, il faut et il suffit que $v \circ \bar{d}$ soit l'application identique de J/J^2. Cela prouve que l'application $v \mapsto h_v$ induit une bijection entre les deux premiers ensembles décrits dans l'énoncé.

L'application $h \mapsto \psi_h$ est une bijection de l'ensemble des homomorphismes k-linéaires de A/J dans A/J^2 sur l'ensemble des homomorphismes k-linéaires $\psi : A/J \oplus J/J^2 \longrightarrow A/J^2$ tels que $\psi(0, z) = z$ pour $z \in J/J^2$; de plus pour qu'on ait $\pi \circ \psi_h = \mathrm{pr}_1$ il faut et il suffit qu'on ait $\pi \circ h = \mathrm{Id}_{A/J}$, c'est-à-dire $z \equiv h(\pi(z))$ (mod. J/J^2) pour tout $z \in A/J^2$. Supposons ces conditions vérifiées. Pour que h soit un homomorphisme d'anneaux, il faut et il suffit qu'il en soit ainsi de ψ_h ; de plus, l'homomorphisme ψ_h est bijectif : l'application réciproque associe à un élément z de A/J^2 le couple $(\pi(z), z - h(\pi(z)))$. Cela prouve que l'application $h \mapsto \psi_h$ induit une bijection entre les deux derniers ensembles décrits dans l'énoncé.

2. Algèbres formellement lisses

Soient k un anneau et A une k-algèbre linéairement topologisée (III, § 4, n° 2, déf. 1).

DÉFINITION 1.— *On dit que* A *est formellement lisse sur* k, *ou est une* k*-algèbre formellement lisse, si elle satisfait à la condition suivante : quels que soient la* k*-algèbre* C *et l'idéal de carré nul* N *de* C, *tout homomorphisme continu de* A *dans la* k*-algèbre* C/N, *munie de la topologie discrète, se relève en un homomorphisme continu de* A *dans la* k*-algèbre* C, *munie de la topologie discrète.*

Rappelons qu'un homomorphisme de A dans une k-algèbre munie de la topologie discrète est continu si et seulement si son noyau est ouvert.

Soient k un anneau, A une k-algèbre et J un idéal de A. Munissons A de la topologie J-adique. Soient C une k-algèbre, N un idéal de carré nul de C ; munissons C et C/N de la topologie discrète. Soit $\varphi : A \to C/N$ un homomorphisme continu d'algèbres. *Tout relèvement* $\tilde{\varphi} : A \to C$ *de* φ *est continu* : en effet il existe un entier n tel que $\varphi(J^n)$ soit nul, et l'on a $\tilde{\varphi}(J^n) \subset N$, d'où $\tilde{\varphi}(J^{2n}) \subset N^2 = 0$. Il en résulte notamment que, si A est formellement lisse pour la topologie J-adique, elle est aussi formellement lisse pour la topologie J'-adique pour tout idéal J' contenant J.

Nous dirons qu'une k-algèbre A est formellement lisse si elle est formellement lisse lorsqu'on la munit de la topologie discrète, c'est-à-dire de la topologie (0)-adique ; elle est alors formellement lisse pour la topologie J-adique quel que soit l'idéal J de A.

Remarques.— 1) Soient k un anneau, A une k-algèbre et J un idéal de A. Si la k-algèbre A/J est formellement lisse (pour la topologie discrète), l'application identique de A/J admet un relèvement à A/J^2 ; par conséquent les ensembles décrits dans la prop. 2 sont non vides. En particulier, la suite

$$0 \to J/J^2 \xrightarrow{\bar{d}} (A/J) \otimes_A \Omega_k(A) \longrightarrow \Omega_k(A/J) \to 0$$

est exacte et scindée.

2) Soient k un anneau, A une k-algèbre linéairement topologisée formellement lisse, M un A-module dont l'annulateur est ouvert dans A. Alors *toute dérivation* δ *de* k *dans* M *se prolonge en une dérivation de* A *dans* M. En effet, posons $B = A/\operatorname{Ann}(M)$; l'application $\lambda \mapsto (\lambda 1_B, \delta(\lambda))$ définit un homomorphisme d'anneaux de k dans $B \oplus M$ (n° 1, exemple), c'est-à-dire une structure de k-algèbre sur $B \oplus M$. La surjection canonique $\varphi : A \to B$ est continue, donc admet un relèvement $\tilde{\varphi} : A \to B \oplus M$; d'après *loc. cit.*, $\mathrm{pr}_2 \circ \tilde{\varphi}$ est une dérivation de A dans M qui prolonge δ.

PROPOSITION 3.— *Soit* k *un anneau.*

a) *Soient* A *et* B *des* k*-algèbres linéairement topologisées et* $\rho : A \to B$ *un homomorphisme continu de* k*-algèbres. Si* A *est formellement lisse sur* k *et* B *formellement lisse sur* A, *alors* B *est formellement lisse sur* k.

b) *La* k*-algèbre produit d'une famille finie de* k*-algèbres linéairement topologisées formellement lisses est formellement lisse.*

c) *Soient* A *une* k*-algèbre linéairement topologisée, et* $\widehat{A}$ *l'algèbre séparée complétée de* A ; *pour que* A *soit formellement lisse sur* k, *il faut et il suffit qu'il en soit ainsi de* $\widehat{A}$.

Soient C une k-algèbre, N un idéal de carré nul de C, et $\pi : \mathrm{C} \to \mathrm{C/N}$ la surjection canonique. Munissons C et C/N de la topologie discrète.

a) Soit $\psi : \mathrm{B} \to \mathrm{C/N}$ un homomorphisme continu de k-algèbres. Puisque A est formellement lisse sur k, il existe un homomorphisme continu de k-algèbres $\tilde{\varphi} : \mathrm{A} \to \mathrm{C}$ tel que $\pi \circ \tilde{\varphi} = \psi \circ \rho$.

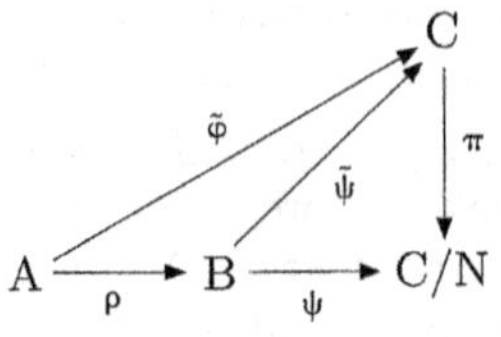

Considérons C et C/N comme des A-algèbres à l'aide de $\tilde{\varphi}$, de sorte que ψ est un homomorphisme de A-algèbres ; puisque B est formellement lisse sur A, il existe un homomorphisme continu de A-algèbres $\tilde{\psi} : \mathrm{B} \to \mathrm{C}$ tel que $\pi \circ \tilde{\psi} = \psi$, d'où a).

b) Il suffit de prouver que le produit de deux k-algèbres formellement lisses A_1 et A_2 est formellement lisse. Soit $\varphi : \mathrm{A}_1 \times \mathrm{A}_2 \to \mathrm{C/N}$ un homomorphisme continu de k-algèbres. Posons $e_1 = \varphi(1,0)$, $e_2 = \varphi(0,1)$, de sorte que e_1 et e_2 sont des idempotents orthogonaux dans C/N. Notons $\varphi_1 : \mathrm{A}_1 \to (\mathrm{C/N})e_1$ et $\varphi_2 : \mathrm{A}_2 \to (\mathrm{C/N})e_2$ les applications définies par $\varphi_1(a_1) = \varphi(a_1, 0)$ et $\varphi_2(a_2) = \varphi(0, a_2)$; ce sont des homomorphismes continus de k-algèbres, et l'on a $\varphi(a_1, a_2) = \varphi_1(a_1) + \varphi_2(a_2)$ pour tout $(a_1, a_2) \in \mathrm{A}_1 \times \mathrm{A}_2$. Il existe un élément idempotent $\tilde{e}_1$ de C tel que $\pi(\tilde{e}_1) = e_1$ (A, VIII, § 9, n° 4, prop. 7) ; posons $\tilde{e}_2 = 1 - \tilde{e}_1$, de sorte que $\pi(\tilde{e}_2) = e_2$. Pour $i = 1, 2$, l'homomorphisme $\mathrm{C}\tilde{e}_i \to (\mathrm{C/N})e_i$ induit par π est surjectif, de noyau $\mathrm{N}\tilde{e}_i$; puisque la k-algèbre A_i est formellement lisse, l'homomorphisme φ_i admet un relèvement continu $\tilde{\varphi}_i$ à $\mathrm{C}\tilde{e}_i$. L'application $(a_1, a_2) \mapsto \tilde{\varphi}_1(a_1) + \tilde{\varphi}_2(a_2)$ est un relèvement continu de φ à C.

c) Notons $i : \mathrm{A} \to \widehat{\mathrm{A}}$ l'homomorphisme canonique. Pour tout anneau D, muni de la topologie discrète, l'application qui associe à un homomorphisme continu $f : \widehat{\mathrm{A}} \to \mathrm{D}$ l'homomorphisme continu $f \circ i : \mathrm{A} \to \mathrm{D}$ est bijective. L'assertion c) en résulte.

L'assertion c) de la proposition s'applique en particulier lorsque la topologie de A est la topologie J-adique, où J est un idéal de type fini ; l'adhérence $\widehat{\mathrm{J}}$ de J dans $\widehat{\mathrm{A}}$ est alors égale à $\mathrm{J}\widehat{\mathrm{A}}$ et la topologie de $\widehat{\mathrm{A}}$ est la topologie $\widehat{\mathrm{J}}$-adique (III, § 2, n° 12, cor. 2 de la prop. 16). Par conséquent, il est équivalent de dire que A est formellement lisse pour la topologie J-adique ou que son séparé complété $\widehat{\mathrm{A}}$ est formellement lisse pour la topologie $\widehat{\mathrm{J}}$-adique.

PROPOSITION 4.— *Soient k un anneau,* A *et* B *des k-algèbres,* J *un idéal de* A, K *un idéal de* B.

a) *Soient* S *une partie multiplicative de* A *et* T *une partie de k dont l'image dans* A *est contenue dans* S. *Si* A *est formellement lisse sur k pour la topologie* J*-adique,* $\mathrm{S}^{-1}\mathrm{A}$ *est formellement lisse sur* $\mathrm{T}^{-1}k$ *pour la topologie* $\mathrm{S}^{-1}\mathrm{J}$*-adique.*

b) *Soit k' une k-algèbre. Si* A *est formellement lisse sur k pour la topologie* J*-adique, la k'-algèbre $A_{(k')}$ est formellement lisse sur k' pour la topologie $JA_{(k')}$-adique.*

c) *Désignons par* I *l'idéal de $A \otimes_k B$ engendré par les images de $J \otimes_k B$ et $A \otimes_k K$. Si* A *et* B *sont formellement lisses sur k pour les topologies* J*-adique et* K*-adique respectivement, la k-algèbre $A \otimes_k B$ est formellement lisse pour la topologie* I*-adique.*

a) Sous les hypothèses de a), soient C une $T^{-1}k$-algèbre, N un idéal de carré nul de C ; munissons C et C/N de la topologie discrète et notons $\pi : C \to C/N$ la surjection canonique. Soit $\varphi : S^{-1}A \longrightarrow C/N$ un homomorphisme de $T^{-1}k$-algèbres, continu pour la topologie $S^{-1}J$-adique. Notons i l'homomorphisme canonique de A dans $S^{-1}A$. L'application $\varphi \circ i$ est un homomorphisme de k-algèbres, continu pour la topologie J-adique, donc admet un relèvement $\tilde{\varphi}_0 : A \to C$. Les éléments de $\tilde{\varphi}_0(S)$ sont inversibles modulo N, donc inversibles puisque N est de carré nul. Par suite il existe un homomorphisme d'anneaux $\tilde{\varphi} : S^{-1}A \to C$ tel que $\tilde{\varphi} \circ i = \tilde{\varphi}_0$ (II, § 2, n° 1, prop. 1) ; d'après le cor. 3 de la prop. 2 de *loc. cit.*, $\tilde{\varphi}$ est $T^{-1}k$-linéaire. On a $\pi \circ \tilde{\varphi} \circ i = \varphi \circ i$, d'où $\pi \circ \tilde{\varphi} = \varphi$ (*loc. cit.*, prop. 1), de sorte que $\tilde{\varphi}$ est un relèvement de φ.

b) Plaçons-nous sous les hypothèses de b). Soient C une k'-algèbre, N un idéal de carré nul de C ; munissons C et C/N de la topologie discrète. Soit $\varphi : A_{(k')} \longrightarrow C/N$ un homomorphisme de k'-algèbres, continu pour la topologie $JA_{(k')}$-adique. Notons $i : A \to A_{(k')}$ l'homomorphisme canonique. L'application $\varphi \circ i$ est un homomorphisme de k-algèbres de A dans C/N, continu pour la topologie J-adique ; si A est formellement lisse sur k pour la topologie J-adique, $\varphi \circ i$ admet un relèvement $\tilde{\psi} : A \to C$. L'homomorphisme de k'-algèbres $\tilde{\varphi} : A_{(k')} \longrightarrow C$ déduit de $\tilde{\psi}$ est un relèvement de φ.

c) Plaçons-nous sous les hypothèses de c). La B-algèbre $A \otimes_k B$ est formellement lisse pour la topologie $J(A \otimes_k B)$-adique d'après b), donc pour la topologie I-adique ; de plus l'homomorphisme canonique $B \to A \otimes_k B$ est continu lorsqu'on munit B de la topologie K-adique et $A \otimes_k B$ de la topologie I-adique. L'assertion c) résulte donc de la prop. 3, a).

3. Exemples d'algèbres formellement lisses

Soit k un anneau.

1) Soit P un k-module projectif. La k-algèbre symétrique $\mathsf{S}_k(P)$ est formellement lisse pour la topologie discrète, et *a fortiori* pour celle qui est définie par sa graduation. En effet, pour toute k-algèbre C et tout idéal N de C, les homomorphismes d'algèbres de $\mathsf{S}_k(P)$ dans C (resp. C/N) sont en correspondance bijective avec les applications k-linéaires de P dans C (resp. C/N), et l'application canonique $\mathrm{Hom}_k(P, C) \to \mathrm{Hom}_k(P, C/N)$ est surjective.

Par conséquent (prop. 3, c)), la k-algèbre $\widehat{\mathsf{S}}_k(P) = \prod_{n \geqslant 0} \mathsf{S}_k^n(P)$ est formellement lisse (pour la topologie produit des topologies discrètes sur les $\mathsf{S}_k^n(P)$) : en effet c'est la complétée de la k-algèbre $\mathsf{S}_k(P)$ pour la topologie définie par la graduation.

2) Pour toute famille d'indéterminées $\mathbf{T} = (T_i)_{i \in I}$, la k-algèbre de polynômes $k[\mathbf{T}]$, et la k-algèbre de séries formelles $k[[\mathbf{T}]]$ munie de sa topologie canonique, sont formellement lisses ; cela résulte de l'exemple 1. Si k est un corps, l'extension pure $k(\mathbf{T})$ est formellement lisse (n° 2, prop. 4 a)).

3) Soit $f \in k[T]$ un polynôme en une indéterminée. Dire que la k-algèbre $k[T]/(f)$ est formellement lisse, c'est dire que la propriété suivante est satisfaite : *pour toute k-algèbre* C *et tout idéal de carré nul* N *de* C, *toute racine de f dans* C/N *se relève en une racine de f dans* C. Il en est ainsi lorsque f et sa dérivée f' engendrent l'idéal unité. En effet, soit α une racine de f dans C/N et soit a un élément de C relevant α. Alors $f(a)$ appartient à N et par conséquent $f'(a)$ est inversible dans C ; l'élément $b = a - f'(a)^{-1}f(a)$ relève α. Puisque $f'(a)^{-1}f(a)$ est de carré nul, on a

$$f(b) = f(a) - f'(a)f'(a)^{-1}f(a) = 0 .$$

THÉORÈME 1 (I. S. Cohen).— *Soient k un corps et* K *une extension séparable de k. Alors* K *est une k-algèbre formellement lisse.*

Soient C une k-algèbre, N un idéal de carré nul de C, $\pi : C \to C/N$ l'homomorphisme canonique et $\varphi : K \to C/N$ un homomorphisme de k-algèbres. Il s'agit de construire un relèvement de φ. Distinguons deux cas.

A) Supposons d'abord k de caractéristique 0. Considérons les couples $(K', \tilde{\varphi}')$, où K' est une sous-extension de K et $\tilde{\varphi}' : K' \to C$ un relèvement de la restriction de φ à K'. L'ensemble de ces couples, muni de l'ordre défini par la relation de prolongement, est inductif ; d'après le théorème de Zorn (E, III, p. 20, th. 2), il existe un couple $(K', \tilde{\varphi}')$ maximal. Prouvons que K' est égal à K. Soit $x \in K - K'$. Si x est transcendant sur K', la K'-algèbre $K'(x)$ est formellement lisse (exemple 2). Si x est algébrique sur K', son polynôme minimal $f \in K'[T]$ est étranger à sa dérivée (A, V, p. 37, prop. 4), et $K'(x)$ s'identifie à la K'-algèbre $K'[T]/(f)$, donc est une K'-algèbre formellement lisse (exemple 3). Dans les deux cas, $K'(x)$ est formellement lisse sur K', et il existe un prolongement de $\tilde{\varphi}'$ à $K'(x)$ qui relève la restriction de φ à $K'(x)$, ce qui contredit le caractère maximal de $(K', \tilde{\varphi}')$.

B) Supposons k de caractéristique $p \neq 0$. Considérons l'homomorphisme d'anneaux $F : C \to C$ tel que $F(x) = x^p$; on a $F(x) = 0$ pour $x \in N$, de sorte qu'il existe un unique homomorphisme d'anneaux $\lambda : C/N \to C$ tel que $\lambda \circ \pi = F$. On a $\pi(\lambda(\pi(x))) = \pi(x^p) = \pi(x)^p$; puisque π est surjectif, on a donc $\pi(\lambda(z)) = z^p$ pour tout élément z de C/N. Par ailleurs, notons $f : K \to K^p$ l'isomorphisme $y \mapsto y^p$ et $f^{-1} : K^p \to K$ l'isomorphisme réciproque. Soit $g : K^p \to C$ le composé de la suite d'homomorphismes d'anneaux

$$K^p \xrightarrow{f^{-1}} K \xrightarrow{\varphi} C/N \xrightarrow{\lambda} C .$$

Pour tout $x \in K$, on a $g(x^p) = \lambda(\varphi(x))$. Puisque $\lambda(\alpha z) = \alpha^p \lambda(z)$ pour $\alpha \in k$ et $z \in C/N$, l'application g est k^p-linéaire. Puisque l'extension K de k est séparable, $k(K^p)$ s'identifie à $k \otimes_{k^p} K^p$ (A, V, p. 119, remarque) ; il existe par conséquent un unique homomorphisme de k-algèbres $h : k(K^p) \to C$ qui coïncide avec g dans K^p.

Soit $(a_i)_{i\in I}$ une p-base de K sur $k(K^p)$ (A, V, p. 98, théorème 2) ; pour tout $i \in I$, choisissons un élément b_i de C tel que $\pi(b_i) = \varphi(a_i)$. On a $h(a_i^p) = g(a_i^p) = \lambda(\varphi(a_i)) = \lambda(\pi(b_i)) = b_i^p$ pour tout $i \in I$. D'après A, V, p. 94, remarque, il existe un homomorphisme de k-algèbres $\tilde{\varphi} : K \to C$, prolongeant h et tel que $\tilde{\varphi}(a_i) = b_i$ pour tout i. On a $\pi(\tilde{\varphi}(a_i)) = \pi(b_i) = \varphi(a_i)$ pour tout i et $\pi(\tilde{\varphi}(x^p)) = \pi(h(x^p)) = \pi(g(x^p)) = \pi(\lambda(\varphi(x))) = \varphi(x^p)$ pour tout $x \in K$. On a donc $\pi \circ \tilde{\varphi} = \varphi$, ce qui achève la démonstration.

COROLLAIRE.— *Soient k un corps,* K *une extension séparable de k et* A *une* K*-algèbre linéairement topologisée. Si* A *est formellement lisse sur* K, *elle est formellement lisse sur k.*

Cela résulte du théorème et de la prop. 3 a) du n° 2.

Remarques.— 1) Soit k un corps. Toute k-algèbre étale (A, V, p. 28, déf. 1) est formellement lisse (*loc. cit.*, p. 34, th. 4, d) et n° 2, prop. 3, b)).

2) Nous verrons ci-dessous (cor. 2 du th. 2 du n° 5) qu'une extension de corps qui est formellement lisse est absolument régulière, donc séparable (§ 6, n° 4, exemple 2).

4. Relèvements d'homomorphismes dans les algèbres filtrées complètes

Soient k un anneau, C une k-algèbre, $(C_n)_{n\in \mathbf{Z}}$ une filtration décroissante de C, compatible avec la structure de k-algèbre et telle que $C_0 = C$ (III, § 2, n° 1). Supposons C séparée et complète pour la topologie définie par cette filtration, de sorte que l'application canonique $C \to \varprojlim C/C_n$ est un homéomorphisme (*loc. cit.*, n° 6). Soit m un entier > 0 ; notons $\pi : C \to C/C_m$ la surjection canonique.

PROPOSITION 5.— *Soit* A *une k-algèbre linéairement topologisée formellement lisse. Tout homomorphisme continu de k-algèbres $\varphi : A \to C/C_m$ admet un relèvement continu à* C.

Pour tout entier $n > m$, notons $\pi_n : C/C_n \to C/C_{n-1}$ la surjection canonique. Puisque C s'identifie à la limite projective des C/C_n, il revient au même de se donner un relèvement continu de φ à C ou une famille $(\varphi_n)_{n>m}$ d'homomorphismes continus de k-algèbres $\varphi_n : A \to C/C_n$, satisfaisant à $\pi_n \circ \varphi_n = \varphi_{n-1}$. Cela nous ramène, par récurrence sur m, à prouver l'énoncé lorsque $C_{m+1} = 0$. L'idéal C_m est alors de carré nul (car $2m \geqslant m+1$), d'où la proposition puisque A est formellement lisse.

Exemple.— Soient C une k-algèbre et N un idéal *nilpotent* de C. La proposition s'applique à l'algèbre C munie de la filtration N-adique. Si A est une k-algèbre linéairement topologisée formellement lisse, on obtient que tout homomorphisme continu de A dans la k-algèbre C/N, munie de la topologie discrète, se relève en un homomorphisme continu de A dans la k-algèbre C, munie de la topologie discrète.

5. Quotients formellement lisses d'algèbres

THÉORÈME 2.— *Soient k un anneau, A une k-algèbre et J un idéal de A tel que la k-algèbre A/J soit formellement lisse. Munissons A de la topologie J-adique. Les conditions suivantes sont équivalentes :*

(i) *la k-algèbre topologique A est formellement lisse ;*

(ii) *le A/J-module J/J^2 est projectif et l'homomorphisme canonique* (§ 5, n° 2)

$$\beta : \mathbf{S}_{\mathrm{A}/\mathrm{J}}(\mathrm{J}/\mathrm{J}^2) \to \mathrm{gr}_{\mathrm{J}}(\mathrm{A})$$

est bijectif ;

(iii) *le A/J-module J/J^2 est projectif et il existe un isomorphisme de k-algèbres topologiques de l'algèbre séparée complétée de A sur l'algèbre complétée de l'algèbre graduée $\mathbf{S}_{\mathrm{A}/\mathrm{J}}(\mathrm{J}/\mathrm{J}^2)$.*

Si A est noethérien, ces conditions équivalent aussi à :

(iv) *l'idéal J est complètement sécant.*

Observons d'abord que (iii) implique (i) : en effet, sous les hypothèses de (iii), l'algèbre $\mathbf{S}_{\mathrm{A}/\mathrm{J}}(\mathrm{J}/\mathrm{J}^2)$, munie de la topologie associée à sa graduation, est formellement lisse sur A/J (n° 3, exemple 1), donc sur k (n° 2, prop. 3, a)) ; l'assertion (i) résulte alors de la prop. 3, c) du n° 2.

Notons $\widehat{\mathrm{A}}$ l'algèbre séparée complétée de A et $\widehat{\mathrm{J}}$ le séparé complété de J. L'homomorphisme canonique $i : \mathrm{A} \to \widehat{\mathrm{A}}$ induit un isomorphisme $\mathrm{A}/\mathrm{J} \longrightarrow \widehat{\mathrm{A}}/\widehat{\mathrm{J}}$ (III, § 2, n° 12, formule (21)). Soit $\varphi : \mathrm{A}/\mathrm{J} \to \widehat{\mathrm{A}}$ un relèvement de cet isomorphisme (n° 4, prop. 5). Notons $\lambda : \widehat{\mathrm{J}} \to \mathrm{J}/\mathrm{J}^2$ la surjection déduite de l'isomorphisme canonique $\mathrm{J}/\mathrm{J}^2 \longrightarrow \widehat{\mathrm{J}}/\widehat{\mathrm{J}}^2$ (III, § 2, n° 12, formule (21)). Soient a un élément de A, $\bar{a}$ sa classe dans A/J, et z un élément de $\widehat{\mathrm{J}}$; on a $\varphi(\bar{a}) \equiv i(a) \pmod{\widehat{\mathrm{J}}}$, d'où $\varphi(\bar{a})z \equiv i(a)z \pmod{\widehat{\mathrm{J}}^2}$ et $\lambda(\varphi(\bar{a})z) = \lambda(i(a)z) = \bar{a}\lambda(z)$. En d'autres termes, λ est A/J-linéaire lorsqu'on munit $\widehat{\mathrm{J}}$ de la structure de A/J-module déduite de φ.

Supposons que l'homomorphisme λ admette une section A/J-linéaire $\sigma : \mathrm{J}/\mathrm{J}^2 \longrightarrow \widehat{\mathrm{J}}$. Notons $\mathbf{S}$ la k-algèbre graduée $\mathbf{S}_{\mathrm{A}/\mathrm{J}}(\mathrm{J}/\mathrm{J}^2)$ et $\widehat{\mathbf{S}}$ sa complétée. Soit

$$\theta : \mathbf{S} \to \widehat{\mathrm{A}}$$

l'homomorphisme de k-algèbres tel que $\theta(x) = \varphi(x)$ pour x dans $\mathbf{S}^0 = \mathrm{A}/\mathrm{J}$, et $\theta(x) = \sigma(x)$ pour x dans $\mathbf{S}^1 = \mathrm{J}/\mathrm{J}^2$. Puisque θ applique $\mathbf{S}^1$ dans $\widehat{\mathrm{J}}$, il applique $\mathbf{S}^n$ dans $\widehat{\mathrm{J}}^n$ et se prolonge donc en un homomorphisme continu $\widehat{\theta} : \widehat{\mathbf{S}} \to \widehat{\mathrm{A}}$. L'application $\mathrm{gr}_1(\theta) : \mathrm{J}/\mathrm{J}^2 \longrightarrow \widehat{\mathrm{J}}/\widehat{\mathrm{J}}^2$ est la composée de σ avec la surjection canonique $\widehat{\mathrm{J}} \longrightarrow \widehat{\mathrm{J}}/\widehat{\mathrm{J}}^2$; puisque σ est une section de λ, $\mathrm{gr}_1(\theta)$ coïncide avec l'isomorphisme canonique de J/J^2 sur $\widehat{\mathrm{J}}/\widehat{\mathrm{J}}^2$. Par suite $\mathrm{gr}(\theta) : \mathbf{S} \to \mathrm{gr}_{\widehat{\mathrm{J}}}(\widehat{\mathrm{A}})$ est la composée de la surjection canonique β avec l'isomorphisme canonique $\mathrm{gr}_{\mathrm{J}}(\mathrm{A}) \to \mathrm{gr}_{\widehat{\mathrm{J}}}(\widehat{\mathrm{A}})$ (III, § 2, n° 12, formule (22)).

Prouvons maintenant l'implication (ii)$\Rightarrow$(iii). Sous l'hypothèse (ii), le A/J-module J/J^2 est projectif, donc λ admet une section A/J-linéaire ; l'homomorphisme $\widehat{\theta} : \widehat{\mathbf{S}} \to \widehat{\mathrm{A}}$ associé à cette section par la construction précédente induit par hypothèse un isomorphisme sur les gradués associés, donc est bijectif (III, § 2, n° 8, cor. 3 du th. 1), ce qui prouve (iii).

Prouvons (i)$\Rightarrow$(ii). Supposons la k-algèbre topologique A formellement lisse. Prouvons d'abord que le A/J-module J/J^2 est projectif. Soient M un A/J-module et $f : M \to J/J^2$ une application A/J-linéaire surjective ; il s'agit de démontrer que f admet une section A/J-linéaire.

Notons $\pi : A/J^2 \to A/J$ la surjection canonique. D'après la remarque 1 du n° 2, il existe un isomorphisme de k-algèbres $\psi : A/J \oplus J/J^2 \longrightarrow A/J^2$ tel que $\pi(\psi(y,z)) = y$ et $\psi(0,z) = z$ pour $y \in A/J$, $z \in J/J^2$. Considérons la k-algèbre $(A/J) \oplus M$ (n° 1, exemple) et l'application $u : (A/J) \oplus M \to A/J^2$ telle que $u(x,m) = \psi(x, f(m))$. C'est un homomorphisme surjectif de k-algèbres, dont le noyau est le sous-module $\operatorname{Ker} f$ de M, donc est de carré nul. La surjection canonique $\rho : A \to A/J^2$ est continue ; comme la k-algèbre topologique A est formellement lisse, il existe un homomorphisme de k-algèbres $\tilde{\rho} : A \to (A/J)\oplus M$ tel que $u \circ \tilde{\rho} = \rho$. Comme $\mathrm{pr}_1 = \pi \circ \psi = \pi \circ u$, on a $\mathrm{pr}_1 \circ \tilde{\rho} = \pi \circ u \circ \tilde{\rho} = \pi \circ \rho$, de sorte que $\mathrm{pr}_1 \circ \tilde{\rho}$ est la surjection canonique de A sur A/J. On a donc $\tilde{\rho}(J) \subset M$ et par conséquent $\tilde{\rho}(J^2) = 0$, de sorte que $\tilde{\rho}$ induit une application A/J-linéaire $s : J/J^2 \to M$. On a $u \circ \tilde{\rho} = \rho$ et $\mathrm{pr}_2 \circ \psi^{-1} \circ u(y,m) = f(m)$ pour $y \in A/J$ et $m \in M$. Soient $x \in J$, et $\bar{x}$ sa classe dans J/J^2 ; on a $f(s(\bar{x})) = f(\mathrm{pr}_2(\tilde{\rho}(x))) = \mathrm{pr}_2(\psi^{-1}(\bar{x})) = \bar{x}$. Ainsi s est une section de f.

Il reste à prouver que l'homomorphisme β est injectif. Puisque le A/J-module J/J^2 est projectif, λ admet une section A/J-linéaire ; notons $\theta : \mathbf{S} \to \widehat{A}$ l'homomorphisme associé. L'homomorphisme $\mathrm{gr}(\theta)$ s'identifie à β. Soit m un entier ; notons Σ_m la k-algèbre graduée quotient de $\mathbf{S}$ par l'idéal $\sum_{i>m} \mathbf{S}^i$ et $\theta_m : \Sigma_m \to A/J^{m+1}$ l'homomorphisme déduit de θ. Le composé de θ_m avec la surjection canonique $A/J^{m+1} \longrightarrow A/J$ est la projection canonique de Σ_m sur $\mathbf{S}^0 = A/J$; par suite le noyau de θ_m est un idéal nilpotent. D'après l'exemple du n° 4, il existe un relèvement $\psi_m : A \to \Sigma_m$ de la surjection canonique $A \to A/J^{m+1}$. Comme le composé de ψ_m avec la projection canonique de Σ_m sur A/J est la surjection canonique, $\psi_m(J)$ est formé d'éléments de degré > 0. Par passage aux gradués associés, on déduit de ψ_m une application k-linéaire graduée $\mathrm{gr}(\psi_m) : \mathrm{gr}_J(A) \to \Sigma_m$ telle que $\mathrm{gr}_m(\theta) \circ \mathrm{gr}_m(\psi_m) = \mathrm{Id}_{J^m/J^{m+1}}$. Il en résulte que $\mathrm{gr}_m(\theta)$, donc aussi β_m, est injectif, ce qui achève de prouver (ii).

Enfin, lorsque A est noethérien, les conditions (ii) et (iv) sont équivalentes (§ 5, n° 2, th. 1).

COROLLAIRE 1.— *Soient k un corps et A une k-algèbre locale noethérienne telle que l'extension κ_A de k soit séparable. Les conditions suivantes sont équivalentes :*

(i) *la k-algèbre A est formellement lisse pour la topologie $\mathfrak{m}_A$-adique ;*

(ii) *l'anneau A est régulier ;*

(iii) *la k-algèbre A est absolument régulière* (§ 6, n° 4, déf. 1) ;

(iv) *la k-algèbre $\widehat{A}$ est isomorphe à $\kappa_A[[T_1, \ldots, T_n]]$, avec $n = \dim A$.*

Les conditions (ii) et (iii) sont équivalentes d'après l'exemple 3 du § 6, n° 4, et reviennent à dire que l'idéal $\mathfrak{m}_A$ est complètement sécant (VIII, § 5, n° 2, th. 1). Par ailleurs, tout isomorphisme d'anneaux de $\widehat{A}$ sur $\kappa_A[[T_1, \ldots, T_n]]$ est bicontinu, puisque ce sont des anneaux locaux. Comme la k-algèbre $A/\mathfrak{m}_A$ est formellement lisse (n° 3, th. 1), le corollaire résulte du th. 2 appliqué avec $J = \mathfrak{m}_A$.

COROLLAIRE 2.— *Soient k un corps, A une k-algèbre noethérienne et J un idéal de A contenu dans le radical de A. Supposons la k-algèbre A formellement lisse pour la topologie J-adique. Elle est alors absolument régulière.*

Soient en effet k' une extension finie de k et A' la A-algèbre $A_{(k')}$; il s'agit de prouver que, pour tout idéal maximal $\mathfrak{m}'$ de A', l'anneau local noethérien $A'_{\mathfrak{m}'}$ est régulier. Or on a $JA' \subset \mathfrak{m}'$: en effet, l'image réciproque de $\mathfrak{m}'$ dans A est un idéal maximal de A (V, § 2, n° 1, prop. 1), donc contient J. La k'-algèbre A' est formellement lisse pour la topologie JA'-adique (n° 2, prop. 4, b)), et la k'-algèbre $A'_{\mathfrak{m}'}$ est formellement lisse pour la topologie $JA'_{\mathfrak{m}'}$-adique (n° 2, prop. 4, a)), donc aussi pour la topologie $\mathfrak{m}'A'_{\mathfrak{m}'}$-adique. Soit k_0 le sous-corps premier de k'. Alors $A'_{\mathfrak{m}'}$ est formellement lisse sur k_0 pour la topologie $\mathfrak{m}'A'_{\mathfrak{m}'}$-adique (cor. du th. 1 du n° 3) ; comme $\kappa(\mathfrak{m}')$ est séparable sur k_0, l'anneau $A'_{\mathfrak{m}'}$ est régulier (cor. 1).

COROLLAIRE 3.— *Soient k un anneau et A une k-algèbre formellement lisse.*

a) *Le A-module $\Omega_k(A)$ est projectif.*

b) *Supposons que l'anneau $A \otimes_k A$ soit noethérien. Notons $\mu : A \otimes_k A \to A$ l'homomorphisme tel que $\mu(x \otimes y) = xy$; alors l'idéal $\mathrm{Ker}(\mu)$ est complètement sécant.*

Les k-algèbres A et $A \otimes_k A$ sont formellement lisses (n° 2, prop. 4, c)), et A est isomorphe au quotient de $A \otimes_k A$ par le noyau I de μ. On a par définition $\Omega_k(A) = I/I^2$. Ainsi a) et b) résultent du th. 2.

6. Extension du corps de base dans les algèbres régulières (caractéristique non nulle)

Soient k un anneau et $\rho : A \to B$ un homomorphisme de k-algèbres. On déduit de ρ une application A-linéaire $\Omega(\rho) : \Omega_k(A) \to \Omega_k(B)$, et par suite une application B-linéaire $\Omega_0(\rho) : B \otimes_A \Omega_k(A) \to \Omega_k(B)$ (A, III, p. 135). Soient $\mathbf{T} = (T_i)_{i \in I}$ une famille d'indéterminées, et $\mathbf{t} = (t_i)_{i \in I}$ une famille d'éléments de B ; pour tout polynôme $f = \sum_{\alpha \in \mathbf{N}^{(I)}} c_\alpha \mathbf{T}^\alpha$ de $A[\mathbf{T}]$, notons $d^A f(\mathbf{t})$ l'élément $\sum_\alpha \mathbf{t}^\alpha \otimes dc_\alpha$ de $B \otimes_A \Omega_k(A)$.

Lemme 1.— *Supposons que la A-algèbre B admette une famille génératrice $\mathbf{t} = (t_i)_{i \in I}$, liée par des relateurs $f_\lambda \in A[\mathbf{T}]$ $(\lambda \in \Lambda)$. L'homomorphisme B-linéaire*

$$\psi : (B \otimes_A \Omega_k(A)) \oplus B^{(I)} \longrightarrow \Omega_k(B)$$

défini par $\psi(\alpha, (b_i)) = \Omega_0(\rho)(\alpha) + \sum_{i \in I} b_i \, dt_i$, est surjectif ; son noyau est engendré par les éléments $n_\lambda = \Big(d^A f_\lambda(\mathbf{t}), \Big(\dfrac{\partial f_\lambda}{\partial T_i}(\mathbf{t})\Big)_{i \in I}\Big)$ pour $\lambda \in \Lambda$.

Considérons la suite de B-modules et d'applications B-linéaires

$$\mathrm{B}^{(\Lambda)} \xrightarrow{\ \varphi\ } (\mathrm{B} \otimes_{\mathrm{A}} \Omega_k(\mathrm{A})) \oplus \mathrm{B}^{(\mathrm{I})} \xrightarrow{\ \psi\ } \Omega_k(\mathrm{B}) \longrightarrow 0 ,$$

où φ est l'homomorphisme tel que $\varphi(e_\lambda) = n_\lambda$; il s'agit de démontrer que cette suite est exacte. D'après A, II, p. 36, th. 1, il suffit de prouver que, pour tout B-module M, la suite

$$0 \to \mathrm{Hom_B}(\Omega_k(\mathrm{B}), \mathrm{M}) \xrightarrow{\mathrm{Hom}(\psi,1)} \mathrm{Hom_B}((\mathrm{B} \otimes_{\mathrm{A}} \Omega_k(\mathrm{A})) \oplus \mathrm{B}^{(\mathrm{I})}, \mathrm{M}) \xrightarrow{\mathrm{Hom}(\varphi,1)} \mathrm{Hom_B}(\mathrm{B}^{(\Lambda)}, \mathrm{M})$$

est exacte. Compte tenu de la propriété universelle du module des différentielles (A, III, p. 134), cette suite s'identifie à

$$0 \to \mathrm{D}_k(\mathrm{B}, \mathrm{M}) \xrightarrow{\ \psi'\ } \mathrm{D}_k(\mathrm{A}, \mathrm{M}) \oplus \mathrm{M}^{\mathrm{I}} \xrightarrow{\ \varphi'\ } \mathrm{M}^{\Lambda}$$

où $\psi'(\mathrm{D}) = \big(\mathrm{D} \circ \rho, (\mathrm{D}(t_i))\big)$ et $\varphi'(\Delta, (m_i)) = \big(f_\lambda^\Delta(\mathbf{t}) + \sum_i \frac{\partial f_\lambda}{\partial \mathrm{T}_i}(\mathbf{t})\, m_i\big)_{\lambda \in \Lambda}$ (conformément à A, V, p. 121, pour tout polynôme $f = \sum_{\alpha \in \mathbf{N}^{(\mathrm{I})}} c_\alpha \mathbf{T}^\alpha$ de $\mathrm{A}[\mathbf{T}]$, on note $f^\Delta(\mathbf{t})$ l'élément $\sum_\alpha \mathbf{t}^\alpha \Delta(c_\alpha)$). Or l'exactitude de cette suite résulte de *loc. cit.*, prop. 1, compte tenu de ce qu'une dérivation $\mathrm{D} : \mathrm{B} \to \mathrm{M}$ est k-linéaire si et seulement s'il en est ainsi de $\mathrm{D} \circ \rho$.

Soit A un anneau. Il existe une unique structure de **Z**-algèbre sur A ; on note simplement $\Omega(\mathrm{A})$ le A-module $\Omega_{\mathbf{Z}}(\mathrm{A})$. Si $\rho : k \to \mathrm{A}$ est un homomorphisme d'anneaux, on a une suite exacte canonique de A-modules (A, III, p. 136, prop. 21) $\mathrm{A} \otimes_k \Omega(k) \to \Omega(\mathrm{A}) \to \Omega_k(\mathrm{A}) \to 0$.

Supposons que A contienne un sous-corps, et soit P le sous-corps premier de A ; alors $\Omega(\mathrm{P})$ est nul et l'homomorphisme canonique de A-modules $\Omega(\mathrm{A}) \to \Omega_{\mathrm{P}}(\mathrm{A})$ est bijectif. Si en outre A est de caractéristique $p \neq 0$ (ce qui signifie par définition que p est un nombre premier, que $p1_{\mathrm{A}} = 0$ et $1_{\mathrm{A}} \neq 0$), alors P s'identifie à $\mathbf{F}_p$. De plus, toute dérivation de A s'annule sur le sous-anneau A^p ; pour tout sous-anneau k de A contenu dans A^p (et, en particulier, pour tout sous-corps parfait k de A), l'application canonique $\Omega(\mathrm{A}) \to \Omega_k(\mathrm{A})$ est bijective.

Soient A un anneau de caractéristique $p \neq 0$ et $(f_i)_{1 \leqslant i \leqslant n}$ une suite finie d'éléments de A. Notons A_n l'anneau quotient de l'anneau de polynômes $\mathrm{A}[\mathrm{T}_1, \ldots, \mathrm{T}_n]$ par l'idéal engendré par les polynômes $\mathrm{T}_i^p - f_i$, pour $1 \leqslant i \leqslant n$.

Lemme 2.— Supposons l'anneau A *local et noethérien. Alors* A_n *est local et noethérien. Les conditions suivantes sont équivalentes :*

(i) A_n *est régulier ;*

(ii) A *est régulier et les éléments* $1 \otimes df_i$ *du* κ_{A}*-espace vectoriel* $\kappa_{\mathrm{A}} \otimes_{\mathrm{A}} \Omega(\mathrm{A})$ *sont linéairement indépendants.*

L'anneau A_n est noethérien (III, § 2, cor. 3 du th. 2). Le A-module A_n est libre, donc fidèlement plat ; si A_n est régulier, alors A est régulier (§ 4, n° 5, prop. 8 b)). Nous allons raisonner par récurrence sur n, le lemme étant évident si $n = 0$.

A) *Traitons d'abord le cas* $n = 1$, en posant $T_1 = T$, $f_1 = f$. Notons a la classe de f dans κ_A et distinguons deux cas, suivant que a appartient ou non à κ_A^p. Si $a \notin \kappa_A^p$, alors le polynôme $T^p - a$ est irréductible dans κ_A (A, V, p. 24, lemme 1) et $\kappa_A \otimes_A A_1$ est isomorphe au corps $\kappa_A[T]/(T^p - a)$. L'idéal $\mathfrak{m}_A A_1$ de A_1 est donc maximal, de sorte que l'anneau A_1 est local (V, § 2, n° 1, prop. 1). Si A est régulier, A_1 est régulier (VIII, § 5, n° 1, prop. 1). D'après A, V, p. 99, prop. 6, l'élément da de $\Omega(\kappa_A)$ n'est pas nul ; puisque c'est l'image par l'application canonique $\kappa_A \otimes_A \Omega(A) \to \Omega(\kappa_A)$ de $1 \otimes df$, ce dernier n'est pas nul. Cela démontre le lemme dans ce cas.

Supposons maintenant que a appartienne à κ_A^p. Il existe donc un élément g de A tel que $f - g^p \in \mathfrak{m}_A$. Posons $h = f - g^p$. Puisque $T^p - f = (T - g)^p - h$, la A-algèbre A_1 est isomorphe à $A[T]/(T^p - h)$. D'après VIII, § 5, n° 4, prop. 4, l'anneau A_1 est local et, pour qu'il soit régulier, il faut et il suffit que A soit régulier et que h n'appartienne pas à $\mathfrak{m}_A^2$. Or, puisque κ_A est formellement lisse sur le corps premier (n° 3, th. 1), l'application canonique

$$\bar{d} : \mathfrak{m}_A/\mathfrak{m}_A^2 \to \kappa_A \otimes_A \Omega(A)$$

est injective (n° 2, remarque 1) ; mais l'image par $\bar{d}$ de la classe de h modulo $\mathfrak{m}_A^2$ est égale à $1 \otimes dh = 1 \otimes d(f - g^p) = 1 \otimes df$. Cela démontre le lemme dans ce deuxième cas et achève la preuve du cas $n = 1$.

B) *Supposons* $n > 1$. L'anneau A_1 est local et noethérien d'après le cas déjà traité. La A_1-algèbre A_n s'identifie au quotient de $A_1[T_2, \ldots, T_n]$ par l'idéal engendré par les $T_i^p - f_i$, $i \geqslant 2$; d'après l'hypothèse de récurrence, c'est un anneau local et la condition (i) équivaut à la conjonction des deux suivantes :

(i′) A_1 *est régulier* ;

(i″) *les éléments* $1 \otimes df_2, \ldots, 1 \otimes df_n$ *du* κ_{A_1}*-espace vectoriel* $\kappa_{A_1} \otimes_{A_1} \Omega(A_1)$ *sont linéairement indépendants.*

Mais (i′) équivaut, comme on vient de le voir, à

(ii′) A *est régulier et l'élément* $1 \otimes df_1$ *du* κ_A*-espace vectoriel* $\kappa_A \otimes_A \Omega(A)$ *n'est pas nul.*

D'après le lemme 1, l'homomorphisme canonique $A_1 \otimes_A \Omega(A) \to \Omega(A_1)$ induit un isomorphisme de $((A_1 \otimes_A \Omega(A))/A_1(1 \otimes df_1)) \oplus A_1$ sur $\Omega(A_1)$, et par suite un homomorphisme injectif de $(\kappa_{A_1} \otimes_A \Omega(A))/\kappa_{A_1}(1 \otimes df_1)$ dans $\kappa_{A_1} \otimes_{A_1} \Omega(A_1)$. Comme $\kappa_{A_1} \otimes_A \Omega(A)$ s'identifie à $\kappa_{A_1} \otimes_{\kappa_A} (\kappa_A \otimes_A \Omega(A))$, l'assertion (i″) équivaut donc à :

(ii″) *les éléments* $1 \otimes df_2, \ldots, 1 \otimes df_n$ *sont linéairement indépendants dans* $(\kappa_A \otimes_A \Omega(A))/\kappa_A(1 \otimes df_1)$.

Mais la conjonction de (ii′) et (ii″) équivaut à (ii), ce qui démontre le lemme.

PROPOSITION 6.— *Soient k un corps de caractéristique $p \neq 0$, k' une extension radicielle de k, de degré fini et de hauteur $\leqslant 1$, et A une k-algèbre locale régulière. Alors $A_{(k')}$ est un anneau local et les conditions suivantes sont équivalentes :*

(i) *l'anneau $A_{(k')}$ est régulier ;*

(ii) *l'application κ_A-linéaire*

$$\kappa_A \otimes_{k'^p} \Omega_{k^p}(k'^p) \longrightarrow \kappa_A \otimes_A \Omega(A)$$

déduite de l'injection canonique $k'^p \to A$ est injective.

Soit en effet $(x_i)_{i\in I}$ une p-base finie de k' sur k (A, V, p. 98) ; pour tout $i \in I$, posons $f_i = x_i^p \in k$. La k-algèbre k' s'identifie au quotient de $k[(T_i)_{i\in I}]$ par l'idéal engendré par les polynômes $T_i^p - f_i$, donc la A-algèbre $A_{(k')}$ au quotient de $A[(T_i)_{i\in I}]$ par l'idéal engendré par les polynômes $T_i^p - f_i 1_A$.

Par ailleurs, $(f_i)_{i\in I}$ est une p-base de k'^p sur k^p, et le k'^p-espace vectoriel $\Omega_{k^p}(k'^p)$ admet pour base la famille des df_i (A, V, p. 97, th. 1). La prop. 6 résulte alors du lemme 2.

7. Un critère pour les algèbres locales formellement lisses

PROPOSITION 7.— *Soient k_0 un anneau, k une k_0-algèbre, A une k-algèbre, $\mathfrak{m}$ un idéal maximal de A. On suppose que k et $A/\mathfrak{m}$ sont formellement lisses sur k_0. Pour que A soit formellement lisse sur k pour la topologie $\mathfrak{m}$-adique, il faut et il suffit que les deux conditions suivantes soient réalisées :*

(i) *l'homomorphisme canonique $\mathsf{S}_{A/\mathfrak{m}}(\mathfrak{m}/\mathfrak{m}^2) \to \mathrm{gr}_{\mathfrak{m}}(A)$ est bijectif ;*

(ii) *l'application $A/\mathfrak{m}$-linéaire*

$$\omega : A/\mathfrak{m} \otimes_k \Omega_{k_0}(k) \longrightarrow A/\mathfrak{m} \otimes_A \Omega_{k_0}(A)$$

déduite de l'application canonique $k \to A$ est injective.

Notons $d_k : k \to \Omega_{k_0}(k)$ et $d_A : A \to \Omega_{k_0}(A)$ les k_0-dérivations universelles.

Supposons d'abord A formellement lisse sur k pour la topologie $\mathfrak{m}$-adique. Alors A est formellement lisse sur k_0 pour la topologie $\mathfrak{m}$-adique (n° 2, prop. 3, a)), ce qui équivaut à (i) (n° 5, th. 2). Par ailleurs, la k_0-dérivation $\lambda \mapsto 1 \otimes d_k(\lambda)$ de k dans $A/\mathfrak{m}\otimes_k\Omega_{k_0}(k)$ peut s'étendre en une k_0-dérivation de A dans $A/\mathfrak{m}\otimes_k\Omega_{k_0}(k)$ (n° 2, remarque 2). Il existe donc une application A-linéaire $u : \Omega_{k_0}(A) \to A/\mathfrak{m}\otimes_k \Omega_{k_0}(k)$ telle que $u(d_A(\lambda 1_A)) = 1 \otimes d_k(\lambda)$ pour tout $\lambda \in k$. L'application $A/\mathfrak{m}$-linéaire $A/\mathfrak{m} \otimes_A \Omega_{k_0}(A) \longrightarrow A/\mathfrak{m} \otimes_k \Omega_{k_0}(k)$ déduite de u est une rétraction de ω, ce qui démontre (ii).

Supposons inversement les conditions (i) et (ii) satisfaites. Alors A est formellement lisse sur k_0 pour la topologie $\mathfrak{m}$-adique (n° 5, th. 2) et le A-module $\Omega_{k_0}(A)$ est projectif (n° 5, cor. 3 du th. 2). Fixons un entier $r \geqslant 0$ et considérons l'application $A/\mathfrak{m}^r$-linéaire

$$\omega_r : A/\mathfrak{m}^r \otimes_k \Omega_{k_0}(k) \longrightarrow A/\mathfrak{m}^r \otimes_A \Omega_{k_0}(A)$$

déduite de l'application canonique $k \to A$. Soit $(\lambda_i)_{i\in I}$ une famille d'éléments de k tels que les $d_k(\lambda_i)$ forment une base du k-espace vectoriel $\Omega_{k_0}(k)$; d'après (ii), les éléments $1 \otimes d_A(\lambda_i 1_A)$ sont linéairement indépendants dans $A/\mathfrak{m} \otimes_A \Omega_{k_0}(A)$. D'après II, § 3, n° 2, cor. 1 et 2 de la prop. 5, les $1 \otimes d_A(\lambda_i 1_A)$ forment une base d'un facteur direct du $A/\mathfrak{m}^r$-module $A/\mathfrak{m}^r \otimes_A \Omega_{k_0}(A)$. Il existe donc une application $A/\mathfrak{m}^r$-linéaire

$$u_r : A/\mathfrak{m}^r \otimes_A \Omega_{k_0}(A) \longrightarrow A/\mathfrak{m}^r \otimes_k \Omega_{k_0}(k)$$

telle que $u_r(1 \otimes d_A(\lambda_i 1_A)) = 1 \otimes d_k(\lambda_i)$ pour tout i, donc $u_r \circ \omega_r = \mathrm{Id}$.

Vérifions maintenant que A est formellement lisse sur k pour la topologie $\mathfrak{m}$-adique. Soient C une k-algèbre, N un idéal de carré nul de C, et $\pi : C \to C/N$ la surjection canonique ; munissons C et C/N de la topologie discrète. Soit $\varphi : A \to C/N$ un homomorphisme continu de k-algèbres. Puisque A est formellement lisse sur k_0 pour la topologie $\mathfrak{m}$-adique, il existe un homomorphisme continu de k_0-algèbres $\tilde{\varphi}_0 : A \to C$ tel que $\pi \circ \tilde{\varphi}_0 = \varphi$. D'après la prop. 1 du n° 1, les homomorphismes de k_0-algèbres $\tilde{\varphi} : A \to C$ tels que $\pi \circ \tilde{\varphi} = \varphi$ sont les applications $x \mapsto v(d_A(x)) + \tilde{\varphi}_0(x)$, où v parcourt $\mathrm{Hom}_A(\Omega_{k_0}(A), N)$. Il s'agit de choisir v de façon que $\tilde{\varphi}$ soit un homomorphisme de k-algèbres. L'application $\lambda \mapsto \lambda 1_C - \tilde{\varphi}_0(\lambda 1_A)$ est une k_0-dérivation de k dans N (*loc. cit.*), donc peut s'écrire $h \circ d_k$ avec $h \in \mathrm{Hom}_k(\Omega_{k_0}(k), N)$.

Choisissons un entier r tel que le noyau de φ contienne $\mathfrak{m}^r$. Le A-module N est annulé par $\mathfrak{m}^r$ et il suffit de prendre pour v le composé de la suite d'homomorphismes

$$\Omega_{k_0}(A) \longrightarrow A/\mathfrak{m}^r \otimes_A \Omega_{k_0}(A) \xrightarrow{u_r} A/\mathfrak{m}^r \otimes_k \Omega_{k_0}(k) \xrightarrow{h'} N ,$$

où h' est déduit de h. En effet, on a pour $\lambda \in k$:

$$v(d_A(\lambda 1_A)) = h' u_r(1 \otimes d_A(\lambda 1_A)) = h'(1 \otimes d_k(\lambda)) = h(d_k(\lambda)) = \lambda 1_C - \tilde{\varphi}_0(\lambda 1_A) .$$

Remarque 1.— Lorsque A est noethérien, la condition (i) signifie que l'anneau local $A_{\mathfrak{m}}$ est régulier (VIII, § 5, n° 2, th. 1).

PROPOSITION 8.— *Soient k un corps et A une k-algèbre locale noethérienne. Les conditions suivantes sont équivalentes :*

(i) A *est formellement lisse sur k pour la topologie $\mathfrak{m}_A$-adique ;*

(ii) A *est régulière et l'application κ_A-linéaire*

$$\omega : \kappa_A \otimes_k \Omega(k) \longrightarrow \kappa_A \otimes_A \Omega(A)$$

déduite de l'injection canonique $k \to A$ est injective ;

(iii) A *est absolument régulière ;*

(iv) *pour toute extension radicielle k' de k, de degré fini et de hauteur $\leqslant 1$, l'anneau local $A_{(k')}$ est régulier.*

(ii)$\Leftrightarrow$(i) : il suffit d'appliquer la prop. 7 et la remarque 1 ci-dessus, en prenant pour k_0 le sous-corps premier de k ; en effet, k et κ_A sont formellement lisses sur k_0 (n° 3, th. 1).

(i)$\Rightarrow$(iii) : cela résulte du cor. 2 du th. 2 (n° 5).

(iii) $\Rightarrow$ (iv) : cela résulte de la déf. 1 du § 6, n° 4.

Si k est de caractéristique 0, il résulte du cor. 1 du th. 2 (n° 5) que (iv) implique (i), d'où la proposition dans ce cas. Supposons k de caractéristique $p \neq 0$ et prouvons (iv) $\Rightarrow$ (ii). Soit k' une extension radicielle de k, de degré fini et de hauteur $\leqslant 1$. Si A et $A_{(k')}$ sont réguliers, l'application canonique $\kappa_A \otimes_{k'^p} \Omega_{k^p}(k'^p) \longrightarrow \kappa_A \otimes_A \Omega(A)$ est injective (n° 6, prop. 6). D'après le th. 1, b) de A, V, p. 97, appliqué à l'extension k de k^p, le k-espace vectoriel $\Omega(k)$, qui coïncide avec $\Omega_{k^p}(k)$, est réunion filtrante croissante des sous-espaces $k \otimes_{k'^p} \Omega_{k^p}(k'^p)$ où k' décrit l'ensemble des extensions finies radicielles de k de hauteur $\leqslant 1$ contenues dans une clôture algébrique fixée de k. L'assertion (ii) en résulte.

Remarque 2.— Soient k un corps et A une k-algèbre telle que l'anneau $A_{(k')}$ soit régulier pour toute extension radicielle k' de k, de degré fini et de hauteur $\leqslant 1$; alors A est absolument régulière. En effet, soit k' une telle extension ; pour tout idéal maximal $\mathfrak{m}$ de A, l'anneau $k' \otimes_k A_\mathfrak{m}$ s'identifie à un anneau de fractions de $A_{(k')}$, donc est régulier. D'après la prop. 8 ci-dessus et la prop. 6 du § 6, n° 4, l'algèbre A est absolument régulière.

8. Existence de rétractions pour les applications linéaires

PROPOSITION 9.— *Soient* A *un anneau,* M *un* A*-module de type fini,* N *un* A*-module projectif et* $u : M \rightarrow N$ *une application* A*-linéaire.*

a) *Soit* $\mathfrak{p}$ *un idéal premier de* A. *Les conditions suivantes sont équivalentes :*

(i) *il existe* $f \in A - \mathfrak{p}$ *et* $v \in \mathrm{Hom}_{A_f}(N_f, M_f)$ *avec* $v \circ u_f = \mathrm{Id}_{M_f}$;

(ii) *il existe* $v \in \mathrm{Hom}_{A_\mathfrak{p}}(N_\mathfrak{p}, M_\mathfrak{p})$ *avec* $v \circ u_\mathfrak{p} = \mathrm{Id}_{M_\mathfrak{p}}$;

(iii) *l'application* $\kappa(\mathfrak{p})$*-linéaire* $1 \otimes u : \kappa(\mathfrak{p}) \otimes_A M \rightarrow \kappa(\mathfrak{p}) \otimes_A N$ *est injective* ;

(iv) *il existe un entier* $m \geqslant 0$, *des éléments* $x_1, \ldots, x_m$ *de* M *et des formes linéaires* $y_1, \ldots, y_m$ *sur* N *tels que les images des* x_i *dans* $M_\mathfrak{p}$ *engendrent le* $A_\mathfrak{p}$*-module* $M_\mathfrak{p}$ *et que l'on ait* $\det(< y_j, u(x_i) >) \notin \mathfrak{p}$;

Si la condition (iv) *est vérifiée, on a* $m = [\kappa(\mathfrak{p}) \otimes_A M : \kappa(\mathfrak{p})]$ *et les éléments* $1 \otimes x_i$ *forment une base du* $\kappa(\mathfrak{p})$*-espace vectoriel* $\kappa(\mathfrak{p}) \otimes_A M$.

b) *L'ensemble* U *des idéaux premiers* $\mathfrak{p}$ *de* A *qui satisfont aux conditions de* a) *est un ouvert de* Spec(A) *et les conditions suivantes sont équivalentes :*

(i) *on a* U = Spec(A) ;

(ii) U *contient tous les idéaux maximaux de* A ;

(iii) *il existe* $v \in \mathrm{Hom}_A(N, M)$ *avec* $v \circ u = \mathrm{Id}_M$;

(iv) u *est injectif et* Coker(u) *est un* A*-module projectif.*

Démontrons a).

(i) $\Rightarrow$ (ii) $\Rightarrow$ (iii) : ces implications sont claires.

(iii) $\Rightarrow$ (iv) : posons $m = [\kappa(\mathfrak{p}) \otimes_A M : \kappa(\mathfrak{p})]$ et soit $(x_1, \ldots, x_m)$ une suite d'éléments de M telle que les éléments $1 \otimes x_i$ forment une base du $\kappa(\mathfrak{p})$-espace vectoriel $\kappa(\mathfrak{p}) \otimes_A M$. Les images des x_i dans $M_\mathfrak{p}$ engendrent le $A_\mathfrak{p}$-module $M_\mathfrak{p}$ (lemme de Nakayama). Si la condition (iii) est satisfaite, les éléments $1 \otimes u(x_i)$ du $\kappa(\mathfrak{p})$-espace vectoriel $\kappa(\mathfrak{p}) \otimes_A N$ sont linéairement indépendants.

Il existe par ailleurs un A-module N′, un ensemble I et un isomorphisme de A-modules $\theta : \mathrm{N} \oplus \mathrm{N}' \to \mathrm{A}^{(\mathrm{I})}$, dont on déduit un isomorphisme de $\kappa(\mathfrak{p})$-espaces vectoriels

$$\overline{\theta} : (\kappa(\mathfrak{p}) \otimes_{\mathrm{A}} \mathrm{N}) \oplus (\kappa(\mathfrak{p}) \otimes_{\mathrm{A}} \mathrm{N}') \to \kappa(\mathfrak{p})^{(\mathrm{I})} .$$

Les éléments $t_i = \overline{\theta}(1 \otimes u(x_i), 0)$ de $\kappa(\mathfrak{p})^{(\mathrm{I})}$ forment une famille libre finie. Il existe donc des éléments $\alpha_1, \ldots, \alpha_m$ de I tels que l'on ait $\det(\mathrm{pr}_{\alpha_j}(t_i)) \neq 0$; les formes linéaires $y_j : z \mapsto \mathrm{pr}_{\alpha_j}(\theta(z,0))$ sur N conviennent.

Supposons la condition (iv) satisfaite. Notons $(a_{ij}) \in \mathbf{M}_m(\mathrm{A})$ la matrice de coefficients $a_{ij} = \langle y_j, u(x_i) \rangle$. Soit g un élément de $\mathrm{A} - \mathfrak{p}$ tel que les images des x_i engendrent le A_g-module M_g (II, § 5, n° 1, prop. 2), et soit $f = g \det(a_{ij})$. Comme $\det(a_{ij})$ est inversible dans A_f, les images des éléments $u(x_i)$ dans N_f sont linéairement indépendantes ; par suite les images des x_i dans M_f forment une base de ce A_f-module. Cela prouve la dernière assertion de a). Démontrons maintenant (i). Notons $w \in \mathrm{Hom}_{\mathrm{A}}(\mathrm{N}, \mathrm{M})$ l'application $z \mapsto \sum_j \langle y_j, z \rangle x_j$. On a

$$w \circ u(x_i) = \sum_j a_{ij} x_j \ ;$$

comme les images des x_i forment une base de M_f et que la matrice (a_{ij}) est inversible dans $\mathbf{M}_m(\mathrm{A}_f)$, l'endomorphisme $(w \circ u)_f$ de M_f est bijectif, et l'application $v = (w \circ u)_f^{-1} \circ w_f \in \mathrm{Hom}_{\mathrm{A}_f}(\mathrm{N}_f, \mathrm{M}_f)$ vérifie la condition (i).

Démontrons b). Le fait que U soit ouvert résulte de la condition (i) de a).

(iii) ⇒ (i) ⇒ (ii) : c'est clair.

(iv) ⇒ (iii) : sous les hypothèses de (iv), la suite $0 \to \mathrm{M} \xrightarrow{u} \mathrm{N} \longrightarrow \mathrm{Coker}(u) \to 0$ est exacte et scindée, d'où (iii).

(ii) ⇒ (iv) : introduisons comme ci-dessus un isomorphisme de A-modules $\theta : \mathrm{N} \oplus \mathrm{N}' \to \mathrm{A}^{(\mathrm{I})}$. Notons u' l'application de M dans $\mathrm{A}^{(\mathrm{I})}$ définie par $u'(x) = \theta(u(x), 0)$. Il existe une partie finie J de I telle que l'image de u' soit contenue dans le sous-module A^{J} de $\mathrm{A}^{(\mathrm{I})}$. Notons $u'' : \mathrm{M} \to \mathrm{A}^{\mathrm{J}}$ l'application déduite de u'. Sous l'hypothèse (ii), pour tout idéal maximal $\mathfrak{m}$ de A, l'application $\mathrm{A}_{\mathfrak{m}}$-linéaire $u'_{\mathfrak{m}}$ de $\mathrm{M}_{\mathfrak{m}}$ dans $\mathrm{A}_{\mathfrak{m}}^{(\mathrm{I})}$ admet une rétraction, et il en est donc de même de $u''_{\mathfrak{m}}$; ainsi $u''_{\mathfrak{m}}$ est injective et son image est facteur direct dans $\mathrm{A}_{\mathfrak{m}}^{\mathrm{J}}$, de sorte que son conoyau est un $\mathrm{A}_{\mathfrak{m}}$-module projectif. Le A-module $\mathrm{Coker}(u'')$ est de présentation finie par construction ; il est donc projectif (II, § 5, n° 2, th. 1). L'homomorphisme u'' est injectif (II, § 3, n° 3, th. 1) ; par conséquent, u est injectif. Le A-module $\mathrm{Coker}(u')$ est isomorphe, d'une part à $\mathrm{Coker}(u) \oplus \mathrm{N}'$, d'autre part à $\mathrm{Coker}(u'') \oplus \mathrm{A}^{(\mathrm{I}-\mathrm{J})}$. Comme les A-modules $\mathrm{A}^{(\mathrm{I}-\mathrm{J})}$, $\mathrm{Coker}(u'')$ et N′ sont projectifs, il en est de même de $\mathrm{Coker}(u)$, ce qui achève de prouver (iv).

9. Le critère jacobien

Soient k un anneau, A une k-algèbre, J un idéal de A et $\bar{d} : \mathrm{J}/\mathrm{J}^2 \to \mathrm{A}/\mathrm{J} \otimes_{\mathrm{A}} \Omega_k(\mathrm{A})$ l'application canonique. Pour chaque A/J-algèbre R, on note

$$\bar{d}_{\mathrm{R}} : \mathrm{R} \otimes_{\mathrm{A}/\mathrm{J}} \mathrm{J}/\mathrm{J}^2 \longrightarrow \mathrm{R} \otimes_{\mathrm{A}} \Omega_k(\mathrm{A})$$

l'application R-linéaire déduite de $\bar{d}$. Si la k-algèbre A/J est formellement lisse, $\bar{d}$ possède une rétraction A-linéaire (n° 2, remarque 1) et $\bar{d}_R$ possède une rétraction R-linéaire pour tout R.

Plus généralement :

Lemme 3.— *Soit* K *un idéal de* A *contenant* J. *Supposons qu'il existe un entier* m *tel que* $J \cap K^m$ *soit contenu dans* JK *(cette condition est satisfaite si* A *est noethérienne). Si* A/J *est formellement lisse sur* k *pour la topologie* K/J*-adique, l'application* $\bar{d}_{A/K} : A/K \otimes_{A/J} J/J^2 \longrightarrow A/K \otimes_A \Omega_k(A)$ *possède une rétraction* A*-linéaire.*

Notons C la k-algèbre $A/(JK + K^m)$; l'idéal $N = (J + K^m)/(JK + K^m)$ de C est de carré nul et l'anneau quotient C/N s'identifie à $A/(J + K^m)$. Munissons C et C/N de la topologie discrète, et A/J de la topologie K/J-adique. L'homomorphisme canonique $A/J \to A/(J + K^m)$ est continu ; il possède donc un relèvement $\varphi : A/J \to A/(JK + K^m)$.

L'application $a \mapsto a1_C - \varphi(a1_{A/J})$ de A dans N est alors une k-dérivation (n° 1, prop. 1), donc s'écrit $a \mapsto u(da)$ avec $u \in \mathrm{Hom}_A(\Omega_k(A), N)$. Mais l'hypothèse $J \cap K^m \subset JK$ implique $J \cap (JK + K^m) = JK$, de sorte que l'application canonique $\psi : J/JK \to N$ est bijective ; il existe donc $v \in \mathrm{Hom}_{A/K}(A/K \otimes_A \Omega_k(A), J/JK)$ telle que, pour a dans A, on ait $a1_C = \varphi(a1_{A/J}) + \psi(v(1 \otimes da))$. Prenant a dans J, on voit que $v(1 \otimes da)$ est égal à la classe de a dans J/JK. Puisque $A/K \otimes_{A/J} J/J^2$ s'identifie à J/JK, v est la rétraction cherchée.

Le fait que la condition sur K soit satisfaite lorsque l'algèbre A est noethérienne résulte de III, § 3, n° 1, cor. 2 de la prop. 1.

Lemme 4.— *Supposons que* A *soit formellement lisse sur* k *pour la topologie* J*-adique. Pour que* A/J *soit formellement lisse sur* k, *il faut et il suffit que l'application canonique* $\bar{d}$ *possède une rétraction* A*-linéaire.*

On sait déjà que si A/J est formellement lisse sur k, l'application $\bar{d}$ admet une rétraction A-linéaire (n° 2, remarque 1). Inversement, supposons que $\bar{d}$ possède une rétraction A-linéaire. Soit $\pi : A/J^2 \to A/J$ la surjection canonique ; d'après la prop. 2 du n° 1, il existe un homomorphisme d'anneaux $h : A/J \to A/J^2$ tel que $\pi \circ h = \mathrm{Id}_{A/J}$. Soient C une k-algèbre, N un idéal de C de carré nul, et $\rho : C \to C/N$ la surjection canonique ; munissons C et C/N de la topologie discrète. Soit $u : A/J \to C/N$ un homomorphisme continu de k-algèbres. Puisque A est formellement lisse sur k pour la topologie J-adique, il existe un homomorphisme de k-algèbres $v : A \to C$ rendant commutatif le diagramme

$$\begin{array}{ccc} A & \xrightarrow{\ v\ } & C \\ \downarrow & & \downarrow \rho \\ A/J & \xrightarrow{\ u\ } & C/N \end{array}$$

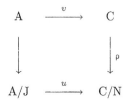

où les flèches verticales représentent les surjections canoniques. On a $v(\mathrm{J}) \subset \mathrm{N}$, donc $v(\mathrm{J}^2) \subset \mathrm{N}^2 = \{0\}$, et v définit par passage aux quotients un homomorphisme $\bar{v} : \mathrm{A}/\mathrm{J}^2 \to \mathrm{C}$ qui vérifie $\rho \circ \bar{v} = u \circ \pi$. Alors $\bar{v} \circ h$ est un relèvement de u à C.

THÉORÈME 3.— *Soient k un anneau,* A *une k-algèbre formellement lisse et* J *un idéal de type fini de* A ; *posons* $\mathrm{B} = \mathrm{A}/\mathrm{J}$.

a) *Soit $\mathfrak{p}$ un idéal premier de* B *et soit $\mathfrak{q}$ l'idéal (premier) de* A *tel que* $\mathfrak{p} = \mathfrak{q}/\mathrm{J}$. *Les conditions suivantes sont équivalentes :*

(i) *la k-algèbre* $\mathrm{B}_\mathfrak{p}$ *est formellement lisse ;*

(ii) *il existe* $f \in \mathrm{B} - \mathfrak{p}$ *tel que la k-algèbre* B_f *soit formellement lisse ;*

(iii) *l'application* $\kappa(\mathfrak{p})$*-linéaire*

$$\bar{d}_{\kappa(\mathfrak{p})} : \kappa(\mathfrak{p}) \otimes_\mathrm{B} \mathrm{J}/\mathrm{J}^2 \to \kappa(\mathfrak{p}) \otimes_\mathrm{A} \Omega_k(\mathrm{A})$$

est injective ;

(iv) *il existe un entier* $m \geqslant 0$, *des éléments* $f_1, \dots, f_m$ *de* J, *dont les images* $(f_1)_\mathfrak{q}, \dots, (f_m)_\mathfrak{q}$ *engendrent l'idéal* $\mathrm{J}_\mathfrak{q}$, *et des k-dérivations* $\mathrm{D}_1, \dots, \mathrm{D}_m$ *de* A *tels que* $\det(\mathrm{D}_j(f_i)) \notin \mathfrak{q}$.

b) *L'ensemble des idéaux premiers* $\mathfrak{p}$ *de* B *qui satisfont aux conditions équivalentes de* a) *est ouvert dans* Spec(B). *Pour que* B *soit formellement lisse sur* k, *il faut et il suffit que tout idéal premier* (resp. *maximal*) *de* B *satisfasse à ces conditions.*

c) *Supposons* A *noethérien. Les conditions de* a) *équivalent aussi à :*

(v) *la k-algèbre* $\mathrm{B}_\mathfrak{p}$ *est formellement lisse pour la topologie* $\mathfrak{p}\mathrm{B}_\mathfrak{p}$*-adique.*

De plus, sous les conditions de (iv), *l'idéal* $\mathrm{J}_\mathfrak{q}$ *est complètement sécant et la suite* $((f_1)_\mathfrak{q}, \dots, (f_m)_\mathfrak{q})$ *est complètement sécante pour* $\mathrm{A}_\mathfrak{q}$.

Posons $\mathrm{M} = \mathrm{J}/\mathrm{J}^2$ et $\mathrm{N} = \mathrm{B} \otimes_\mathrm{A} \Omega_k(\mathrm{A})$. Le B-module M est de type fini, et le B-module N est projectif (n° 5, cor. 3 du th. 2). Pour toute partie multiplicative S de A, la k-algèbre $\mathrm{S}^{-1}\mathrm{A}$ est formellement lisse (n° 2, prop. 4, a)). D'après le lemme 4, les conditions (i) et (ii) équivalent donc respectivement à

(i′) l'application $\bar{d}_{\mathrm{B}_\mathfrak{p}} : \mathrm{M}_\mathfrak{p} \to \mathrm{N}_\mathfrak{p}$ possède une rétraction $\mathrm{B}_\mathfrak{p}$-linéaire ;

(ii′) il existe $f \in \mathrm{B} - \mathfrak{p}$ tel que l'application $\bar{d}_{\mathrm{B}_f} : \mathrm{M}_f \to \mathrm{N}_f$ possède une rétraction B_f-linéaire.

La prop. 9 du n° 8 appliquée à l'anneau B et à l'homomorphisme $\bar{d} : \mathrm{M} \to \mathrm{N}$ implique l'équivalence des conditions (i′), (ii″) et (iii), et entraîne aussi les assertions de b) (en utilisant de nouveau le lemme 4). Par ailleurs (iii) équivaut à :

(iii′) l'application $\kappa(\mathfrak{q}) \otimes_\mathrm{A} \mathrm{J} \longrightarrow \kappa(\mathfrak{q}) \otimes_\mathrm{A} \Omega_k(\mathrm{A})$ déduite de $d : \mathrm{J} \to \Omega_k(\mathrm{A})$ est injective,

tandis que (iv) peut s'écrire :

(iv′) il existe un entier $m \geqslant 0$, des éléments $f_1, \dots, f_m$ de J dont les images engendrent l'idéal $\mathrm{J}_\mathfrak{q}$ de $\mathrm{A}_\mathfrak{q}$ et des éléments $y_1, \dots, y_m$ de $\mathrm{Hom}_\mathrm{A}(\Omega_k(\mathrm{A}), \mathrm{A})$ tels que $\det(< y_j, df_i >) \notin \mathfrak{q}$.

Puisque le A-module $\Omega_k(\mathrm{A})$ est projectif (n° 5, cor. 3 du th. 2), la prop. 9 du n° 8, appliquée à l'anneau A et à l'homomorphisme $d : \mathrm{J} \to \Omega_k(\mathrm{A})$, fournit l'équivalence de (iii′) et (iv′).

Supposons enfin l'anneau A noethérien. Il est clair que (i) implique (v). Sous l'hypothèse (v), le lemme 3 entraîne que l'application

$$\bar{d}_{\kappa(\mathfrak{q})} : \kappa(\mathfrak{q}) \otimes_{\mathrm{B}_\mathfrak{p}} \mathrm{J}_\mathfrak{q}/\mathrm{J}_\mathfrak{q}^2 \longrightarrow \kappa(\mathfrak{q}) \otimes_{\mathrm{A}_\mathfrak{q}} \Omega_k(\mathrm{A}_\mathfrak{q})$$

est injective, d'où (iii).

Sous les conditions de (iv), on a $m = [\kappa(\mathfrak{q}) \otimes_\mathrm{A} \mathrm{J} : \kappa(\mathfrak{q})]$ (n° 9, prop. 8). D'après le th. 2 du n° 5, l'idéal $\mathrm{J}_\mathfrak{q}$ est complètement sécant, et la suite $((f_1)_\mathfrak{q}, \ldots, (f_m)_\mathfrak{q})$ est complètement sécante pour $\mathrm{A}_\mathfrak{q}$ (§ 1, n° 3, cor. 2 du th. 1). Cela démontre c).

COROLLAIRE 1.— *Soient k_0 un anneau, k une k_0-algèbre noethérienne formellement lisse, et* B *une k-algèbre locale essentiellement de type fini. Si la k_0-algèbre* B *est formellement lisse pour la topologie $\mathfrak{m}_\mathrm{B}$-adique, elle est formellement lisse.*

Il existe un entier $n \geqslant 0$, une partie multiplicative S de $k[\mathrm{T}_1, \ldots, \mathrm{T}_n]$ et un k-homomorphisme surjectif $\mathrm{S}^{-1}k[\mathrm{T}_1, \ldots, \mathrm{T}_n] \to \mathrm{B}$. L'algèbre $\mathrm{S}^{-1}k[\mathrm{T}_1, \ldots, \mathrm{T}_n]$ est noethérienne et formellement lisse sur k (n° 3, exemple 2 et n° 2, prop. 4, a)), donc sur k_0 (n° 2, prop. 3, a)). Le corollaire résulte alors du th. 3, c).

COROLLAIRE 2.— *Soient k_0 un anneau, k une k_0-algèbre noethérienne formellement lisse, et* B *une k-algèbre essentiellement de type fini. L'ensemble* U *des idéaux premiers $\mathfrak{p}$ de* B *tels que la k_0-algèbre $\mathrm{B}_\mathfrak{p}$ soit formellement lisse (pour la topologie discrète ou la topologie $\mathfrak{p}\mathrm{B}_\mathfrak{p}$-adique) est ouvert dans* Spec(B) *et les conditions suivantes sont équivalentes :*

(i) *on a* U = Spec(B) ;

(ii) U *contient tous les idéaux maximaux de* B ;

(iii) *la k_0-algèbre* B *est formellement lisse.*

Cela résulte comme précédemment du th. 3.

Remarque 1.— Les corollaires 1 et 2 s'appliquent notamment lorsque k_0 est un corps et que l'on est dans l'un des deux cas suivants :

a) B est une algèbre essentiellement de type fini sur une extension séparable de k_0 (th. 1 du n° 3) ;

b) B est une k_0 algèbre locale noethérienne complète dont le corps résiduel κ_B est une extension séparable de k_0 (on prend dans ce cas pour k une algèbre de séries formelles sur κ_B dont B est un quotient (n° 3 et IX, § 3, n° 3)).

Dans chacun de ces cas, il résulte du cor. 2, compte tenu de la prop. 8 du n° 7 et de la prop. 6, b) du § 6, n° 4, que la k_0-algèbre B est formellement lisse si et seulement si elle est absolument régulière.

COROLLAIRE 3 (Zariski).— *Soient k un corps,* A *une k-algèbre locale régulière, et* J *un idéal de* A *distinct de* A. *On suppose que la k-algèbre* A *est essentiellement de type fini ou complète. Pour que l'anneau local* A/J *soit régulier, il faut et il suffit qu'il existe un entier $m \geqslant 0$, des éléments $f_1, \ldots, f_m$ de* J *engendrant* J *et des dérivations $\mathrm{D}_1, \ldots, \mathrm{D}_m$ de* A *telles que* $\det(\mathrm{D}_j(f_i)) \notin \mathfrak{m}_\mathrm{A}$. *Les éléments $(f_1, \ldots, f_m)$ font alors partie d'un système de coordonnées de* A *et l'idéal* J *est premier.*

Soit k_0 le sous-corps premier de k. La k_0-algèbre A est absolument régulière (§ 6, n° 4, exemple 1), donc formellement lisse (remarque 1 ci-dessus). Pour les mêmes raisons, dire que A/J est régulier équivaut à dire que c'est une k_0-algèbre formellement lisse. La première assertion résulte donc du th. 3, qui implique aussi que la suite $(f_1, \ldots, f_m)$ est complètement sécante pour A. On applique alors la prop. 2 de VIII, § 5, n° 3.

Remarque 2.— Sous les hypothèses du cor. 3, le A-module $\Omega(\mathrm{A})$ est projectif (n° 5, cor. 3 du th. 2), donc libre ; toute dérivation de A dans κ_{A} se relève donc en une dérivation de A. La condition de l'énoncé peut donc s'exprimer ainsi : il existe un système générateur $(f_1, \ldots, f_m)$ de J et des dérivations $\mathrm{D}_1, \ldots, \mathrm{D}_m$ de A dans κ_{A}, tels que $\det(\mathrm{D}_j(f_i)) \neq 0$.

COROLLAIRE 4 (Zariski).— *Soient k un corps et A une k-algèbre essentiellement de type fini ou locale noethérienne complète. L'ensemble des idéaux premiers $\mathfrak{p}$ de A tels que l'anneau local $\mathrm{A}_{\mathfrak{p}}$ soit régulier est ouvert dans* Spec(A).

Il suffit d'appliquer la remarque 1 en prenant pour k_0 le sous-corps premier de k.

10. Algèbres lisses

Lemme 5.— *Soit $\rho : \mathrm{A} \to \mathrm{B}$ un homomorphisme local d'anneaux locaux noethériens. On suppose que B est essentiellement de type fini sur A. Pour que la A-algèbre B soit formellement lisse, il faut et il suffit que le A-module B soit plat et que la κ_{A}-algèbre $\kappa_{\mathrm{A}} \otimes_{\mathrm{A}} \mathrm{B}$ soit absolument régulière.*

Il existe un entier $n \geqslant 0$, un idéal premier $\mathfrak{q}$ de $\mathrm{A}[\mathrm{T}_1, \ldots, \mathrm{T}_n]$ et un homomorphisme surjectif h de $\mathrm{A}[\mathrm{T}_1, \ldots, \mathrm{T}_n]_{\mathfrak{q}}$ dans B. Notons C la A-algèbre locale $\mathrm{A}[\mathrm{T}_1, \ldots, \mathrm{T}_n]_{\mathfrak{q}}$; elle est formellement lisse (n° 3, exemple 2 et n° 2, prop. 4, a)) et plate sur A, et on peut identifier B à la A-algèbre C/J, où $\mathrm{J} = \mathrm{Ker}(h)$.

Posons $\overline{\mathrm{C}} = \kappa_{\mathrm{A}} \otimes_{\mathrm{A}} \mathrm{C}$ et $\overline{\mathrm{B}} = \kappa_{\mathrm{A}} \otimes_{\mathrm{A}} \mathrm{B}$. Supposons B formellement lisse sur A. La κ_{A}-algèbre $\overline{\mathrm{B}}$ est alors formellement lisse (n° 2, prop. 4, b)), donc absolument régulière (n° 5, cor. 2 du th. 2). De plus, puisque $\overline{\mathrm{C}}/\mathrm{J}\overline{\mathrm{C}}$ s'identifie à $\overline{\mathrm{B}}$ et que la κ_{A}-algèbre $\overline{\mathrm{C}}$ est formellement lisse, l'idéal $\mathrm{J}\overline{\mathrm{C}}$ de $\overline{\mathrm{C}}$ est complètement sécant (n° 5, th. 2). Il résulte alors du § 5, n° 6, prop. 6 que le A-module B est plat.

Supposons inversement que B soit plat sur A et que la κ_{A}-algèbre $\overline{\mathrm{B}}$ soit absolument régulière. Alors la κ_{A}-algèbre locale $\overline{\mathrm{B}}$ est formellement lisse (remarque 1 du n° 9 avec $k = k_0 = \kappa_{\mathrm{A}}$). Posons $\overline{\mathrm{J}} = \kappa_{\mathrm{A}} \otimes_{\mathrm{A}} \mathrm{J}$; puisque B est un A-module plat, l'application canonique $\overline{\mathrm{J}} \to \mathrm{J}\overline{\mathrm{C}}$ est bijective et $\overline{\mathrm{B}}$ s'identifie à $\overline{\mathrm{C}}/\overline{\mathrm{J}}$. Il en résulte (remarque 1 du n° 2) que l'application canonique

$$\overline{\mathrm{J}}/\overline{\mathrm{J}}^2 \longrightarrow \overline{\mathrm{B}} \otimes_{\overline{\mathrm{C}}} \Omega_{\kappa_{\mathrm{A}}}(\overline{\mathrm{C}})$$

est injective et admet une rétraction. Or $\overline{\mathrm{J}}/\overline{\mathrm{J}}^2$ s'identifie à $\kappa_{\mathrm{A}} \otimes_{\mathrm{A}} \mathrm{J}/\mathrm{J}^2$, donc à $\overline{\mathrm{B}} \otimes_{\mathrm{B}} \mathrm{J}/\mathrm{J}^2$; d'autre part le $\overline{\mathrm{C}}$-module $\Omega_{\kappa_{\mathrm{A}}}(\overline{\mathrm{C}})$ est canoniquement isomorphe à $\overline{\mathrm{C}} \otimes_{\mathrm{C}} \Omega_{\mathrm{A}}(\mathrm{C})$ (A, III, p. 136, prop. 20), donc $\overline{\mathrm{B}} \otimes_{\overline{\mathrm{C}}} \Omega_{\kappa_{\mathrm{A}}}(\overline{\mathrm{C}})$ est canoniquement isomorphe à $\overline{\mathrm{B}} \otimes_{\mathrm{C}} \Omega_{\mathrm{A}}(\mathrm{C})$. Passant au quotient par l'idéal maximal de $\overline{\mathrm{B}}$, on obtient un homomorphisme injectif

$$\kappa_{\mathrm{B}} \otimes_{\mathrm{B}} \mathrm{J}/\mathrm{J}^2 \longrightarrow \kappa_{\mathrm{B}} \otimes_{\mathrm{C}} \Omega_{\mathrm{A}}(\mathrm{C})$$

qui n'est autre que $\bar{d}_{\kappa_{\mathrm{B}}}$. Ainsi B est formellement lisse sur A (th. 3).

THÉORÈME 4.— *Soient* A *un anneau noethérien et* B *une* A-*algèbre essentiellement de type fini. Les conditions suivantes sont équivalentes :*

(i) *la* A-*algèbre* B *est formellement lisse ;*

(ii) *pour tout* $\mathfrak{q} \in \mathrm{Spec(B)}$, *la* A-*algèbre* $\mathrm{B}_{\mathfrak{q}}$ *est formellement lisse* (resp. *formellement lisse pour la topologie* $\mathfrak{q}\mathrm{B}_{\mathfrak{q}}$-*adique*) ;

(iii) *le* A-*module* B *est plat et, pour tout* $\mathfrak{p} \in \mathrm{Spec(A)}$, *la* $\kappa(\mathfrak{p})$-*algèbre* $\kappa(\mathfrak{p}) \otimes_{\mathrm{A}} \mathrm{B}$ *est absolument régulière ;*

(iv) *le* A-*module* B *est plat et, pour toute* A-*algèbre régulière* R, *l'anneau* $\mathrm{R} \otimes_{\mathrm{A}} \mathrm{B}$ *est régulier ;*

(v) *le* A-*module* B *est plat et le noyau de l'homomorphisme* $\mu : \mathrm{B} \otimes_{\mathrm{A}} \mathrm{B} \to \mathrm{B}$ *tel que* $\mu(x \otimes y) = xy$ *est un idéal complètement sécant.*

L'équivalence de (i) et (ii) résulte du cor. 2 du th. 3 (n° 9).

(i) $\Rightarrow$ (v) : supposons la A-algèbre B formellement lisse. Soient $\mathfrak{q}$ un idéal premier de B, et $\mathfrak{p}$ son image réciproque dans A. La $\mathrm{A}_{\mathfrak{p}}$-algèbre $\mathrm{B}_{\mathfrak{q}}$ est formellement lisse (prop. 4, a) du n° 2), donc plate (lemme 5) ; par suite le A-module B est plat (II, § 3, n° 4, prop. 15). D'autre part, l'anneau $\mathrm{B} \otimes_{\mathrm{A}} \mathrm{B}$ est noethérien (§ 6, n° 1, cor. de la prop. 2), donc l'idéal $\mathrm{Ker}\,\mu$ est complètement sécant d'après le cor. 3 du th. 2 (n° 5).

(v) $\Rightarrow$ (iii) : supposons la condition (v) satisfaite. Posons $\mathrm{I} = \mathrm{Ker}(\mu)$. Soit $\mathfrak{p} \in \mathrm{Spec(A)}$. L'application

$$1 \otimes \mu : \kappa(\mathfrak{p}) \otimes_{\mathrm{A}} (\mathrm{B} \otimes_{\mathrm{A}} \mathrm{B}) \to \kappa(\mathfrak{p}) \otimes_{\mathrm{A}} \mathrm{B}$$

s'identifie à l'application

$$\mu_{\mathfrak{p}} : (\kappa(\mathfrak{p}) \otimes_{\mathrm{A}} \mathrm{B}) \otimes_{\kappa(\mathfrak{p})} (\kappa(\mathfrak{p}) \otimes_{\mathrm{A}} \mathrm{B}) \to \kappa(\mathfrak{p}) \otimes_{\mathrm{A}} \mathrm{B}$$

déduite de la multiplication de la $\kappa(\mathfrak{p})$-algèbre $\kappa(\mathfrak{p}) \otimes_{\mathrm{A}} \mathrm{B}$. L'idéal $\mathrm{Ker}(\mu_{\mathfrak{p}})$ s'identifie à $\mathrm{I}(\kappa(\mathfrak{p}) \otimes_{\mathrm{A}} (\mathrm{B} \otimes_{\mathrm{A}} \mathrm{B}))$. Il est complètement sécant puisque le A-module B est plat (§ 5, n° 6, prop. 6). L'assertion (iii) résulte alors de la prop. 8 du § 6, n° 5.

(iii) $\Rightarrow$ (ii) : soient $\mathfrak{q}$ un idéal premier de B, et $\mathfrak{p}$ son image réciproque dans A. Sous les hypothèses de (iii), le $\mathrm{A}_{\mathfrak{p}}$-module $\mathrm{B}_{\mathfrak{q}}$ est plat, et la $\kappa(\mathfrak{p})$-algèbre $\kappa(\mathfrak{p}) \otimes_{\mathrm{A}_{\mathfrak{p}}} \mathrm{B}_{\mathfrak{q}}$, qui s'identifie à un anneau de fractions de $\kappa(\mathfrak{p}) \otimes_{\mathrm{A}} \mathrm{B}$, est absolument régulière (§ 6, n° 4, prop. 6). Il résulte du lemme 5 que $\mathrm{B}_{\mathfrak{q}}$ est formellement lisse sur $\mathrm{A}_{\mathfrak{p}}$, donc sur A (n° 2, prop. 3 et 4).

(iii) $\Rightarrow$ (iv) : plaçons-nous sous les hypothèses de (iii). Soit R une A-algèbre régulière. Le R-module $\mathrm{R} \otimes_{\mathrm{A}} \mathrm{B}$ est plat (I, § 2, n° 7, cor. 2 à la prop. 8). Soient $\mathfrak{r}$ un idéal premier de R et $\mathfrak{p}$ son image réciproque dans A ; l'anneau $\kappa(\mathfrak{r}) \otimes_{\mathrm{R}} (\mathrm{R} \otimes_{\mathrm{A}} \mathrm{B})$, qui s'identifie à $\kappa(\mathfrak{r}) \otimes_{\kappa(\mathfrak{p})} (\kappa(\mathfrak{p}) \otimes_{\mathrm{A}} \mathrm{B})$, est régulier (§ 6, n° 4, cor. 2 de la prop. 7). L'anneau $\mathrm{R} \otimes_{\mathrm{A}} \mathrm{B}$ est donc régulier (§ 4, n° 5, cor. de la prop. 9).

(iv) ⇒ (iii) : soit $\mathfrak{p}$ un idéal premier de A et soit k une extension de $\kappa(\mathfrak{p})$; sous les hypothèses de (iv), l'anneau $k \otimes_{\kappa(\mathfrak{p})} (\kappa(\mathfrak{p}) \otimes_A B)$, qui s'identifie à $k \otimes_A B$, est régulier, d'où (iii).

DÉFINITION 2.— *Soit* A *un anneau noethérien. On dit qu'une* A*-algèbre* B *est lisse si elle est essentiellement de type fini et si elle satisfait aux conditions équivalentes du théorème* 4.

PROPOSITION 10.— *Soit* A *un anneau noethérien.*

a) *Soient* A′ *une* A*-algèbre noethérienne et* B *une* A*-algèbre lisse. Alors la* A′*-algèbre* $A' \otimes_A B$ *est lisse.*

b) *Soient* B *une* A*-algèbre lisse et* C *une* B*-algèbre lisse. Alors la* A*-algèbre* C *est lisse.*

c) *Soient* B *et* C *deux* A*-algèbres lisses. Alors la* A*-algèbre* $B \otimes_A C$ *est lisse.*

Cela résulte de la prop. 4 du n° 2 et des énoncés analogues pour les algèbres essentiellement de type fini (§ 6, n° 1).

Exemples.— 1) Les algèbres lisses sur un corps k sont les k-algèbres essentiellement de type fini et absolument régulières.

2) Soient A un anneau noethérien, $\mathbf{T} = (T_i)_{i \in I}$ une famille finie d'indéterminées. La A-algèbre $A[\mathbf{T}]$ est lisse. Plus généralement, soient $F_1, \ldots, F_m$ des éléments de $A[\mathbf{T}]$, et soit B la A-algèbre $A[\mathbf{T}]/(F_1, \ldots, F_m)$. Si en tout idéal maximal $\mathfrak{n}$ de B la classe (mod. $\mathfrak{n}$) de la matrice $\left(\dfrac{\partial F_j}{\partial T_i}\right)$ est de rang m, la A-algèbre B est lisse (th. 3 du n° 9).

§ 8. DUALITÉ DES MODULES DE LONGUEUR FINIE

1. Modules injectifs indécomposables

Soit A un anneau. La relation « I est une classe de A-modules injectifs indécomposables » est collectivisante (A, X, p. 21, cor. 1) ; nous noterons $\mathscr{I}(\mathrm{A})$ l'ensemble des classes de A-modules injectifs indécomposables.

PROPOSITION 1.— *Soit* A *un anneau noethérien. Pour tout idéal premier* $\mathfrak{p}$ *de* A, *soit* $e_{\mathfrak{p}} : \mathrm{A}/\mathfrak{p} \to \mathrm{I}(\mathfrak{p})$ *une enveloppe injective de* $\mathrm{A}/\mathfrak{p}$ (A, X, § 1, n° 9).

a) *Les* A-*modules* $\mathrm{I}(\mathfrak{p})$ *sont indécomposables.*

b) *Soit* I *un* A-*module injectif indécomposable ; l'ensemble* Ass(I) *est réduit à un élément.*

c) *L'application* $\mathfrak{p} \mapsto \mathrm{cl}(\mathrm{I}(\mathfrak{p}))$ *est une bijection de* Spec(A) *sur* $\mathscr{I}(\mathrm{A})$. *La bijection réciproque associe à un élément* I *de* $\mathscr{I}(\mathrm{A})$ *l'unique élément de* Ass(I).

Soit $\mathfrak{p} \in \mathrm{Spec}(\mathrm{A})$; prouvons que le module $\mathrm{I}(\mathfrak{p})$ est indécomposable. D'après A, X, p. 21, cor. 2, il suffit de prouver que si $\mathfrak{a}$ et $\mathfrak{b}$ sont des idéaux de A contenant $\mathfrak{p}$ et distincts de $\mathfrak{p}$, l'idéal $\mathfrak{a} \cap \mathfrak{b}$ est distinct de $\mathfrak{p}$; or si a est un élément de $\mathfrak{a} - \mathfrak{p}$ et b un élément de $\mathfrak{b} - \mathfrak{p}$, le produit ab appartient à $(\mathfrak{a} \cap \mathfrak{b}) - \mathfrak{p}$.

Soit I un A-module injectif indécomposable, et soient $\mathfrak{p}$, $\mathfrak{q}$ des éléments de Ass(I). Alors I contient un sous-module M isomorphe à $\mathrm{A}/\mathfrak{p}$ et un sous-module N isomorphe à $\mathrm{A}/\mathfrak{q}$. On a $\mathrm{M} \cap \mathrm{N} \neq 0$ (A, X, p. 21, prop. 14) ; pour tout élément x non nul de $\mathrm{M} \cap \mathrm{N}$, on a $\mathfrak{p} = \mathrm{Ann}\, x = \mathfrak{q}$. Comme Ass(I) n'est pas vide (IV, § 1, n° 1, cor. 1 de la prop. 2), il est réduit à un élément $\mathfrak{p}(\mathrm{I})$.

Nous avons ainsi défini deux applications $\mathfrak{p} \mapsto \mathrm{cl}(\mathrm{I}(\mathfrak{p}))$ de Spec(A) dans $\mathscr{I}(\mathrm{A})$ et $\mathrm{I} \mapsto \mathfrak{p}(\mathrm{I})$ de $\mathscr{I}(\mathrm{A})$ dans Spec(A) ; prouvons que ces deux applications sont des bijections réciproques l'une de l'autre. Soit $\mathfrak{p} \in \mathrm{Spec}(\mathrm{A})$; alors $\mathfrak{p}$ appartient à $\mathrm{Ass}(\mathrm{I}(\mathfrak{p}))$, et c'est donc l'unique élément de $\mathrm{Ass}(\mathrm{I}(\mathfrak{p}))$. Soient I un A-module injectif indécomposable, et $\mathfrak{p}$ l'unique élément de Ass(I) ; alors I est une enveloppe injective de $\mathrm{A}/\mathfrak{p}$ (A, X, p. 21, prop. 14). Cela achève la démonstration de la proposition.

Remarque 1.— Soit I un A-module injectif indécomposable, et soit $\mathfrak{p}$ l'unique élément de Ass(I) ; d'après la prop. 1, I contient un sous-module isomorphe à $\mathrm{A}/\mathfrak{p}$ dont il est enveloppe injective. En général un tel sous-module n'est pas unique, comme on le constate en prenant $\mathrm{A} = \mathbf{Z}$, $\mathfrak{p} = 0$, $\mathrm{I} = \mathbf{Q}$.

Pour chaque idéal premier $\mathfrak{p}$ de A, choisissons comme ci-dessus une enveloppe injective $(\mathrm{I}(\mathfrak{p}), e_{\mathfrak{p}})$ de $\mathrm{A}/\mathfrak{p}$. D'après A, X, p. 22, th. 3, on a :

THÉORÈME 1.— *Soit* A *un anneau noethérien. Pour tout* A-*module injectif* I, *il existe une famille de cardinaux* $(a_{\mathfrak{p}})_{\mathfrak{p} \in \mathrm{Spec}(\mathrm{A})}$, *et une seule, telle que* I *soit isomorphe à* $\bigoplus_{\mathfrak{p}} \mathrm{I}(\mathfrak{p})^{(a_{\mathfrak{p}})}$.

D'après IV, § 1, n° 1, cor. 1 de la prop. 3, l'ensemble Ass(I) est alors le support de la famille $(a_{\mathfrak{p}})$.

Remarque 2.— Soient A un anneau noethérien, M un A-module, $e : \mathrm{M} \to \mathrm{I}$ une enveloppe injective de M. *L'ensemble* Ass(M) *est égal à* Ass(I) : en effet l'inclusion $\mathrm{Ass(M)} \subset \mathrm{Ass(I)}$ est évidente. D'autre part, si $\mathfrak{p}$ est un élément de Ass(I), I contient un sous-module N isomorphe à $\mathrm{A}/\mathfrak{p}$; comme le A-module $e^{-1}(\mathrm{N})$ est non nul, on a $\mathrm{Ass}(e^{-1}(\mathrm{N})) = \{\mathfrak{p}\}$ (IV, § 1, n° 1, prop. 1). Cela prouve que $\mathfrak{p}$ est associé à $e^{-1}(\mathrm{N})$, donc à M, d'où notre assertion.

Prenons les notations du théorème, et supposons de plus Ass(M) fini. Pour tout $\mathfrak{q} \in \mathrm{Ass(M)}$, notons $\mathrm{Q}_{\mathfrak{q}}$ l'intersection avec M de $\bigoplus_{\mathfrak{p}\in \mathrm{Ass(M)}-\{\mathfrak{q}\}} \mathrm{I}(\mathfrak{p})^{(a_{\mathfrak{p}})}$. Alors $(\mathrm{Q}_{\mathfrak{q}})_{\mathfrak{q}\in \mathrm{Ass(M)}}$ *est une décomposition primaire réduite de* 0 *dans* M (IV, § 2, n° 3, déf. 3). On a en effet $\cap \mathrm{Q}_{\mathfrak{q}} = 0$; comme $\mathrm{M}/\mathrm{Q}_{\mathfrak{q}}$ s'identifie à un sous-module non nul de $\mathrm{I}(\mathfrak{q})^{(a_{\mathfrak{q}})}$, on a $\mathrm{Ass}(\mathrm{M}/\mathrm{Q}_{\mathfrak{q}}) = \{\mathfrak{q}\}$, et il suffit d'appliquer la prop. 4 de *loc. cit.*

Exemple.— Soit A un anneau principal, et soit K son corps des fractions. Les A-modules injectifs sont les A-modules divisibles (A, X, p. 17, cor. 2). Le A-module K est une enveloppe injective de A (A, X, p. 20, exemple 1). Soient p un élément extrémal de A, et $\mathfrak{p}$ l'idéal (maximal) Ap ; notons $e : \mathrm{A}/\mathfrak{p} \longrightarrow \mathrm{K}/\mathrm{A}_{\mathfrak{p}}$ l'homomorphisme qui applique la classe d'un élément $a \in \mathrm{A}$ sur la classe de a/p. Prouvons que $(\mathrm{K}/\mathrm{A}_{\mathfrak{p}}, e)$ *est une enveloppe injective de* $\mathrm{A}/\mathfrak{p}$. L'homomorphisme e est injectif. Le A-module $\mathrm{K}/\mathrm{A}_{\mathfrak{p}}$ est un quotient d'un module divisible, donc est divisible. Soit x un élément non nul de $\mathrm{K}/\mathrm{A}_{\mathfrak{p}}$; c'est la classe d'un élément a/p^n de K, avec $a \in \mathrm{A} - \{0\}$ et $n \geqslant 1$ (A, VII, p. 10, th. 2). On a alors $p^{n-1}x = e(a)$, donc $e^{-1}(\mathrm{A}x) \neq 0$, ce qui prouve notre assertion.

Il résulte alors du th. 1 que *tout* A-*module divisible est somme directe de* A-*modules isomorphes à* K *ou à* $\mathrm{K}/\mathrm{A}_{\mathfrak{p}}$ *pour un idéal maximal (principal)* $\mathfrak{p}$ *de* A.

2. Structure des modules injectifs indécomposables

Lemme 1.— *Soient* A *un anneau,* $\mathfrak{a}$ *un idéal de* A, *et* I *un* A-*module. Pour tout entier* $n \geqslant 0$, *notons* I_n *le sous-module de* I *formé des éléments annulés par* $\mathfrak{a}^n$.

a) *Supposons le* A-*module* I *injectif. Alors le* $\mathrm{A}/\mathfrak{a}^n$-*module* I_n *est injectif pour tout* $n \geqslant 0$.

b) *Supposons que l'anneau* A *soit noethérien, et que pour tout* $n \geqslant 0$ *le* $\mathrm{A}/\mathfrak{a}^n$-*module* I_n *soit injectif. Alors la réunion des* I_n *est un* A-*module injectif.*

a) Le $\mathrm{A}/\mathfrak{a}^n$-module I_n est isomorphe à $\mathrm{Hom}_{\mathrm{A}}(\mathrm{A}/\mathfrak{a}^n, \mathrm{I})$, qui est injectif (A, X, p. 18, prop. 11).

b) Soient J la réunion des I_n, $\mathfrak{b}$ un idéal de A et $f : \mathfrak{b} \to \mathrm{J}$ un A-homomorphisme. Il s'agit (A, X, p. 16, prop. 10) de prouver qu'il existe un élément x de J tel qu'on ait $f(b) = bx$ pour tout $b \in \mathfrak{b}$. Puisque $\mathfrak{b}$ est de type fini, il existe un entier n tel qu'on ait $f(\mathfrak{b}) \subset \mathrm{I}_n$, c'est-à-dire $f(\mathfrak{a}^n\mathfrak{b}) = 0$. D'après le cor. 2 de la prop. 1 de III, § 3, n° 1, il existe un entier $m \geqslant n$ tel que $\mathfrak{a}^m \cap \mathfrak{b} \subset \mathfrak{a}^n\mathfrak{b}$, donc $f(\mathfrak{a}^m \cap \mathfrak{b}) = 0$. Alors f induit une application $\mathrm{A}/\mathfrak{a}^m$-linéaire de $\mathfrak{b}/(\mathfrak{a}^m \cap \mathfrak{b})$ dans I_m ; comme le $\mathrm{A}/\mathfrak{a}^m$-module I_m est injectif, il existe un élément x de I_m tel qu'on ait $f(b) = bx$ pour tout $b \in \mathfrak{b}$, d'où b).

Soit $\mathfrak{a}$ un idéal de A ; nous conviendrons dans ce qui suit de poser $\mathfrak{a}^n = A$ pour tout entier $n \leqslant 0$. Soit E un A-module. Pour tout $n \in \mathbf{Z}$, notons E_n le sous-module de E formé des éléments annulés par $\mathfrak{a}^n$; soit $\mathrm{gr}^{\mathfrak{a}}(E)$ le A-module gradué de type $\mathbf{Z}$ tel que $\mathrm{gr}^{\mathfrak{a}}(E)_m = E_{-m+1}/E_{-m}$ pour tout entier m. Le module $\mathrm{gr}^{\mathfrak{a}}(E)_m$ est nul pour $m \geqslant 1$, et $\mathrm{gr}^{\mathfrak{a}}(E)_0$ s'identifie à E_1. Notons $\mathrm{gr}(A)$ l'anneau gradué associé à A pour la filtration $\mathfrak{a}$-adique : on a $\mathrm{gr}(A)_n = \mathfrak{a}^n/\mathfrak{a}^{n+1}$ pour tout $n \in \mathbf{Z}$. Soient n et m des entiers. On déduit par passage aux quotients de l'application bilinéaire $(a, x) \mapsto ax$ de $\mathfrak{a}^n \times E_{-m+1}$ dans E_{-m-n+1} une application $A/\mathfrak{a}$-bilinéaire

$$\alpha_{n,m} : \mathrm{gr}(A)_n \times \mathrm{gr}^{\mathfrak{a}}(E)_m \longrightarrow \mathrm{gr}^{\mathfrak{a}}(E)_{n+m} , \tag{1}$$

qui définit sur $\mathrm{gr}^{\mathfrak{a}}(E)$ une structure de $\mathrm{gr}(A)$-module gradué. Pour tout $n \in \mathbf{Z}$, on déduit de l'application $A/\mathfrak{a}$-bilinéaire $\alpha_{n,-n} : \mathrm{gr}(A)_n \times \mathrm{gr}^{\mathfrak{a}}(E)_{-n} \longrightarrow E_1$ une application $A/\mathfrak{a}$-linéaire $\beta_{E,n} : \mathrm{gr}^{\mathfrak{a}}(E)_{-n} \longrightarrow \mathrm{Hom}_{A/\mathfrak{a}}(\mathrm{gr}(A)_n, E_1)$; les applications $\beta_{E,n}$ sont les composantes d'un homomorphisme de $A/\mathfrak{a}$-modules gradués, dit *canonique*

$$\beta_E : \mathrm{gr}^{\mathfrak{a}}(E) \longrightarrow \mathrm{Homgr}_{A/\mathfrak{a}}(\mathrm{gr}(A), E_1) . \tag{2}$$

Pour $a \in \mathrm{gr}(A)$, $x \in \mathrm{gr}^{\mathfrak{a}}(E)$, $\beta_E(x)(a)$ est par définition le composant dans $\mathrm{gr}^{\mathfrak{a}}(E)_0 = E_1$ de l'élément ax de $\mathrm{gr}^{\mathfrak{a}}(E)$. Il en résulte que β_E est $\mathrm{gr}(A)$-linéaire lorsqu'on munit $\mathrm{Homgr}_{A/\mathfrak{a}}(\mathrm{gr}(A), E_1)$ de la structure de $\mathrm{gr}(A)$-module définie par la formule $(bf)(a) = f(ab)$ pour a, b dans $\mathrm{gr}(A)$ et f dans $\mathrm{Homgr}_{A/\mathfrak{a}}(\mathrm{gr}(A), E_1)$.

PROPOSITION 2.— *Soient* A *un anneau noethérien,* $\mathfrak{a}$ *un idéal de* A , E *un* A*-module et* M *un sous-*A*-module de* E *annulé par* $\mathfrak{a}$. *Les conditions suivantes sont équivalentes :*

(i) E *est une enveloppe injective de* M ;

(ii) *le* $A/\mathfrak{a}$*-module* E_1 *est une enveloppe injective du* $A/\mathfrak{a}$*-module* M, *le module* E *est réunion des* E_n *et l'application canonique* β_E *est bijective.*

Supposons la condition (i) satisfaite. Le $A/\mathfrak{a}$-module E_1 est injectif (lemme 1, a)), et contient M ; comme tout sous-$A/\mathfrak{a}$-module de E_1 est un sous-A-module de E, E_1 est une enveloppe injective du $A/\mathfrak{a}$-module M. D'après le lemme 1, la réunion des E_n est un sous-A-module injectif de E contenant M, donc égal à E. Puisque E est injectif, on a pour tout $n \geqslant 0$ une suite exacte

$$0 \to \mathrm{Hom}_A(A/\mathfrak{a}^n, E) \longrightarrow \mathrm{Hom}_A(A/\mathfrak{a}^{n+1}, E) \longrightarrow \mathrm{Hom}_A(\mathfrak{a}^n/\mathfrak{a}^{n+1}, E) \to 0 ;$$

comme $\mathrm{Hom}_A(A/\mathfrak{a}^m, E)$ s'identifie à E_m pour tout m et que l'injection canonique de $\mathrm{Hom}_A(\mathfrak{a}^n/\mathfrak{a}^{n+1}, E_1)$ dans $\mathrm{Hom}_A(\mathfrak{a}^n/\mathfrak{a}^{n+1}, E)$ est bijective, on en déduit que l'homomorphisme canonique β_E est bijectif, d'où (ii).

Supposons (ii) satisfaite. Soit $e : M \to I$ une enveloppe injective de M. Puisque I est injectif, il existe une application A-linéaire $\varphi : E \to I$ prolongeant e. Mais φ applique E_n dans I_n pour tout n, donc induit des homomorphismes

$\mathrm{gr}^{\mathfrak{a}}(\varphi) : \mathrm{gr}^{\mathfrak{a}}(\mathrm{E}) \to \mathrm{gr}^{\mathfrak{a}}(\mathrm{I})$ et $\varphi_1 : \mathrm{E}_1 \to \mathrm{I}_1$ rendant commutatif le diagramme

$$\begin{array}{ccc}
\mathrm{gr}^{\mathfrak{a}}(\mathrm{E}) & \xrightarrow{\beta_{\mathrm{E}}} & \mathrm{Homgr}_{\mathrm{A}/\mathfrak{a}}(\mathrm{gr}(\mathrm{A}), \mathrm{E}_1) \\
{\scriptstyle \mathrm{gr}^{\mathfrak{a}}(\varphi)}\downarrow & & \downarrow{\scriptstyle \mathrm{Homgr}(1,\varphi_1)} \\
\mathrm{gr}^{\mathfrak{a}}(\mathrm{I}) & \xrightarrow{\beta_{\mathrm{I}}} & \mathrm{Homgr}_{\mathrm{A}/\mathfrak{a}}(\mathrm{gr}(\mathrm{A}), \mathrm{I}_1)
\end{array} \quad .$$

Puisque E_1 et I_1 sont des enveloppes injectives du $\mathrm{A}/\mathfrak{a}$-module M, l'homomorphisme φ_1 est bijectif ; puisque β_{E} et β_{I} sont bijectifs, il en résulte que $\mathrm{gr}^{\mathfrak{a}}(\varphi)$ est bijectif. Cela implique, par récurrence sur n, que φ induit une bijection de E_n sur I_n pour tout $n \geqslant 1$; donc φ est bijectif, ce qui entraîne (i).

Lemme 2.— *Soient* A *un anneau,* $\mathfrak{a}$ *un idéal de type fini de* A, *et* M *un* A*-module dont tout élément est annulé par une puissance de* $\mathfrak{a}$. *Notons* $\widehat{\mathrm{A}}$ *le séparé complété de* A *pour la topologie* $\mathfrak{a}$*-adique.*

a) *Il existe sur* M *une unique structure de* $\widehat{\mathrm{A}}$*-module étendant la structure de* A*-module donnée.*

b) *Les sous-*$\widehat{\mathrm{A}}$*-modules de* M *sont ses sous-*A*-modules, et l'on a* $\mathrm{Hom}_{\mathrm{A}}(\mathrm{M},\mathrm{P}) = \mathrm{Hom}_{\widehat{\mathrm{A}}}(\mathrm{M},\mathrm{P})$ *pour tout* $\widehat{\mathrm{A}}$*-module* P.

a) Identifions $\widehat{\mathrm{A}}$ à la limite projective des anneaux $\mathrm{A}/\mathfrak{a}^n$, et munissons M de la topologie discrète. Soient $a = (a_n)$ un élément de $\widehat{\mathrm{A}}$, et x un élément de M. Comme x est annulé par une puissance de $\mathfrak{a}$, la suite $(a_n x)$ est stationnaire ; notons ax sa limite. L'application $(a,x) \mapsto ax$ définit sur M une structure de $\widehat{\mathrm{A}}$-module qui étend la structure de A-module donnée.

Inversement, supposons donnée une telle structure sur M ; soient $a = (a_n)$ un élément de $\widehat{\mathrm{A}}$, x un élément de M et m un entier tel que $\mathfrak{a}^m x = 0$. Pour tout entier n, $a - a_n$ appartient à $\widehat{\mathfrak{a}^n}$, qui est égal à $\mathfrak{a}^n\widehat{\mathrm{A}}$ (III, § 2, n° 12, cor. 2 de la prop. 16) ; on a donc $ax = a_n x$ pour $n \geqslant m$, d'où l'assertion d'unicité.

b) Il résulte de ce qui précède qu'on a $\mathrm{A}x = \widehat{\mathrm{A}}x$ pour tout $x \in \mathrm{M}$; les sous-$\widehat{\mathrm{A}}$-modules de M sont donc ses sous-A-modules. Enfin, soit u un homomorphisme A-linéaire de M dans un $\widehat{\mathrm{A}}$-module P. Soient $a = (a_n)$ un élément de $\widehat{\mathrm{A}}$, x un élément de M et m un entier tel que $\mathfrak{a}^m x = 0$; on a $\mathfrak{a}^m u(x) = 0$. Comme $a - a_m$ appartient à $\mathfrak{a}^m\widehat{\mathrm{A}}$, on a

$$u(ax) = u(a_m x) = a_m u(x) = au(x) \ ,$$

de sorte que u est $\widehat{\mathrm{A}}$-linéaire.

PROPOSITION 3.— *Soient* A *un anneau noethérien,* $\mathfrak{p}$ *un idéal premier de* A *et* $e : \mathrm{A}/\mathfrak{p} \to \mathrm{I}$ *une enveloppe injective du* A*-module* $\mathrm{A}/\mathfrak{p}$. *Pour tout entier* $n \geqslant 0$, *désignons par* I_n *le sous-module de* I *formé des éléments annulés par* $\mathfrak{p}^n$.

a) *Le A-module* I *est réunion des* I_n. *L'injection* $A/\mathfrak{p} \to I_1$ *se prolonge en un isomorphisme de* $\kappa(\mathfrak{p})$ *sur* I_1 ; *identifions* $\kappa(\mathfrak{p})$ *à* I_1 *à l'aide de cet isomorphisme. Pour chaque entier* $n \geqslant 0$, *la structure de* $A/\mathfrak{p}$*-module de* I_{n+1}/I_n *provient par restriction des scalaires d'une unique structure de* $\kappa(\mathfrak{p})$*-espace vectoriel ; l'homomorphisme canonique* $\beta_{I,-n} : I_{n+1}/I_n \longrightarrow \mathrm{Hom}_{A/\mathfrak{p}}(\mathfrak{p}^n/\mathfrak{p}^{n+1}, \kappa(\mathfrak{p}))$ *est un isomorphisme de* $\kappa(\mathfrak{p})$*-espaces vectoriels de dimension finie.*

b) *Il existe une unique structure de* $\widehat{A_\mathfrak{p}}$*-module sur* I *induisant sa structure de* A*-module. L'homomorphisme canonique* $\widehat{A_\mathfrak{p}} \longrightarrow \mathrm{End}_A(I)$ *est bijectif.*

D'après A, X, p. 20, exemple 1, le $A/\mathfrak{p}$-module $\kappa(\mathfrak{p})$ est une enveloppe injective de $A/\mathfrak{p}$. Il résulte donc de la prop. 2 que I_1 s'identifie à $\kappa(\mathfrak{p})$, que I est réunion des I_m, et que pour chaque entier $n \geqslant 0$, $\beta_{I,-n}$ est un isomorphisme de $A/\mathfrak{p}$-modules. Pour tout élément non nul a de $A/\mathfrak{p}$, l'homothétie de rapport a est inversible dans $\mathrm{Hom}_{A/\mathfrak{p}}(\mathfrak{p}^n/\mathfrak{p}^{n+1}, \kappa(\mathfrak{p}))$, donc aussi dans I_{n+1}/I_n, ce qui achève de prouver a).

Soit $s \in A - \mathfrak{p}$. Comme l'homothétie $s_{A/\mathfrak{p}}$ est injective, la trace de $\mathrm{Ker}\, s_I$ sur $A/\mathfrak{p}$ est nulle, ce qui entraîne que l'homothétie s_I est injective. Alors $s\mathrm{I}$ est un sous-module facteur direct de I (A, X, p. 19, cor. 4), donc égal à I puisque I est indécomposable (n° 1, prop. 1), de sorte que l'homothétie s_I est bijective. Il existe donc une unique structure de $A_\mathfrak{p}$-module sur I induisant sa structure de A-module ; elle s'étend de manière unique en une structure de $\widehat{A_\mathfrak{p}}$-module (lemme 2).

Pour chaque entier n, on déduit de l'homomorphisme d'anneaux canonique $A_\mathfrak{p} \longrightarrow \mathrm{End}_A(I)$ une application A-linéaire $\alpha_n : A_\mathfrak{p}/\mathfrak{p}^n A_\mathfrak{p} \longrightarrow \mathrm{Hom}_A(I_n, I)$. Considérons le diagramme commutatif à lignes exactes

$$\begin{array}{ccccccccc} 0 & \to & \mathfrak{p}^n A_\mathfrak{p}/\mathfrak{p}^{n+1}A_\mathfrak{p} & \longrightarrow & A_\mathfrak{p}/\mathfrak{p}^{n+1}A_\mathfrak{p} & \longrightarrow & A_\mathfrak{p}/\mathfrak{p}^n A_\mathfrak{p} & \to & 0 \\ & & \downarrow{\scriptstyle \alpha'_{n+1}} & & \downarrow{\scriptstyle \alpha_{n+1}} & & \downarrow{\scriptstyle \alpha_n} & & \\ 0 & \to & \mathrm{Hom}_A(I_{n+1}/I_n, I_1) & \longrightarrow & \mathrm{Hom}_A(I_{n+1}, I) & \longrightarrow & \mathrm{Hom}_A(I_n, I) & \to & 0 \end{array}$$

où α'_{n+1} est l'homomorphisme induit par α_{n+1}. Considérons l'application $\kappa(\mathfrak{p})$-bilinéaire canonique

$$\alpha_{n,-n} : \mathfrak{p}^n A_\mathfrak{p}/\mathfrak{p}^{n+1}A_\mathfrak{p} \times I_{n+1}/I_n \longrightarrow I_1$$

(formule (1)). L'application linéaire $I_{n+1}/I_n \longrightarrow \mathrm{Hom}_{\kappa(\mathfrak{p})}(\mathfrak{p}^n A_\mathfrak{p}/\mathfrak{p}^{n+1}A_\mathfrak{p}, I_1)$ qui lui est associée à gauche s'identifie à $\beta_{I,-n}$, et celle qui lui est associée à droite est α'_{n+1}. Comme $\beta_{I,-n}$ est bijective d'après a), il en est de même de α'_{n+1} ; on déduit alors du diagramme ci-dessus, par récurrence sur n, que α_n est un isomorphisme pour tout n. Comme I est réunion des I_n, l'application canonique $\mathrm{End}_A(I) \to \varprojlim \mathrm{Hom}_A(I_n, I)$ est bijective ; l'homomorphisme d'anneaux $\widehat{A_\mathfrak{p}} \to \mathrm{End}_A(I)$, qui s'identifie à la limite projective des applications α_n, est donc bijectif.

Remarque.— Il résulte de la démonstration précédente que l'annulateur de I_n dans $\widehat{A_\mathfrak{p}}$ (resp. dans $A_\mathfrak{p}$) est $\mathfrak{p}^n\widehat{A_\mathfrak{p}}$ (resp. $\mathfrak{p}^n A_\mathfrak{p}$). Par suite l'annulateur du A-module I_n est l'image réciproque dans A de l'idéal $\mathfrak{p}^n A_\mathfrak{p}$, que l'on note parfois $\mathfrak{p}^{(n)}$ et que l'on appelle la *puissance symbolique n-ième* de l'idéal premier $\mathfrak{p}$.

COROLLAIRE.— *Soit* J *un* A*-module injectif tel que* $\mathrm{Ass}_A(J) = \{\mathfrak{p}\}$.

a) *L'application canonique* $J \to A_{\mathfrak{p}} \otimes_A J$ *est bijective.*

b) *Notons* E *le* $A/\mathfrak{p}$*-module* $\mathrm{Hom}_A(A/\mathfrak{p}, J)$. *Il existe sur* E *une unique structure de* $\kappa(\mathfrak{p})$*-espace vectoriel prolongeant sa structure de* $A/\mathfrak{p}$*-module ; le* A*-module* J *est isomorphe à* $I^{([E:\kappa(\mathfrak{p})])}$.

En effet, J est isomorphe à un A-module $I^{(\mathfrak{c})}$, où $\mathfrak{c}$ est un cardinal convenable (n° 1, th. 1). Le corollaire résulte de la proposition lorsque $J = I$ et le cas général s'en déduit aussitôt.

3. Dualité de Matlis

Dans ce numéro, on suppose que l'anneau A *est local noethérien.*

DÉFINITION.— *On dit qu'un* A*-module* I *est un* A*-module de Matlis s'il est injectif, que* $\mathfrak{m}_A$ *est son unique idéal premier associé et que le* κ_A*-espace vectoriel* $\mathrm{Hom}_A(\kappa_A, I)$ *est de dimension* 1.

Soit $e : \kappa_A \to I$ une enveloppe injective de κ_A (A, X, p. 20, th. 2). Le A-module I est un module de Matlis, et tout A-module de Matlis est isomorphe à I (n° 2, cor. de la prop. 3). Si A est un anneau de valuation discrète, de corps des fractions K, le A-module K/A est un module de Matlis (n° 1, exemple). Si A est un anneau local artinien, le A-module A est un module de Matlis si et seulement si A est un anneau de Gorenstein (§ 3, n° 7, lemme 1).

Soit I un A-module de Matlis. Pour tout entier $n \geqslant 0$, notons I_n le sous-A-module de I formé des éléments annulés par $\mathfrak{m}_A^n$. D'après la prop. 2 du n° 2, le A-module I est réunion des I_n, le A-module I_1 est de longueur 1 (c'est-à-dire isomorphe à κ_A) et le A-module I est une enveloppe injective de I_1 ; en outre, l'homomorphisme canonique de gr(A)-modules gradués

$$\beta : \mathrm{gr}^{\mathfrak{m}_A}(I) \longrightarrow \mathrm{Homgr}_{\kappa_A}(\mathrm{gr}(A), I_1) \tag{3}$$

est un isomorphisme. D'après la prop. 3 du n° 2, la structure de A-module de I s'étend en une unique structure de $\widehat{A}$-module, et l'homomorphisme canonique $\widehat{A} \to \mathrm{End}_A(I)$ est bijectif.

Lemme 3.— *Soit* I *un* A*-module de Matlis. Alors :*

a) I *est un* $\widehat{A}$*-module de Matlis* ;

b) *le* A*-module* I *est artinien et cogénérateur* (A, X, p. 18, déf. 3).

Puisque le A-module I est injectif, le $A/\mathfrak{m}_A^n$-module I_n est injectif pour chaque n (n° 2, lemme 1, a)). Comme I_n est l'ensemble des éléments de I annulés par $\mathfrak{m}_{\widehat{A}}^n$, le $\widehat{A}$-module I est injectif (lemme 1, b)). Il est indécomposable sur $\widehat{A}$ puisqu'il l'est sur A ; comme il contient le sous-$\widehat{A}$-module I_1 isomorphe à κ_A, on a $\mathfrak{m}_{\widehat{A}} \in \mathrm{Ass}_{\widehat{A}}(I)$, donc $\mathrm{Ass}_{\widehat{A}}(I) = \{\mathfrak{m}_{\widehat{A}}\}$ (prop. 1), d'où a).

Prouvons maintenant que I est artinien. A tout sous-A-module M de I, associons l'idéal gradué $\mathfrak{a}_M$ de gr(A) défini de la façon suivante : un élément de $\mathrm{gr}(A)_n$

appartient à $(\mathfrak{a}_M)_n$ s'il est annulé par toutes les formes linéaires $\beta(x)$, où x parcourt $((M \cap I_{n+1}) + I_n)/I_n$. Soient M et N des sous-modules de I tels que $N \subset M$; on a $\mathfrak{a}_M \subset \mathfrak{a}_N$. Supposons $\mathfrak{a}_M = \mathfrak{a}_N$; on a $(M \cap I_{n+1}) + I_n = (N \cap I_{n+1}) + I_n$ pour tout n puisque β est un isomorphisme. Par récurrence sur n on en déduit $M \cap I_{n+1} = N \cap I_{n+1}$ pour tout n, d'où finalement $M = N$.

Cela étant, soit $M_0 \supset M_1 \supset \ldots \supset M_n \supset \ldots$ une suite décroissante de sous-A-modules de I ; la suite croissante $\mathfrak{a}_{M_0} \subset \mathfrak{a}_{M_1} \subset \ldots$ est stationnaire, puisque gr(A) est une κ_A-algèbre de type fini. La suite $(M_i)_{i \geqslant 0}$ est donc stationnaire, ce qui entraîne que le A-module I est artinien. Enfin, le A-module I est cogénérateur en vertu de A, X, p. 18, prop. 12.

Soit M un A-module. Rappelons (A, VIII, § 4, n° 6) que le *socle* de M est la somme des sous-modules simples de M, c'est-à-dire l'ensemble des éléments de M annulés par $\mathfrak{m}_A$; c'est un κ_A-espace vectoriel, canoniquement isomorphe à $\mathrm{Hom}_A(\kappa_A, M)$.

Lemme 4.— Soient I *un* A*-module de Matlis et* M *un* A*-module. Les conditions suivantes sont équivalentes :*

(i) M *est artinien ;*

(ii) *tout élément de* M *est annulé par une puissance de* $\mathfrak{m}_A$*, et le socle de* M *est de dimension finie sur* κ_A *;*

(iii) *il existe un entier* $n \geqslant 0$ *et une application* A*-linéaire injective de* M *dans* I^n.

Lorsque ces conditions sont satisfaites, toute enveloppe injective de M *est isomorphe à* I^s*, où* s *est la dimension sur* κ_A *du socle de* M.

(iii) ⇒ (i) : c'est clair puisque le A-module I est artinien (lemme 3).

(i) ⇒ (ii) : supposons M artinien. Soit $x \in M$; la suite décroissante des sous-modules $\mathfrak{m}_A^n x$ de M est stationnaire. Soit n un entier tel que $\mathfrak{m}_A^{n+1}x = \mathfrak{m}_A^n x$; le lemme de Nakayama entraîne $\mathfrak{m}_A^n x = 0$. Par ailleurs, le socle de M est artinien en tant que A-module, donc aussi en tant que κ_A-espace vectoriel, ce qui signifie qu'il est de dimension finie.

(ii) ⇒ (iii) : supposons la condition (ii) vérifiée ; soit $e : M \to J$ une enveloppe injective de M. On a $\mathrm{Ass}(M) \subset \{\mathfrak{m}_A\}$, donc $\mathrm{Ass}(J) \subset \{\mathfrak{m}_A\}$ (n° 1, remarque 2), et J est isomorphe à $I^{(\mathfrak{c})}$ pour un cardinal $\mathfrak{c}$ (n° 1, th. 1). Soit x un élément non nul de J annulé par $\mathfrak{m}_A$; comme le A-module Ax est simple et que son intersection avec $e(M)$ n'est pas réduite à 0, x appartient à $e(M)$. Ainsi e induit un isomorphisme du socle de M sur celui de J ; par suite le socle de M est de dimension $\mathfrak{c}$, ce qui prouve (iii) ainsi que la dernière assertion.

Lemme 5.— Tout $\widehat{A}$*-module artinien est artinien en tant que* A*-module.*

Soit M un $\widehat{A}$-module artinien ; tout élément de M est annulé par une puissance de $\mathfrak{m}_{\widehat{A}}$, donc par une puissance de $\mathfrak{m}_A$. D'après le lemme 2 du n° 2, les sous-A-modules de M sont ses sous-$\widehat{A}$-modules, donc M est artinien en tant que A-module.

Fixons maintenant un A*-module de Matlis* I. Pour tout A-module M, notons $D_A(M)$ le $\widehat{A}$-module

$$D_A(M) = \mathrm{Hom}_A(M, I) .$$

Le $\widehat{A}$-module $D_A(A)$ s'identifie canoniquement à I, le $\widehat{A}$-module $D_A(I)$ à $\widehat{A}$ (n° 2, prop. 3), et le $\widehat{A}$-module $D_A(\kappa_A)$ à I_1 (*loc. cit.*).

Pour toute application A-linéaire $f : M \to N$, nous noterons

$$D_A(f) : D_A(N) \to D_A(M)$$

l'application $\widehat{A}$-linéaire $\mathrm{Hom}_A(f, 1_I)$. Puisque le A-module I est injectif, la suite $(D_A(g), D_A(f))$ est exacte pour toute suite exacte (f, g) d'applications A-linéaires.

Nous appliquerons ces définitions à l'anneau $\widehat{A}$ muni du module de Matlis I (lemme 3, a)) ; pour tout $\widehat{A}$-module P, $D_{\widehat{A}}(P)$ est donc le sous-$\widehat{A}$-module $\mathrm{Hom}_{\widehat{A}}(P, I)$ de $D_A(P)$. Il revient au même de dire que P est artinien comme A-module ou comme $\widehat{A}$-module (lemme 5) ; si c'est le cas on a $D_{\widehat{A}}(P) = D_A(P)$ (*loc. cit.*).

Soit M un A-module. Pour $m \in M$, l'application $f \mapsto f(m)$ de $D_A(M)$ dans I est $\widehat{A}$-linéaire ; notons-la $\alpha_M(m)$. On définit ainsi un homomorphisme A-linéaire

$$\alpha_M : M \longrightarrow D_{\widehat{A}}(D_A(M)) .$$

On note $\widehat{\alpha}_M : \widehat{A} \otimes_A M \longrightarrow D_{\widehat{A}}(D_A(M))$ l'application $\widehat{A}$-linéaire déduite de α_M.

THÉORÈME 2.— *Soit* M *un* A*-module.*

a) *Pour que* M *soit artinien, il faut et il suffit que le* $\widehat{A}$*-module* $D_A(M)$ *soit de type fini. Lorsque c'est le cas, l'homomorphisme* α_M *est bijectif.*

b) *Pour que* M *soit de type fini, il faut et il suffit que* $D_A(M)$ *soit artinien (comme* A*-module ou comme* $\widehat{A}$*-module). Dans ce cas l'homomorphisme* $\widehat{\alpha}_M$ *est un isomorphisme.*

c) *Pour que* M *soit de longueur finie, il faut et il suffit que* $D_A(M)$ *soit de longueur finie (comme* A*-module ou comme* $\widehat{A}$*-module). Dans ce cas* α_M *est un isomorphisme de* M *sur* $D_A(D_A(M))$*, et l'on a* $\mathrm{long}_A(D_A(M)) = \mathrm{long}_A(M)$.

Prouvons d'abord que l'homomorphisme α_M est injectif pour tout A-module M. Soit m un élément non nul de M ; son annulateur est contenu dans $\mathfrak{m}_A$. Il existe donc un A-homomorphisme surjectif de Am sur κ_A, et par suite un homomorphisme non nul de Am dans I. Comme I est injectif, celui-ci se prolonge en un homomorphisme $f : M \to I$ tel que $f(m) \neq 0$. Cela prouve l'injectivité de α_M.

Supposons le A-module M artinien. D'après le lemme 4, il existe un entier r et une application A-linéaire injective $f : M \to I^r$. L'homomorphisme $D_A(f) : D_A(I^r) \longrightarrow D_A(M)$ est alors surjectif ; comme $D_A(I^r)$ s'identifie à $\widehat{A}^r$, cela prouve que le $\widehat{A}$-module $D_A(M)$ est de type fini. De manière analogue, si M est de type fini, il existe un entier n et un homomorphisme surjectif $u : A^n \to M$; l'homomorphisme $D_A(u) : D_A(M) \to I^n$ est injectif, de sorte que $D_A(M)$ est artinien (comme A-module ou comme $\widehat{A}$-module).

Supposons maintenant que le $\widehat{A}$-module $D_A(M)$ soit artinien ; il en est de même du $\widehat{A}$-module $D_{\widehat{A}}(\widehat{A} \otimes_A M)$ qui lui est canoniquement isomorphe. D'après ce qui précède, le $\widehat{A}$-module $D_{\widehat{A}}(D_{\widehat{A}}(\widehat{A} \otimes_A M))$ est de type fini, et il en est de même de $\widehat{A} \otimes_A M$ qui est isomorphe à un sous-module de $D_{\widehat{A}}(D_{\widehat{A}}(\widehat{A} \otimes_A M))$. Par suite M est un A-module de type fini (I, § 3, n° 6, prop. 11 et III, § 3, n° 5, prop. 9). De même si $D_A(M)$ est un $\widehat{A}$-module de type fini, $D_{\widehat{A}}(D_A(M))$ est un $\widehat{A}$-module artinien d'après ce qui précède, donc un A-module artinien (lemme 5), et il en est de même de M. Enfin les modules de longueur finie sont les modules artiniens de type fini (A, VIII, § 1, n° 1, prop. 1), donc $D_A(M)$ est de longueur finie si et seulement si M est de longueur finie.

Supposons M artinien. Il existe un entier r et une application A-linéaire injective $f : M \to I^r$; puisque I est artinien (lemme 3), le A-module Coker(f) l'est aussi, et on peut trouver un entier s et une suite exacte de A-modules

$$0 \to M \xrightarrow{f} I^r \xrightarrow{g} I^s .$$

On en déduit un diagramme commutatif à lignes exactes

$$\begin{array}{ccccccc} 0 \longrightarrow & M & \xrightarrow{\quad f \quad} & I^r & \xrightarrow{\quad g \quad} & I^s & \\ & \Big\downarrow{\scriptstyle \alpha_M} & & \Big\downarrow{\scriptstyle \alpha_{I^r}} & & \Big\downarrow{\scriptstyle \alpha_{I^s}} & \\ 0 \to & D_{\widehat{A}}(D_A(M)) & \xrightarrow{D_{\widehat{A}}(D_A(f))} & D_{\widehat{A}}(D_A(I^r)) & \xrightarrow{D_{\widehat{A}}(D_A(g))} & D_{\widehat{A}}(D_A(I^s)) & . \end{array}$$

Le $\widehat{A}$-module $D_{\widehat{A}}(D_A(I))$ s'identifie à I et α_I à l'application identique ; par suite α_{I^r} et α_{I^s} sont bijectifs, et il en est de même de α_M (A, X, p. 7, cor. 3).

Si le A-module M est de type fini, il existe des entiers m et n et une suite exacte de A-modules

$$A^m \longrightarrow A^n \longrightarrow M \to 0 ;$$

on en déduit un diagramme commutatif à lignes exactes

$$\begin{array}{ccccccc} \widehat{A}^m & \longrightarrow & \widehat{A}^n & \longrightarrow & \widehat{A} \otimes_A M & \longrightarrow 0 & \\ \Big\downarrow{\scriptstyle \widehat{\alpha}_{A^m}} & & \Big\downarrow{\scriptstyle \widehat{\alpha}_{A^n}} & & \Big\downarrow{\scriptstyle \widehat{\alpha}_M} & & \\ \widehat{A}^m & \longrightarrow & \widehat{A}^n & \longrightarrow & D_A(D_A(M)) & \to 0 & . \end{array}$$

Comme $\widehat{\alpha}_A$ est égal à $1_{\widehat{A}}$, il en résulte que $\widehat{\alpha}_M$ est un isomorphisme.

Il reste à prouver l'égalité $\mathrm{long}_A(M) = \mathrm{long}_A(D_A(M))$ lorsque M est de longueur finie. On peut supposer $M \neq 0$; il existe alors une suite exacte

$$0 \to \kappa_A \longrightarrow M \longrightarrow N \to 0 ,$$

d'où l'on déduit une suite exacte

$$0 \to D_A(N) \longrightarrow D_A(M) \longrightarrow D_A(\kappa_A) \to 0 .$$

On a $\mathrm{long}_A(M) = \mathrm{long}_A(N) + 1$ et

$$\mathrm{long}_A(D_A(M)) = \mathrm{long}_A(D_A(N)) + \mathrm{long}_A(D_A(\kappa_A)) = \mathrm{long}_A(D_A(N)) + 1 ;$$

on conclut par récurrence sur l'entier $\mathrm{long}_A(M)$.

Remarque.— Supposons l'anneau A artinien. On a $\mathrm{long}_A(I) = \mathrm{long}_A(D_A(A)) = \mathrm{long}(A)$ (th. 2, c)). Soit M un A-module de type fini ; il admet une enveloppe injective isomorphe à I^s, où s est la dimension du socle de M (lemme 4). Par suite on a $\mathrm{long}_A(M) \leqslant s\,\mathrm{long}(A)$; pour qu'il y ait égalité, il faut et il suffit que M soit injectif. En particulier, pour que le A-module A soit injectif, il faut et il suffit que son socle soit de dimension 1 ; on retrouve ainsi le lemme 1 du § 3, n° 7.

4. Dualité des modules de longueur finie

Soit A un anneau noethérien ; notons Ω l'ensemble de ses idéaux maximaux. Généralisant la définition donnée dans le numéro précédent, nous dirons qu'un A-module J est un A-module de Matlis s'il est injectif, que ses idéaux premiers associés sont les idéaux maximaux de A, et que pour tout idéal maximal $\mathfrak{m}$ de A le $A/\mathfrak{m}$-espace vectoriel $\mathrm{Hom}_A(A/\mathfrak{m}, J)$ est de dimension 1. Pour tout $\mathfrak{m} \in \Omega$, choisissons une enveloppe injective $\kappa(\mathfrak{m}) \to I(\mathfrak{m})$ du A-module $\kappa(\mathfrak{m})$; le A-module $\bigoplus_{\mathfrak{m}\in\Omega} I(\mathfrak{m})$ est un module de Matlis, et tout A-module de Matlis lui est isomorphe (n° 1, th. 1).

Rappelons (VIII, § 1, n° 5) qu'on note $Z_0(A)$ le $\mathbf{Z}$-module $\mathbf{Z}^{(\Omega)}$ et $\varepsilon : Z_0(A) \to \mathbf{Z}$ la forme linéaire qui applique chaque élément de la base Ω sur 1. Si M est un A-module de longueur finie, le $A_\mathfrak{m}$-module $M_\mathfrak{m}$ est de longueur finie pour tout $\mathfrak{m} \in \Omega$, et nul sauf pour un nombre fini d'idéaux $\mathfrak{m} \in \Omega$. On pose

$$z_0(M) = \sum_{\mathfrak{m}\in\Omega} \mathrm{long}_{A_\mathfrak{m}}(M_\mathfrak{m})\,[\mathfrak{m}] \quad \text{dans} \quad Z_0(A) \ ;$$

on a $\mathrm{long}_A(M) = \varepsilon(z_0(M))$ (*loc. cit.*, exemple 3). Inversement, un A-module N tel que $\mathrm{long}_{A_\mathfrak{m}}(N_\mathfrak{m})$ soit finie pour tout $\mathfrak{m} \in \Omega$, et nulle en dehors d'un sous-ensemble fini I de Ω, est de longueur finie : en effet N est isomorphe à un sous-module de $\bigoplus_{\mathfrak{m}\in I} N_\mathfrak{m}$ (II, § 3, n° 3, cor. 2 du th. 1), et l'on a $\mathrm{long}_{A_\mathfrak{m}}(N_\mathfrak{m}) = \mathrm{long}_A(N_\mathfrak{m})$ puisque tout $A_\mathfrak{m}$-module simple est isomorphe à $\kappa(\mathfrak{m})$, donc simple en tant que A-module.

Soit J un A-module de Matlis. Pour tout A-module M, nous noterons $D_A(M)$ ou simplement $D(M)$ le A-module $\mathrm{Hom}_A(M, J)$. Soit α_M l'homomorphisme de M dans $D(D(M))$ défini par $\alpha_M(m)(f) = f(m)$ pour $m \in M$, $f \in D(M)$.

PROPOSITION 4.— *Pour que le* A*-module* M *soit de longueur finie, il faut et il suffit que* D(M) *soit de longueur finie. On a alors* $z_0(\mathrm{D}(\mathrm{M})) = z_0(\mathrm{M})$, $\mathrm{long}_{\mathrm{A}}(\mathrm{M}) = \mathrm{long}_{\mathrm{A}}\,\mathrm{D}(\mathrm{M})$, $\mathrm{Ann}_{\mathrm{A}}(\mathrm{M}) = \mathrm{Ann}_{\mathrm{A}}(\mathrm{D}(\mathrm{M}))$, *et l'application* A*-linéaire* α_{M} *est bijective.*

Pour tout $\mathfrak{m} \in \Omega$, le $\mathrm{A}_{\mathfrak{m}}$-module $\mathrm{D}(\mathrm{M})_{\mathfrak{m}}$ s'identifie à $\mathrm{Hom}_{\mathrm{A}_{\mathfrak{m}}}(\mathrm{M}_{\mathfrak{m}}, \mathrm{J}_{\mathfrak{m}})$ (II, § 2, n° 7, prop. 19) ; la première assertion de la proposition résulte alors du th. 2, c) et de la caractérisation des modules de longueur finie donnée ci-dessus. Supposons désormais M de longueur finie ; on a $\mathrm{long}_{\mathrm{A}_{\mathfrak{m}}}(\mathrm{D}(\mathrm{M})_{\mathfrak{m}}) = \mathrm{long}_{\mathrm{A}_{\mathfrak{m}}}(\mathrm{M}_{\mathfrak{m}})$ pour tout $\mathfrak{m} \in \Omega$ (*loc. cit.*), d'où $z_0(\mathrm{D}(\mathrm{M})) = z_0(\mathrm{M})$ et $\mathrm{long}_{\mathrm{A}}(\mathrm{D}(\mathrm{M})) = \mathrm{long}_{\mathrm{A}}(\mathrm{M})$. De plus l'application $(\alpha_{\mathrm{M}})_{\mathfrak{m}} : \mathrm{M}_{\mathfrak{m}} \to \mathrm{D}(\mathrm{D}(\mathrm{M}))_{\mathfrak{m}}$ s'identifie à l'homomorphisme canonique $\alpha_{\mathrm{M}_{\mathfrak{m}}}$, qui est bijectif (*loc. cit.*) ; par suite α_{M} est bijectif.

Pour tout $a \in \mathrm{A}$ on a $\mathrm{D}(a_{\mathrm{M}}) = a_{\mathrm{D}(\mathrm{M})}$ et par suite $\mathrm{Ann}_{\mathrm{A}}(\mathrm{M}) \subset \mathrm{Ann}_{\mathrm{A}}(\mathrm{D}(\mathrm{M}))$. Appliquant cela au A-module D(M) on en déduit l'inclusion opposée, d'où l'égalité $\mathrm{Ann}_{\mathrm{A}}(\mathrm{M}) = \mathrm{Ann}_{\mathrm{A}}(\mathrm{D}(\mathrm{M}))$.

Exemple.— Soient A un anneau principal, K son corps des fractions. *Le* A*-module* K/A *est un module de Matlis* : en effet l'application canonique de K/A dans $\prod_{\mathfrak{m}\in\Omega} \mathrm{K}/\mathrm{A}_{\mathfrak{m}}$ induit un isomorphisme de K/A dans $\bigoplus_{\mathfrak{m}\in\Omega} \mathrm{K}/\mathrm{A}_{\mathfrak{m}}$ (A, VII, p. 10, th. 2) ; l'assertion résulte alors du n° 1, exemple 1. Nous avons d'ailleurs déjà démontré en A, VII, § 4, n° 9 que l'application α_{M} est bijective pour tout A-module M de longueur finie lorsque l'anneau A est principal.

5. Foncteurs dualisants

Dans ce numéro, on fixe un anneau local noethérien A. On suppose donnés

a) pour tout A-module M de longueur finie, un A-module T(M) ;

b) pour toute application A-linéaire $f : \mathrm{M} \to \mathrm{N}$ entre A-modules de longueur finie, une application A-linéaire $\mathrm{T}(f) : \mathrm{T}(\mathrm{N}) \to \mathrm{T}(\mathrm{M})$,

de façon que les conditions suivantes soient satisfaites :

FD 1) Les applications $f \mapsto \mathrm{T}(f)$ sont A-linéaires.

FD 2) Pour tout A-module de longueur finie M, on a $\mathrm{T}(1_{\mathrm{M}}) = 1_{\mathrm{T}(\mathrm{M})}$.

FD 3) Pour tout diagramme $\mathrm{M} \xrightarrow{f} \mathrm{N} \xrightarrow{g} \mathrm{P}$ de A-modules de longueur finie et d'applications A-linéaires, on a $\mathrm{T}(g \circ f) = \mathrm{T}(f) \circ \mathrm{T}(g)$.

FD 4) Pour toute suite exacte $\mathrm{M}' \xrightarrow{u} \mathrm{M} \xrightarrow{v} \mathrm{M}''$ de A-modules de longueur finie, la suite $\mathrm{T}(\mathrm{M}'') \xrightarrow{\mathrm{T}(v)} \mathrm{T}(\mathrm{M}) \xrightarrow{\mathrm{T}(u)} \mathrm{T}(\mathrm{M}')$ est exacte.

FD 5) Le A-module $\mathrm{T}(\kappa_{\mathrm{A}})$ est de longueur 1.

De FD 1) et FD 2), on tire $\mathrm{T}(a_{\mathrm{M}}) = a\mathrm{T}(1_{\mathrm{M}}) = a1_{\mathrm{T}(\mathrm{M})} = a_{\mathrm{T}(\mathrm{M})}$ pour tout $a \in \mathrm{A}$. Prenant $\mathrm{M} = \{0\}$, on obtient $0_{\mathrm{T}(\mathrm{M})} = 1_{\mathrm{T}(\mathrm{M})}$, donc $\mathrm{T}(\{0\}) = \{0\}$. Il résulte de là et de FD 4) que pour toute application linéaire injective (resp. surjective) entre A-modules de longueur finie, l'application $\mathrm{T}(f)$ est surjective (resp. injective).

Soit M un A-module de longueur finie. Alors T(M) est de longueur finie et l'on a $\mathrm{long}_{\mathrm{A}}(\mathrm{T(M)}) = \mathrm{long}_{\mathrm{A}}(\mathrm{M})$: cela résulte en effet de FD 4) et FD 5) et du fait que tout module de longueur finie admet une suite de composition dont les quotients sont isomorphes à κ_{A}.

Soient M un A-module de longueur finie, et $(e_\lambda)_{\lambda \in \mathrm{L}}$ une famille orthogonale de projecteurs de M ; d'après FD 3), $(\mathrm{T}(e_\lambda))_{\lambda\in\mathrm{L}}$ est une famille orthogonale de projecteurs de T(M). Par suite, si M est somme directe d'une famille de sous-modules $(\mathrm{M}_\lambda)_{\lambda\in\mathrm{L}}$, et si p_λ désigne la projection de M sur M_λ, l'homomorphisme $\sum_{\lambda\in\mathrm{L}} \mathrm{T}(p_\lambda) : \bigoplus_{\lambda\in\mathrm{L}} \mathrm{T}(\mathrm{M}_\lambda) \longrightarrow \mathrm{T(M)}$ est un isomorphisme.

Exemples.— 1) Soit J un A-module de Matlis. Posons $\mathrm{T(M)} = \mathrm{Hom}_{\mathrm{A}}(\mathrm{M}, \mathrm{J})$ pour tout A-module M de longueur finie et $\mathrm{T}(f) = \mathrm{Hom}_{\mathrm{A}}(f, 1_{\mathrm{J}})$ pour toute application A-linéaire f entre A-modules de longueur finie. Alors les conditions FD 1) à FD 5) sont satisfaites. Nous allons voir ci-dessous (th. 3) que toute construction satisfaisant les conditions FD 1) à FD 5) est obtenue de cette façon.

2) Soient C un complexe injectif de A-modules et d un entier tels que $\mathrm{H}^i(\mathrm{Homgr}_{\mathrm{A}}(\kappa_{\mathrm{A}}, \mathrm{C}))$ soit nul pour $i \neq d$ et soit de longueur 1 pour $i = d$. Pour tout A-module M de longueur finie, on a $\mathrm{H}^i(\mathrm{Homgr}_{\mathrm{A}}(\mathrm{M}, \mathrm{C})) = 0$ pour $i \neq d$: raisonnons en effet par récurrence sur la longueur de M, supposée > 0 ; il existe une suite exacte de A-modules $0 \to \kappa_{\mathrm{A}} \to \mathrm{M} \to \mathrm{N} \to 0$, qui donne naissance à une suite exacte de complexes

$$0 \to \mathrm{Homgr}_{\mathrm{A}}(\mathrm{N}, \mathrm{C}) \longrightarrow \mathrm{Homgr}_{\mathrm{A}}(\mathrm{M}, \mathrm{C}) \longrightarrow \mathrm{Homgr}_{\mathrm{A}}(\kappa_{\mathrm{A}}, \mathrm{C}) \longrightarrow 0$$

et la conclusion résulte de l'hypothèse de récurrence appliquée à N.

Posons $\mathrm{T(M)} = \mathrm{H}^d(\mathrm{Homgr}_{\mathrm{A}}(\mathrm{M}, \mathrm{C}))$ pour tout A-module M de longueur finie, et $\mathrm{T}(f) = \mathrm{H}^d(\mathrm{Homgr}_{\mathrm{A}}(f, 1_{\mathrm{C}}))$ pour toute application A-linéaire f entre A-modules de longueur finie ; les conditions FD 1) à FD 5) sont satisfaites.

3) Soient Ω un A-module et d un entier $\geqslant 0$ tels que $\mathrm{Ext}^i_{\mathrm{A}}(\kappa_{\mathrm{A}}, \Omega)$ soit nul pour $i \neq d$ et soit de longueur 1 pour $i = d$. Posons $\mathrm{T(M)} = \mathrm{Ext}^d_{\mathrm{A}}(\mathrm{M}, \Omega)$ pour tout A-module de longueur finie M et $\mathrm{T}(f) = \mathrm{Ext}^d_{\mathrm{A}}(f, 1_\Omega)$ pour toute application A-linéaire f entre A-modules de longueur finie. On a alors $\mathrm{Ext}^i_{\mathrm{A}}(\mathrm{M}, \Omega) = 0$ pour tout A-module de longueur finie M et tout $i \neq d$, et les conditions FD 1) à FD 5) sont satisfaites : il suffit en effet d'appliquer l'exemple précédent au cas où C est la résolution injective canonique de Ω.

4) Si A est un anneau de Gorenstein, par exemple un anneau régulier, on peut appliquer l'exemple 3 en prenant $\Omega = \mathrm{A}$ et $d = \dim(\mathrm{A})$ (§ 3, n° 7, prop. 11).

Pour tout entier $n \geqslant 0$, posons $\mathrm{I}_n = \mathrm{T}(\mathrm{A}/\mathfrak{m}^n_{\mathrm{A}})$. Pour $m \geqslant n$, notons $p_{mn} : \mathrm{A}/\mathfrak{m}^m_{\mathrm{A}} \longrightarrow \mathrm{A}/\mathfrak{m}^n_{\mathrm{A}}$ la surjection canonique et $i_{mn} : \mathrm{T}(\mathrm{A}/\mathfrak{m}^n_{\mathrm{A}}) \longrightarrow \mathrm{T}(\mathrm{A}/\mathfrak{m}^m_{\mathrm{A}})$ l'application A-linéaire $\mathrm{T}(p_{mn})$. Elle est injective par FD 4) et l'on a $i_{mn} \circ i_{np} = i_{mp}$ pour $m \geqslant n \geqslant p$ par FD 3). Soit $\mathrm{I} = \varinjlim \mathrm{T}(\mathrm{A}/\mathfrak{m}^n_{\mathrm{A}})$ le A-module limite inductive du système $((\mathrm{I}_n), (i_{mn}))$. Pour $n \geqslant 0$, l'application canonique $\mathrm{I}_n \to \mathrm{I}$ est injective ; nous identifierons I_n à son image dans I, de sorte que I est la réunion croissante des I_n.

Soient M un A-module de longueur finie, et n un entier $\geqslant 0$ tel que $\mathfrak{m}_A^n M = 0$. Pour $x \in M$, notons $\varphi_{M,x}^n$ l'application A-linéaire de $A/\mathfrak{m}_A^n$ dans M qui applique la classe de 1 sur x. L'application $T(\varphi_{M,x}^n) : T(M) \to I_n$ est A-linéaire, et l'on a $T(\varphi_{M,ax}^n) = aT(\varphi_{M,x}^n)$ pour $a \in A$ par FD 1). Par suite l'application $(x, u) \mapsto T(\varphi_{M,x}^n)(u)$ de $M \times T(M)$ dans I est A-bilinéaire. Elle ne dépend pas du choix de l'entier n : en effet, pour tout entier $q \geqslant n$ et tout élément x de M, on a $\varphi_{M,x}^q = \varphi_{M,x}^n \circ p_{qn}$, d'où par FD 3) $T(\varphi_{M,x}^q) = i_{qn} \circ T(\varphi_{M,x}^n)$. On en déduit une application A-linéaire

$$\theta_M : T(M) \longrightarrow \mathrm{Hom}_A(M, I)$$

satisfaisant à $\theta_M(u)(x) = T(\varphi_{M,x})(u)$ pour $u \in T(M)$, $x \in M$.

THÉORÈME 3.— a) *Le A-module I est un module de Matlis. Pour tout entier $m \geqslant 0$, I_m est le sous-module de I formé des éléments annulés par $\mathfrak{m}_A^m$.*

b) *Pour tout A-module M de longueur finie, l'application A-linéaire θ_M : $T(M) \longrightarrow \mathrm{Hom}_A(M, I)$ est bijective.*

c) *Pour toute application A-linéaire $f : M \to N$ entre A-modules de longueur finie, on a $\theta_M \circ T(f) = \mathrm{Hom}_A(f, 1_I) \circ \theta_N$.*

Prouvons c). Soient n un entier et M, N des A-modules de longueur finie annulés par $\mathfrak{m}_A^n$. Soit $f : M \to N$ une application A-linéaire. Pour u dans T(N) et x dans M, on a d'après FD 3)

$$\begin{aligned}\theta_M(T(f)(u))(x) &= T(\varphi_{M,x}^n)\big(T(f)(u)\big) = T(f \circ \varphi_{M,x}^n)(u) \\ &= T(\varphi_{N,f(x)}^n)(u) = \theta_N(u)(f(x)) = (\theta_N(u) \circ f)(x) .\end{aligned}$$

Cela prouve c).

Prouvons b). Considérons d'abord le cas particulier $M = A/\mathfrak{m}_A^n$. Alors T(M) est égal par définition à I_n. Si a est un élément de A, de classe $\bar{a}$ dans M, on a $\varphi_{M,\bar{a}}^n = a1_M$, d'où $T(\varphi_{M,\bar{a}}^n) = a1_{I_n}$; ainsi $\theta_M : I_n \longrightarrow \mathrm{Hom}_A(A/\mathfrak{m}_A^n, I)$ est l'isomorphisme canonique qui envoie un élément x de I_n sur l'application $\bar{a} \mapsto ax$. Cela démontre b) dans ce cas.

Supposons maintenant donnée une suite exacte

$$P \xrightarrow{u} N \xrightarrow{v} M \to 0$$

de A-modules de longueur finie annulés par $\mathfrak{m}_A^n$. Considérons le diagramme

$$\begin{array}{ccccccc} 0 \longrightarrow & T(M) & \xrightarrow{T(v)} & T(N) & \xrightarrow{T(u)} & T(P) \\ & \downarrow{\scriptstyle \theta_M} & & \downarrow{\scriptstyle \theta_N} & & \downarrow{\scriptstyle \theta_P} \\ 0 \to & \mathrm{Hom}_A(M, I) & \xrightarrow{\mathrm{Hom}(v,1)} & \mathrm{Hom}_A(N, I) & \xrightarrow{\mathrm{Hom}(u,1)} & \mathrm{Hom}_A(P, I) \end{array} \quad ;$$

il est commutatif d'après le début de la démonstration, et ses lignes sont exactes par FD 4). On en déduit que θ_{M} est bijectif si θ_{P} et θ_{N} le sont. Appliquant cela à une présentation

$$(\mathrm{A}/\mathfrak{m}_{\mathrm{A}}^{n})^{r} \longrightarrow (\mathrm{A}/\mathfrak{m}_{\mathrm{A}}^{n})^{s} \longrightarrow \mathrm{M} \to 0$$

du $\mathrm{A}/\mathfrak{m}_{\mathrm{A}}^{n}$-module M, on en déduit que θ_{M} est bijectif pour tout A-module de longueur finie annulé par $\mathfrak{m}_{\mathrm{A}}^{n}$, d'où b).

Prouvons a). Il résulte de ce qui précède appliqué au A-module $\mathrm{A}/\mathfrak{m}_{\mathrm{A}}^{n}$ que I_n est l'ensemble des éléments de I qui sont annulés par $\mathfrak{m}_{\mathrm{A}}^{n}$. Par FD 5) le A-module $\mathrm{I}_1 = \mathrm{T}(\kappa_{\mathrm{A}})$ est isomorphe à κ_{A} ; d'après la prop. 2 du n° 2, il nous suffit de prouver que, pour tout entier $n \geqslant 0$, l'application A-linéaire canonique

$$\beta : \mathrm{I}_{n+1}/\mathrm{I}_n \longrightarrow \mathrm{Hom}_{\mathrm{A}}(\mathfrak{m}_{\mathrm{A}}^{n}/\mathfrak{m}_{\mathrm{A}}^{n+1}, \mathrm{I})$$

est bijective. Or de la suite exacte

$$0 \longrightarrow \mathfrak{m}_{\mathrm{A}}^{n}/\mathfrak{m}_{\mathrm{A}}^{n+1} \xrightarrow{\quad u \quad} \mathrm{A}/\mathfrak{m}_{\mathrm{A}}^{n+1} \xrightarrow{\; p_{n+1,n} \;} \mathrm{A}/\mathfrak{m}_{\mathrm{A}}^{n} \longrightarrow 0\ ,$$

on tire une suite exacte

$$0 \longrightarrow \mathrm{I}_n \xrightarrow{\; i_{n+1,n} \;} \mathrm{I}_{n+1} \xrightarrow{\; \mathrm{T}(u) \;} \mathrm{T}(\mathfrak{m}_{\mathrm{A}}^{n}/\mathfrak{m}_{\mathrm{A}}^{n+1}) \longrightarrow 0\ .$$

Composant $\mathrm{T}(u)$ avec $\theta_{\mathfrak{m}_{\mathrm{A}}^{n}/\mathfrak{m}_{\mathrm{A}}^{n+1}}$, on obtient donc un homomorphisme surjectif

$$\gamma : \mathrm{I}_{n+1} \longrightarrow \mathrm{Hom}_{\mathrm{A}}(\mathfrak{m}_{\mathrm{A}}^{n}/\mathfrak{m}_{\mathrm{A}}^{n+1}, \mathrm{I})$$

de noyau I_n. D'après c), γ est la composée des flèches $\theta_{\mathrm{I}_{n+1}} : \mathrm{I}_{n+1} \to \mathrm{Hom}_{\mathrm{A}}(\mathrm{A}/\mathfrak{m}_{\mathrm{A}}^{n+1}, \mathrm{I})$ et $\mathrm{Hom}(u, 1) : \mathrm{Hom}_{\mathrm{A}}(\mathrm{A}/\mathfrak{m}_{\mathrm{A}}^{n+1}, \mathrm{I}) \longrightarrow \mathrm{Hom}_{\mathrm{A}}(\mathfrak{m}_{\mathrm{A}}^{n}/\mathfrak{m}_{\mathrm{A}}^{n+1}, \mathrm{I})$; comme $\theta_{\mathrm{I}_{n+1}}$ est l'application linéaire associée à la multiplication $\mathrm{A}/\mathfrak{m}_{\mathrm{A}}^{n+1} \times \mathrm{I}_{n+1} \longrightarrow \mathrm{I}$, l'isomorphisme $\mathrm{I}_{n+1}/\mathrm{I}_n \longrightarrow \mathrm{Hom}_{\mathrm{A}}(\mathfrak{m}_{\mathrm{A}}^{n}/\mathfrak{m}_{\mathrm{A}}^{n+1}, \mathrm{I})$ déduit de γ coïncide avec β, ce qui achève la démonstration.

Exemples.— 5) Reprenons les hypothèses et notations de l'exemple 1. Alors $\mathrm{T}(\mathrm{A}/\mathfrak{m}_{\mathrm{A}}^{n}) = \mathrm{Hom}_{\mathrm{A}}(\mathrm{A}/\mathfrak{m}_{\mathrm{A}}^{n}, \mathrm{J})$ s'identifie au sous-module J_n de J formé des éléments annulés par $\mathfrak{m}_{\mathrm{A}}^{n}$; par passage à la limite inductive on obtient un isomorphisme canonique de I sur J.

6) Reprenons les hypothèses et notations de l'exemple 3. On obtient que $\mathrm{I} = \varinjlim \mathrm{Ext}_{\mathrm{A}}^{d}(\mathrm{A}/\mathfrak{m}_{\mathrm{A}}^{n}, \Omega)$ est un A-module de Matlis. Pour tout A-module de longueur finie M, on dispose d'un A-isomorphisme canonique

$$\theta_{\mathrm{M}} : \mathrm{Ext}_{\mathrm{A}}^{d}(\mathrm{M}, \Omega) \longrightarrow \mathrm{Hom}_{\mathrm{A}}(\mathrm{M}, \mathrm{I})\ ;$$

de plus cet isomorphisme est $\mathrm{End}_{\mathrm{A}}(\mathrm{M})$-linéaire (th. 3, c)).

En particulier, si l'anneau A est de Gorenstein de dimension d, le A-module $\varinjlim \mathrm{Ext}_{\mathrm{A}}^{d}(\mathrm{A}/\mathfrak{m}_{\mathrm{A}}^{n}, \mathrm{A})$ est un module de Matlis.

6. Changement d'anneaux ; dualité de Macaulay

PROPOSITION 5.— *Soit* $\rho : A \to B$ *un homomorphisme local d'anneaux locaux noethériens, tel que l'extension résiduelle* $\kappa_A \to \kappa_B$ *induite par* ρ *soit de degré fini. Soit* I_A *un* A*-module de Matlis.*

a) *Notons* I_B *le sous-*B*-module de* $\mathrm{Hom}_A(B, I_A)$ *formé des* A*-homomorphismes de* B *dans* I_A *dont le noyau contient une puissance de* $\mathfrak{m}_B$. *Alors* I_B *est un* B*-module de Matlis.*

b) *Soit* M *un* B*-module. L'application canonique*

$$\alpha : \mathrm{Hom}_B(M, \mathrm{Hom}_A(B, I_A)) \longrightarrow \mathrm{Hom}_A(M, I_A)$$

définie par $\alpha(u)(m) = u(m)(1)$ *induit un* B*-isomorphisme de* $D_B(M) = \mathrm{Hom}_B(M, I_B)$ *sur le sous-*B*-module* $\mathrm{Hom}_A^{cont}(M, I_A)$ *de* $D_A(M) = \mathrm{Hom}_A(M, I_A)$ *formé des applications* $f : M \to I_A$ *telles que pour tout élément* m *de* M, *il existe un entier* $n \geqslant 0$ *tel que* $f(\mathfrak{m}_B^n m) = 0$.

La condition ci-dessus sur f signifie que f est continue lorsqu'on munit I_A de la topologie discrète et M de la topologie la plus fine qui induise sur chaque sous-module de type fini la topologie $\mathfrak{m}_B$-adique, ce qui justifie la notation. De même, la condition $g \in I_B$ signifie que g est continue lorsqu'on munit I_A de la topologie discrète et B de la topologie $\mathfrak{m}_B$-adique.

Prouvons a). Pour tout B-module de longueur finie M, notons T(M) le B-module $\mathrm{Hom}_A(M, I_A)$; pour toute application B-linéaire $f : M \to N$ entre B-modules de longueur finie, notons $T(f) : T(N) \to T(M)$ l'application B-linéaire $\mathrm{Hom}_A(f, 1_{I_A})$. La vérification des conditions FD 1) à FD 4) du n° 5 est immédiate. Par ailleurs, pour tout B-module de longueur finie N, on a $\mathrm{long}_A(N_{[A]}) = \mathrm{long}_B(N)\,[\kappa_B : \kappa_A]$; comme on a $\mathrm{long}_A(T(M)) = \mathrm{long}_A(M)$ (n° 3, th. 2), on en déduit $\mathrm{long}_B(T(M)) = \mathrm{long}_B(M)$, ce qui implique FD 5). On peut donc appliquer le théorème 3 du n° 5 ; on a

$$T(B/\mathfrak{m}_B^n) = \mathrm{Hom}_A(B/\mathfrak{m}_B^n, I_A) ,$$

de sorte que le B-module de Matlis $\varinjlim T(B/\mathfrak{m}_B^n)$ s'identifie au sous-B-module I_B de $\mathrm{Hom}_A(B, I_A)$, ce qui prouve a).

Prouvons b). L'application α est l'inverse de l'isomorphisme canonique

$$\beta : \mathrm{Hom}_A(M, I_A) \longrightarrow \mathrm{Hom}_B(M, \mathrm{Hom}_A(B, I_A))$$

qui associe à $v \in \mathrm{Hom}_A(M, I_A)$ l'application v' de M dans $\mathrm{Hom}_A(B, I_A)$ telle que $v'(m)(b) = v(bm)$ (A, II, p. 74, prop. 1). Pour que v' prenne ses valeurs dans I_B, il faut et il suffit que v appartienne à $\mathrm{Hom}_A^{cont}(M, I_A)$, d'où b).

COROLLAIRE.— a) *Si la* A*-algèbre* B *est finie, le* B*-module* $I_B = \mathrm{Hom}_A(B, I_A)$ *est un* B*-module de Matlis.*

b) *Si le* B*-module* M *est artinien, l'application* α *est un* B*-isomorphisme de* $D_B(M)$ *sur* $D_A(M)$.

Si la A-algèbre B est finie, il en est de même de la κ_A-algèbre $B/\mathfrak{m}_A B$, ce qui implique que $\mathfrak{m}_A B$ est un idéal de définition de B (VIII, § 3, n° 2, lemme 2). Comme tout élément du module de Matlis I_A est annulé par une puissance de $\mathfrak{m}_A$, tout élément de $\mathrm{Hom}_A(B, I_A)$ est annulé par une puissance de $\mathfrak{m}_B$, d'où a). L'assertion b) résulte de ce que tout élément d'un module artinien est annulé par une puissance de l'idéal maximal (n° 3, lemme 4).

La prop. 5 s'applique notamment lorsque A est un corps k, auquel cas on peut prendre $I_A = k$, donc $D_k(M) = \mathrm{Hom}_k^{cont}(M, k)$ (« dualité de Macaulay »). On notera que l'hypothèse $[\kappa_B : k] < +\infty$ est en particulier satisfaite lorsque la k-algèbre B est l'anneau local en un idéal maximal d'une k-algèbre de type fini (A, VIII, App. 3, cor. 1).

Plus particulièrement, considérons une k-algèbre de type fini S, graduée de type $\mathbf{N}$, telle que S_0 soit un corps, extension de degré fini de k. On peut appliquer la prop. 5 à l'anneau local S' de S en l'idéal maximal $S_+ = \bigoplus_{n>0} S_n$ ou, ce qui revient au même, à son complété $\widehat{S} = \prod_{n\geqslant 0} S_n$ (III, § 1, n° 3, lemme 2 et § 2, n° 12, exemple 1). Le S-module $I_{\widehat{S}} = \mathrm{Hom}_k^{cont}(\widehat{S}, k)$ s'identifie alors à

$$S^{*gr} = \bigoplus_{n\geqslant 0} \mathrm{Hom}_k(S_n, k) \ ;$$

pour $s \in S$ et $u \in S^{*gr}$, l'élément su de S^{*gr} est le produit intérieur $s \lrcorner u$ (A, III, p. 156 et p. 157). Prenons par exemple $S = k[T_1, \ldots, T_d]$, d'où $\widehat{S} = k[[T_1, \ldots, T_d]]$. Notons $(u_\alpha)_{\alpha \in \mathbf{N}^d}$ la base du k-espace vectoriel S^{*gr} duale de la base $(\mathbf{T}^\alpha)_{\alpha\in\mathbf{N}^d}$ de S. La structure de S-module de S^{*gr} est alors décrite par les formules (A, III, p. 167)

$$\mathbf{T}^\beta u_\alpha = u_{\alpha-\beta} \qquad \text{si } \alpha \geqslant \beta\ ,$$
$$\mathbf{T}^\beta u_\alpha = 0 \qquad \text{sinon.}$$

7. Dualité des modules d'extensions et des produits de torsion

Soient A un anneau, P et J des A-modules. Pour tout complexe C de A-modules, on a construit en A, X, p. 99, prop. 12 un isomorphisme canonique de complexes

$$\mu : \mathrm{Homgr}_A(C \otimes_A P, J) \longrightarrow \mathrm{Homgr}_A(C, \mathrm{Hom}_A(P, J)) \ .$$

Soient M un A-module, et (C, p) une résolution projective de M. Considérons la suite d'homomorphismes

$$\mathrm{Ext}_A(M, \mathrm{Hom}_A(P, J)) \xrightarrow{\varphi^{-1}} H(\mathrm{Homgr}_A(C, \mathrm{Hom}_A(P, J))) \xrightarrow{H(\mu)^{-1}} H(\mathrm{Homgr}_A(C \otimes_A P, J))$$
$$\xrightarrow{u} \mathrm{Homgr}_A(H(C \otimes_A P), J) \xrightarrow{v} \mathrm{Homgr}_A(\mathrm{Tor}^A(M, P), J)\ ,$$

où φ est l'isomorphisme canonique $\varphi(C, \mathrm{Hom}_A(P, J))$ (A, X, p. 100, th. 1), u l'homomorphisme canonique $\lambda(C \otimes_A P, J)$ (A, X, p. 82), et v est déduit de l'isomorphisme canonique $\psi(C, P) : \mathrm{Tor}^A(M, P) \longrightarrow H(C \otimes_A P)$.

Soit (C', p') une autre résolution projective de M. D'après A, X, p. 49, cor. de la prop. 3, il existe un homotopisme de complexes $\alpha : C' \to C$ tel que $p \circ \alpha = p'$. Il résulte de A, X, p. 103, prop. 2, que l'on a $H(\alpha \otimes 1_P) \circ \psi(C', P) = \psi(C, P)$ et $\varphi(C', R) \circ H(\mathrm{Homgr}(\alpha, 1_R)) = \varphi(C, R)$ pour tout A-module R. On en déduit que l'homomorphisme gradué de degré 0

$$\theta(M, P) : \mathrm{Ext}_A(M, \mathrm{Hom}_A(P, J)) \longrightarrow \mathrm{Homgr}_A(\mathrm{Tor}^A(M, P), J)$$

composé de la suite d'homomorphismes ci-dessus est indépendant du choix de la résolution projective (C, p) de M. Par construction il est $\mathrm{End}_A(J)$-linéaire.

La définition de l'homomorphisme $\theta(M, P)$ s'explicite de la façon suivante. Soient p un entier, υ un élément de $\mathrm{Ext}_A^p(M, \mathrm{Hom}_A(P, J))$, τ un élément de $\mathrm{Tor}_p^A(M, P)$. A l'aide de l'isomorphisme $\varphi(C, \mathrm{Hom}_A(P, J))$, υ est représenté par une application linéaire $u : C_p \to \mathrm{Hom}_A(P, J)$ telle que $u \circ d_C = 0$; de même, à l'aide de $\psi(C, P)$, τ est représenté par un élément $\sum c_\mu \otimes p_\mu$ de $C_p \otimes P$ tel que $\sum d_C(c_\mu) \otimes p_\mu = 0$. On a alors $\theta(M, P)(\upsilon)(\tau) = \sum u(c_\mu)(p_\mu)$.

D'autre part, soit $\nu : C \otimes_A \mathrm{Hom}_A(P, J) \longrightarrow \mathrm{Homgr}_A(\mathrm{Homgr}_A(C, P), J)$ l'homomorphisme qui applique l'élément $c \otimes h$, pour $c \in C_p$, $h \in \mathrm{Hom}_A(P, J)$, sur l'homomorphisme $u \mapsto (-1)^p h(u(c))$. Il est gradué de degré 0 ; il est bijectif si chaque module C_p est libre de type fini. On vérifie sans peine que c'est un morphisme de complexes.

Considérons la suite d'homomorphismes

$$\mathrm{Tor}^A(M, \mathrm{Hom}_A(P, J)) \xrightarrow{\ \psi\ } H(C \otimes_A \mathrm{Hom}_A(P, J)) \xrightarrow{\ H(\nu)\ } H(\mathrm{Homgr}_A(\mathrm{Homgr}_A(C, P), J))$$
$$\xrightarrow{\ w\ } \mathrm{Homgr}_A(H(\mathrm{Homgr}_A(C, P)), J) \xrightarrow{\ t\ } \mathrm{Homgr}_A(\mathrm{Ext}_A(M, P), J)$$

où ψ est l'isomorphisme canonique $\psi(C, \mathrm{Hom}_A(P, J))$, w l'homomorphisme canonique $\lambda(\mathrm{Homgr}_A(C, P), J)$ (A, X, p. 82) et t est déduit de l'isomorphisme canonique $\varphi(C, P)$. On voit comme ci-dessus que l'homomorphisme composé

$$\rho(M, P) : \mathrm{Tor}^A(M, \mathrm{Hom}_A(P, J)) \longrightarrow \mathrm{Homgr}_A(\mathrm{Ext}_A(M, P), J)$$

est indépendant du choix de la résolution C ; il est $\mathrm{End}_A(J)$-linéaire. Soient p un entier, $\xi \in \mathrm{Tor}_p^A(M, \mathrm{Hom}_A(P, J))$, $\lambda \in \mathrm{Ext}_A^p(M, P), J)$; si ξ est représenté à l'aide de $\psi(C, \mathrm{Hom}_A(P, J))$ par un élément $\sum c_\mu \otimes u_\mu$ de $C \otimes \mathrm{Hom}_A(P, J)$ tel que $\sum d_C(c_\mu) \otimes u_\mu = 0$, et λ à l'aide de $\varphi(C, P)$ par un homomorphisme $\ell : C_p \to P$ tel que $\ell \circ d_C = 0$, on a $\rho(M, P)(\xi)(\lambda) = (-1)^p \sum u_\mu(\ell(c_\mu))$.

PROPOSITION 6.— *Supposons le* A*-module* J *injectif ; pour tout* A*-module* N*, posons* $D(N) = \mathrm{Hom}_A(N, J)$.

a) *Les homomorphismes* $\theta^i(M,P) : \mathrm{Ext}^i_A(M, D(P)) \longrightarrow D(\mathrm{Tor}^A_i(M,P))$ *sont bijectifs.*

b) *Si l'anneau* A *est noethérien et le* A*-module* M *de type fini, les homomorphismes* $\rho_i(M,P) : \mathrm{Tor}^A_i(M, D(P)) \longrightarrow D(\mathrm{Ext}^i_A(M,P))$ *sont bijectifs.*

a) Par construction, l'homomorphisme $\theta(M,P)$ est bijectif dès que $\lambda(C \otimes_A P, J)$ est bijectif, ce qui est le cas lorsque J est injectif (A, X, p. 85, cor. 2).

b) Choisissons la résolution C de façon que chaque module C_p soit libre de type fini (A, X, p. 53, prop. 6). Alors l'homomorphisme ν est bijectif, il en est de même de $\lambda(\mathrm{Homgr}_A(C,P), J)$ puisque J est injectif, donc $\rho(M,P)$ est bijectif.

Remarques.— 1) Pour tout homomorphisme $f : N \to N'$ de A-modules, notons $D(f) : D(N') \to D(N)$ l'homomorphisme $\mathrm{Hom}(f, 1_J)$. Soient $u : M \to M'$ et $v : P \to P'$ des homomorphismes de A-modules. Choisissons des résolutions projectives (C,p) de M et (C',p') de M', et un morphisme de complexes $\tilde{u} : C \to C'$ tel que $p' \circ \tilde{u} = u \circ p$ (A, X, p. 49, prop. 3). Le diagramme

$$\begin{array}{ccc} \mathrm{Homgr}_A(C' \otimes_A P', J) & \xrightarrow{\mu'} & \mathrm{Homgr}_A(C', \mathrm{Hom}_A(P', J)) \\ \Big\downarrow{\scriptstyle \mathrm{Hom}(\tilde{u}\otimes v, 1_J)} & & \Big\downarrow{\scriptstyle \mathrm{Hom}(\tilde{u}, \mathrm{Hom}(v,1))} \\ \mathrm{Homgr}_A(C \otimes_A P, J) & \xrightarrow{\mu} & \mathrm{Homgr}_A(C, \mathrm{Hom}_A(P, J)) \end{array}$$

où μ et μ' sont les homomorphismes canoniques, est commutatif ; on déduit alors de A, X, p. 103, prop. 2 un diagramme commutatif

$$\begin{array}{ccc} \mathrm{Ext}^i_A(M', D(P')) & \xrightarrow{\theta^i(M',P')} & D(\mathrm{Tor}^A_i(M', P')) \\ \Big\downarrow{\scriptstyle \mathrm{Ext}^i(u, D(v))} & & \Big\downarrow{\scriptstyle D(\mathrm{Tor}_i(u,v))} \\ \mathrm{Ext}^i_A(M, D(P)) & \xrightarrow{\theta^i(M,P)} & D(\mathrm{Tor}^A_i(M,P)) \end{array}$$

Soit $w : P'' \to P$ un homomorphisme de A-modules ; on obtient de manière analogue un diagramme commutatif

$$\begin{array}{ccc} \mathrm{Tor}^A_i(M, D(P)) & \xrightarrow{\rho_i(M,P)} & D(\mathrm{Ext}^i_A(M,P)) \\ \Big\downarrow{\scriptstyle \mathrm{Tor}_i(u, D(w))} & & \Big\downarrow{\scriptstyle D(\mathrm{Ext}^i(u,w))} \\ \mathrm{Tor}^A_i(M', D(P'')) & \xrightarrow{\rho_i(M',P'')} & D(\mathrm{Ext}^i_A(M', P'')) \end{array} .$$

2) Soit

$$(\mathscr{E}) \qquad 0 \to \mathrm{M}' \xrightarrow{j} \mathrm{M} \xrightarrow{q} \mathrm{M}'' \to 0$$

une suite exacte de A-modules. L'homomorphisme $\mathrm{L}(q) : \mathrm{L}(\mathrm{M}) \to \mathrm{L}(\mathrm{M}'')$ induit sur les résolutions libres canoniques est surjectif, et le complexe $\operatorname{Ker} \mathrm{L}(q)$ définit une résolution projective de M'. En appliquant la prop. 3 de A, X, p. 104 à la suite exacte $0 \to \operatorname{Ker} \mathrm{L}(q) \to \mathrm{L}(\mathrm{M}) \to \mathrm{L}(\mathrm{M}'') \to 0$, on obtient des diagrammes commutatifs

$$\begin{array}{ccc}
\mathrm{Ext}^i_{\mathrm{A}}(\mathrm{M}', \mathrm{D}(\mathrm{P})) & \xrightarrow{\theta^i(\mathrm{M}',\mathrm{P})} & \mathrm{D}(\mathrm{Tor}^{\mathrm{A}}_i(\mathrm{M}', \mathrm{P})) \\
\Big\downarrow{\scriptstyle \delta^i(\mathscr{E},\mathrm{D}(\mathrm{P}))} & & \Big\downarrow{\scriptstyle (-1)^{i+1}\mathrm{D}(\partial_{i+1}(\mathscr{E},\mathrm{P}))} \\
\mathrm{Ext}^{i+1}_{\mathrm{A}}(\mathrm{M}'', \mathrm{D}(\mathrm{P})) & \xrightarrow{\theta^{i+1}(\mathrm{M}'',\mathrm{P})} & \mathrm{D}(\mathrm{Tor}^{\mathrm{A}}_{i+1}(\mathrm{M}'', \mathrm{P}))
\end{array}$$

$$\begin{array}{ccc}
\mathrm{Tor}^{\mathrm{A}}_{i+1}(\mathrm{M}'', \mathrm{D}(\mathrm{P})) & \xrightarrow{\rho_{i+1}(\mathrm{M}'',\mathrm{P})} & \mathrm{D}(\mathrm{Ext}^{i+1}_{\mathrm{A}}(\mathrm{M}'', \mathrm{P})) \\
\Big\downarrow{\scriptstyle \partial_{i+1}(\mathscr{E},\mathrm{D}(\mathrm{P}))} & & \Big\downarrow{\scriptstyle (-1)^{i+1}\mathrm{D}(\delta^i(\mathscr{E},\mathrm{P}))} \\
\mathrm{Tor}^{\mathrm{A}}_i(\mathrm{M}', \mathrm{D}(\mathrm{P})) & \xrightarrow{\rho_i(\mathrm{M}',\mathrm{P})} & \mathrm{D}(\mathrm{Ext}^i_{\mathrm{A}}(\mathrm{M}', \mathrm{P}))
\end{array} \quad .$$

Soit

$$(\mathscr{F}) \qquad 0 \to \mathrm{P}' \to \mathrm{P} \to \mathrm{P}'' \to 0$$

une suite exacte de A-modules ; puisque le A-module J est injectif, on en déduit une suite exacte

$$(\mathscr{D}(\mathscr{F})) \qquad 0 \to \mathrm{D}(\mathrm{P}'') \to \mathrm{D}(\mathrm{P}) \to \mathrm{D}(\mathrm{P}') \to 0 \, .$$

En appliquant A, X, p. 104, prop. 3 et p. 106, prop. 4 aux suites exactes $(\mathscr{F})$ et $(\mathrm{D}(\mathscr{F}))$, on obtient de manière analogue des diagrammes commutatifs

$$\begin{array}{ccc}
\mathrm{Ext}^i_{\mathrm{A}}(\mathrm{M}, \mathrm{D}(\mathrm{P}')) & \xrightarrow{\theta^i(\mathrm{M},\mathrm{P}')} & \mathrm{D}(\mathrm{Tor}^{\mathrm{A}}_i(\mathrm{M}, \mathrm{P}')) \\
\Big\downarrow{\scriptstyle \delta^i(\mathrm{M},\mathrm{D}(\mathscr{F}))} & & \Big\downarrow{\scriptstyle (-1)^{i+1}\mathrm{D}(\partial_{i+1}(\mathrm{M},\mathscr{F}))} \\
\mathrm{Ext}^{i+1}_{\mathrm{A}}(\mathrm{M}, \mathrm{D}(\mathrm{P}'')) & \xrightarrow{\theta^{i+1}(\mathrm{M},\mathrm{P}'')} & \mathrm{D}(\mathrm{Tor}^{\mathrm{A}}_{i+1}(\mathrm{M}, \mathrm{P}''))
\end{array}$$

$$\begin{array}{ccc}
\mathrm{Tor}_{i+1}^{\mathrm{A}}(\mathrm{M},\mathrm{D}(\mathrm{P}')) & \xrightarrow{\rho_{i+1}(\mathrm{M},\mathrm{P}')} & \mathrm{D}(\mathrm{Ext}_{\mathrm{A}}^{i+1}(\mathrm{M},\mathrm{P}')) \\
{\scriptstyle \partial_{i+1}(\mathrm{M},\mathrm{D}(\mathscr{F}))}\downarrow & & \downarrow{\scriptstyle (-1)^{i}\mathrm{D}(\delta^{i}(\mathrm{M},\mathscr{F}))} \\
\mathrm{Tor}_{i}^{\mathrm{A}}(\mathrm{M},\mathrm{P}'') & \xrightarrow{\rho_{i}(\mathrm{M},\mathrm{P}'')} & \mathrm{D}(\mathrm{Ext}_{\mathrm{A}}^{i}(\mathrm{M},\mathrm{P}''))
\end{array} \quad .$$

§ 9. MODULES DUALISANTS

1. Modules dualisants

DÉFINITION 1.— *Soit* A *un anneau noethérien. On dit qu'un* A-*module* Ω *est dualisant s'il est de type fini et si, pour tout idéal maximal* $\mathfrak{m}$ *de* A, *le* $A/\mathfrak{m}$-*espace vectoriel* $\mathrm{Ext}^i_A(A/\mathfrak{m},\Omega)$ *est nul pour* $i \neq \mathrm{ht}(\mathfrak{m})$ *et de dimension* 1 *pour* $i = \mathrm{ht}(\mathfrak{m})$.

Pour tout idéal maximal $\mathfrak{m}$ de A et tout entier i, le $A/\mathfrak{m}$-espace vectoriel $\mathrm{Ext}^i_A(A/\mathfrak{m},\Omega)$ est canoniquement isomorphe à $\mathrm{Ext}^i_{A_\mathfrak{m}}(A/\mathfrak{m},\Omega_\mathfrak{m})$ (§ 3, n° 2, prop. 2). Par suite, pour qu'un A-module de type fini Ω soit dualisant, il faut et il suffit que le $A_\mathfrak{m}$-module $\Omega_\mathfrak{m}$ soit dualisant pour tout idéal maximal $\mathfrak{m}$ de A.

Exemples.— 1) Si l'anneau A est local et artinien, les A-modules dualisants sont les A-modules injectifs de type fini Ω tels que $\mathrm{Hom}_A(\kappa_A,\Omega)$ soit de dimension 1 (§ 3, n° 3, prop. 6), c'est-à-dire les A-modules de Matlis (§ 8, n° 3).

2) Pour qu'un anneau noethérien A soit de Gorenstein, il faut et il suffit que le A-module A soit dualisant (§ 3, n° 7, prop. 11). En particulier, le A-module A est dualisant lorsque A est régulier.

Remarques.— 1) Soient A un anneau local noethérien et Ω un A-module de type fini. Le corps résiduel $\kappa_{\widehat{A}}$ s'identifie à κ_A, et le $\widehat{A}$-module $\widehat{\Omega}$ à $\widehat{A}\otimes_A \Omega$ (III, § 3, n° 4, th. 3). Il résulte alors de A, X, p. 111, prop. 10 que le κ_A-espace vectoriel $\mathrm{Ext}^i_A(\kappa_A,\Omega)$ est canoniquement isomorphe à $\mathrm{Ext}^i_{\widehat{A}}(\kappa_{\widehat{A}},\widehat{\Omega})$. Par suite pour que le A-module Ω soit dualisant, il faut et il suffit que le $\widehat{A}$-module $\widehat{\Omega}$ soit dualisant.

2) Soit Ω un A-module dualisant ; pour tout A-module projectif L de rang 1, le A-module $\Omega\otimes_A L$ est dualisant (A, X, p. 108, prop. 7, b)). Nous verrons ci-dessous (n° 4, prop. 6) que tout A-module dualisant est isomorphe à un module de cette forme.

PROPOSITION 1.— *Soient* A *un anneau noethérien et* Ω *un* A-*module dualisant.*

a) A *est un anneau de Macaulay, et le* A-*module* Ω *est macaulayen.*

b) *On a* $\mathrm{di}_A(\Omega) = \dim(\Omega) = \dim(A)$.

Supposons d'abord l'anneau A local, et notons d sa dimension. La prop. 6 du § 3, n° 3 implique $\mathrm{di}_A(\Omega) = d$, donc $\mathrm{prof}(A) = d$ d'après la prop. 9 du § 3, n° 6, de sorte que A est un anneau de Macaulay. De plus, on a $\mathrm{prof}(\Omega) = d$ par définition de la profondeur ; comme on a $\mathrm{prof}(\Omega) \leqslant \dim(\Omega) \leqslant d$, on en déduit la proposition dans ce cas.

Dans le cas général, le $A_{\mathfrak{m}}$-module $\Omega_{\mathfrak{m}}$ est dualisant pour tout idéal maximal $\mathfrak{m}$ de A, donc $A_{\mathfrak{m}}$ est un anneau de Macaulay et $\Omega_{\mathfrak{m}}$ un $A_{\mathfrak{m}}$-module macaulayen d'après ce qui précède, ce qui implique a). De plus on a $\mathrm{di}_{A_{\mathfrak{m}}}(\Omega_{\mathfrak{m}}) = \dim(\Omega_{\mathfrak{m}}) = \dim(A_{\mathfrak{m}})$ pour tout idéal maximal $\mathfrak{m}$, d'où b) par passage à la borne supérieure (§ 3, n° 2, prop. 3).

PROPOSITION 2.— *Soient* A *un anneau noethérien,* Ω *un* A*-module dualisant. Pour tout idéal premier* $\mathfrak{p}$ *de* A, *le* $A_{\mathfrak{p}}$*-module* $\Omega_{\mathfrak{p}}$ *est dualisant.*

Considérons une chaîne saturée $\mathfrak{p} \subset \mathfrak{p}_1 \subset \ldots \subset \mathfrak{p}_r$ d'idéaux premiers de A telle que l'idéal $\mathfrak{p}_r$ soit maximal. Raisonnant par récurrence sur r, on peut supposer que le $A_{\mathfrak{p}_1}$-module $\Omega_{\mathfrak{p}_1}$ est dualisant. Remplaçant A par $A_{\mathfrak{p}_1}$ et $\mathfrak{p}$ par $\mathfrak{p}A_{\mathfrak{p}_1}$, on se ramène au cas où l'anneau A est local et où la chaîne $\mathfrak{p} \subset \mathfrak{m}_A$ est saturée.

Posons alors $d = \dim(A) = \mathrm{ht}(\mathfrak{m}_A)$. On a $\dim(A_{\mathfrak{p}}) = \mathrm{ht}(\mathfrak{p}) = d-1$ puisque A est un anneau de Macaulay (§ 2, n° 2, cor. de la prop. 2). Pour tout entier i, le $A_{\mathfrak{p}}$-module $\mathrm{Ext}^i_{A_{\mathfrak{p}}}(\kappa(\mathfrak{p}), \Omega_{\mathfrak{p}})$ est isomorphe à $\mathrm{Ext}^i_A(A/\mathfrak{p}, \Omega)_{\mathfrak{p}}$ (§ 3, n° 2, prop. 2) ; il suffit donc de démontrer que le $A/\mathfrak{p}$-module $\mathrm{Ext}^i_A(A/\mathfrak{p}, \Omega)$ est nul pour $i \neq d-1$ et de rang un pour $i = d-1$.

Soient x un élément de $\mathfrak{m}_A - \mathfrak{p}$, et $\overline{x}$ sa classe dans $A/\mathfrak{p}$. Considérons la suite exacte de A-modules

$$0 \to A/\mathfrak{p} \xrightarrow{\overline{x}} A/\mathfrak{p} \longrightarrow A/(\mathfrak{p} + xA) \to 0 .$$

Le A-module $A/(\mathfrak{p}+xA)$ est de longueur finie puisque son support est réduit à $\mathfrak{m}_A$; comme le A-module Ω est dualisant, on a $\mathrm{Ext}^i_A(A/(\mathfrak{p}+xA), \Omega) = 0$ pour $i \neq d$ (§ 8, n° 5, exemple 3). On déduit alors de la suite exacte des modules d'extensions associée à la suite ci-dessus et à Ω que l'homothétie de rapport x dans le A-module $\mathrm{Ext}^i_A(A/\mathfrak{p}, \Omega)$ est surjective pour $i \neq d-1$, ce qui implique que ce module est nul (lemme de Nakayama). En particulier $\mathrm{Ext}^d_A(A/\mathfrak{p}, \Omega)$ est nul, et l'on obtient une suite exacte

$$0 \to \mathrm{Ext}^{d-1}_A(A/\mathfrak{p}, \Omega) \xrightarrow{x} \mathrm{Ext}^{d-1}_A(A/\mathfrak{p}, \Omega) \longrightarrow \mathrm{Ext}^d_A(A/(\mathfrak{p}+xA), \Omega) \to 0 .$$

On a $\mathrm{long}_A(\mathrm{Ext}^i_A(A/(\mathfrak{p}+xA), \Omega)) = \mathrm{long}_A(A/(\mathfrak{p}+xA))$ (*loc. cit.*) ; la proposition résulte alors du lemme suivant, appliqué à l'anneau $B = A/\mathfrak{p}$ et au B-module $M = \mathrm{Ext}^{d-1}_A(A/\mathfrak{p}, \Omega)$:

Lemme 1.— *Soient* B *un anneau noethérien local, intègre, de dimension* 1, *et* M *un* B*-module sans torsion de type fini. On suppose qu'on a* $\mathrm{long}_B(M/xM) = \mathrm{long}_B(B/xB)$ *pour tout élément non nul* x *de* B. *Alors le* B*-module* M *est de rang* 1.

Soit en effet r le rang de M ; il existe un sous-module L de M libre de rang r tel que M/L soit un module de torsion (VII, § 4, n° 1, cor. de la prop. 1), donc de longueur finie (VII, § 2, n° 5, lemme 1). L'annulateur de M/L n'est pas réduit à 0, et contient donc un élément non nul x de $\mathfrak{m}_B$. Considérons le diagramme commutatif

$$\begin{array}{ccccccccc} 0 \to & \mathrm{L} & \longrightarrow & \mathrm{M} & \longrightarrow & \mathrm{M/L} & \to 0 \\ & \downarrow{\scriptstyle x_{\mathrm{L}}} & & \downarrow{\scriptstyle x_{\mathrm{M}}} & & \downarrow{\scriptstyle 0} & \\ 0 \to & \mathrm{L} & \longrightarrow & \mathrm{M} & \longrightarrow & \mathrm{M/L} & \to 0\,. \end{array}$$

D'après le lemme du serpent (A, X, p. 4, prop. 2), on en déduit une suite exacte

$$0 \to \mathrm{M/L} \longrightarrow \mathrm{L}/x\mathrm{L} \longrightarrow \mathrm{M}/x\mathrm{M} \longrightarrow \mathrm{M/L} \to 0\ ,$$

d'où $\mathrm{long}(\mathrm{M}/x\mathrm{M}) = \mathrm{long}(\mathrm{L}/x\mathrm{L})$. Comme $\mathrm{long}(\mathrm{M}/x\mathrm{M}) = \mathrm{long}(\mathrm{B}/x\mathrm{B})$ par hypothèse et $\mathrm{long}(\mathrm{L}/x\mathrm{L}) = r\,\mathrm{long}(\mathrm{B}/x\mathrm{B})$, on en déduit $r = 1$.

COROLLAIRE 1.— *Pour toute partie multiplicative* S *de* A, *le* $\mathrm{S}^{-1}\mathrm{A}$*-module* $\mathrm{S}^{-1}\Omega$ *est dualisant.*

COROLLAIRE 2.— *Le support de* Ω *est égal à* Spec(A).

En effet un module dualisant sur un anneau local est non nul par définition.

COROLLAIRE 3.— *Soit* M *un* A*-module de type fini, et soit* i *un entier. Le* A*-module* $\mathrm{Ext}^i_{\mathrm{A}}(\mathrm{M},\Omega)$ *est de type fini, et son support est de codimension* $\geqslant i$ *dans* Spec(A).

La première assertion résulte de A, X, p. 108, cor. Soit $\mathfrak{p}$ un idéal premier du support de $\mathrm{Ext}^i_{\mathrm{A}}(\mathrm{M},\Omega)$. On a $\mathrm{Ext}^i_{\mathrm{A}}(\mathrm{M},\Omega)_{\mathfrak{p}} \neq 0$, donc $\mathrm{Ext}^i_{\mathrm{A}_{\mathfrak{p}}}(\mathrm{M}_{\mathfrak{p}},\Omega_{\mathfrak{p}}) \neq 0$ (§ 3, n° 2, prop. 2), ce qui implique $\mathrm{di}_{\mathrm{A}_{\mathfrak{p}}}(\Omega_{\mathfrak{p}}) \geqslant i$. Comme $\Omega_{\mathfrak{p}}$ est un $\mathrm{A}_{\mathfrak{p}}$-module dualisant (prop. 2), on a $\mathrm{di}_{\mathrm{A}_{\mathfrak{p}}}(\Omega_{\mathfrak{p}}) = \dim(\mathrm{A}_{\mathfrak{p}})$ (prop. 1), d'où le corollaire.

PROPOSITION 3.— *Soient* A *un anneau local noethérien,* Ω *un* A*-module dualisant et* M *un* A*-module de type fini.*

a) *On a* $\mathrm{Ext}^i_{\mathrm{A}}(\mathrm{M},\Omega) = 0$ *pour* $i < \dim(\mathrm{A}) - \dim_{\mathrm{A}}(\mathrm{M})$.

b) *Posons* $c = \dim(\mathrm{A}) - \dim_{\mathrm{A}}(\mathrm{M})$. *Si* M *est non nul, le* A*-module* $\mathrm{Ext}^c_{\mathrm{A}}(\mathrm{M},\Omega)$ *n'est pas nul.*

c) *On a* $\mathrm{Ext}^i_{\mathrm{A}}(\mathrm{M},\Omega) = 0$ *pour* $i > \dim(\mathrm{A}) - \mathrm{prof}_{\mathrm{A}}(\mathrm{M})$.

Supposons M non nul et désignons par F son support. D'après la prop. 9 du § 1, n° 5, la conjonction des assertions a) et b) est équivalente à $\mathrm{prof}_{\mathrm{F}}(\Omega) = c$. Or puisque Ω est macaulayen et que son support est égal à Spec(A) (prop. 1 et cor. 2 de la prop. 2), on a

$$\mathrm{prof}_{\mathrm{F}}(\Omega) = \mathrm{codim}(\mathrm{F}, \mathrm{Spec}(\mathrm{A})) = c$$

(§ 2, n° 1, cor. de la prop. 1 et n° 2, cor. de la prop. 2).

Prouvons c) par récurrence sur la profondeur de M. Si $\mathrm{prof}_{\mathrm{A}}(\mathrm{M}) = 0$, on a bien $\mathrm{Ext}^i_{\mathrm{A}}(\mathrm{M},\Omega) = 0$ pour $i > \dim(\mathrm{A})$, puisque $\mathrm{di}_{\mathrm{A}}(\Omega) = \dim(\mathrm{A})$ (prop. 1). Supposons $\mathrm{prof}_{\mathrm{A}}(\mathrm{M}) > 0$; il existe alors un élément x de $\mathfrak{m}_{\mathrm{A}}$ tel que l'homothétie de rapport x soit injective dans M. On a $\mathrm{prof}_{\mathrm{A}}(\mathrm{M}/x\mathrm{M}) = \mathrm{prof}_{\mathrm{A}}(\mathrm{M}) - 1$ (§ 1, n° 4, prop. 7).

Considérons la suite exacte des modules d'extensions

$$\mathrm{Ext}^i_{\mathrm{A}}(\mathrm{M},\Omega) \xrightarrow{x} \mathrm{Ext}^i_{\mathrm{A}}(\mathrm{M},\Omega) \longrightarrow \mathrm{Ext}^{i+1}_{\mathrm{A}}(\mathrm{M}/x\mathrm{M},\Omega)$$

associée à la suite exacte

$$0 \to \mathrm{M} \xrightarrow{x} \mathrm{M} \longrightarrow \mathrm{M}/x\mathrm{M} \to 0\ .$$

Pour $i > \dim(\mathrm{A}) - \mathrm{prof}_{\mathrm{A}}(\mathrm{M})$, le A-module $\mathrm{Ext}^{i+1}_{\mathrm{A}}(\mathrm{M}/x\mathrm{M},\Omega)$ est nul par l'hypothèse de récurrence, donc l'homothétie de rapport x est surjective dans $\mathrm{Ext}^i_{\mathrm{A}}(\mathrm{M},\Omega)$, ce qui implique que ce A-module est nul (lemme de Nakayama). Cela prouve c).

Corollaire.— *Si* M *est macaulayen, on a* $\mathrm{Ext}^i_{\mathrm{A}}(\mathrm{M},\Omega) = 0$ *pour* $i \neq c$ *; le* A-*module* $\mathrm{Ext}^c_{\mathrm{A}}(\mathrm{M},\Omega)$ *est macaulayen, et son support est égal à celui de* M.

La première assertion résulte de la prop. 3, a) et c). Soit $\mathfrak{p} \in \mathrm{Supp}(\mathrm{M})$; d'après la prop. 1 du § 2, n° 1, appliquée à M et à A, on a

$$\dim(\mathrm{A}_{\mathfrak{p}}) - \dim_{\mathrm{A}_{\mathfrak{p}}}(\mathrm{M}_{\mathfrak{p}}) = \dim(\mathrm{A}) - \dim_{\mathrm{A}}(\mathrm{M}) = c\ ;$$

puisque le $\mathrm{A}_{\mathfrak{p}}$-module $\Omega_{\mathfrak{p}}$ est dualisant (prop. 2), il résulte de la prop. 3, b) que le $\mathrm{A}_{\mathfrak{p}}$-module $\mathrm{Ext}^c_{\mathrm{A}_{\mathfrak{p}}}(\mathrm{M}_{\mathfrak{p}},\Omega_{\mathfrak{p}})$ n'est pas nul. Par suite le support de $\mathrm{Ext}^c_{\mathrm{A}}(\mathrm{M},\Omega)$ est égal à celui de M.

Prouvons enfin, par récurrence sur $\dim(\mathrm{M})$, que le A-module $\mathrm{Ext}^c_{\mathrm{A}}(\mathrm{M},\Omega)$ est macaulayen. L'assertion est satisfaite lorsque $\dim(\mathrm{M}) = 0$ puisque tout module de longueur finie est macaulayen. Supposons $\dim(\mathrm{M}) > 0$ et choisissons un élément x de $\mathfrak{m}_{\mathrm{A}}$ tel que l'homothétie x_{M} soit injective. Le A-module $\mathrm{M}/x\mathrm{M}$ est macaulayen (§ 2, n° 3, prop. 4), de dimension $\dim(\mathrm{M}) - 1$. Compte tenu de ce qui précède, la suite exacte des modules d'extensions associée à la suite exacte $0 \to \mathrm{M} \xrightarrow{x} \mathrm{M} \longrightarrow \mathrm{M}/x\mathrm{M} \to 0$ se réduit à

$$0 \to \mathrm{Ext}^c_{\mathrm{A}}(\mathrm{M},\Omega) \xrightarrow{x} \mathrm{Ext}^c_{\mathrm{A}}(\mathrm{M},\Omega) \longrightarrow \mathrm{Ext}^{c+1}_{\mathrm{A}}(\mathrm{M}/x\mathrm{M},\Omega) \to 0\ ;$$

la prop. 4 du § 2, n° 3 et l'hypothèse de récurrence entraînent alors que $\mathrm{Ext}^c_{\mathrm{A}}(\mathrm{M},\Omega)$ est macaulayen, d'où le corollaire.

2. Quotient par une suite régulière

Proposition 4.— *Soient* A *un anneau noethérien,* J *un idéal de* A *engendré par une suite* A-*régulière* $\mathbf{x}$, *et* Ω *un* A-*module de type fini.*

a) *Si le* A-*module* Ω *est dualisant, la suite* $\mathbf{x}$ *est* Ω-*régulière et le* A/J-*module* $\Omega/\mathrm{J}\Omega$ *est dualisant* ;

b) *Si le* A/J-*module* $\Omega/\mathrm{J}\Omega$ *est dualisant, que* J *est contenu dans le radical de* A *et que la suite* $\mathbf{x}$ *est* Ω-*régulière, le* A-*module* Ω *est dualisant.*

Raisonnant par récurrence sur la longueur de la suite $\mathbf{x}$, on se ramène au cas où celle-ci est réduite à un élément x. Supposons que le A-module Ω soit dualisant. Pour tout idéal maximal $\mathfrak{m}$ de A contenant x, on a $\dim(\mathrm{A}_{\mathfrak{m}}/x\mathrm{A}_{\mathfrak{m}}) = \dim(\mathrm{A}_{\mathfrak{m}}) - 1$

(VIII, § 3, n° 1, cor. 2), et par suite $\mathrm{Hom}_{\mathrm{A}_\mathfrak{m}}(\mathrm{A}_\mathfrak{m}/x\mathrm{A}_\mathfrak{m}, \Omega_\mathfrak{m}) = 0$ (n° 1, prop. 3, a)). Cela entraîne $\mathrm{Hom}_\mathrm{A}(\mathrm{A}/x\mathrm{A}, \Omega) = 0$, de sorte que l'homothétie x_Ω est injective. On peut donc supposer pour prouver la proposition que l'homothétie x_Ω est injective.

Notons $\overline{\mathrm{A}}$ l'anneau $\mathrm{A}/x\mathrm{A}$; soit $\mathfrak{m}$ un idéal maximal de A contenant x, et soit $\overline{\mathfrak{m}}$ son image dans $\overline{\mathrm{A}}$. Le A-module $\mathrm{A}/\mathfrak{m}$ est annulé par x, et s'identifie à $\overline{\mathrm{A}}/\overline{\mathfrak{m}}$; on dispose donc pour tout entier $i \geqslant 1$ d'un isomorphisme $\mathrm{Ext}^i_\mathrm{A}(\mathrm{A}/\mathfrak{m}, \Omega) \longrightarrow \mathrm{Ext}^{i-1}_{\overline{\mathrm{A}}}(\overline{\mathrm{A}}/\overline{\mathfrak{m}}, \Omega/x\Omega)$ (§ 3, n° 4, prop. 7). On a

$$\mathrm{ht}(\overline{\mathfrak{m}}) = \dim(\overline{\mathrm{A}}_{\overline{\mathfrak{m}}}) = \dim(\mathrm{A}_\mathfrak{m}/x\mathrm{A}_\mathfrak{m}) = \dim(\mathrm{A}_\mathfrak{m}) - 1 = \mathrm{ht}(\mathfrak{m}) - 1$$

(VIII, § 3, n° 1, cor. 2, a)). Or les idéaux maximaux de $\overline{\mathrm{A}}$ sont les idéaux $\overline{\mathfrak{m}}$, où $\mathfrak{m}$ est un idéal maximal de A contenant x ; si de plus x appartient au radical de A, tout idéal maximal de A contient x. La proposition en résulte.

COROLLAIRE 1.— *Soit* A *un anneau noethérien intègre. Tout* A*-module dualisant est sans torsion et de rang* 1.

Soit Ω un A-module dualisant ; il est sans torsion d'après la prop. 4. Soit K le corps des fractions de A ; le K-espace vectoriel $\mathrm{K} \otimes_\mathrm{A} \Omega$ est dualisant (n° 1, prop. 2), donc de dimension 1.

COROLLAIRE 2.— *Soient* A *un anneau de Macaulay local,* Ω *un* A*-module de type fini, et* $\mathbf{x}$ *une suite sécante maximale d'éléments de* $\mathfrak{m}_\mathrm{A}$*, engendrant un idéal* J*. Les conditions suivantes sont équivalentes* :

(i) *le* A*-module* Ω *est dualisant* ;

(ii) *le* A*-module* Ω *est macaulayen de dimension égale à* $\dim(\mathrm{A})$*, et* $\Omega/\mathrm{J}\Omega$ *est un module injectif indécomposable sur l'anneau local artinien* A/J ;

(iii) *la suite* $\mathbf{x}$ *est* Ω*-régulière et* $\Omega/\mathrm{J}\Omega$ *est un module injectif indécomposable sur l'anneau local artinien* A/J ;

(iv) *la suite* $\mathbf{x}$ *est* Ω*-régulière, on a* $\mathrm{long}_\mathrm{A}(\Omega/\mathrm{J}\Omega) = \mathrm{long}_\mathrm{A}(\mathrm{A}/\mathrm{J})$ *et le* κ_A*-espace vectoriel* $\mathrm{Hom}_\mathrm{A}(\kappa_\mathrm{A}, \Omega/\mathrm{J}\Omega)$ *est de dimension* 1.

(i)$\Rightarrow$(ii) : si Ω est dualisant, il est macaulayen et de dimension $\dim(\mathrm{A})$ (n° 1, prop. 1). La suite $\mathbf{x}$ est A-régulière puisque A est un anneau de Macaulay ; d'après la prop. 4, le A/J-module $\Omega/\mathrm{J}\Omega$ est dualisant, donc est un A/J-module de Matlis (n° 1, exemple 1).

(ii)$\Rightarrow$(iii) : sous l'hypothèse (ii), on a $\dim(\Omega) = \dim(\mathrm{A})$ et $\dim(\Omega/\mathrm{J}\Omega) = \dim(\mathrm{A}/\mathrm{J}) = 0$, de sorte que la suite $\mathbf{x}$ est sécante pour Ω, donc Ω-régulière (§ 2, n° 3, th. 1).

(iii)$\Rightarrow$(i) : sous les hypothèses de (iii), le A/J-module $\Omega/\mathrm{J}\Omega$ est un A-module de Matlis, donc est dualisant (n° 1, exemple 1) ; d'après la prop. 4 le A-module Ω est dualisant.

(iii)$\Leftrightarrow$(iv) : cela résulte de la remarque du § 8, n° 3.

3. Changement d'anneaux

PROPOSITION 5.— *Soit* $\rho : A \to B$ *un homomorphisme d'anneaux noethériens, faisant de* B *un* A*-module plat. On suppose que pour tout idéal maximal* $\mathfrak{n}$ *de* B*, l'anneau* $\kappa(\rho^{-1}(\mathfrak{n})) \otimes_A B$ *est un anneau de Gorenstein. Soit* Ω *un* A*-module dualisant ; le* B*-module* $\Omega_{(B)}$ *est dualisant.*

Soient $\mathfrak{n}$ un idéal maximal de B, et $\mathfrak{p}$ son image réciproque dans A. Le $A_{\mathfrak{p}}$-module $B_{\mathfrak{n}}$ est plat, le $A_{\mathfrak{p}}$-module $\Omega_{\mathfrak{p}}$ est dualisant, $\Omega_{(B)} \otimes_B B_{\mathfrak{n}}$ s'identifie à $\Omega_{\mathfrak{p}} \otimes_{A_{\mathfrak{p}}} B_{\mathfrak{n}}$ et $\kappa_{A_{\mathfrak{p}}} \otimes_{A_{\mathfrak{p}}} B_{\mathfrak{n}}$, qui s'identifie à un anneau de fractions de $\kappa(\mathfrak{p}) \otimes_A B$, est un anneau de Gorenstein. Il suffit donc de démontrer la proposition lorsque ρ est un homomorphisme local d'anneaux locaux, ce que nous supposerons désormais.

Traitons d'abord le cas où les anneaux A et B sont artiniens. Posons $C = B/\mathfrak{m}_A B$. Puisque B est plat sur A, le B-module $\mathrm{Hom}_B(C, \Omega_{(B)})$ est isomorphe à $\mathrm{Hom}_A(\kappa_A, \Omega) \otimes_A B$ (I, § 2, n° 10, prop. 11), donc à $\mathrm{Hom}_A(\kappa_A, \Omega) \otimes_{\kappa_A} C$. On en déduit une suite d'isomorphimes

$$\mathrm{Hom}_B(\kappa_B, \Omega_{(B)}) \longrightarrow \mathrm{Hom}_C(\kappa_C, \mathrm{Hom}_B(C, \Omega_{(B)})) \longrightarrow \mathrm{Hom}_C(\kappa_C, \mathrm{Hom}_A(\kappa_A, \Omega) \otimes_{\kappa_A} C)$$
$$\longrightarrow \mathrm{Hom}_A(\kappa_A, \Omega) \otimes_{\kappa_A} \mathrm{Hom}_C(\kappa_C, C)\ .$$

Le κ_A-espace vectoriel $\mathrm{Hom}_A(\kappa_A, \Omega)$ est de dimension 1 puisque Ω est dualisant, et il en est de même du κ_C-espace vectoriel $\mathrm{Hom}_C(\kappa_C, C)$ puisque C est un anneau de Gorenstein ; par suite le κ_B-espace vectoriel $\mathrm{Hom}_B(\kappa_B, \Omega_{(B)})$ est de dimension 1.

Soit M un B-module de longueur finie ; prouvons par récurrence sur $\mathrm{long}_B(M)$ qu'on a $\mathrm{long}_B(\mathrm{Hom}_B(M, \Omega_{(B)})) \leqslant \mathrm{long}_B(M)$. L'assertion est claire si $M = 0$, et elle résulte de ce qui précède si $M = \kappa_B$. Supposons $\mathrm{long}_B(M) \geqslant 2$. Il existe une suite exacte de B-modules

$$0 \to M' \to M \to \kappa_B \to 0$$

avec $\mathrm{long}_B(M') < \mathrm{long}_B(M)$. On en déduit une suite exacte

$$0 \to \mathrm{Hom}_B(\kappa_B, \Omega_{(B)}) \to \mathrm{Hom}_B(M, \Omega_{(B)}) \to \mathrm{Hom}_B(M', \Omega_{(B)})\ ,$$

et l'on conclut en appliquant l'hypothèse de récurrence à M'.

Soit N le noyau de la surjection canonique de $\kappa_A \otimes_A B$ sur κ_B. Posons $m = \mathrm{long}_B(\kappa_A \otimes_A B)$; on a $\mathrm{long}_B(N) = m - 1$. Considérons la suite exacte de B-modules

$$0 \to \mathrm{Hom}_B(\kappa_B, \Omega_{(B)}) \longrightarrow \mathrm{Hom}_B(\kappa_A \otimes_A B, \Omega_{(B)}) \longrightarrow \mathrm{Hom}_B(N, \Omega_{(B)})$$
$$\longrightarrow \mathrm{Ext}^1_B(\kappa_B, \Omega_{(B)}) \longrightarrow \mathrm{Ext}^1_B(\kappa_A \otimes_A B, \Omega_{(B)})\ .$$

Les B-modules $\mathrm{Hom}_B(\kappa_A \otimes_A B, \Omega_{(B)})$ et $\mathrm{Ext}^1_B(\kappa_A \otimes_A B, \Omega_{(B)})$ sont respectivement isomorphes à $\mathrm{Hom}_A(\kappa_A, \Omega) \otimes_A B$ et $\mathrm{Ext}^1_A(\kappa_A, \Omega) \otimes_A B$, c'est-à-dire à $\kappa_A \otimes_A B$ et à 0. Les longueurs des B-modules $\mathrm{Hom}_B(\kappa_B, \Omega_{(B)})$ et $\mathrm{Hom}_B(\kappa_A \otimes_A B, \Omega_{(B)})$ sont 1 et m, et celle de $\mathrm{Hom}_B(N, \Omega_{(B)}))$ est $\leqslant m - 1$; on en déduit que le B-module $\mathrm{Ext}^1_B(\kappa_B, \Omega_{(B)})$ est nul. D'après la prop. 6 du § 3, n° 3, le B-module $\Omega_{(B)}$ est injectif ; par suite c'est un module dualisant (n° 1, exemple 1).

Passons au cas général. Posons $C = \kappa_A \otimes_A B$; c'est par hypothèse un anneau de Gorenstein, donc un anneau de Macaulay (§ 3, n° 7, prop. 10). D'après la prop. 1 du n° 1, A est un anneau de Macaulay, et le A-module Ω est macaulayen. Par suite B est un anneau de Macaulay, et le B-module $\Omega_{(B)}$ est macaulayen (§ 2, n° 7, cor. 1 de la prop. 9). Posons $r = \dim(A)$, $s = \dim(C)$. Il existe une suite $(x_1, \ldots, x_r)$ d'éléments de $\mathfrak{m}_A$ régulière pour les A-modules A et Ω, et une suite $(y_1, \ldots, y_s)$ d'éléments de $\mathfrak{m}_B$ régulière pour le B-module C ; notons $\mathfrak{x}$ l'idéal de A et $\mathfrak{y}$ l'idéal de B qu'elles engendrent respectivement. La suite $(y_1, \ldots, y_s, \rho(x_1), \ldots, \rho(x_r))$ est régulière pour les B-modules B et $\Omega_{(B)}$ (§ 1, n° 6, prop. 11), et le A-module $B/\mathfrak{y}$ est plat (*loc. cit.*, prop. 10). Posons $A' = A/\mathfrak{x}$, $B' = B/(\mathfrak{x}B + \mathfrak{y})$ et notons $\rho' : A' \to B'$ l'homomorphisme déduit de ρ par passage aux quotients. Les anneaux A′ et B′ sont artiniens, le A′-module B′ est plat, l'anneau $\kappa_{A'} \otimes_{A'} B'$, qui s'identifie à $C/\mathfrak{y}$, est un anneau de Gorenstein (§ 3, n° 7, exemple 2) et le A′-module $\Omega_{(A')}$ est dualisant (n° 2, prop. 4). D'après la première partie de la démonstration, le B′-module $\Omega_{(B')}$ est dualisant. Il résulte alors de *loc. cit.* que le B-module $\Omega_{(B)}$ est dualisant.

COROLLAIRE.— *Soit* A *un anneau noethérien, admettant un module dualisant* Ω ; *soit* B *une algèbre de polynômes sur* A *en un nombre fini d'indéterminées. Le* B-*module* $\Omega_{(B)}$ *est dualisant.*

En effet, pour tout idéal premier $\mathfrak{p}$ de A, l'anneau $\kappa(\mathfrak{p}) \otimes_A A[\mathbf{X}]$ s'identifie à $\kappa(\mathfrak{p})[\mathbf{X}]$, qui est régulier, donc de Gorenstein.

PROPOSITION 6.— *Soient* A *un anneau local noethérien et* Ω *un* A-*module dualisant. Soit* B *une* A-*algèbre finie ; on suppose que le* A-*module* B *est macaulayen. Le* B-*module* $\mathrm{Ext}^i_A(B, \Omega)$ *est nul pour* $i \neq \dim(A) - \dim(B)$ *et dualisant pour* $i = \dim(A) - \dim(B)$.

On a $\dim(B) = \dim_A(B) \leqslant \dim(A)$ (VIII, § 2, n° 3, th. 1 c)) ; posons $c = \dim(A) - \dim(B)$. On a $\mathrm{Ext}^i_A(B, \Omega) = 0$ pour $i \neq c$ puisque le A-module B est macaulayen (n° 1, cor. de la prop. 3). Prouvons que le B-module $\mathrm{Ext}^c_A(B, \Omega)$ est dualisant.

Supposons d'abord $\dim(B) = 0$. Le spectre X de B est fini et formé d'idéaux maximaux (IV, § 2, n° 5, prop. 9) ; l'application canonique $B \to \prod_{\mathfrak{n} \in X} B_\mathfrak{n}$ est un isomorphisme (*loc. cit.*, cor. 1). Le B-module $\Omega' = \mathrm{Ext}^c_A(B, \Omega)$ est donc somme directe des modules $\mathrm{Ext}^c_A(B_\mathfrak{n}, \Omega)$; comme $\mathrm{Ext}^c_A(B_\mathfrak{n}, \Omega)$ est à support dans $\{\mathfrak{n}\}$, il s'identifie à $\Omega'_\mathfrak{n}$. On a $\dim(B_\mathfrak{n}) = 0$ pour tout $\mathfrak{n}$; pour prouver que le B-module Ω' est dualisant, il suffit donc de prouver qu'il en est ainsi du $B_\mathfrak{n}$-module $\mathrm{Ext}^c_A(B_\mathfrak{n}, \Omega)$ pour tout $\mathfrak{n} \in X$, ce qui nous ramène au cas où l'anneau B est *local*. Dans ce cas, d'après l'exemple 6 du § 8, n° 5, le B-module $\mathrm{Ext}^c_A(B, \Omega)$ est isomorphe à $\mathrm{Hom}_A(B, I)$, où I est un A-module de Matlis ; c'est par conséquent un B-module de Matlis (§ 8, n° 6, cor. de la prop. 5), donc un B-module dualisant (n° 1, exemple 1).

Supposons maintenant $\dim(B) > 0$ et raisonnons par récurrence sur $\dim(B)$. On a $\mathrm{prof}_A(B) = \dim_A(B) = \dim(B)$, d'où $\mathrm{prof}_A(B) > 0$; d'autre part on a $\mathrm{prof}(A) = \dim(A) > 0$ (n° 1, prop. 1), et par suite $\mathrm{prof}_A(A \oplus B) > 0$. Il existe donc un élément x de $\mathfrak{m}_A$ tel que les homothéties x_A et x_B soient injectives.

Considérons la suite exacte des modules d'extensions associée à la suite exacte $0 \to \mathrm{B} \xrightarrow{x_{\mathrm{B}}} \mathrm{B} \longrightarrow \mathrm{B}/x\mathrm{B} \to 0$ et au A-module Ω. Le A-module $\mathrm{B}/x\mathrm{B}$ est macaulayen (§ 2, n° 1, exemple 3), de dimension $\dim(\mathrm{B}) - 1$ (VIII, § 3, n° 2, prop. 3) ; on a donc $\mathrm{Ext}^i_{\mathrm{A}}(\mathrm{B}/x\mathrm{B}, \Omega) = 0$ pour $i \neq c+1$ (n° 1, cor. de la prop. 3). Comme on a $\mathrm{Ext}^i_{\mathrm{A}}(\mathrm{B}, \Omega) = 0$ pour $i \neq c$, on obtient une suite exacte de B-modules

$$0 \to \mathrm{Ext}^c_{\mathrm{A}}(\mathrm{B}, \Omega) \xrightarrow{x} \mathrm{Ext}^c_{\mathrm{A}}(\mathrm{B}, \Omega) \longrightarrow \mathrm{Ext}^{c+1}_{\mathrm{A}}(\mathrm{B}/x\mathrm{B}, \Omega) \to 0 .$$

Par l'hypothèse de récurrence, le $\mathrm{B}/x\mathrm{B}$-module $\mathrm{Ext}^{c+1}_{\mathrm{A}}(\mathrm{B}/x\mathrm{B}, \Omega)$ est dualisant. Comme la A-algèbre B est finie, l'image de $\mathfrak{m}_{\mathrm{A}}$ dans B est contenue dans le radical de B (V, § 2, n° 1, prop. 1) ; d'après la prop. 4 du n° 2, le B-module $\mathrm{Ext}^c_{\mathrm{A}}(\mathrm{B}, \Omega)$ est dualisant.

COROLLAIRE 1.— *Soient* A *un anneau noethérien,* Ω *un* A*-module dualisant, et* B *une* A*-algèbre finie ; on suppose que le* A*-module* B *est macaulayen. Le* B*-module* $\mathrm{Ext}_{\mathrm{A}}(\mathrm{B}, \Omega)$ *est dualisant.*

Notons Ω' le B-module $\mathrm{Ext}_{\mathrm{A}}(\mathrm{B}, \Omega)$. Soit $\mathfrak{n}$ un idéal maximal de B ; son image réciproque dans A est un idéal maximal $\mathfrak{m}$ (V, § 2, n° 1, prop. 1). La $\mathrm{A}_{\mathfrak{m}}$-algèbre $\mathrm{B}_{\mathfrak{m}} = \mathrm{A}_{\mathfrak{m}} \otimes_{\mathrm{A}} \mathrm{B}$ est finie, et c'est un $\mathrm{A}_{\mathfrak{m}}$-module macaulayen ; d'après la proposition, le $\mathrm{B}_{\mathfrak{m}}$-module $\Omega'_{\mathfrak{m}}$, qui s'identifie à $\mathrm{Ext}_{\mathrm{A}_{\mathfrak{m}}}(\mathrm{B}_{\mathfrak{m}}, \Omega_{\mathfrak{m}})$ (§ 3, n° 2, prop. 2) est dualisant. Comme $\mathrm{B}_{\mathfrak{n}}$ est un anneau de fractions de $\mathrm{B}_{\mathfrak{m}}$, le $\mathrm{B}_{\mathfrak{n}}$-module $\Omega'_{\mathfrak{n}}$ est dualisant, d'où le corollaire.

Remarque.— Gardons les hypothèses du cor. 1 et supposons en outre que l'homomorphisme canonique $\rho : \mathrm{A} \to \mathrm{B}$ soit injectif. On a alors $\dim(\mathrm{A}_{\mathfrak{m}}) = \dim(\mathrm{B}_{\mathfrak{m}})$ pour tout idéal maximal $\mathfrak{m}$ de A (VIII, § 2, n° 3, th. 1 a)). D'après la prop. 6 et le cor. 1, $\mathrm{Ext}^i_{\mathrm{A}}(\mathrm{B}, \Omega)$ est nul pour $i \neq 0$, et le B-module $\mathrm{Hom}_{\mathrm{A}}(\mathrm{B}, \Omega)$ est dualisant.

COROLLAIRE 2.— *Si un anneau noethérien* A *possède un module dualisant, toute* A*-algèbre de type fini qui est un anneau de Macaulay possède un module dualisant.*

Cela résulte du cor. 1 et du cor. de la prop. 5.

COROLLAIRE 3.— *Tout anneau de Macaulay présentable* (*en particulier, tout anneau de Macaulay local complet*) *possède un module dualisant.*

Soient en effet R un anneau régulier et A un anneau de Macaulay quotient de R. Le R-module A est macaulayen (§ 2, n° 5, exemple 5), et R possède un module dualisant (n° 1, exemple 2) ; il en est donc de même de A d'après le cor. 1. Par ailleurs on a déjà observé qu'un anneau noethérien local complet est présentable (§ 4, n° 4, prop. 6, c)).

Plus généralement, tout anneau de Macaulay quotient d'un anneau de Gorenstein possède un module dualisant. Inversement, on peut montrer qu'un anneau de Macaulay local qui possède un module dualisant est quotient d'un anneau local de Gorenstein (exerc. 1).

4. Structure des modules dualisants

Lemme 2.— Soient A *un anneau noethérien,* M *et* N *des* A*-modules de type fini,* $u : \mathrm{M} \to \mathrm{N}$ *un homomorphisme. Soit* x *un élément du radical de* A, *tel que l'homothétie* x_{N} *soit injective. Si l'homomorphisme* $\overline{u} : \mathrm{M}/x\mathrm{M} \to \mathrm{N}/x\mathrm{N}$ *induit par* u *est injectif* (resp. *surjectif,* resp. *bijectif*)*, il en est de même de* u*.*

L'assertion concernant la surjectivité de u résulte du lemme de Nakayama (II, § 3, n° 2, cor. 1 de la prop. 4), sans hypothèse sur x_{N}. Considérons le diagramme commutatif à lignes exactes

$$\begin{array}{ccccccc} & & \mathrm{M} & \xrightarrow{x_{\mathrm{M}}} & \mathrm{M} & \longrightarrow & \mathrm{M}/x\mathrm{M} \\ & & {\scriptstyle u}\downarrow & & {\scriptstyle u}\downarrow & & {\scriptstyle \overline{u}}\downarrow \\ 0 & \longrightarrow & \mathrm{N} & \xrightarrow{x_{\mathrm{N}}} & \mathrm{N} & \longrightarrow & \mathrm{N}/x\mathrm{N} \end{array} \quad ;$$

à l'aide du lemme du serpent (I, § 1, n° 4, prop. 2), on en déduit une suite exacte $\mathrm{Ker}\, u \xrightarrow{x} \mathrm{Ker}\, u \longrightarrow \mathrm{Ker}\, \overline{u}$. Si $\overline{u}$ est injective, l'homothétie de rapport x est surjective dans $\mathrm{Ker}\, u$, ce qui implique $\mathrm{Ker}\, u = 0$ par le lemme de Nakayama.

PROPOSITION 7.— *Soient* A *un anneau noethérien et* Ω *un* A*-module dualisant.*

a) *On a* $\mathrm{Ext}^i_{\mathrm{A}}(\Omega, \Omega) = 0$ *pour* $i > 0$.

b) *L'homomorphisme canonique* $\gamma : \mathrm{A} \to \mathrm{End}_{\mathrm{A}}(\Omega)$ *est bijectif.*

c) *Tout* A*-module dualisant est de la forme* $\Omega \otimes_{\mathrm{A}} \mathrm{L}$ *où* L *est un* A*-module projectif de rang* 1.

A) Traitons d'abord le cas où l'anneau A est *local.* Dans ce cas la condition c) signifie simplement que deux modules dualisants sont isomorphes.

Soit Ω' un A-module dualisant. On a $\mathrm{prof}_{\mathrm{A}}(\Omega') = \dim_{\mathrm{A}}(\Omega') = \dim(\mathrm{A})$ (n° 1, prop. 1), donc $\mathrm{Ext}^i_{\mathrm{A}}(\Omega', \Omega) = 0$ pour $i \neq 0$ (n° 1, prop. 3, c)), d'où a).

Prouvons b) et c) par récurrence sur l'entier dim(A) (égal à prof(A)). S'il est nul, l'anneau A est artinien, Ω' et Ω sont des A-modules de Matlis (n° 1, exemple 1) ; ils sont donc isomorphes (§ 8, n° 1, prop. 1) et l'application canonique $\mathrm{A} \to \mathrm{End}_{\mathrm{A}}(\Omega)$ est bijective (§ 8, n° 2, prop. 3, c)). Supposons $\dim(\mathrm{A}) > 0$ et soit x un élément simplifiable de $\mathfrak{m}_{\mathrm{A}}$. L'homothétie x_{Ω} est injective (n° 2, prop. 4), et l'on a une suite exacte

$$0 \to \Omega \xrightarrow{x_{\Omega}} \Omega \longrightarrow \Omega/x\Omega \to 0 \ .$$

Puisque $\mathrm{Ext}^1_{\mathrm{A}}(\Omega', \Omega)$ est nul et que $\mathrm{Hom}_{\mathrm{A}}(\Omega', \Omega/x\Omega)$ s'identifie à $\mathrm{Hom}_{\mathrm{A}/x\mathrm{A}}(\Omega'/x\Omega', \Omega/x\Omega)$, on en déduit une suite exacte

$$(1) \qquad 0 \to \mathrm{Hom}_{\mathrm{A}}(\Omega', \Omega) \xrightarrow{x} \mathrm{Hom}_{\mathrm{A}}(\Omega', \Omega) \xrightarrow{p} \mathrm{Hom}_{\mathrm{A}/x\mathrm{A}}(\Omega'/x\Omega', \Omega/x\Omega) \to 0 \ ,$$

où p est l'application canonique. D'après la prop. 4, les A/xA-modules $\Omega/x\Omega$ et $\Omega'/x\Omega'$ sont dualisants, donc isomorphes par l'hypothèse de récurrence. Soit $\overline{u}$ un isomorphisme de $\Omega'/x\Omega'$ sur $\Omega/x\Omega$. Compte tenu de la suite exacte (1), il existe un A-homomorphisme $u : \Omega' \to \Omega$ tel que $p(u) = \overline{u}$; d'après le lemme 2, u est bijectif, ce qui prouve c). Par l'hypothèse de récurrence, l'homomorphisme canonique $A/xA \longrightarrow \mathrm{End}_{A/xA}(\Omega/x\Omega)$ est bijectif. Compte tenu de la suite exacte (1), cet homomorphisme s'identifie à l'homomorphisme $\overline{\gamma} : A/xA \longrightarrow \mathrm{End}_A(\Omega)/x\,\mathrm{End}_A(\Omega)$ induit par γ ; il résulte alors du lemme 2 que γ est bijectif, d'où b).

B) Passons au cas général. Pour tout idéal maximal $\mathfrak{m}$ de A et tout entier $i > 0$, on a $\mathrm{Ext}^i_{A_\mathfrak{m}}(\Omega_\mathfrak{m}, \Omega_\mathfrak{m}) = 0$ d'après ce qui précède, donc $\mathrm{Ext}^i_A(\Omega, \Omega)_\mathfrak{m} = 0$ (§ 3, n° 2, prop. 2), ce qui implique $\mathrm{Ext}^i_A(\Omega, \Omega) = 0$ (II, § 3, n° 3, cor. 2 du th. 1). De même, l'homomorphisme $\gamma_\mathfrak{m} : A_\mathfrak{m} \to \mathrm{End}_A(\Omega)_\mathfrak{m}$ est bijectif pour tout idéal maximal $\mathfrak{m}$ de A, donc γ est bijectif (*loc. cit.*, th. 1).

Prouvons enfin c). Soit Ω' un A-module dualisant. Désignons par L le A-module $\mathrm{Hom}_A(\Omega', \Omega)$, et par $v : \Omega' \otimes_A L \longrightarrow \Omega$ l'homomorphisme tel que $v(x \otimes f) = f(x)$ pour $x \in \Omega'$, $f \in L$. Soit $\mathfrak{m}$ un idéal maximal de A. Le $A_\mathfrak{m}$-module $L_\mathfrak{m}$ s'identifie à $\mathrm{Hom}_{A_\mathfrak{m}}(\Omega'_\mathfrak{m}, \Omega_\mathfrak{m})$; d'après le cas déjà traité il est libre de rang un, et tout isomorphisme $h : \Omega'_\mathfrak{m} \to \Omega_\mathfrak{m}$ en est un générateur. Lorsqu'on identifie $L_\mathfrak{m}$ à $A_\mathfrak{m}$ à l'aide du générateur h, l'homomorphisme $v_\mathfrak{m} : \Omega'_\mathfrak{m} \otimes_{A_\mathfrak{m}} L_\mathfrak{m} \longrightarrow \Omega_\mathfrak{m}$ s'identifie à h, donc est bijectif. Ceci ayant lieu pour tout idéal maximal $\mathfrak{m}$ de A, le A-module L est projectif de rang un (II, § 5, n° 3, th. 2), et l'homomorphisme v est bijectif (II, § 3, n° 3, th. 1).

COROLLAIRE 1.— *Pour que* A *soit un anneau de Gorenstein, il faut et il suffit que le* A*-module* Ω *soit projectif de rang* 1.

Cela résulte de l'exemple 2 du n° 1 et de la prop. 7 c).

COROLLAIRE 2.— *Supposons que l'anneau* A *soit présentable. L'ensemble des idéaux premiers* $\mathfrak{p}$ *de* A *tels que* $A_\mathfrak{p}$ *soit un anneau de Gorenstein est ouvert dans* Spec(A).

Soit $\mathfrak{p}$ un idéal premier de A tel que $A_\mathfrak{p}$ soit un anneau de Gorenstein. C'est alors un anneau de Macaulay ; quitte à remplacer A par A_f, où f est un élément convenable de $A - \mathfrak{p}$, on se ramène au cas où A est un anneau de Macaulay (§ 4, n° 4, prop. 7, c)). Soit Ω un A-module dualisant (n° 3, cor. 3 de la prop. 6). Alors $\Omega_\mathfrak{p}$ est un module dualisant sur l'anneau de Gorenstein $A_\mathfrak{p}$ (n° 1, prop. 2), donc est libre de rang 1 (cor. 1). Par suite il existe un élément g de $A - \mathfrak{p}$ tel que le A_g-module Ω_g soit libre de rang 1 (II, § 5, n° 1, cor. de la prop. 2). Ainsi A_g est un anneau de Gorenstein (cor. 1) et il en est de même de $A_\mathfrak{q}$ pour tout idéal premier $\mathfrak{q}$ de A ne contenant pas g (§ 3, n° 7, exemple 1), ce qui prouve le corollaire.

5. Dualité des modules de type fini

On considère dans ce numéro un anneau noethérien A *de dimension finie* qui possède un module dualisant Ω. On a alors $\mathrm{di}_A(\Omega) = \dim(A) < +\infty$ (n° 1, prop. 1). *Choisissons une résolution injective de longueur finie* $e : \Omega \to (I, \delta)$. Pour tout complexe C de A-modules, notons $\mathbf{D}(C)$ le complexe $\mathrm{Homgr}_A(C, I)$. Cela s'applique en particulier à tout A-module M, considéré comme un complexe concentré en degré 0 ; on a alors $\mathbf{D}(\mathrm{M})^i = \mathrm{Hom}_\mathrm{A}(\mathrm{M}, \mathrm{I}^i)$ pour tout entier i. Rappelons qu'on a construit en A, X, p. 100, th. 1, un isomorphisme canonique

$$\varphi(\mathrm{M}, \mathrm{I}) : \mathrm{H}(\mathbf{D}(\mathrm{M})) \longrightarrow \mathrm{Ext}_\mathrm{A}(\mathrm{M}, \Omega) .$$

Exemples.— 1) Le complexe $\mathbf{D}(\mathrm{A}) = \mathrm{Homgr}_\mathrm{A}(\mathrm{A}, \mathrm{I})$ s'identifie à I. L'application $e : \Omega \to \mathbf{D}(\mathrm{A})$ est par définition un homologisme.

2) L'homomorphisme $e \in \mathrm{Homgr}_\mathrm{A}(\Omega, \mathrm{I})^0$ est un élément de $\mathbf{D}(\Omega)^0$; l'application A-linéaire $\tilde{e} : \mathrm{A} \to \mathbf{D}(\Omega)$ telle que $\tilde{e}(1) = e$ est un homologisme (n° 4, prop. 7, a) et b)).

3) Soit S une partie multiplicative de A. Le $\mathrm{S}^{-1}\mathrm{A}$-module $\mathrm{S}^{-1}\Omega$ est dualisant (n° 1, cor. 1 de la prop. 2) ; les $\mathrm{S}^{-1}\mathrm{A}$-modules $\mathrm{S}^{-1}\mathrm{I}^i$ sont injectifs (cor. 1 de la prop. 3 du § 3, n° 2) et le morphisme $e' : \mathrm{S}^{-1}\Omega \to \mathrm{S}^{-1}\mathrm{I}$ déduit de e est une résolution injective de $\mathrm{S}^{-1}\Omega$, à laquelle on peut donc appliquer ce qui précède. Pour tout complexe C de type fini (et en particulier tout A-module M de type fini), l'homomorphisme canonique de $\mathrm{S}^{-1}\mathbf{D}(\mathrm{C})$ dans $\mathrm{Homgr}_{\mathrm{S}^{-1}\mathrm{A}}(\mathrm{S}^{-1}\mathrm{C}, \mathrm{S}^{-1}\mathrm{I}) = \mathbf{D}(\mathrm{S}^{-1}\mathrm{C})$ est bijectif.

4) Soient A un anneau de Dedekind, K son corps des fractions. Le A-module A est dualisant et admet la résolution injective I de longueur 1 définie par la suite exacte

$$0 \to \mathrm{A} \xrightarrow{e} \mathrm{K} \xrightarrow{\delta} \mathrm{K}/\mathrm{A} \to 0$$

où δ est la surjection canonique. Pour tout A-module M, le complexe $\mathbf{D}(\mathrm{M})$ est le complexe concentré en degrés 0 et 1

$$\ldots \longrightarrow 0 \longrightarrow \mathrm{Hom}_\mathrm{A}(\mathrm{M}, \mathrm{K}) \xrightarrow{d} \mathrm{Hom}_\mathrm{A}(\mathrm{M}, \mathrm{K}/\mathrm{A}) \longrightarrow 0 \longrightarrow \ldots$$

avec $d = \mathrm{Hom}_\mathrm{A}(1_\mathrm{M}, \delta)$. On a une suite exacte

$$0 \to \mathrm{Hom}_\mathrm{A}(\mathrm{M}, \mathrm{A}) \longrightarrow \mathbf{D}(\mathrm{M})^0 \xrightarrow{d} \mathbf{D}(\mathrm{M})^1 \longrightarrow \mathrm{Ext}^1_\mathrm{A}(\mathrm{M}, \mathrm{A}) \to 0 .$$

Pour tout morphisme de complexes $f : \mathrm{C} \to \mathrm{C}'$, on note $\mathbf{D}(f) : \mathbf{D}(\mathrm{C}') \to \mathbf{D}(\mathrm{C})$ le morphisme de complexes $\mathrm{Homgr}_\mathrm{A}(f, 1_\mathrm{I})$. Si f est un homologisme, $\mathbf{D}(f)$ est un homologisme (A, X, p. 86, prop. 4, b)). Si $\mathrm{C}' \xrightarrow{f} \mathrm{C} \xrightarrow{g} \mathrm{C}''$ est une suite exacte de complexes, la suite de complexes $\mathbf{D}(\mathrm{C}'') \xrightarrow{\mathbf{D}(g)} \mathbf{D}(\mathrm{C}) \xrightarrow{\mathbf{D}(f)} \mathbf{D}(\mathrm{C}')$ est exacte (A, X, p. 83, prop. 2, a)).

Soit M un A-module. A chaque élément m de M, associons l'application $\alpha_\mathrm{M}(m) : f \mapsto f(m)$ de $\mathbf{D}(\mathrm{M})$ dans I ; c'est un élément de $\mathbf{D}(\mathbf{D}(\mathrm{M}))_0 = \mathrm{Homgr}_\mathrm{A}(\mathbf{D}(\mathrm{M}), \mathrm{I})_0$. Il résulte des définitions que $\alpha_\mathrm{M}(m)$ est un morphisme de complexes, donc un élément de $\mathrm{Z}_0(\mathbf{D}(\mathbf{D}(\mathrm{M})))$.

On définit ainsi un morphisme de complexes :

$$\boldsymbol{\alpha}_{\mathrm{M}} : \mathrm{M} \to \mathbf{D}(\mathbf{D}(\mathrm{M})) ,$$

d'où, par passage à l'homologie, un homomorphisme de A-modules

$$\alpha_{\mathrm{M}} : \mathrm{M} \to \mathrm{H}_0(\mathbf{D}(\mathbf{D}(\mathrm{M}))) .$$

THÉORÈME 1.— *Soit* M *un* A-*module de type fini. Alors* $\boldsymbol{\alpha}_{\mathrm{M}}$ *est un homologisme : on a* $\mathrm{H}_i(\mathbf{D}(\mathbf{D}(\mathrm{M}))) = 0$ *pour* $i \neq 0$ *et l'homomorphisme* α_{M} *est bijectif.*

Prenons d'abord $\mathrm{M} = \mathrm{A}$. L'application $e : \boldsymbol{\Omega} \to \mathbf{D}(\mathrm{A})$ est un homologisme (exemple 1), donc aussi l'application $\mathbf{D}(e) : \mathbf{D}(\mathbf{D}(\mathrm{A})) \to \mathbf{D}(\boldsymbol{\Omega})$. L'application $\tilde{e} : \mathrm{A} \to \mathbf{D}(\boldsymbol{\Omega})$ est un homologisme (exemple 2), et on a $\mathbf{D}(e) \circ \boldsymbol{\alpha}_{\mathrm{A}} = \tilde{e}$; ainsi $\boldsymbol{\alpha}_{\mathrm{A}}$ est un homologisme, ce qui prouve le théorème dans ce cas. Il en résulte que $\boldsymbol{\alpha}_{\mathrm{M}}$ est un homologisme lorsque le A-module M est libre de type fini.

Passons au cas général ; nous allons prouver par récurrence sur l'entier n l'assertion suivante :

(A_n) *pour tout* A-*module de type fini* M, *l'homomorphisme* $\mathrm{H}_i(\boldsymbol{\alpha}_{\mathrm{M}})$ *est bijectif pour* $i \leqslant n$.

Cela signifie aussi que $\mathrm{H}_i(\mathbf{D}(\mathbf{D}(\mathrm{M})))$ est nul pour $i \neq 0$ et $i \leqslant n$, et que α_{M} est bijectif si $n \geqslant 0$. Observons que (A_n) est vérifiée pour $n < -d$, où d est la longueur du complexe I : en effet le A-module $\mathbf{D}(\mathbf{D}(\mathrm{M}))_i$ est égal à $\bigoplus_p \mathrm{Hom}_{\mathrm{A}}(\mathrm{Hom}_{\mathrm{A}}(\mathrm{M}, \mathrm{I}^p), \mathrm{I}^{p-i})$, donc est nul pour $i < -d$ et $i > d$.

Prouvons l'implication $(\mathrm{A}_n) \Rightarrow (\mathrm{A}_{n+1})$. Soit M un A-module de type fini. Il existe un A-module libre de type fini L et une suite exacte $0 \to \mathrm{N} \xrightarrow{u} \mathrm{L} \xrightarrow{v} \mathrm{M} \to 0$. La suite $0 \to \mathbf{D}(\mathrm{M}) \xrightarrow{\mathbf{D}(v)} \mathbf{D}(\mathrm{L}) \xrightarrow{\mathbf{D}(u)} \mathbf{D}(\mathrm{N}) \to 0$ est exacte ; de même, si l'on pose $u' = \mathbf{D}(\mathbf{D}(u))$ et $v' = \mathbf{D}(\mathbf{D}(v))$, la suite $0 \to \mathbf{D}(\mathbf{D}(\mathrm{N})) \xrightarrow{u'} \mathbf{D}(\mathbf{D}(\mathrm{L})) \xrightarrow{v'} \mathbf{D}(\mathbf{D}(\mathrm{M})) \to 0$ est exacte.

Puisque $\mathrm{H}_i(\mathbf{D}(\mathbf{D}(\mathrm{L})))$ est nul pour $i \neq 0$, on a des isomorphismes

$$\mathrm{H}_i(\mathbf{D}(\mathbf{D}(\mathrm{M}))) \longrightarrow \mathrm{H}_{i-1}(\mathbf{D}(\mathbf{D}(\mathrm{N}))) \quad \text{pour } i \neq 0, 1 \ ;$$

cela entraîne l'implication $(\mathrm{A}_n) \Rightarrow (\mathrm{A}_{n+1})$ pour $n \neq -1$ et $n \neq 0$. Considérons le diagramme commutatif à lignes exactes

$$\begin{array}{ccccccccc}
 & 0 \to & \mathrm{N} & \xrightarrow{u} & \mathrm{L} & \xrightarrow{v} & \mathrm{M} & \to 0 & \\
 & & \downarrow{\scriptstyle \alpha_{\mathrm{N}}} & & \downarrow{\scriptstyle \alpha_{\mathrm{L}}} & & \downarrow{\scriptstyle \alpha_{\mathrm{M}}} & & \\
0 \to \mathrm{H}_1(\mathbf{D}(\mathbf{D}(\mathrm{M}))) \longrightarrow & & \mathrm{H}_0(\mathbf{D}(\mathbf{D}(\mathrm{N}))) & \xrightarrow{\mathrm{H}_0(u')} & \mathrm{H}_0(\mathbf{D}(\mathbf{D}(\mathrm{L}))) & \xrightarrow{\mathrm{H}_0(v')} & \mathrm{H}_0(\mathbf{D}(\mathbf{D}(\mathrm{M}))) & \longrightarrow & \mathrm{H}_{-1}(\mathbf{D}(\mathbf{D}(\mathrm{N})))
\end{array}$$

où α_{L} est bijectif. Si (A_0) est satisfaite, l'homomorphisme α_{N} est également bijectif, donc $\mathrm{H}_0(u')$ est injectif et l'on obtient $\mathrm{H}_1(\mathbf{D}(\mathbf{D}(\mathrm{M}))) = 0$, d'où ($\mathrm{A}_1$). Si ($\mathrm{A}_{-1}$)

est satisfaite, $H_{-1}(\mathbf{D}(\mathbf{D}(N)))$ est nul, donc $H_0(v')$ est surjectif, ce qui implique que α_M est surjectif. Cela étant vrai pour tout A-module de type fini M, α_N est aussi surjectif ; d'après I, § 1, n° 4, cor. 2 de la prop. 2, α_M est bijectif, de sorte que (A_0) est satisfaite.

Ainsi (A_n) est vraie pour tout n, ce qui démontre le théorème.

Soit M un A-module de type fini ; posons $c = \dim(A) - \dim_A(M)$. Notons $\mathbf{D}'(M)$ le sous-complexe de $\mathbf{D}(M)$ égal à $\bigoplus_{i<c} \mathbf{D}(M)^i \bigoplus Z^c(\mathbf{D}(M))$, et

$$j : \mathbf{D}'(M) \to \mathbf{D}(M)$$

l'injection canonique. On déduit de la surjection canonique $Z^c(\mathbf{D}(M)) \to H^c(\mathbf{D}(M))$ et de l'isomorphisme $\varphi(M, I)$ un morphisme de complexes

$$p : \mathbf{D}'(M)(-c) \to \mathrm{Ext}^c_A(M, \Omega) \ ;$$

comme $H^i(\mathbf{D}(M))$ est nul pour $i < c$ (n° 1, prop. 3 a)), $(\mathbf{D}'(M)(-c), p)$ est une résolution gauche de $\mathrm{Ext}^c_A(M, \Omega)$. D'après A, X, p. 100, th. 1, on a un isomorphisme canonique

$$\varphi^0(\mathbf{D}'(M)(-c), I) : H_0(\mathbf{D}(\mathbf{D}'(M))) \longrightarrow \mathrm{Ext}^c_A(\mathrm{Ext}^c_A(M, \Omega), \Omega) \ ;$$

en le composant avec l'homomorphisme $H_0(\mathbf{D}(j)) : H_0(\mathbf{D}(\mathbf{D}(M))) \to H_0(\mathbf{D}(\mathbf{D}'(M)))$ on obtient donc un homomorphisme

$$H_0(\mathbf{D}(\mathbf{D}(M))) \longrightarrow \mathrm{Ext}^c_A(\mathrm{Ext}^c_A(M, \Omega), \Omega) \ ,$$

d'où finalement, par composition avec α_M, un homomorphisme canonique

$$\beta_M : M \longrightarrow \mathrm{Ext}^c_A(\mathrm{Ext}^c_A(M, \Omega), \Omega) \ .$$

COROLLAIRE.— *Si le* A-*module* M *est macaulayen, l'homomorphisme* β_M *est bijectif.*

Si M est macaulayen, le A-module $H^i(\mathbf{D}(M))$ est nul pour $i \neq c$ (n° 1, cor. de la prop. 3), de sorte que l'injection canonique $j : \mathbf{D}'(M) \to \mathbf{D}(M)$ est un homologisme ; par suite le morphisme de complexes $\mathbf{D}(j) : \mathbf{D}(\mathbf{D}(M)) \to \mathbf{D}(\mathbf{D}'(M))$ est un homologisme (A, X, p. 86, prop. 4). Ainsi $H_0(\mathbf{D}(j))$ est bijectif ; d'autre part α_M est bijectif par le th. 1, d'où le corollaire.

Lorsque le A-module M est de longueur finie, le A-module $\mathrm{Ext}^c_A(M, \Omega)$ s'identifie au dual de Matlis de M (*cf.* § 8, n° 5, exemple 3 et th. 3), et l'on retrouve la prop. 4 du § 8, n° 4.

6. Exemple : le cas de la dimension 1

Dans ce numéro, on considère un anneau A intègre, noethérien, de dimension 1, admettant un module dualisant Ω. On note K le corps des fractions de A, et V le K-espace vectoriel $K \otimes_A \Omega$.

L'homomorphisme canonique $\Omega \to V$ est injectif, et le K-espace vectoriel V est de dimension 1 (n° 2, cor. 1 de la prop. 4) ; identifions Ω à un sous-A-module de V.

PROPOSITION 8.— *Le* A-*module* V/Ω *est un module de Matlis.*

Considérons la suite exacte

$$0 \to \Omega \to V \to V/\Omega \to 0 \ ;$$

le A-module V est injectif (A, X, p. 18, exemple 1), et l'on a $\mathrm{di}_A(\Omega) = 1$ (n° 1, prop. 1). On en déduit d'une part que V/Ω est injectif (§ 3, n° 1, prop. 1), d'autre part, que pour tout idéal maximal $\mathfrak{m}$ de A, le $A/\mathfrak{m}$-espace vectoriel $\mathrm{Hom}_A(A/\mathfrak{m}, V/\Omega)$ est isomorphe à $\mathrm{Ext}^1_A(A/\mathfrak{m}, \Omega)$, donc de dimension 1. Comme V/Ω est un module de torsion, ses idéaux premiers associés sont maximaux ; cela démontre la proposition (§ 8, n° 4).

Soit M un A-module ; conformément à *loc. cit.*, nous noterons D(M) le A-module $\mathrm{Hom}_A(M, V/\Omega)$. On peut appliquer les constructions du n° 5 en prenant pour I le complexe

$$\cdots\ 0 \longrightarrow V \xrightarrow{\ p\ } V/\Omega \longrightarrow 0\ \cdots$$

où V est placé en degré 0, et p désigne la surjection canonique. Le complexe $\mathbf{D}(M)$ est

$$\cdots\ 0 \longrightarrow \mathrm{Hom}_A(M, V) \xrightarrow{\ p_M\ } D(M) \longrightarrow 0\ \cdots ,$$

avec $p_M = \mathrm{Hom}(1_M, p)$. On a un isomorphisme canonique de A-modules gradués $\varphi(M, I) : H(\mathbf{D}(M)) \longrightarrow \mathrm{Ext}_A(M, \Omega)$ (A, X, p. 100, th. 1).

Lorsque M est un module de torsion, le module $\mathbf{D}(M)^0 = \mathrm{Hom}_A(M, V)$ est nul, et $\varphi(M, I)$ est un isomorphisme de D(M) sur $\mathrm{Ext}^1_A(M, \Omega)$; le morphisme $\alpha_M : M \to \mathbf{D}(\mathbf{D}(M))$ n'est autre que l'homomorphisme canonique de A-modules

$$\alpha_M : M \longrightarrow D(D(M))$$

défini au § 8, n° 3, qui est un isomorphisme lorsque M est de type fini (c'est-à-dire de longueur finie). On retrouve dans ce cas la situation de *loc. cit.*

Revenons au cas général, et supposons le A-module M de type fini. Alors D(M) est un module de torsion, donc le A-module $\mathbf{D}(D(M))^{-1} = \mathrm{Hom}_A(D(M), V)$ est nul. D'autre part le A-module $\mathrm{Hom}_A(\mathbf{D}(M)^0, V) = \mathrm{Hom}_A(\mathrm{Hom}_A(M, V), V)$ s'identifie naturellement à $K \otimes_A M$, de façon que l'homomorphisme

$$\mathrm{Hom}(1, p) : \mathrm{Hom}_A(\mathrm{Hom}_A(M, V), V) \longrightarrow D(\mathrm{Hom}_A(M, V))$$

s'identifie à l'application

$$j : K \otimes_A M \longrightarrow D(\mathrm{Hom}_A(M, V))$$

telle que $j(\lambda \otimes m)(f) = p(\lambda f(m))$ pour $\lambda \in K$, $m \in M$, $f \in \mathrm{Hom}_A(M, V)$. Le th. 1 du n° 5 se traduit donc par l'exactitude de la suite

$$0 \longrightarrow M \xrightarrow{(i,\alpha_M)} (K \otimes_A M) \oplus D(D(M)) \xrightarrow{(j,-D(p_M))} D(\mathrm{Hom}_A(M,V)) \longrightarrow 0 ,$$

où i désigne l'application canonique de M dans $K \otimes_A M$. Le noyau de i s'identifie au sous-module de torsion T(M) de M, et son conoyau à $(K/A) \otimes_A M$. Considérons le diagramme commutatif à lignes exactes

$$\begin{array}{ccccccc} 0 \to T(M) & \longrightarrow & M & \xrightarrow{i} & K \otimes_A M & \longrightarrow & (K/A) \otimes_A M \longrightarrow 0 \\ & & \Big\downarrow{\scriptstyle \alpha_M} & & \Big\downarrow{\scriptstyle j} & & \\ 0 \to D(\mathrm{Ext}^1_A(M,\Omega)) & \longrightarrow & D(D(M)) & \xrightarrow{D(p_M)} & D(\mathrm{Hom}_A(M,V)) & \longrightarrow & D(\mathrm{Hom}_A(M,\Omega)) \longrightarrow 0 \end{array}$$

où la seconde ligne est obtenue par dualité dè Matlis à partir de la suite exacte

$$0 \to \mathrm{Hom}_A(M,\Omega) \longrightarrow \mathrm{Hom}_A(M,V) \xrightarrow{p_M} \mathrm{Hom}_A(M,V/\Omega) \longrightarrow \mathrm{Ext}^1_A(M,\Omega) \to 0 .$$

Le th. 1 signifie alors que *les homomorphismes de* A*-modules*

$$\gamma^0(M) : T(M) \longrightarrow D(\mathrm{Ext}^1_A(M,\Omega)) \quad \textit{et} \quad \gamma^1(M) : (K/A) \otimes_A M \longrightarrow D(\mathrm{Hom}_A(M,\Omega))$$

déduits de α_M *et* j *respectivement, sont bijectifs.* Comme le A-module T(M) est de longueur finie, le A-module $\mathrm{Ext}^1_A(M,\Omega)$ est de longueur finie et s'identifie au dual de Matlis D(T(M)), et l'on a $[\mathrm{Ext}^1_A(M,\Omega)] = [T(M)]$ dans le groupe $Z_0(A)$ et $\mathrm{long}_A(\mathrm{Ext}^1_A(M,\Omega)) = \mathrm{long}_A(T(M))$ (§ 8, n° 4, prop. 4). D'autre part, lorsqu'on prend $M = A$, on obtient un isomorphisme canonique $\gamma^1(A) : K/A \to D(\Omega)$.

Soit B un sous-anneau de K contenant A, fini sur A. Pour tout idéal maximal $\mathfrak{m}$ de A, on a $\mathrm{prof}_{A_\mathfrak{m}}(B_\mathfrak{m}) = \dim_{A_\mathfrak{m}}(B_\mathfrak{m}) = 1$ (§ 1, n° 1, remarque 2 et VIII, § 2, n° 3, th. 1), de sorte que B est un A-module macaulayen. Par conséquent le B-module $\Omega_B = \mathrm{Hom}_A(B,\Omega)$ est dualisant (n° 3, remarque). L'application canonique de $\Omega_B = \mathrm{Hom}_A(B,\Omega)$ dans $\Omega = \mathrm{Hom}_A(A,\Omega)$ est injective ; son image est formée des éléments ω de Ω tels que le sous-B-module $B\omega$ de V soit contenu dans Ω. Ainsi Ω_B s'identifie au plus grand sous-B-module de Ω. Le A-module B/A est de longueur finie ; la suite exacte

$$0 \to \Omega_B \to \Omega \to \mathrm{Ext}^1_A(B/A,\Omega) \to 0$$

permet d'identifier Ω/Ω_B à $\mathrm{Ext}^1_A(B/A,\Omega)$, donc d'après ce qui précède à D(B/A). En particulier, on a $[B/A] = [\Omega/\Omega_B]$ dans $Z_0(A)$ et $\mathrm{Ann}_A(B/A) = \mathrm{Ann}_A(\Omega/\Omega_B)$ (§ 8, n° 4, prop. 4).

L'idéal $\mathfrak{c} = \mathrm{Ann}_A(B/A)$ est le transporteur A : B, c'est-à-dire (VII, § 1, n° 1) l'ensemble des éléments x de K tels que $xB \subset A$. C'est un idéal (non nul) de

A et de B ; c'est en fait le plus grand idéal de B contenu dans A. Puisque $\Omega_B : \Omega \subset \Omega : \Omega = A$ (n° 4, prop. 7, b)), on a $\mathrm{Ann}_A(\Omega/\Omega_B) = \Omega_B : \Omega$, d'où finalement

$$\mathfrak{c} = \mathrm{Ann}_A(B/A) = \mathrm{Ann}_A(\Omega/\Omega_B) = \Omega_B : \Omega \ .$$

Puisque Ω_B est un B-module, la relation $x\Omega \subset \Omega_B$ équivaut à $xB\Omega \subset \Omega_B$, de sorte que l'on a aussi $\mathfrak{c} = \Omega_B : B\Omega$.

Nous allons particulariser ce qui précède au cas où B est la clôture intégrale de A ; l'hypothèse que B soit un A-module de type fini est satisfaite lorsque l'anneau A est japonais (IX, § 4, n° 1, déf. 1), ce qui est le cas lorsqu'il est local et complet (*loc. cit.*, n° 2, th. 2), ou lorsqu'il est essentiellement de type fini sur un corps (*loc. cit.*, n° 1, remarque 2 et exemple). L'anneau B est alors un anneau de Dedekind (VII, § 2, n° 2, th. 1), et les B-modules sans torsion Ω_B, $B\Omega$ et $\mathfrak{c}$ sont projectifs de rang 1 (VII, § 4, n° 10, prop. 22). La relation $\mathfrak{c} = \Omega_B : B\Omega$ signifie alors que l'application linéaire $\mathfrak{c} \otimes_B B\Omega \to \Omega_B$ déduite de l'action de K sur V est un isomorphisme (II, § 5, n° 6, prop. 11). On a en particulier $\Omega_B = \mathfrak{c}(B\Omega) = \mathfrak{c}\Omega$.

PROPOSITION 9.— *Soient* B *la clôture intégrale de* A, *et* $\mathfrak{c} = A : B$. *Supposons que* B *soit un* A*-module de type fini. On a l'inégalité* $[B/\mathfrak{c}] \leqslant 2[B/A]$ *dans* $Z_0(A)$. *Pour qu'il y ait égalité, il faut et il suffit que* A *soit un anneau de Gorenstein.*

On a $[B/\mathfrak{c}] = [B/A] + [A/\mathfrak{c}]$, de sorte que l'inégalité considérée équivaut à $[A/\mathfrak{c}] \leqslant [B/A]$.

A) Pour tout idéal maximal $\mathfrak{m}$ de A, la clôture intégrale de $A_\mathfrak{m}$ est $B_\mathfrak{m}$ (V, § 1, n° 5, cor. 1), et l'on a $\mathfrak{c}_\mathfrak{m} = A_\mathfrak{m} : B_\mathfrak{m}$. De plus on a par définition $[B/\mathfrak{c}] = \sum_\mathfrak{m} \mathrm{long}_{A_\mathfrak{m}}(B_\mathfrak{m}/\mathfrak{c}_\mathfrak{m})[\mathfrak{m}]$ et $[B/A] = \sum_\mathfrak{m} \mathrm{long}_{A_\mathfrak{m}}(B_\mathfrak{m}/A_\mathfrak{m})[\mathfrak{m}]$. Ceci nous ramène à démontrer la proposition lorsque l'anneau A est *local*, ce que nous supposerons désormais. Dans ce cas le groupe ordonné $Z_0(A)$ s'identifie canoniquement à $\mathbf{Z}$, de façon que la classe d'un module de longueur finie soit sa longueur. L'anneau B est semi-local et le B-module $B\Omega$ est libre de rang 1 (II, § 5, n° 3, prop. 5).

B) Si A est un anneau de Gorenstein, le A-module Ω est libre de rang 1 (n° 4, cor. 1 de la prop. 7) ; choisissons un générateur ω de Ω. On a $\Omega = A\omega$ et $\Omega_B = \mathfrak{c}\Omega = \mathfrak{c}\omega$, et par suite $\mathrm{long}(A/\mathfrak{c}) = \mathrm{long}(\Omega/\Omega_B) = \mathrm{long}(B/A)$.

C) Supposons le corps résiduel κ_A infini. Pour tout idéal maximal $\mathfrak{n}$ de B, notons $L(\mathfrak{n})$ le $B/\mathfrak{n}$-espace vectoriel (de dimension 1) $B\Omega/\mathfrak{n}B\Omega$, et $\mathrm{pr}_\mathfrak{n}$ la projection canonique de $\bigoplus_\mathfrak{n} L(\mathfrak{n})$ sur $L(\mathfrak{n})$. Soit $\varphi : \Omega \longrightarrow \bigoplus_\mathfrak{n} L(\mathfrak{n})$ la restriction à Ω de l'homomorphisme canonique $B\Omega \longrightarrow \bigoplus_\mathfrak{n} L(\mathfrak{n})$. L'image de φ est un sous-κ_A-espace vectoriel de $\bigoplus_\mathfrak{n} L(\mathfrak{n})$; elle n'est pas contenue dans Ker $\mathrm{pr}_\mathfrak{n}$, sans quoi l'on aurait $\Omega \subset \mathfrak{n}B\Omega$ et par suite $B\Omega \subset \mathfrak{n}B\Omega$, ce qui est contradictoire. Ainsi l'image de φ n'est pas contenue dans la réunion des Ker $\mathrm{pr}_\mathfrak{n}$ (A, V, p. 40, lemme 1) ; il existe donc un élément ω de Ω dont l'image dans $B\Omega/\mathfrak{n}B\Omega$ est non nulle pour tout $\mathfrak{n}$, ce qui entraîne que ω engendre le B-module $B\Omega$ (II, § 3, n° 3, prop. 11).

Soit $a \in A$; si $a\omega$ appartient à Ω_B, on a $aB\omega \subset \Omega_B$, donc $a\Omega \subset \Omega_B$, ce qui implique $a \in \mathfrak{c}$. L'application $a \mapsto a\omega$ induit donc une injection de $A/\mathfrak{c}$ dans Ω/Ω_B ; par suite on a $\mathrm{long}(A/\mathfrak{c}) \leqslant \mathrm{long}(\Omega/\Omega_B) = \mathrm{long}(B/A)$.

Si $\operatorname{long}(A/\mathfrak{c}) = \operatorname{long}(B/A)$, on a $A\omega + \Omega_B = \Omega$. On peut supposer que l'idéal $\mathfrak{c}$ est contenu dans $\mathfrak{m}_A$ (dans le cas contraire A est égal à B, donc est un anneau de Gorenstein). Comme $\Omega_B = \mathfrak{c}\Omega$ est contenu dans $\mathfrak{m}_A\Omega$, il résulte du lemme de Nakayama que ω engendre Ω. Ainsi le A-module Ω est monogène, donc libre de rang 1, ce qui signifie que A est un anneau de Gorenstein (n° 4, cor. 1 de la prop. 7).

D) Traitons le cas général. Notons A' l'anneau $A]X[$, c'est-à-dire (IX, App., n° 2) l'anneau local de l'anneau de polynômes $A[X]$ en l'idéal premier $\mathfrak{m}_A A[X]$; c'est une A-algèbre plate, intègre, de dimension 1, dont le corps résiduel $\kappa_{A'}$ s'identifie à $\kappa_A(X)$ et le corps des fractions à $K(X)$ (*loc. cit.*). D'après le cor. de la prop. 5 du n° 3, le A'-module $A' \otimes_A \Omega$ est dualisant. Posons $B' = A' \otimes_A B$; c'est la clôture intégrale de A' dans $K(X)$ (V, § 1, n° 3, prop. 13 et n° 5, prop. 16). Le transporteur $\mathfrak{c}' = A' : B'$ est égal à $\mathfrak{c}A'$ (I, § 2, n° 10, formule (11)). Pour tout A-module M de longueur finie, on a $\operatorname{long}_{A'}(A' \otimes_A M) = \operatorname{long}_A(M)$: en effet, comme la A-algèbre A' est plate, il suffit de prouver cette relation lorsque M est simple, c'est-à-dire isomorphe à κ_A ; mais dans ce cas $A' \otimes_A \kappa_A$ s'identifie à $\kappa_{A'}$, d'où notre assertion. On a donc

$$\operatorname{long}_A(B/\mathfrak{c}) = \operatorname{long}_{A'}(B'/\mathfrak{c}') \qquad \text{et} \qquad \operatorname{long}_A(B/A) = \operatorname{long}_{A'}(B'/A') .$$

L'anneau A' vérifie les hypothèses de la proposition, et son corps résiduel est infini. D'après la partie C) de la démonstration, on a $\operatorname{long}_{A'}(B'/\mathfrak{c}') \leqslant 2\operatorname{long}_{A'}(B'/A')$, et l'égalité implique que A' est un anneau de Gorenstein ; mais cette dernière condition entraîne que A est un anneau de Gorenstein (§ 3, n° 8, cor. 1 de la prop. 12).

§ 10. COHOMOLOGIE LOCALE, DUALITÉ DE GROTHENDIECK

1. Cohomologie locale

Dans ce numéro, on considère un anneau A *local noethérien*. Rappelons (VIII, § 3, n° 3, lemme 2) que les *idéaux de définition* de A sont les idéaux de A distincts de A contenant une puissance de $\mathfrak{m}_A$, ou encore les idéaux $\mathfrak{a} \subset \mathfrak{m}_A$ tels que $A/\mathfrak{a}$ soit de longueur finie. On notera $\mathscr{D}$ l'ensemble des idéaux de définition de A, muni de la relation d'ordre opposée à l'inclusion ; il est filtrant à droite.

Soit M un A-module. Associons à tout idéal de définition $\mathfrak{a}$ de A le A-module gradué $\mathrm{Ext}_A(A/\mathfrak{a}, M)$; si $\mathfrak{a}$ et $\mathfrak{b}$ sont des idéaux de définition avec $\mathfrak{a} \subset \mathfrak{b}$, notons $p_{\mathfrak{a}\mathfrak{b}} : A/\mathfrak{a} \to A/\mathfrak{b}$ l'application canonique et considérons l'application A-linéaire $\mathrm{Ext}(p_{\mathfrak{a}\mathfrak{b}}, 1_M) : \mathrm{Ext}_A(A/\mathfrak{b}, M) \longrightarrow \mathrm{Ext}_A(A/\mathfrak{a}, M)$. On obtient ainsi un système inductif de A-modules gradués et d'applications A-linéaires graduées de degré 0 relatif à l'ensemble ordonné $\mathscr{D}$. On appelle *module de cohomologie locale* de M, et on note $H_A(M)$, le A-module gradué $\varinjlim_{\mathfrak{a} \in \mathscr{D}} \mathrm{Ext}_A(A/\mathfrak{a}, M)$.

Les idéaux $\mathfrak{m}_A^n$ pour $n \geqslant 1$ forment une partie cofinale de $\mathscr{D}$; on a donc un isomorphisme canonique de modules gradués $\varinjlim_n \mathrm{Ext}_A(A/\mathfrak{m}_A^n, M) \longrightarrow H_A(M)$. Par suite tout élément de $H_A(M)$ est annulé par une puissance de $\mathfrak{m}_A$.

Remarque 1.— * Soient X l'espace topologique Spec(A), $\mathscr{O}_X$ le faisceau d'anneaux structural et $\widetilde{M}$ le $\mathscr{O}_X$-module associé à M. Le A-module gradué $H_A(M)$ s'identifie au module $H_{\{\mathfrak{m}_A\}}(X, \widetilde{M})$ de cohomologie à support dans le point fermé $\mathfrak{m}_A$ de X. *

Pour tout homomorphisme $f : M \to N$ de A-modules, les applications $\mathrm{Ext}_A(1_{A/\mathfrak{a}}, f) : \mathrm{Ext}_A(A/\mathfrak{a}, M) \longrightarrow \mathrm{Ext}_A(A/\mathfrak{a}, N)$ forment un système inductif d'applications linéaires graduées. Par passage à la limite inductive, on obtient un homomorphisme gradué $H_A(f) : H_A(M) \to H_A(N)$. Pour toute suite $M \xrightarrow{f} N \xrightarrow{g} P$ de A-modules et d'homomorphismes, on a $H_A(g \circ f) = H_A(g) \circ H_A(f)$. Soit

$$(\mathscr{E}) \qquad 0 \to M \xrightarrow{f} N \xrightarrow{g} P \to 0$$

une suite exacte de A-modules. D'après A, X, p. 90, prop. 8, les homomorphismes de liaison des modules d'extensions $\mathrm{Ext}_A(A/\mathfrak{a}, P) \longrightarrow \mathrm{Ext}_A(A/\mathfrak{a}, M)$ forment un système inductif d'applications A-linéaires, graduées de degré (ascendant) +1. Par passage à la limite inductive, on en déduit un A-homomorphisme $\partial(\mathscr{E}) : H_A(P) \to H_A(M)$, gradué de degré +1, qui rend exacte la suite d'homomorphismes

$$\ldots \longrightarrow H_A^{n-1}(P) \xrightarrow{\partial^{n-1}(\mathscr{E})} H_A^n(M) \xrightarrow{H_A^n(f)} H_A^n(N) \xrightarrow{H_A^n(g)} H_A^n(P) \xrightarrow{\partial^n(\mathscr{E})} H_A^{n+1}(M) \longrightarrow \ldots$$

Soit M un A-module. Pour tout idéal $\mathfrak{a}$ de A, le A-module $\mathrm{Hom}_A(A/\mathfrak{a}, M)$ s'identifie canoniquement au sous-module de M formé des éléments annulés par $\mathfrak{a}$. Ainsi $H^0_A(M)$ s'identifie au sous-module de M formé des éléments m qui sont annulés par une puissance de $\mathfrak{m}_A$, c'est-à-dire tels que $\mathrm{long}_A(Am) < +\infty$. On a en particulier $H^0_A(M) = M$ lorsque M est artinien.

Exemples.— 1) Si M est injectif, le A-module $H^i_A(M)$ est nul pour $i > 0$ et injectif pour $i = 0$ (§ 8, n° 2, lemme 1, c)).

2) Si $H^0_A(M) = M$ (par exemple si M est artinien), $H^i_A(M)$ est nul pour $i > 0$. Soit en effet (I, e) une enveloppe injective de M. Le sous-module $H^0_A(I)$ de I est injectif (exemple 1) et contient $e(M)$, donc est égal à I. Posons $N = \mathrm{Coker}\, e$ et considérons la suite exacte $0 \to M \xrightarrow{e} I \xrightarrow{p} N \to 0$. Comme $I = H^0_A(I)$, on a $N = H^0_A(N)$ et l'homomorphisme $H^0_A(p)$ est surjectif. Puisque $H^i_A(I)$ est nul pour $i > 0$ (exemple 1), $H^1_A(M)$ est nul et $H^i_A(M)$ est isomorphe à $H^{i-1}_A(N)$ pour $i > 1$; on conclut en raisonnant par récurrence sur l'entier i.

3) Soit Ω un A-module dualisant. Pour $i \neq \dim(A)$, on a $\mathrm{Ext}^i_A(A/\mathfrak{a}, \Omega) = 0$ pour tout idéal de définition $\mathfrak{a}$ de A (§ 8, n° 5, exemple 3), d'où $H^i_A(\Omega) = 0$; pour $i = \dim(A)$, le A-module $H^i_A(\Omega)$, qui est isomorphe à $\varinjlim \mathrm{Ext}^i_A(A/\mathfrak{m}^n_A, \Omega)$, est un A-module de Matlis (*loc. cit.*, exemple 6).

4) Soit A un anneau local noethérien intègre ; notons K son corps des fractions, et supposons $A \neq K$. C'est un A-module injectif (A, X, p. 18, exemple 1), de sorte que le module $H_A(K)$ est nul (exemple 1). De la suite exacte $0 \to A \to K \to K/A \to 0$, on tire pour tout i un isomorphisme $H^i_A(K/A) \to H^{i+1}_A(A)$.

Plus généralement, pour tout A-module sans torsion M et tout entier i, on déduit de la suite exacte

$$0 \to M \to K \otimes_A M \to (K/A) \otimes_A M \to 0$$

un isomorphisme $H^i_A((K/A) \otimes_A M) \to H^{i+1}_A(M)$.

5) Conservons les hypothèses de l'exemple précédent et supposons de plus $\dim(A) = 1$. Soit N un A-module de torsion ; comme tout idéal non nul de A distinct de A est un idéal de définition (VIII, § 1, n° 3, prop. 6, e)), on a $H^0_A(N) = N$, et par suite $H^i_A(N) = 0$ pour $i > 0$ (exemple 2).

Soit M un A-module ; notons T(M) son sous-module de torsion. Considérons la suite exacte longue de cohomologie locale associée à la suite exacte

$$0 \to T(M) \to M \to M/T(M) \to 0 \;;$$

compte tenu de ce qui précède, on en déduit des isomorphismes canoniques $T(M) \to H^0_A(M)$ et $H^1_A(M) \to H^1_A(M/T(M))$. Comme l'homomorphisme canonique $(K/A) \otimes_A M \to (K/A) \otimes_A (M/T(M))$ est bijectif, on obtient finalement des *isomorphismes canoniques*

$$H^0_A(M) \to T(M) \,, \qquad H^1_A(M) \to (K/A) \otimes_A M \,.$$

PROPOSITION 1.— *Soient* A *un anneau local noethérien et* M *un* A*-module de type fini.*

a) *Le* A*-module* $H_A(M)$ *est artinien, et nul en degré* $> \dim(M)$.

b) *Posons* $p = \mathrm{prof}_A(M)$. *On a* $H^i_A(M) = 0$ *pour* $i < p$, *et* $H^p_A(M) \neq 0$ *si* M *est non nul.*

Prouvons a) en raisonnant par récurrence sur $\dim(M)$. Le cas $\dim(M) \leqslant 0$ résulte de l'exemple 2 ci-dessus. Supposons $\dim(M) > 0$ et prenons d'abord M de la forme $A/\mathfrak{p}$, où $\mathfrak{p}$ est un idéal premier de A distinct de $\mathfrak{m}_A$. Soit x un élément de $\mathfrak{m}_A - \mathfrak{p}$; on a une suite exacte $0 \to M \xrightarrow{x_M} M \longrightarrow M/xM \to 0$, avec $\dim(M/xM) = \dim(M) - 1$. On en déduit une suite exacte de cohomologie locale

$$H^{i-1}_A(M/xM) \longrightarrow H^i_A(M) \xrightarrow{x} H^i_A(M) .$$

Tout élément de $H^i_A(M)$ est annulé par une puissance de $\mathfrak{m}_A$; pour prouver que ce module est artinien, il suffit donc de prouver que le socle de $H^i_A(M)$ est de dimension finie sur κ_A (§ 8, n° 3, lemme 3). Par l'hypothèse de récurrence, le noyau N de l'homothétie de rapport x dans $H^i_A(M)$ est artinien ; comme x appartient à $\mathfrak{m}_A$, le socle de $H^i_A(M)$ s'identifie à celui de N, donc est de dimension finie. Si $i > \dim(M)$, on a $H^{i-1}_A(M/xM) = 0$ par l'hypothèse de récurrence, de sorte que l'homothétie de rapport x est injective dans $H^i_A(M)$; comme tout élément de $H^i_A(M)$ est annulé par une puissance de x, on en déduit $H^i_A(M) = 0$, d'où a) dans le cas considéré.

Passons au cas général. Le A-module M admet une suite de composition $(M_j)_{0 \leqslant j \leqslant n}$ telle que chaque quotient M_j/M_{j+1} soit isomorphe à $A/\mathfrak{p}_j$, où $\mathfrak{p}_j$ est un idéal premier de A (IV, § 1, n° 4, th. 1). Prouvons par récurrence sur n que M satisfait a). Le cas $n = 0$ est trivial. La suite exacte $0 \to M_1 \to M \to A/\mathfrak{p}_0 \to 0$ fournit une suite exacte de cohomologie locale

$$H^i_A(M_1) \longrightarrow H^i_A(M) \longrightarrow H^i_A(A/\mathfrak{p}_0) \;;$$

le A-module $H^i_A(M_1)$ est artinien par l'hypothèse de récurrence, et il en est de même de $H^i_A(A/\mathfrak{p}_0)$ par les cas déjà traités ; par suite $H^i_A(M)$ est artinien. Si $i > \dim(M)$, les modules M_1 et $A/\mathfrak{p}_0$ sont de dimension $< i$; les modules $H^i_A(M_1)$ et $H^i_A(A/\mathfrak{p}_0)$ sont donc nuls d'après l'hypothèse de récurrence et les cas déjà traités, ce qui entraîne $H^i_A(M) = 0$.

Supposons M non nul, et prouvons b) par récurrence sur l'entier $p = \mathrm{prof}(M)$. Le cas $p = 0$ résulte de la définition de la profondeur. Supposons $p > 0$ et choisissons un élément x de $\mathfrak{m}_A$ tel que l'homothétie x_M soit injective. On obtient comme ci-dessus une suite exacte de cohomologie locale

$$H^{i-1}_A(M/xM) \longrightarrow H^i_A(M) \xrightarrow{x} H^i_A(M) .$$

On a $\mathrm{prof}(M/xM) = \mathrm{prof}(M) - 1$ (§ 1, n° 4, prop. 7), d'où $H^{i-1}_A(M/xM) = 0$ pour $i < p$ par l'hypothèse de récurrence, ce qui implique comme ci-dessus $H^i_A(M) = 0$. En particulier $H^{p-1}_A(M)$ est nul, de sorte que l'homomorphisme $H^{p-1}_A(M/xM) \longrightarrow H^p_A(M)$ est injectif ; ainsi $H^p_A(M)$ est non nul par l'hypothèse de récurrence.

On peut montrer que le module $\mathrm{H}_{\mathrm{A}}^{\dim(\mathrm{M})}(\mathrm{M})$ est non nul lorsque M est non nul (exerc. 4 ; *cf.* n° 3, cor. du th. 2).

COROLLAIRE.— *Soit* M *un* A-*module macaulayen, non nul et de type fini. Le* A-*module* $\mathrm{H}_{\mathrm{A}}^{i}(\mathrm{M})$ *est nul pour* $i \neq \dim(\mathrm{M})$ *et non nul pour* $i = \dim(\mathrm{M})$.

Remarque 2.— Pour tout idéal de définition $\mathfrak{a}$ de A, le A-module $\mathrm{Ext}_{\mathrm{A}}(\mathrm{A}/\mathfrak{a}, \mathrm{M})$ est annulé par $\mathfrak{a}$, et $\mathrm{A}/\mathfrak{a}$ s'identifie à $\widehat{\mathrm{A}}/\mathfrak{a}\widehat{\mathrm{A}}$; par conséquent, le A-module gradué $\mathrm{Ext}_{\mathrm{A}}(\mathrm{A}/\mathfrak{a}, \mathrm{M})$ s'identifie à $\widehat{\mathrm{A}} \otimes_{\mathrm{A}} \mathrm{Ext}_{\mathrm{A}}(\mathrm{A}/\mathfrak{a}, \mathrm{M})$, donc aussi à $\mathrm{Ext}_{\widehat{\mathrm{A}}}(\widehat{\mathrm{A}}/\mathfrak{a}\widehat{\mathrm{A}}, \widehat{\mathrm{A}} \otimes_{\mathrm{A}} \mathrm{M})$ (A, X, p. 111, prop. 10). L'ensemble des idéaux $\mathfrak{a}\widehat{\mathrm{A}}$, pour $\mathfrak{a} \in \mathscr{D}$, contient les puissances de $\mathfrak{m}_{\widehat{\mathrm{A}}}$, donc est cofinal dans l'ensemble des idéaux de définition de $\widehat{\mathrm{A}}$; on déduit donc de ce qui précède un isomorphisme canonique de A-modules gradués

$$\mathrm{H}_{\mathrm{A}}(\mathrm{M}) \longrightarrow \mathrm{H}_{\widehat{\mathrm{A}}}(\widehat{\mathrm{A}} \otimes_{\mathrm{A}} \mathrm{M}) .$$

Si le A-module M est de type fini, le A-module $\widehat{\mathrm{A}} \otimes_{\mathrm{A}} \mathrm{M}$ s'identifie au complété $\widehat{\mathrm{M}}$ de M (III, § 3, n° 4, th. 3), et on a un isomorphisme $\mathrm{H}_{\mathrm{A}}(\mathrm{M}) \to \mathrm{H}_{\widehat{\mathrm{A}}}(\widehat{\mathrm{M}})$, gradué de degré 0.

2. Cohomologie locale sur un anneau de Macaulay

Dans ce numéro, on suppose que A *est un anneau de Macaulay local* ; *on pose* $\dim(\mathrm{A}) = d$.

Les idéaux engendrés par une suite d'éléments de $\mathfrak{m}_{\mathrm{A}}$ complètement sécante pour A et de longueur $d = \dim(\mathrm{A})$ forment une partie cofinale $\mathscr{D}_{cs}$ dans l'ensemble $\mathscr{D}$ des idéaux de définition de A. En effet, soit $(x_1, \dots, x_d)$ une suite d'éléments de $\mathfrak{m}_{\mathrm{A}}$ complètement sécante pour A (§ 2, n° 3, prop. 3) ; pour tout entier n, la suite $(x_1^n, \dots, x_d^n)$ est complètement sécante pour A (A, X, p. 158, prop. 6, c)), et engendre un idéal de définition (VIII, § 3, n° 2, cor. de la prop. 3 et th. 1) contenu dans $\mathfrak{m}_{\mathrm{A}}^n$.

Soit $\mathfrak{a} \in \mathscr{D}_{cs}$, et soit $\pi : \mathrm{L} \to \mathrm{A}/\mathfrak{a}$ une résolution libre de type fini, nulle en degré $> d$ (par exemple le complexe de Koszul associé à une suite complètement sécante pour A engendrant $\mathfrak{a}$). Considérons le dual $\mathrm{L}^* = \mathrm{Homgr}_{\mathrm{A}}(\mathrm{L}, \mathrm{A})$ de L ; puisque la profondeur de A est égale à d, on a $\mathrm{Ext}_{\mathrm{A}}^{i}(\mathrm{A}/\mathfrak{a}, \mathrm{A}) = 0$ pour $i < d$ (§ 1, n° 1, cor. 2 de la prop. 2). Comme L^* est de longueur $\leqslant d$, on en déduit que $\mathrm{H}^i(\mathrm{L}^*)$ est nul pour $i \neq d$ et que $\mathrm{H}^d(\mathrm{L}^*)$ s'identifie à $\mathrm{Ext}_{\mathrm{A}}^{d}(\mathrm{A}/\mathfrak{a}, \mathrm{A})$ (A, X, p. 100, th. 1). On a par suite un homologisme

$$\pi^* : \mathrm{L}^*(-d) \longrightarrow \mathrm{Ext}_{\mathrm{A}}^{d}(\mathrm{A}/\mathfrak{a}, \mathrm{A})$$

qui définit une résolution libre de type fini de $\mathrm{Ext}_{\mathrm{A}}^{d}(\mathrm{A}/\mathfrak{a}, \mathrm{A})$.

Soit M un A-module ; considérons les isomorphismes canoniques (*loc. cit.*)

$$\varphi(\mathrm{L}, \mathrm{M}) : \mathrm{H}(\mathrm{Homgr}_{\mathrm{A}}(\mathrm{L}, \mathrm{M})) \to \mathrm{Ext}_{\mathrm{A}}(\mathrm{A}/\mathfrak{a}, \mathrm{M})$$

$$\psi(\mathrm{M}, \mathrm{L}^*(-d)) : \mathrm{Tor}^{\mathrm{A}}(\mathrm{M}, \mathrm{Ext}_{\mathrm{A}}^{d}(\mathrm{A}/\mathfrak{a}, \mathrm{A})) \to \mathrm{H}(\mathrm{M} \otimes_{\mathrm{A}} \mathrm{L}^*)(-d) .$$

Comme le complexe L est libre de type fini, le morphisme canonique de complexes $M \otimes_A L^* \to \mathrm{Homgr}_A(L, M)$ est un isomorphisme ; on en déduit un isomorphisme de A-modules gradués $H(M \otimes_A L^*) \to H(\mathrm{Homgr}_A(L, M))$. Par composition des isomorphismes précédents, on obtient un isomorphisme de A-modules gradués, dit *canonique*

$$\tau(L, M) : \mathrm{Tor}^A(M, \mathrm{Ext}^d_A(A/\mathfrak{a}, A))(d) \longrightarrow \mathrm{Ext}_A(A/\mathfrak{a}, M)$$

qui induit pour chaque entier i un isomorphisme

$$\tau^i(L, M) : \mathrm{Tor}^A_{d-i}(M, \mathrm{Ext}^d_A(A/\mathfrak{a}, A)) \longrightarrow \mathrm{Ext}^i_A(A/\mathfrak{a}, M)\ .$$

Pour $M = A$, $\tau^d(L, A)$ est l'isomorphisme canonique de $A \otimes_A \mathrm{Ext}^d_A(A/\mathfrak{a}, A)$ sur $\mathrm{Ext}^d_A(A/\mathfrak{a}, A)$.

Soit $\mathfrak{b}$ un idéal de $\mathscr{D}_{cs}$ contenu dans $\mathfrak{a}$. Soit $\rho : R \to A/\mathfrak{b}$ une résolution libre de type fini de longueur $\leqslant d$ et soit $p_{\mathfrak{ab}} : A/\mathfrak{b} \to A/\mathfrak{a}$ la surjection canonique. D'après A, X, p. 49, prop. 3, il existe un morphisme de complexes $P_{LR} : R \to L$ tel que $\pi \circ P_{LR} = p_{\mathfrak{ab}} \circ \rho$. D'après la prop. 2 de A, X, p. 103, on a un diagramme commutatif

$$\begin{array}{ccc}
\mathrm{Tor}^A(M, \mathrm{Ext}^d_A(A/\mathfrak{a}, A))(d) & \xrightarrow{\mathrm{Tor}(1_M, \mathrm{Ext}^d(p_{\mathfrak{ab}}, 1_A))} & \mathrm{Tor}^A(M, \mathrm{Ext}^d_A(A/\mathfrak{b}, A))(d) \\
{\scriptstyle \psi(L^*(-d), M)} \downarrow & & \downarrow {\scriptstyle \psi(R^*(-d), M)} \\
H(M \otimes_A L^*) & \xrightarrow{H(1_M \otimes {}^t P_{LR})} & H(M \otimes_A R^*) \\
\downarrow & & \downarrow \\
H(\mathrm{Homgr}_A(L, M)) & \xrightarrow{H(\mathrm{Homgr}(P_{LR}, M))} & H(\mathrm{Homgr}_A(R, M)) \\
{\scriptstyle \varphi(L, M)} \downarrow & & \downarrow {\scriptstyle \varphi(R, M)} \\
\mathrm{Ext}_A(A/\mathfrak{a}, M) & \xrightarrow{\mathrm{Ext}(p_{\mathfrak{ab}}, 1_M)} & \mathrm{Ext}_A(A/\mathfrak{b}, M)\ .
\end{array}$$

Il en résulte d'abord, en prenant $\mathfrak{a} = \mathfrak{b}$, que l'isomorphisme $\tau(L, M)$ ne dépend pas du choix de la résolution L de $A/\mathfrak{a}$; notons-le $\tau_{\mathfrak{a}}(M)$. Il en résulte ensuite que les $\tau_{\mathfrak{a}}(M)$ pour $\mathfrak{a} \in \mathscr{D}_{cs}$ forment un système inductif d'isomorphismes. Passant à la limite inductive, on obtient pour chaque entier i, compte tenu de A, X, p. 70, prop. 8, un *isomorphisme de* A-*modules*

$$\tau^i(M) : \mathrm{Tor}^A_{d-i}(M, H^d_A(A)) \longrightarrow H^i_A(M)\ .$$

Pour $M = A$, $\tau^d(A)$ est l'isomorphisme canonique de $A \otimes_A H^d_A(A)$ sur $H^d_A(A)$.

Remarques.— 1) Soit $f : \mathrm{M} \to \mathrm{N}$ un homomorphisme de A-modules. En utilisant A, X, p. 103, prop. 2, on prouve que les diagrammes suivants sont commutatifs :

$$\begin{array}{ccc} \mathrm{Tor}^{\mathrm{A}}_{d-i}(\mathrm{M}, \mathrm{H}^d_{\mathrm{A}}(\mathrm{A})) & \xrightarrow{\tau^i(\mathrm{M})} & \mathrm{H}^i_{\mathrm{A}}(\mathrm{M}) \\ \Big\downarrow {\scriptstyle \mathrm{Tor}_{d-i}(f,1)} & & \Big\downarrow {\scriptstyle \mathrm{H}^i(f)} \\ \mathrm{Tor}^{\mathrm{A}}_{d-i}(\mathrm{N}, \mathrm{H}^d_{\mathrm{A}}(\mathrm{A})) & \xrightarrow{\tau^i(\mathrm{N})} & \mathrm{H}^i_{\mathrm{A}}(\mathrm{N}) \end{array} .$$

2) Soit

$$(\mathscr{E}) \qquad 0 \to \mathrm{M} \to \mathrm{N} \to \mathrm{P} \to 0$$

une suite exacte de A-modules. En utilisant A, X, p. 104, prop. 3 et p. 106, prop. 4, on prouve que les diagrammes suivants sont commutatifs :

$$\begin{array}{ccc} \mathrm{Tor}^{\mathrm{A}}_{d-i}(\mathrm{P}, \mathrm{H}^d_{\mathrm{A}}(\mathrm{A})) & \xrightarrow{\tau^i(\mathrm{P})} & \mathrm{H}^i_{\mathrm{A}}(\mathrm{P}) \\ \Big\downarrow {\scriptstyle \partial_{d-i}(\mathscr{E}, \mathrm{H}^d_{\mathrm{A}}(\mathrm{A}))} & & \Big\downarrow {\scriptstyle \partial^i(\mathscr{E})} \\ \mathrm{Tor}^{\mathrm{A}}_{d-i-1}(\mathrm{M}, \mathrm{H}^d_{\mathrm{A}}(\mathrm{A})) & \xrightarrow{\tau^{i+1}(\mathrm{M})} & \mathrm{H}^{i+1}_{\mathrm{A}}(\mathrm{M}) \end{array} .$$

3) Considérons l'isomorphisme

$$\tau^d(\mathrm{M}) : \mathrm{M} \otimes_{\mathrm{A}} \mathrm{H}^d_{\mathrm{A}}(\mathrm{A}) \longrightarrow \mathrm{H}^d_{\mathrm{A}}(\mathrm{M}) .$$

Pour $x \in \mathrm{M}$, notons f_x l'application $a \mapsto ax$ de A dans M. Pour tout $u \in \mathrm{H}^d_{\mathrm{A}}(\mathrm{A})$, on a

$$\tau^d(\mathrm{M})(x \otimes u) = \mathrm{H}^d_{\mathrm{A}}(f_x)(u) .$$

Cela résulte en effet de la remarque 1 appliquée à l'homomorphisme $f_x : \mathrm{A} \to \mathrm{M}$.

3. Dualité de Grothendieck sur un anneau de Macaulay

On suppose toujours que A est un anneau de Macaulay local, de dimension d. Soit Ω un A-module dualisant. Le A-module $\mathrm{H}^d_{\mathrm{A}}(\Omega)$ est un module de Matlis (§ 8, n° 5, exemple 6) ; conformément aux notations du § 8, nous poserons $\mathrm{D}(\mathrm{M}) = \mathrm{Hom}_{\mathrm{A}}(\mathrm{M}, \mathrm{H}^d_{\mathrm{A}}(\Omega))$ pour tout A-module M.

Considérons l'isomorphisme $\tau^d(\Omega) : \Omega \otimes \mathrm{H}^d_{\mathrm{A}}(\mathrm{A}) \to \mathrm{H}^d_{\mathrm{A}}(\Omega)$ (n° 2). On en déduit un homomorphisme $\omega : \mathrm{H}^d_{\mathrm{A}}(\mathrm{A}) \to \mathrm{Hom}_{\mathrm{A}}(\Omega, \mathrm{H}^d_{\mathrm{A}}(\Omega))$ qui associe à un élément u de $\mathrm{H}^d_{\mathrm{A}}(\mathrm{A})$ l'homomorphisme $x \mapsto \mathrm{H}^d_{\mathrm{A}}(f_x)(u)$ (remarque 3 ci-dessus).

PROPOSITION 2.— *Soit* A *un anneau de Macaulay local, de dimension* d, *et soit* Ω *un* A*-module dualisant. L'homomorphisme* $\omega : \mathrm{H}^d_{\mathrm{A}}(\mathrm{A}) \to \mathrm{D}(\Omega)$ *est bijectif.*

L'homomorphisme ω est la limite du système inductif d'applications $(\omega_{\mathfrak{a}})_{\mathfrak{a} \in \mathscr{D}_{cs}}$, où

$$\omega_{\mathfrak{a}} : \mathrm{Ext}^d_{\mathrm{A}}(\mathrm{A}/\mathfrak{a}, \mathrm{A}) \longrightarrow \mathrm{Hom}_{\mathrm{A}}(\Omega, \mathrm{Ext}^d_{\mathrm{A}}(\mathrm{A}/\mathfrak{a}, \Omega))$$

associe à un élément u de $\mathrm{Ext}^d_{\mathrm{A}}(\mathrm{A}/\mathfrak{a}, \mathrm{A})$ l'application $x \mapsto f_x \circ u$ (A, X, p. 114). Il suffit donc de prouver que chacune des applications $\omega_{\mathfrak{a}}$ est bijective.

Soit $\mathfrak{a}$ un idéal de $\mathscr{D}_{cs}$, engendré par une suite $\mathbf{x} = (x_1, \ldots, x_d)$ complètement sécante pour A. Le complexe de Koszul $\mathbf{K}^\bullet(\mathbf{x}, \mathrm{A})$ fournit une résolution projective de $\mathrm{A}/\mathfrak{a}$; pour tout A-module M, le A-module $\mathrm{H}^d(\mathrm{Homgr}_{\mathrm{A}}(\mathbf{K}^\bullet(\mathbf{x}, \mathrm{A}), \mathrm{M}))$ s'identifie canoniquement à $\mathrm{M}/\mathfrak{a}\mathrm{M}$ (A, X, p. 155). On en déduit un isomorphisme (A, X, p. 100)

$$\varphi_{\mathrm{M}} : \mathrm{M}/\mathfrak{a}\mathrm{M} \longrightarrow \mathrm{Ext}^d(\mathrm{A}/\mathfrak{a}, \mathrm{M}) .$$

Soit $x \in \Omega$. Compte tenu de *loc. cit.*, p. 103, prop. 2, on a un diagramme commutatif

$$\begin{array}{ccc} \mathrm{A}/\mathfrak{a} & \xrightarrow{\varphi_{\mathrm{A}}} & \mathrm{Ext}^d_{\mathrm{A}}(\mathrm{A}/\mathfrak{a}, \mathrm{A}) \\ {\scriptstyle \bar{f}_x}\downarrow & & \downarrow{\scriptstyle \mathrm{Ext}(1_{\mathrm{A}/\mathfrak{a}}, f_x)} \\ \Omega/\mathfrak{a}\Omega & \xrightarrow{\varphi_{\Omega}} & \mathrm{Ext}^d_{\mathrm{A}}(\mathrm{A}/\mathfrak{a}, \Omega) \end{array}$$

où $\bar{f}_x$ est l'homomorphisme déduit de f_x par passage aux quotients. Il en résulte que si pour tout A-module M on identifie $\mathrm{Ext}^d_{\mathrm{A}}(\mathrm{A}/\mathfrak{a}, \mathrm{M})$ à $\mathrm{M}/\mathfrak{a}\mathrm{M}$ à l'aide de φ_{M}, l'homomorphisme $\omega_{\mathfrak{a}}$ s'identifie à l'application A-linéaire de $\mathrm{A}/\mathfrak{a}$ dans $\mathrm{Hom}_{\mathrm{A}}(\Omega, \Omega/\mathfrak{a}\Omega)$ qui envoie 1 sur la surjection canonique, c'est-à-dire encore à l'application canonique $\mathrm{A}/\mathfrak{a} \longrightarrow \mathrm{End}_{\mathrm{A}/\mathfrak{a}}(\Omega/\mathfrak{a}\Omega)$. Mais puisque le $\mathrm{A}/\mathfrak{a}$-module $\Omega/\mathfrak{a}\Omega$ est dualisant (§ 9, n° 2, prop. 4), celle-ci est bijective (§ 9, n° 4, prop. 6), ce qui prouve la proposition.

Identifions le bidual de Matlis $\mathrm{D}(\mathrm{D}(\Omega))$ à $\widehat{\Omega}$ par l'isomorphisme $\widehat{\alpha}_{\Omega}$ (§ 8, n° 3, th. 2, b)).

COROLLAIRE.— *L'homomorphisme* $\mathrm{D}(\omega) : \widehat{\Omega} \to \mathrm{D}(\mathrm{H}^d_{\mathrm{A}}(\mathrm{A}))$ *est un isomorphisme.*

Soient M un A-module, et i un entier. Considérons les homomorphismes canoniques (§ 8, n° 7)

$$\rho_{d-i}(\mathrm{M}, \Omega) : \mathrm{Tor}^{\mathrm{A}}_{d-i}(\mathrm{M}, \mathrm{D}(\Omega)) \longrightarrow \mathrm{D}(\mathrm{Ext}^{d-i}_{\mathrm{A}}(\mathrm{M}, \Omega))$$

$$\theta^{d-i}(\mathrm{M}, \mathrm{H}^d_{\mathrm{A}}(\mathrm{A})) : \mathrm{Ext}^{d-i}_{\mathrm{A}}(\mathrm{M}, \mathrm{D}(\mathrm{H}^d_{\mathrm{A}}(\mathrm{A}))) \longrightarrow \mathrm{D}(\mathrm{Tor}^{\mathrm{A}}_{d-i}(\mathrm{M}, \mathrm{H}^d_{\mathrm{A}}(\mathrm{A}))) .$$

À l'aide des isomorphismes $\omega : \mathrm{H}^d_{\mathrm{A}}(\mathrm{A}) \to \mathrm{D}(\Omega)$, $\mathrm{D}(\omega) : \widehat{\Omega} \to \mathrm{D}(\mathrm{H}^d_{\mathrm{A}}(\mathrm{A}))$ (cor. 1 de la prop. 2) et $\tau^i(\mathrm{M}) : \mathrm{Tor}^{\mathrm{A}}_{d-i}(\mathrm{M}, \mathrm{H}^d_{\mathrm{A}}(\mathrm{A})) \longrightarrow \mathrm{H}^i_{\mathrm{A}}(\mathrm{M})$ (n° 2), on en déduit des *homomorphismes canoniques de* A*-modules*

$$\gamma^i(\mathrm{M}) : \mathrm{H}^i_{\mathrm{A}}(\mathrm{M}) \longrightarrow \mathrm{D}(\mathrm{Ext}^{d-i}_{\mathrm{A}}(\mathrm{M}, \Omega))$$

$$\delta^i(\mathrm{M}) : \mathrm{Ext}^{d-i}_{\mathrm{A}}(\mathrm{M}, \widehat{\Omega}) \longrightarrow \mathrm{D}(\mathrm{H}^i_{\mathrm{A}}(\mathrm{M})) .$$

THÉORÈME 1 (Dualité de Grothendieck).— *Soit* A *un anneau de Macaulay local, de dimension* d, *et soit* Ω *un* A*-module dualisant.*

a) *Le* A*-module* $H^d_A(\Omega)$ *est un module de Matlis ; pour tout* A*-module* P, *notons* D(P) *le dual de Matlis* $\mathrm{Hom}_A(P, H^d_A(\Omega))$.

b) *Pour tout* A*-module de type fini* M *et tout entier* i, *l'homomorphisme canonique*

$$\gamma^i(M) : H^i_A(M) \longrightarrow D(\mathrm{Ext}^{d-i}_A(M, \Omega))$$

est un isomorphisme de A*-modules artiniens.*

c) *Pour tout* A*-module* M *et tout entier* i, *l'homomorphisme canonique*

$$\delta^i(M) : \mathrm{Ext}^{d-i}_A(M, \widehat{\Omega}) \longrightarrow D(H^i_A(M))$$

est un isomorphisme de $\widehat{A}$*-modules.*

Cela résulte de la prop. 6 du § 8, n° 7.

COROLLAIRE.— *Soient* A *un anneau de Macaulay local,* M *un* A*-module non nul de type fini, de dimension* e. *Le* A*-module* $H^e_A(M)$ *est non nul.*

Grâce à la remarque 2 du n° 1, on peut supposer que l'anneau local A est complet. Dans ce cas A possède un module dualisant Ω (§ 9, n° 3, cor. 3 de la prop. 6) ; si $H^e_A(M)$ est nul, il en est de même de son dual de Matlis $\mathrm{Ext}^{d-e}_A(M, \Omega)$, ce qui contredit la prop. 3, b) du § 9, n° 1.

Remarques.— 1) Lorsque le A-module M est de type fini, le $\widehat{A}$-module $\mathrm{Ext}^{d-i}_A(M, \widehat{\Omega})$ s'identifie à $\widehat{A} \otimes_A \mathrm{Ext}^{d-i}_A(M, \Omega)$ (A, X, p. 108, prop. 7, c)), et $\delta^i(M)$ peut aussi s'obtenir en composant $D(\gamma^i(M))$ avec l'isomorphisme de bidualité.

2) Soit $u : M \to M'$ un homomorphisme de A-modules. D'après la remarque 1 du n° 2 et celle du § 8, n° 7, les diagrammes suivants sont commutatifs :

$$\begin{array}{ccc}
H^i_A(M) & \xrightarrow{\gamma^i(M)} & D(\mathrm{Ext}^{d-i}_A(M, \Omega)) \\
\Big\downarrow{\scriptstyle H^i_A(u)} & & \Big\downarrow{\scriptstyle D(\mathrm{Ext}(u,1))} \\
H^i_A(M') & \xrightarrow{\gamma^i(M')} & D(\mathrm{Ext}^{d-i}_A(M', \Omega))
\end{array}$$

$$\begin{array}{ccc}
\mathrm{Ext}^{d-i}_A(M', \widehat{\Omega}) & \xrightarrow{\delta^i(M')} & D(H^i_A(M')) \\
\Big\downarrow{\scriptstyle \mathrm{Ext}(u,1)} & & \Big\downarrow{\scriptstyle D(H^i_A(u))} \\
\mathrm{Ext}^{d-i}_A(M, \widehat{\Omega}) & \xrightarrow{\delta^i(M)} & D(H^i_A(M))
\end{array} .$$

3) Soit

$$(\mathscr{E}) \qquad 0 \to \mathrm{M}' \to \mathrm{M} \to \mathrm{M}'' \to 0$$

une suite exacte de A-modules. D'après la remarque 2 du n° 2 et celle du § 8, n° 7, les diagrammes suivants sont commutatifs :

$$\begin{array}{ccc}
\mathrm{H}^{i-1}_{\mathrm{A}}(\mathrm{M}'') & \xrightarrow{\gamma^{i-1}(\mathrm{M}'')} & \mathrm{D}(\mathrm{Ext}^{d-i+1}_{\mathrm{A}}(\mathrm{M}'',\Omega)) \\
\Big\downarrow{\scriptstyle \partial^{i-1}(\mathscr{E})} & & \Big\downarrow{\scriptstyle (-1)^{d-i+1}\mathrm{D}(\delta^{d-i}(\mathscr{E},\Omega))} \\
\mathrm{H}^{i}_{\mathrm{A}}(\mathrm{M}') & \xrightarrow{\gamma^{i}(\mathrm{M}')} & \mathrm{D}(\mathrm{Ext}^{d-i}_{\mathrm{A}}(\mathrm{M}',\Omega))
\end{array}$$

$$\begin{array}{ccc}
\mathrm{Ext}^{d-i}_{\mathrm{A}}(\mathrm{M}',\widehat{\Omega}) & \xrightarrow{\delta^{i}(\mathrm{M}')} & \mathrm{D}(\mathrm{H}^{i}_{\mathrm{A}}(\mathrm{M}')) \\
\Big\downarrow{\scriptstyle \delta^{d-i}(\mathscr{E},\widehat{\Omega})} & & \Big\downarrow{\scriptstyle (-1)^{d-i+1}\mathrm{D}(\partial^{i-1}(\mathscr{E}))} \\
\mathrm{Ext}^{d-i+1}_{\mathrm{A}}(\mathrm{M}'',\widehat{\Omega}) & \xrightarrow{\delta^{i-1}(\mathrm{M}'')} & \mathrm{D}(\mathrm{H}^{i-1}_{\mathrm{A}}(\mathrm{M}''))
\end{array} \quad .$$

Exemple.— Soit A un anneau local noethérien intègre de dimension 1 ; notons K son corps des fractions. Soit Ω un A-module dualisant, et soit M un A-module de type fini. Les A-modules $\mathrm{H}^0_{\mathrm{A}}(\mathrm{M})$ et $\mathrm{H}^1_{\mathrm{A}}(\mathrm{M})$ s'identifient canoniquement à T(M) et $(\mathrm{K}/\mathrm{A}) \otimes_{\mathrm{A}} \mathrm{M}$ (n° 1, exemple 5). Avec ces identifications, les isomorphismes de dualité

$$\gamma^0(\mathrm{M}) : \mathrm{T}(\mathrm{M}) \longrightarrow \mathrm{D}(\mathrm{Ext}^1_{\mathrm{A}}(\mathrm{M},\Omega)) \quad , \quad \gamma^1(\mathrm{M}) : (\mathrm{K}/\mathrm{A}) \otimes_{\mathrm{A}} \mathrm{M} \longrightarrow \mathrm{D}(\mathrm{Hom}_{\mathrm{A}}(\mathrm{M},\Omega))$$

(th. 1) ne sont autres que les isomorphismes définis au § 9, n° 6.

Exercices

§ 1

1) Soient A un anneau, J un idéal de A, M un A-module. Prouver que pour qu'on ait $\mathrm{prof}_A(J\,;M) \geqslant 2$, il faut et il suffit que l'application $M \to \mathrm{Hom}_A(J, M)$ déduite de l'injection canonique de J dans A soit un isomorphisme.

2) Soient A un anneau de valuation de hauteur 1, non noethérien, $\mathfrak{m}$ son idéal maximal, $\mathfrak{n}$ un idéal principal de A, distinct de (0) et de A. Démontrer qu'on a $\mathrm{prof}_A(\mathfrak{n}\,;A) = 1$ et $\mathrm{prof}_A(\mathfrak{m}\,;A) \geqslant 2$, bien qu'on ait $V(\mathfrak{m}) = V(\mathfrak{n})$. (Observer que $\mathrm{Ext}^1_A(A/\mathfrak{m}, A/\mathfrak{n})$ est isomorphe à $\mathrm{Hom}_A(A/\mathfrak{m}, A)$.)

3) Soient A l'anneau local $k[[X, Y]]$ et M la somme directe des A-modules $A/\mathfrak{a}$, où $\mathfrak{a}$ parcourt l'ensemble des idéaux principaux non nuls de A. Montrer qu'on a $\mathrm{prof}_A(M) = 1$, mais qu'il n'existe pas d'élément M-régulier dans $\mathfrak{m}_A$.

4) Soient A un anneau, J un idéal de type fini de A, M un A-module, P un A-module plat. Démontrer qu'on a $\mathrm{prof}_A(J\,;P \otimes_A M) \geqslant \mathrm{prof}_A(J\,;M)$, et qu'il y a égalité si P est fidèlement plat.

5) Soient A un anneau noethérien, M un A-module de type fini non nul, J un idéal de A, $\mathbf{x} = (x_1, \ldots, x_n)$ un système générateur de J. Prouver qu'on a $H^i(\mathbf{x}, M) \neq 0$ pour $\mathrm{prof}_A(J\,;M) \leqslant i \leqslant n$ (se ramener au cas local, et utiliser A, X, p. 157, cor. 2).

6) Soient A un anneau local noethérien, P un complexe de A-modules plats, de longueur finie ℓ, tel que $\mathrm{Supp}(H(P)) = \{\mathfrak{m}_A\}$. Démontrer que tout A-module M tel que $\kappa_A \otimes_A M \neq 0$ est de profondeur $\leqslant \ell$ (appliquer la prop. 3 au complexe $P \otimes_A M$, en observant que ce complexe n'est pas exact et en utilisant l'exerc. 4).

7) Soient A un anneau local, M un A-module de type fini, F une partie fermée de Spec(A). Démontrer l'inégalité $\mathrm{prof}_F(M) \geqslant \mathrm{prof}(M) - \dim(F)$.

8) Soient A un anneau noethérien, M un A-module de type fini. On dit que M satisfait à la propriété (S_k) si l'on a $\mathrm{prof}_{A_\mathfrak{p}}(M_\mathfrak{p}) \geqslant \inf(k, \dim_{A_\mathfrak{p}}(M_\mathfrak{p}))$ pour tout idéal premier $\mathfrak{p}$ de A.

a) Tout module satisfait à (S_k) pour $k \leqslant 0$; dire qu'un module satisfait à (S_1) signifie qu'il n'a pas d'idéaux premiers associés immergés.

b) Soient $0 \to M' \to M \to M'' \to 0$ une suite exacte de A-modules de type fini, et k un entier. On suppose que M satisfait à (S_k), que M'' satisfait à (S_{k-1}), et si $k \geqslant 2$ qu'on a $\mathrm{Ass}(M'') \subset \mathrm{Ass}(M)$. Prouver que M' satisfait à (S_k) (utiliser le cor. 2 du n° 7).

c) Soit (L, p) une résolution de M par des A-modules libres de type fini. Si A satisfait à la propriété (S_k), le A-module $B_i(L)$ pour $i \geqslant 0$ satisfait à (S_h) avec $h = \inf(k, i+1)$.

d) Si A satisfait à (S_2), le dual de tout A-module de type fini satisfait à (S_2) (appliquer *c*).

e) Soit J un idéal de A, engendré par une suite M-régulière $(x_1, \ldots, x_r)$. Si M satisfait à (S_k), le A-module M/JM satisfait à (S_{k-r}).

f) Soient B une A-algèbre noethérienne, N un B-module de type fini qui soit un A-module fidèlement plat, et k un entier. Si le B-module $M \otimes_A N$ satisfait à la propriété (S_k), il en est de même du A-module M. Si M satisfait à (S_k) et si le $(\kappa(\mathfrak{p}) \otimes_A B)$-module $\kappa(\mathfrak{p}) \otimes_A N$ satisfait à (S_k) pour tout $\mathfrak{p} \in \mathrm{Supp}(M)$, le B-module $M \otimes_A N$ satisfait à (S_k).

9) Donner un exemple d'un anneau local A et d'un A-module de type fini M tel que $\mathfrak{m}_A M \neq M$ et $\mathrm{prof}_A(M) = +\infty$ (prendre pour A le localisé d'un anneau de polynômes en une famille infinie d'indéterminées).

10) Soient A un anneau noethérien, M un A-module de type fini, J un idéal de A, $(x_1, \ldots, x_r)$ une suite M-régulière d'éléments de J, avec $r < \mathrm{prof}_A(J; M)$. Soient $\mathfrak{q}_1 \ldots, \mathfrak{q}_n$ des idéaux de A ne contenant pas J, tous premiers sauf au plus deux, et J_0 une partie de J, stable par addition et multiplication et engendrant l'idéal J. Prouver qu'il existe un élément x de J_0 n'appartenant à aucun des $\mathfrak{q}_i$ tel que la suite $(x_1, \ldots, x_r, x)$ soit M-régulière (utiliser le cor. 2 de la prop. 2 de II, § 1, n° 1).

11) Soient A un anneau, M un A-module, $x_1, \ldots, x_r$ des éléments de A.

a) Pour tout entier p tel que $1 \leqslant p \leqslant r$, on pose $M_p = M/(x_2M + \ldots + x_pM)$. Prouver que si la suite $(x_1, \ldots, x_r)$ est M-régulière, la suite $(x_1, x_{p+1}, x_{p+2}, \ldots, x_r)$ est M_p-régulière (raisonner par récurrence sur p).

b) Pour que les suites (x_1, x_3) et (x_2, x_3) soient M-régulières, il faut et il suffit que la suite (x_1x_2, x_3) soit M-régulière.

c) Soit $x'_p \in A$ $(1 \leqslant p \leqslant r)$. Pour que les suites $(x_1, \ldots, x_p, \ldots, x_r)$ et $(x_1, \ldots, x'_p, \ldots, x_r)$ soient M-régulières, il faut et il suffit que la suite $(x_1, \ldots, x_px'_p, \ldots, x_r)$ soit M-régulière (utiliser *a*) et *b*)).

d) Soient $n_1, \ldots, n_r$ des entiers $\geqslant 1$. Pour que la suite $(x_1^{n_1}, \ldots, x_r^{n_r})$ soit M-régulière, il faut et il suffit que la suite $(x_1, \ldots, x_r)$ soit M-régulière.

12) Soient A un anneau, M un A-module.

a) Soit $P \in A[X]$. Prouver que si le noyau de l'homothétie de rapport P dans M[X] n'est pas nul, il contient un élément non nul de M (soit Q un élément de M[X] de degré minimal tel que $PQ = 0$; si $P = a_0X^p + \ldots + a_p$, $Q = m_0X^q + \ldots + m_q$, observer que $a_0Q = 0$, puis par récurrence que $a_iQ = 0$ pour tout i).

b) Soit J un idéal de type fini de A. Prouver que la relation $\mathrm{prof}_A(J; M) > 0$ équivaut à l'existence d'un élément M[X]-régulier dans JA[X].

c) Soient I et J des idéaux de type fini de A. Prouver l'égalité $\mathrm{prof}_A(IJ; M) = \min(\mathrm{prof}_A(I; M), \mathrm{prof}_A(J; M))$ (raisonner par récurrence sur $\mathrm{prof}_A(IJ; M)$, en utilisant *b*)).

¶ 13) Soient A un anneau, J un idéal de A, M un A-module. Pour tout entier $n \geqslant 0$, on note $\mathrm{prof}_n(J; M)$ la borne supérieure (dans $\overline{\mathbf{N}}$) des longueurs des suites $M[X_1, \ldots, X_n]$-régulières d'éléments de $JA[X_1, \ldots, X_n]$.

a) Montrer que la suite $\big(\mathrm{prof}_n(J; M)\big)_{n \geqslant 0}$ est croissante ; on note $\mathrm{prof}_\infty(J; M)$ sa limite (dans $\overline{\mathbf{N}}$). Démontrer qu'on a $\mathrm{prof}_\infty(J; M) \leqslant \mathrm{prof}_A(J; M)$.

b) Lorsque l'idéal J est de type fini, démontrer l'égalité $\mathrm{prof}_\infty(\mathrm{J}\,;\mathrm{M}) = \mathrm{prof}_\mathrm{A}(\mathrm{J}\,;\mathrm{M})$ (raisonner comme dans la démonstration du th. 2 du n° 4, en utilisant l'exerc. 12).

c) Dans le cas général, montrer que $\mathrm{prof}_\infty(\mathrm{J}\,;\mathrm{M})$ est la borne supérieure des nombres $\mathrm{prof}_\mathrm{A}(\mathrm{J}'\,;\mathrm{M})$, où J' parcourt l'ensemble des idéaux de type fini contenus dans J.

d) Soit J' un idéal de A tel que $\mathrm{V}(\mathrm{J}') = \mathrm{V}(\mathrm{J})$. Prouver qu'on a $\mathrm{prof}_\infty(\mathrm{J}'\,;\mathrm{M}) = \mathrm{prof}_\infty(\mathrm{J}\,;\mathrm{M})$.

e) Soient A un anneau de valuation de hauteur 1, non noethérien, $\mathfrak{m}$ son idéal maximal. Démontrer qu'on a $\mathrm{prof}_\infty(\mathfrak{m}\,;\mathrm{A}) = 1$ et $\mathrm{prof}_\mathrm{A}(\mathfrak{m}\,;\mathrm{A}) \geqslant 2$ (*cf.* exerc. 2).

¶ 14) Soit A un anneau local noethérien complet.

a) Démontrer qu'un idéal de A qui est contenu dans la réunion d'une suite d'idéaux premiers de A est contenu dans l'un d'eux (observer que l'espace topologique A est un espace de Baire, *cf.* TG, IX, p. 55, th. 1).

b) Soit M un A-module admettant une famille génératrice dénombrable. Démontrer que les conclusions du th. 2 sont encore satisfaites (observer que l'ensemble Ass(M) est dénombrable, et déduire de *a*) que si $\mathrm{prof}_\mathrm{A}(\mathrm{J}\,;\mathrm{M}) > 0$, il existe un élément x de J tel que l'homothétie x_M soit injective).

15) Soient A un anneau local noethérien, M un A-module de type fini. Démontrer les inégalités

$$\mathrm{prof}(\mathrm{A}) \leqslant \mathrm{grade}(\mathrm{M}) + \dim(\mathrm{M}) \leqslant \dim(\mathrm{A})\ .$$

(Prouver la première inégalité par récurrence sur l'entier $g = \mathrm{grade}(\mathrm{M})$, en utilisant le cor. 2 de la prop. 13, n° 7 dans le cas $g = 0$ puis en considérant un élément A-régulier de Ann(M). Pour la seconde, observer qu'on a $\mathrm{grade}(\mathrm{M}) \leqslant \mathrm{prof}(\mathrm{A}_\mathfrak{p})$ pour tout $\mathfrak{p} \in \mathrm{Supp}(\mathrm{M})$.)

16) Soit A un anneau local noethérien. Pour tout A-module de type fini M, on note $t_\mathrm{A}(\mathrm{M})$, ou simplement $t(\mathrm{M})$, la dimension du κ_A-espace vectoriel $\mathrm{Ext}^p_\mathrm{A}(\kappa_\mathrm{A}, \mathrm{M})$, avec $p = \mathrm{prof}(\mathrm{M})$.

a) Soit $(x_1, \ldots, x_r)$ une suite d'éléments de $\mathfrak{m}_\mathrm{A}$ complètement sécante pour M, engendrant un idéal J. On a $t(\mathrm{M}) = t(\mathrm{M}/\mathrm{JM})$.

b) Soit $\rho : \mathrm{A} \to \mathrm{B}$ un homomorphisme local d'anneaux locaux noethériens ; soient M un A-module de type fini, et N un B-module de type fini plat sur A. Démontrer la formule $t_\mathrm{B}(\mathrm{M} \otimes_\mathrm{A} \mathrm{N}) = t_\mathrm{A}(\mathrm{M})\, t_\mathrm{B}(\kappa_\mathrm{A} \otimes_\mathrm{A} \mathrm{N})$ (se ramener à l'aide de *a*) au cas où $\mathrm{prof}_\mathrm{B}(\mathrm{M} \otimes_\mathrm{A} \mathrm{N}) = \mathrm{prof}_\mathrm{A}(\mathrm{M}) = \mathrm{prof}_\mathrm{B}(\kappa_\mathrm{A} \otimes_\mathrm{A} \mathrm{N}) = 0$).

17) Soient A un anneau noethérien, M un A-module de type fini. Montrer que M est réflexif si et seulement si les deux conditions suivantes sont satisfaites :

(i) pour tout $\mathfrak{p} \in \mathrm{Spec}(\mathrm{A})$ tel que $\mathrm{prof}(\mathrm{A}_\mathfrak{p}) \leqslant 1$, le $\mathrm{A}_\mathfrak{p}$-module $\mathrm{M}_\mathfrak{p}$ est réflexif ;

(ii) pour tout $\mathfrak{p} \in \mathrm{Spec}(\mathrm{A})$ tel que $\mathrm{prof}(\mathrm{A}_\mathfrak{p}) \geqslant 2$, on a $\mathrm{prof}_{\mathrm{A}_\mathfrak{p}}(\mathrm{M}_\mathfrak{p}) \geqslant 2$.

(Sous les hypothèses (i) et (ii), prouver que le noyau, puis le conoyau de l'homomorphisme canonique $\mathrm{M} \to \mathrm{M}^{**}$ n'ont pas d'idéaux premiers associés.)

18) Soient A un anneau noethérien, J un idéal de A, M et N des A-modules de type fini, avec $\mathrm{prof}_\mathrm{A}(\mathrm{J}\,;\mathrm{N}) \geqslant 2$.

a) Prouver l'inégalité $\mathrm{prof}_\mathrm{A}(\mathrm{J}\,;\mathrm{Hom}_\mathrm{A}(\mathrm{M}, \mathrm{N})) \geqslant 2$ (considérer une suite N-régulière (x, y) dans J).

b) On suppose $\mathrm{prof}_A(J\,;\mathrm{Hom}_A(M,N)) \geqslant 3$. Prouver qu'on a $\mathrm{prof}_A(J\,;\mathrm{Ext}^1_A(M,N)) \geqslant 1$ (considérer une suite exacte de modules d'extensions associée à un élément N-régulier de J).

§ 2

1) Soit A un anneau local noethérien, et soit $0 \to M' \to M \to M'' \to 0$ une suite exacte de A-modules macaulayens. Montrer qu'on a $\dim(M') = \dim(M)$ et que $\dim(M'')$ est égal à $\dim(M)$ ou à $\dim(M) - 1$.

2) Soient A un anneau local de Macaulay, et $\mathfrak{p} \in \mathrm{Spec}(A)$. Montrer qu'on a $\dim(\widehat{A}/\mathfrak{q}) = \dim(A/\mathfrak{p})$ pour tout $\mathfrak{q} \in \mathrm{Ass}(\widehat{A}/\mathfrak{p}\widehat{A})$. En particulier, l'anneau $\widehat{A}/\mathfrak{p}\widehat{A}$ n'a pas d'idéal premier immergé.

3) *a*) Soient R une $\mathbf{Q}$-algèbre noethérienne, intègre et intégralement close, A un anneau et $\rho : R \to A$ un homomorphisme injectif, faisant de A une R-algèbre finie. Prouver que le sous-R-module $\rho(R)$ est facteur direct de A (se ramener au cor. 3 de la prop. 8).

b) Soit A une $\mathbf{Q}$-algèbre locale noethérienne. Démontrer que A satisfait à la propriété suivante (« *condition monomiale* ») :

(CM) pour toute suite sécante maximale $(x_1, \ldots, x_d)$ d'éléments de $\mathfrak{m}_A$ et tout entier p, l'élément $(x_1 \ldots x_d)^p$ n'appartient pas à l'idéal $(x_1^{p+1}, \ldots, x_d^{p+1})$.

(Se ramener au cas où A est complet, donc admet un corps de représentants K, et appliquer *a*) à un homomorphisme $\rho : K[[X_1, \ldots, X_d]] \to A$ tel que $\rho(X_i) = x_i$.)

4) Soient A un anneau local, $\mathfrak{p}$ un idéal premier de A. On désigne par B l'anneau de fractions $A[Z][S^{-1}]$, où S est l'ensemble des éléments $Z + a$ de $A[Z]$ avec $a \in \mathfrak{m}_A - \mathfrak{p}$. On note z l'élément $Z/1$ de B.

a) Prouver que $B/(z)$ est isomorphe à $A_\mathfrak{p}$ et que $B/(z-1)$ est isomorphe à A.

b) On suppose désormais que l'anneau A est intègre et noethérien, et que $\mathfrak{p}$ est engendré par un élément non nul p de A. Soit C l'anneau $B[T]/(z(pT-1))$; si A est un anneau de Macaulay, il en est de même de C. Prouver que Spec C a deux composantes irréductibles X_1 et X_2 qui se coupent en un point fermé x, de façon que $\mathrm{codim}(\{x\}, X_1) = \mathrm{codim}(\{x\}, X_2) = 1$, $\dim(X_1) = 2$ et $\dim(X_2) \geqslant \dim(A_p)$. Pour tout entier n, donner un exemple avec $\dim(A_p) = n$.

¶ 5) Soient A un anneau local noethérien, M un A-module de type fini, $\mathbf{x} = (x_1, \ldots, x_n)$ une suite d'éléments de $\mathfrak{m}_A$, engendrant un idéal $\mathfrak{x}$; on suppose que le A-module $M/\mathfrak{x}M$ est de longueur finie (ce qui implique $n \geqslant \dim(M)$). On note $\mathrm{gr}(A)$ et $\mathrm{gr}(M)$ les gradués associés à A et M pour la topologie $\mathfrak{x}$-adique, ξ_i $(1 \leqslant i \leqslant n)$ l'image de x_i dans $\mathfrak{x}/\mathfrak{x}^2$, $\boldsymbol{\xi}$ la suite $(\xi_1, \ldots, \xi_n)$.

a) Pour $p \in \mathbf{Z}$, on pose $F^p\mathbf{K}_i(\mathbf{x}, M) = \mathbf{K}_i(\mathbf{x}, \mathfrak{x}^{p-i}M)$ (avec la convention $\mathfrak{x}^s = A$ pour $s \leqslant 0$). Prouver que $F^p\mathbf{K}_\bullet(\mathbf{x}, M)$ est un sous-complexe de $\mathbf{K}_\bullet(\mathbf{x}, M)$, et que le complexe $\bigoplus_p F^p\mathbf{K}_\bullet(\mathbf{x}, M)/F^{p+1}\mathbf{K}_\bullet(\mathbf{x}, M)$ s'identifie à $\mathbf{K}^{\mathrm{gr}(A)}_\bullet(\boldsymbol{\xi}, \mathrm{gr}(M))$.

b) Pour tout complexe de A-modules C tel que H(C) soit de longueur finie, on pose $\chi(C) = \sum_i (-1)^i \lg(H_i(C))$. Démontrer qu'il existe un entier p_0 tel que le complexe

$F^p\mathbf{K}_\bullet(\mathbf{x}, M)/F^{p+1}\mathbf{K}_\bullet(\mathbf{x}, M)$ soit d'homologie nulle pour $p \geqslant p_0$; en déduire les égalités

$$\chi(\mathbf{K}_\bullet^{\mathrm{gr}(A)}(\boldsymbol{\xi}, \mathrm{gr}(M))) = \chi(\mathbf{K}_\bullet(\mathbf{x}, M)/F^p\mathbf{K}_\bullet(\mathbf{x}, M)) = \sum(-1)^i \binom{n}{i} \lg(M/\mathfrak{x}^{p-i}M)$$

pour $p \geqslant p_0$.

c) Prouver que l'expression ci-dessus est nulle si $n > \dim(M)$, et égale à $e_{\mathfrak{x}}(M)$ si $n = \dim(M)$.

d) Soient $h \geqslant 0$, et $p \geqslant p_0$; prouver que l'injection canonique de $F^p\mathbf{K}_\bullet(\mathbf{x}, M)$ dans $F^{p+h}\mathbf{K}_\bullet(\mathbf{x}, M)$ est un homologisme. En déduire que $H_i(F^p\mathbf{K}_\bullet(\mathbf{x}, M))$ est discret pour la topologie $\mathfrak{x}$-adique. Prouver d'autre part que la filtration de ce module définie par les images des applications $H_i(F^{p+h}\mathbf{K}_\bullet(\mathbf{x}, M)) \to H_i(F^p\mathbf{K}_\bullet(\mathbf{x}, M))$ est $\mathfrak{x}$-bonne, et en déduire que $F^p\mathbf{K}_\bullet(\mathbf{x}, M)$ est d'homologie nulle. Conclure que $\chi(\mathbf{K}_\bullet(\mathbf{x}, M))$ est nul si $n > \dim(M)$, et égal à $e_{\mathfrak{x}}(M)$ si $n = \dim(M)$.

6) On conserve les hypothèses de l'exercice précédent ; pour tout A-module de type fini N tel que $N/\mathfrak{x}N$ soit de longueur finie, on note $\chi(\mathbf{x}, N)$ l'entier $\chi(\mathbf{K}_\bullet(\mathbf{x}, N))$.

a) Pour tout sous-module M′ de M, on a $\chi(\mathbf{x}, M) = \chi(\mathbf{x}, M') + \chi(\mathbf{x}, M/M')$.

b) Si $x_1 M = 0$, démontrer que $\chi(\mathbf{x}, M)$ est nul.

c) On note $\mathbf{x}'$ la suite $(x_2, \ldots, x_n)$; prouver l'égalité

$$\chi(\mathbf{x}, M) = \chi(\mathbf{x}', M/x_1M) - \chi(\mathbf{x}', \mathrm{Ker}(x_1)_M)$$

(utiliser l'exerc. 8 de A, X, p. 207).

d) Pour $1 \leqslant i \leqslant n$, on note K_i le noyau de l'homothétie de rapport x_i dans $M/(x_1M + \ldots + x_{i-1}M)$. Prouver l'égalité

$$\lg(M/\mathfrak{x}M) - \chi(\mathbf{x}, M) = \sum_{i=1}^{n} \chi((x_{i+1}, \ldots, x_n), K_i) .$$

e) Soient $p_1, \ldots, p_n$ des entiers > 1, $\mathbf{x}^{\mathbf{p}}$ la suite $(x_1^{p_1}, \ldots, x_n^{p_n})$. Prouver l'égalité $\chi(\mathbf{x}^{\mathbf{p}}, M) = p_1 \ldots p_n\, \chi(\mathbf{x}, M)$ (traiter d'abord le cas $n = 1$, puis s'y ramener à l'aide du cor. 2 de A, X, p. 157).

¶ 7) Soient A un anneau local noethérien, M un A-module de type fini. On dit qu'une suite $(x_1, \ldots, x_n)$ est *faiblement régulière* pour M si pour $i = 1, \ldots, n$, le noyau de l'homothétie de rapport x_{i+1} dans $M/(x_1M + \ldots + x_iM)$ est annulé par $\mathfrak{m}_A$.

a) Si $n \leqslant \dim(M)$, prouver qu'une suite $(x_1, \ldots, x_n)$ faiblement régulière pour M est sécante pour M (raisonner par récurrence sur n). Donner un exemple de suite faiblement régulière non sécante (on pourra prendre $A = M = k[X]/(X^2)$, où k est un corps).

b) On dit que M est un *module de Buchsbaum* si toute suite sécante pour M est faiblement régulière pour M. Un module macaulayen est un module de Buchsbaum ; si M est un module de Buchsbaum, le $A_\mathfrak{p}$-module $M_\mathfrak{p}$ est macaulayen pour tout idéal premier $\mathfrak{p} \neq \mathfrak{m}_A$.

c) Soient M un module de Buchsbaum, $(x_1, \ldots, x_n)$ une suite sécante pour M ; prouver que $M/(x_1M + \ldots + x_nM)$ est un module de Buchsbaum.

d) Pour que M soit un module de Buchsbaum, il faut et il suffit que pour toute suite sécante maximale $(x_1, \ldots, x_n)$ pour M, on ait dans $M_n = M/(x_1M + \ldots + x_{n-1}M)$ l'égalité $\mathrm{Ker}(x_n)_{M_n} = \mathrm{Ker}(x_n^2)_{M_n}$ (traiter d'abord le cas $n = 1$, en observant que $\mathrm{Ker}(x_1)_M$ est alors de longueur finie et en raisonnant par récurrence sur cette longueur. Dans le cas général, compléter toute suite sécante $(x_1, \ldots, x_i)$ en une suite sécante maximale $(x_1, \ldots, x_n)$, et considérer les suites $(x_1, \ldots, x_{i-1}, x_{i+1}^k, \ldots, x_n^k, x_i)$ pour $k \geqslant 1$).

¶ 8) Soient A un anneau local noethérien, M un A-module de type fini. On se propose de prouver l'équivalence des deux conditions suivantes :

(i) M est un module de Buchsbaum ;

(ii) il existe un entier positif $i(\mathrm{M})$ tel qu'on ait $\lg(\mathrm{M}/\mathfrak{q}\mathrm{M}) - e_{\mathfrak{q}}(\mathrm{M}) = i(\mathrm{M})$ pour tout idéal $\mathfrak{q} \subset \mathfrak{m}_\mathrm{A}$ tel que $\mathrm{M}/\mathfrak{q}\mathrm{M}$ soit de longueur finie.

a) Sous l'hypothèse (i), soit $\mathbf{x}$ une suite sécante pour M, et soit $\mathfrak{x}$ l'idéal qu'elle engendre. Avec les notations de l'exerc. 6, *d*), prouver l'égalité $\lg(\mathrm{M}/\mathfrak{x}\mathrm{M}) - e_{\mathfrak{x}}(\mathrm{M}) = \lg(\mathrm{K}_n)$. Soit $\mathbf{x}'$ une autre suite sécante pour M, et soit K'_n le module correspondant ; prouver l'égalité $\lg(\mathrm{K}_n) = \lg(\mathrm{K}'_n)$ (raisonner par récurrence sur n, en considérant un élément t de $\mathfrak{m}_\mathrm{A}$ tel que les suites $(x_1, \dots, x_{n-1}, t)$ et $(x'_1, \dots, x'_{n-1}, t)$ soient sécantes pour M).

b) On suppose l'hypothèse (ii) satisfaite. Soit $\mathbf{x} = (x_1, \dots, x_n)$ une suite sécante maximale pour M, et soit $\mathrm{M}_n = \mathrm{M}/(x_1\mathrm{M} + \dots + x_{n-1}\mathrm{M})$; en appliquant la formule de l'exerc. 6, *d*) aux suites $\mathbf{x}$ et $(x_1, \dots, x_{n-1}, x_n^2)$ (compte tenu de l'exerc. 6, *e*)), prouver qu'on a $\mathrm{Ker}(x_n)_{\mathrm{M}_n} = \mathrm{Ker}(x_n^2)_{\mathrm{M}_n}$. Conclure avec l'exerc. 7, *d*)).

c) Pour que M soit un module de Buchsbaum, il faut et il suffit qu'il en soit ainsi de $\widehat{\mathrm{M}}$; on a dans ce cas $i(\widehat{\mathrm{M}}) = i(\mathrm{M})$.

d) Soient M un module de Buchsbaum, et $(x_1, \dots, x_p)$ une suite d'éléments de $\mathfrak{m}_\mathrm{A}$ sécante pour M, avec $p < \dim(\mathrm{M})$; prouver qu'on a $i(\mathrm{M}/(x_1\mathrm{M} + \dots + x_p\mathrm{M})) = i(\mathrm{M})$ (utiliser l'expression de $i(\mathrm{M})$ donnée en *a*)).

9) Soit A un anneau local noethérien.

a) Soient M un A-module de type fini macaulayen, N un sous-module de M contenant $\mathfrak{m}_\mathrm{A}\mathrm{M}$. Prouver que N est un module de Buchsbaum, et qu'on a $i(\mathrm{N}) = (\dim(\mathrm{M}) - 1)[\mathrm{M}/\mathrm{N} : \kappa_\mathrm{A}]$.

b) Si A est un anneau de Macaulay, l'idéal $\mathfrak{m}_\mathrm{A}$ est un module de Buchsbaum, qui n'est pas macaulayen si $\dim(\mathrm{A}) \geqslant 2$.

c) Soit k un corps ; on prend pour A le sous-anneau de $k[[\mathrm{X}, \mathrm{Y}]]$ engendré par $\mathrm{X}^4, \mathrm{X}^3\mathrm{Y}, \mathrm{X}\mathrm{Y}^3, \mathrm{Y}^4$. On a $\dim(\mathrm{A}) = 2$, $\mathrm{prof}(\mathrm{A}) = 1$, et A est un anneau de Buchsbaum, avec $i(\mathrm{A}) = 1$ (appliquer *a*) en prenant pour M la clôture intégrale de A).

¶ 10) *a*) Soit $\rho : \mathrm{A} \to \mathrm{B}$ un homomorphisme injectif d'anneaux noethériens, tel que le sous-A-module $\mathrm{A}1_\mathrm{B}$ de B soit facteur direct. Prouver que si B est un anneau de Macaulay, il en est de même de A.

(Se ramener au cas où A est local et, en raisonnant par récurrence sur $\mathrm{prof}_\mathrm{A}(\mathrm{B})$, où Ass(B) contient un idéal maximal. Montrer en considérant une décomposition primaire de 0 dans B que B est alors isomorphe à un produit, et conclure en raisonnant par récurrence sur le nombre des idéaux maximaux de B.)

b) Soient B un anneau de Macaulay, G un groupe fini d'automorphismes de B dont l'ordre est inversible dans B. Prouver que l'anneau des invariants de G est un anneau de Macaulay.

¶ 11) Soient B un anneau noethérien intégralement clos, G un groupe fini d'automorphismes de B, A l'anneau des invariants de G.

a) On suppose que pour tout idéal premier $\mathfrak{p}$ de A de hauteur 1 et tout idéal premier $\mathfrak{q}$ de B au-dessus de $\mathfrak{p}$, la valuation $v_\mathfrak{q}$ est non ramifiée par rapport à $v_\mathfrak{p}$ (VI, § 8, n° 1). Soit $i : \mathrm{C}(\mathrm{A}) \to \mathrm{C}(\mathrm{B})$ l'homomorphisme canonique sur les groupes de classes de diviseurs (VII, § 1, n° 10) ; prouver que le noyau de i est isomorphe au groupe de cohomologie $\mathrm{H}^1(\mathrm{G}, \mathrm{B}^*)$ (A, X, p. 111 ; soit L le corps des fractions de B ; considérer la suite exacte de $\mathbf{Z}^{(\mathrm{G})}$-modules

$$0 \to \mathrm{B}^* \to \mathrm{L}^* \to \mathrm{D}(\mathrm{B}) \to \mathrm{C}(\mathrm{B}) \to 0 ,$$

en observant que $H^0(G, D(B))$ s'identifie à $D(A)$ et que $H^1(G, L^*)$ est nul).

b) Soit k un corps de caractéristique 2 ; on prend pour B l'anneau $k[X_1, \dots, X_4]$, et pour G le groupe d'automorphismes de la k-algèbre B engendré par l'automorphisme σ tel que $\sigma(X_i) = X_{i+1}$ pour $1 \leqslant i \leqslant 3$ et $\sigma(X_4) = X_1$. Déduire de *a*) que l'anneau A des invariants de G est factoriel.

c) Soit $\mathfrak{m}$ la trace sur A de l'idéal $(X_1, \dots, X_4)$; on pose $s = X_1 + \dots + X_4$, $t = (X_1 + X_3)(X_2 + X_4)$, $u = (X_1 + X_2)(X_3 + X_4)(X_1 + X_4)(X_2 + X_3)$, $v = X_1X_2X_3X_4$. Prouver que la suite (s, t, u, v) est sécante mais pas complètement sécante pour $A_{\mathfrak{m}}$. (Soient $x = X_1^2(X_2+X_3)+X_2^2(X_3+X_4)+X_3^2(X_4+X_1)+X_4^2(X_1+X_2)$, $y = X_1X_3+X_2X_4$, $w = X_1X_2X_3+X_2X_3X_4+X_3X_4X_1+X_4X_1X_2$; prouver qu'on a $sw+y^2 = u$ et que $xy+tw$ est divisible par s, de sorte que ux appartient à l'idéal (s, t).)

d) Démontrer que A n'est pas un anneau de Macaulay, et que le sous-A-module $A.1_B$ n'est pas facteur direct dans B.

§ 3

1) Soient $\rho : A \to B$ un homomorphisme local d'anneaux locaux noethériens, N un B-module de type fini. On suppose que les A-modules B et N sont plats.

a) Démontrer l'égalité $\mathrm{dp}_B(N) = \mathrm{dp}_{\kappa_A \otimes_A B}(\kappa_A \otimes_A N)$ (considérer une résolution de N par des B-modules libres de type fini).

b) Soit M un A-module de type fini. Démontrer l'égalité

$$\mathrm{dp}_B(M \otimes_A N) = \mathrm{dp}_A(M) + \mathrm{dp}_B(N) .$$

(Soit K (resp. L) une résolution du A-module M (resp. du B-module N) par des modules libres de type fini ; prouver que $K \otimes_A L$ est une résolution de $M \otimes_A N$ par des B-modules libres. Si $\mathrm{dp}_A(M) = m$ et $\mathrm{dp}_B(N) = n$, calculer $H_{m+n}(\kappa_B \otimes_B (K \otimes_A L))$ en fonction de $H_m(\kappa_A \otimes_A K)$ et $H_n(\kappa_B \otimes_B L)$.)

2) Soient A un anneau noethérien, M un A-module admettant une résolution de longueur finie (L, p) par des modules libres de type fini.

a) Montrer qu'on a, pour tout idéal premier $\mathfrak{p}$ de A,

$$\sum_{i \geqslant 0}(-1)^i \,\mathrm{rg}_A(L_i) = \sum_{i \geqslant 0}(-1)^i \,[\mathrm{Tor}_i^A(M, \kappa(\mathfrak{p})) : \kappa(\mathfrak{p})] = \sum_{i \geqslant 0}(-1)^i \,[\mathrm{Ext}_A^i(M, \kappa(\mathfrak{p})) : \kappa(\mathfrak{p})] \;;$$

on note $\chi(M)$ cet entier.

b) Prouver qu'on a $\chi(M) \geqslant 0$ (considérer un idéal $\mathfrak{p}$ associé à A).

c) Prouver que les conditions suivantes sont équivalentes :

(i) $\chi(M) = 0$;

(ii) l'annulateur de M n'est pas réduit à zéro ;

(iii) l'annulateur de M contient un élément simplifiable.

(Si $\chi(M) = 0$, prouver que $M_{\mathfrak{p}}$ est nul pour tout $\mathfrak{p} \in \mathrm{Ass}(A)$; si $\chi(M) > 0$, prouver de même que l'annulateur de Ann(M) contient un élément simplifiable, ce qui entraîne $\mathrm{Ann}(M) = 0$.)

3) Soit A un anneau local de Macaulay. Rappelons (A, II, p. 186, exerc. 16) qu'un idéal de A est dit *irréductible* dans A s'il est distinct de A et qu'il n'est pas intersection de deux idéaux le contenant strictement. Prouver que les conditions suivantes sont équivalentes :

(i) A est un anneau de Gorenstein ;

(ii) tout idéal de A engendré par une suite sécante maximale est irréductible ;

(iii) il existe une suite sécante maximale dans A engendrant un idéal irréductible.

(Se ramener au cas où A est de dimension 0, et considérer le socle $\mathrm{Hom}_A(\kappa_A, A)$ de A.)

4) Soient A un anneau noethérien, M un A-module non nul de type fini. On a $\mathrm{grade}(M) \leqslant \mathrm{dp}_A(M)$; on dit que M est *parfait* s'il y a égalité.

a) Soit d un entier ; prouver que les conditions suivantes sont équivalentes :

(i) le A-module M est parfait de dimension projective d ;

(ii) on a $\mathrm{Ext}_A^p(M, A) = 0$ pour $p \neq d$;

(iii) pour tout idéal premier (resp. maximal) $\mathfrak{p}$ du support de M, le $A_\mathfrak{p}$-module $M_\mathfrak{p}$ est parfait de dimension projective d.

(Prouver d'abord l'équivalence de (i) et (ii).)

b) Soient J un idéal de A engendré par une suite complètement sécante, m un entier $\geqslant 1$. Prouver que le A-module A/J^m est parfait.

c) Si M est parfait, ses idéaux premiers associés sont les idéaux $\mathfrak{p}$ tels que $\mathrm{prof}(A_\mathfrak{p}) = \mathrm{dp}_A(M)$.

d) Pour tout module parfait N de dimension projective d, on pose $N' = \mathrm{Ext}_A^d(N, A)$. Prouver que N' est parfait, de dimension projective d, et que $(N')'$ est isomorphe à N (considérer une résolution projective de N). On a $\mathrm{Ass}(N') = \mathrm{Ass}(N)$.

e) Soit x un élément simplifiable du radical de A, tel que l'homothétie x_M soit injective. Pour que le A-module M soit parfait de dimension projective d, il faut et il suffit qu'il en soit ainsi du (A/xA)-module M/xM.

f) Un module macaulayen de dimension projective finie est parfait (se ramener au cas local, et raisonner par récurrence sur $\dim(M)$).

g) Si A est un anneau de Macaulay, les modules parfaits sont les modules macaulayens de dimension projective finie.

5) *a*) Soient k un corps, R une k-algèbre de degré fini. Pour que R soit un anneau de Gorenstein, il faut et il suffit que le R-module $\mathrm{Hom}_k(R, k)$ soit libre de rang 1 (se ramener au cas où R est local, et observer que le R-module $\mathrm{Hom}_k(R, k)$ est injectif et contient un sous-module isomorphe à κ_R ; pour une autre démonstration, *cf.* § 8, n° 6, cor. de la prop. 5).

b) On suppose que les conditions ci-dessus sont satisfaites, et que de plus l'algèbre R est graduée de type $\mathbf{N}$, avec $R_0 = k$. Soit s le plus grand entier tel que $R_s \neq 0$. Prouver que R_s est de dimension 1 sur k, et égal au socle de R ; pour toute forme k-linéaire non nulle ℓ sur R_s, la forme k-bilinéaire $(x, y) \mapsto \ell(xy)$ sur $R_i \times R_{s-i}$ induit pour tout i un isomorphisme de R_i sur $\mathrm{Hom}_k(R_{s-i}, k)$.

c) Soient A un anneau noethérien, B une A-algèbre qui soit un module plat de type fini. Prouver que les conditions suivantes sont équivalentes :

(i) le B-module $\mathrm{Hom}_A(B, A)$ est projectif de rang 1 ;

(ii) pour tout idéal maximal (resp. premier) $\mathfrak{p}$ de A, l'anneau $\kappa(\mathfrak{p}) \otimes_A B$ est un anneau de Gorenstein.

Ces conditions sont satisfaites en particulier lorsque B est un anneau de Gorenstein.

¶ 6) Soient A un anneau local noethérien, M un A-module de type fini et de dimension projective finie, N un A-module tel que $\mathrm{Tor}_i^{\mathrm{A}}(\mathrm{M},\mathrm{N}) = 0$ pour $i > 0$.

a) Définir pour tout entier n un isomorphisme canonique

$$\mathrm{Ext}_{\mathrm{A}}^n(\kappa_{\mathrm{A}}, \mathrm{M} \otimes_{\mathrm{A}} \mathrm{N}) \longrightarrow \bigoplus_{p \geqslant n} \mathrm{Tor}_{p-n}^{\mathrm{A}}(\kappa_{\mathrm{A}}, \mathrm{M}) \otimes_k \mathrm{Ext}_{\mathrm{A}}^p(\kappa_{\mathrm{A}}, \mathrm{N}) ,$$

et prouver qu'on a $\mathrm{di}_{\mathrm{A}}(\mathrm{M} \otimes_{\mathrm{A}} \mathrm{N}) \leqslant \mathrm{di}_{\mathrm{A}}(\mathrm{N})$.

(Soient (P, p) une résolution libre finie de M, (I, e) une résolution injective de N, et C le complexe $\mathrm{P} \otimes_{\mathrm{A}} \mathrm{I}$. Prouver que le complexe

$$0 \to \mathrm{C}^0/\mathrm{B}^0(\mathrm{C}) \to \mathrm{C}^1 \to \mathrm{C}^2 \to \ldots$$

définit une résolution injective de $\mathrm{M} \otimes_{\mathrm{A}} \mathrm{N}$.)

b) Démontrer l'inégalité $\mathrm{prof}_{\mathrm{A}}(\mathrm{N}) = \mathrm{dp}_{\mathrm{A}}(\mathrm{M}) + \mathrm{prof}(\mathrm{M} \otimes_{\mathrm{A}} \mathrm{N})$. En déduire une autre démonstration du th. d'Auslander-Buchsbaum.

c) On suppose de plus que N est de dimension projective finie. Prouver l'égalité $\mathrm{dp}_{\mathrm{A}}(\mathrm{M} \otimes_{\mathrm{A}} \mathrm{N}) = \mathrm{dp}_{\mathrm{A}}(\mathrm{M}) + \mathrm{dp}_{\mathrm{A}}(\mathrm{N})$.

d) On suppose que A est un anneau de Gorenstein, et on note d sa dimension. Soit n un entier ; montrer que les κ_{A}-espaces vectoriels $\mathrm{Ext}_{\mathrm{A}}^n(\kappa_{\mathrm{A}}, \mathrm{M})$, $\mathrm{Tor}_{d-n}^{\mathrm{A}}(\kappa_{\mathrm{A}}, \mathrm{M})$ et $\mathrm{Ext}_{\mathrm{A}}^{d-n}(\mathrm{M}, \kappa_{\mathrm{A}})$ ont même dimension.

7) Soient A un anneau local noethérien, M un A-module de type fini, T un A-module de type fini et de dimension injective finie. Démontrer l'égalité

$$\mathrm{prof}(\mathrm{A}) = \mathrm{prof}_{\mathrm{A}}(\mathrm{M}) + \sup\{i \mid \mathrm{Ext}_{\mathrm{A}}^i(\mathrm{M}, \mathrm{T}) \neq 0\}$$

(raisonner par récurrence sur $\mathrm{prof}_{\mathrm{A}}(\mathrm{M})$, en utilisant la prop. 9).

8) Soient A un anneau, $u : \mathrm{A}^p \to \mathrm{A}^q$ une application A-linéaire. On appelle *rang* de u, et on note $\mathrm{rg}(u)$, le plus grand entier r tel que $\wedge^r u \neq 0$. On note $\mathfrak{d}(u)$ l'idéal de A engendré par les mineurs d'ordre $\mathrm{rg}(u)$ de la matrice de u.

a) Montrer que pour que $\mathfrak{d}(u)$ soit égal à A, il faut et il suffit que le conoyau de u soit projectif de rang $q - \mathrm{rg}(u)$ (se ramener au cas où A est local et écrire la matrice de u dans une base convenable).

b) Soit $v : \mathrm{A}^q \to \mathrm{A}^s$ une application A-linéaire ; on suppose qu'on a $\mathfrak{d}(u) = \mathfrak{d}(v) = \mathrm{A}$. Pour que $\mathrm{Ker}\, v = \mathrm{Im}\, u$, il faut et il suffit qu'on ait $\mathrm{rg}(u) + \mathrm{rg}(v) = q$ (même méthode).

c) Si $\mathrm{rg}(u) = q$, prouver que $\mathfrak{d}(u)$ annule le conoyau de u (se ramener au cas $p = q$).

¶ 9) Soient A un anneau, (L, d) un complexe borné de A-modules libres de type fini, nul en degrés < 0. On se propose de prouver que les conditions suivantes sont équivalentes :

(i) On a $\mathrm{H}_i(\mathrm{L}) = 0$ pour $i > 0$;

(ii) On a $\mathrm{prof}_{\mathrm{A}}(\mathfrak{d}(d_i) ; \mathrm{A}) \geqslant i$ et $\mathrm{rg}(d_i) + \mathrm{rg}(d_{i+1}) = \mathrm{rg}_{\mathrm{A}}(\mathrm{L}_i)$ pour tout $i \geqslant 1$.

a) Montrer qu'il suffit de prouver cet énoncé lorsque l'anneau A est noethérien (considérer le sous-anneau de A engendré par les coefficients des matrices d_i pour $i \geqslant 1$). On suppose désormais cette condition vérifiée.

b) Si A est un anneau local de dimension 0, prouver que (ii) entraîne (i) (utiliser l'exerc. 8, *b*)).

c) On suppose que l'anneau A est local, que la condition (ii) est satisfaite, et que $\mathrm{Supp}(\mathrm{H}_i(\mathrm{L})) = \{\mathfrak{m}_\mathrm{A}\}$ pour $i \geqslant 1$. Prouver que $\mathrm{H}_i(\mathrm{L}) = 0$ pour $i \geqslant 0$ (soit p le plus grand entier tel que $\mathfrak{d}(d_p) \neq \mathrm{A}$; déduire de l'exerc. 8, *b*) que $\mathrm{H}_i(\mathrm{L}) = 0$ pour $i > p$, puis de l'exerc. 8, *a*) et du cor. 2 de la prop. 3 (n° 2) que le complexe $0 \to \mathrm{L}_p/\mathrm{B}_p(\mathrm{L}) \to \mathrm{L}_{p-1} \to \ldots \to \mathrm{L}_0$ est acyclique en degrés > 0).

d) Démontrer l'implication (ii)$\Rightarrow$(i) (se ramener au cas où A est local, et raisonner par récurrence sur $\dim(\mathrm{A})$).

e) On suppose que le complexe L est acyclique en degrés > 0. Soit $\mathfrak{p}$ un idéal premier associé à A. Montrer que pour tout $i \geqslant 1$ $(\mathrm{Coker}\, d_i)_\mathfrak{p}$ est un $\mathrm{A}_\mathfrak{p}$-module libre, de rang $\sum_{p \geqslant i-1} (-1)^p \operatorname{rg}_\mathrm{A}(\mathrm{L}_p)$; de plus on a $\operatorname{rg}((d_i)_\mathfrak{p}) = \sum_{p \geqslant i} (-1)^{p-i} \operatorname{rg}_\mathrm{A}(\mathrm{L}_p)$ et $\mathfrak{d}((d_i)_\mathfrak{p}) = \mathrm{A}_\mathfrak{p}$ (exerc. 8).

f) En déduire qu'on a $\operatorname{rg}(d_i) = \sum_{p \geqslant i} (-1)^{p-i} \operatorname{rg}_\mathrm{A}(\mathrm{L}_p)$ et par suite $\operatorname{rg}(d_i) + \operatorname{rg}(d_{i+1}) = \operatorname{rg}_\mathrm{A}(\mathrm{L}_i)$ pour tout $i \geqslant 1$.

g) Soient i un entier $\geqslant 1$, et $\mathfrak{p}$ un idéal premier de A. Montrer que la condition $\mathrm{dp}_{\mathrm{A}_\mathfrak{p}}(\mathrm{H}_0(\mathrm{L})_\mathfrak{p}) \geqslant i$ équivaut à $\mathfrak{d}(d_i)\mathrm{A}_\mathfrak{p} \neq \mathrm{A}_\mathfrak{p}$, c'est-à-dire $\mathfrak{d}(d_i) \subset \mathfrak{p}$ (utiliser l'exerc. 8, *a*)). À l'aide de la prop. 8 du § 1, n° 5 et du th. 1, en déduire qu'on a $\mathrm{prof}_\mathrm{A}(\mathfrak{d}(d_i) ; \mathrm{A}) \geqslant i$, ce qui prouve l'implication (i)$\Rightarrow$(ii).

¶ 10) On conserve les hypothèses de l'exerc. 9 ; on suppose que le complexe L est exact en degré $\neq 0$.

a) Démontrer l'inclusion $\mathrm{V}(\mathfrak{d}(d_{i+1})) \subset \mathrm{V}(\mathfrak{d}(d_i))$ pour tout $i \geqslant 1$ (observer que d'après l'exerc. 8, un idéal premier $\mathfrak{p}$ ne contient pas $\mathfrak{d}(d_i)$ si et seulement si le $\mathrm{A}_\mathfrak{p}$-module $(\mathrm{Coker}\, d_i)_\mathfrak{p}$ est libre).

b) On suppose désormais que l'annulateur de $\mathrm{H}_0(\mathrm{L})$ n'est pas réduit à zéro. Prouver qu'on a $\operatorname{rg}(d_1) = \operatorname{rg}_\mathrm{A}(\mathrm{L}_0)$ (si f est un élément simplifiable de $\mathfrak{d}(d_1)$, le A_f-module $\mathrm{H}_0(\mathrm{L})_f$ est projectif de rang constant d'après l'exerc. 8, donc nécessairement nul) ; en déduire que le support de $\mathrm{H}_0(\mathrm{L})$ est $\mathrm{V}(\mathfrak{d}(d_1))$.

c) On pose $p = \mathrm{prof}_\mathrm{A}(\mathfrak{d}(d_1) ; \mathrm{A})$. Prouver qu'on a $\mathrm{V}(\mathfrak{d}(d_i)) = \mathrm{Supp}(\mathrm{H}_0(\mathrm{L}))$ pour $1 \leqslant i \leqslant p$ (raisonner comme dans la démonstration de *a*), en observant que si un idéal premier $\mathfrak{p}$ du support de $\mathrm{H}_0(\mathrm{L})$ ne contenait pas $\mathfrak{d}(d_k)$, on aurait $\mathrm{dp}_{\mathrm{A}_\mathfrak{p}} \mathrm{H}_0(\mathrm{L})_\mathfrak{p} < k \leqslant \mathrm{grade}_{\mathrm{A}_\mathfrak{p}} \mathrm{H}_0(\mathrm{L})_\mathfrak{p}$).

11) Soit A un anneau local.

a) Soient n un entier $\geqslant 1$, $u : \mathrm{A}^{n-1} \to \mathrm{A}^n$ une application A-linéaire, $\mathfrak{d}(u)$ l'idéal engendré par les mineurs d'ordre $n-1$ de u (exerc. 8). Si $\mathrm{prof}_\mathrm{A}(\mathfrak{d}(u) ; \mathrm{A}) \geqslant 2$, prouver que $\mathfrak{d}(u)$ admet la résolution

$$0 \to \mathrm{A}^{n-1} \xrightarrow{u} \mathrm{A}^n \xrightarrow{v} \mathfrak{d}(u) \to 0 ,$$

où v est induit par l'homomorphisme $\wedge^{n-1}({}^t u) : \mathrm{A}^n \to \mathrm{A}$ (appliquer l'exerc. 9).

b) Inversement, soit J un idéal de A de dimension projective 1. Prouver qu'il existe un élément simplifiable a de A, un entier n et une application A-linéaire $u : \mathrm{A}^{n-1} \to \mathrm{A}^n$ tels que $\mathrm{J} = a\mathfrak{d}(u)$; on a $\mathrm{prof}_\mathrm{A}(\mathrm{J} ; \mathrm{A}) = 2$ (« *théorème de Hilbert-Burch* » : déduire de l'exerc. 9 qu'une résolution minimale de J est de la forme $0 \to \mathrm{A}^{n-1} \xrightarrow{u} \mathrm{A}^n \to \mathrm{J}$, avec $\mathrm{prof}_\mathrm{A}(\mathfrak{d}(u) ; \mathrm{A}) \geqslant 2$, puis appliquer *a*) et l'exerc. 1 du § 1, en observant que $\mathfrak{d}(u)$ contient un élément simplifiable de A).

12) Soient A un anneau local noethérien, M et N des A-modules non nuls de type fini. On suppose la dimension projective de M finie. Soit q le plus grand entier tel que $\mathrm{Tor}_q^{\mathrm{A}}(\mathrm{M},\mathrm{N}) \neq 0$.

a) On suppose $\mathrm{prof}_{\mathrm{A}}(\mathrm{Tor}_q^{\mathrm{A}}(\mathrm{M},\mathrm{N})) = 0$. Prouver l'égalité $\mathrm{prof}_{\mathrm{A}}(\mathrm{N}) + q = \mathrm{dp}_{\mathrm{A}}(\mathrm{M})$ (on pourra raisonner par récurrence sur $\mathrm{prof}_{\mathrm{A}}(\mathrm{N})$, en considérant un élément x de $\mathfrak{m}_{\mathrm{A}}$ non diviseur de 0 dans N).

b) On suppose de plus que le A-module $\mathrm{M} \otimes_{\mathrm{A}} \mathrm{N}$ est de longueur finie. Déduire de *a*) que $\mathrm{Tor}_i^{\mathrm{A}}(\mathrm{M},\mathrm{N})$ est nul pour $i > \mathrm{prof}(\mathrm{A}) - \mathrm{prof}(\mathrm{M}) - \mathrm{prof}(\mathrm{N})$, et non nul lorsqu'il y a égalité. On a en particulier $\mathrm{prof}(\mathrm{M}) + \mathrm{prof}(\mathrm{N}) \leqslant \mathrm{prof}(\mathrm{A})$.

¶ 13) Soit A un anneau local noethérien. On suppose satisfaite la condition suivante[1] :

(GM) pour toute A-algèbre locale noethérienne B, il existe un B-module M tel que $\mathfrak{m}_{\mathrm{B}}\mathrm{M} \neq \mathrm{M}$ et $\mathrm{prof}_{\mathrm{B}}(\mathrm{M}) = \dim(\mathrm{B})$.

a) Soit P un complexe de A-modules plats, de longueur finie ℓ, tel que $\mathrm{Supp}(\mathrm{H}(\mathrm{P})) = \{\mathfrak{m}_{\mathrm{A}}\}$. Prouver qu'on a $\ell \geqslant \dim(\mathrm{A})$ (utiliser l'exerc. 6 du § 1)[2].

b) Soient B un anneau noethérien, $\rho : \mathrm{A} \to \mathrm{B}$ un homomorphisme, ${}^a\rho : \mathrm{Spec}(\mathrm{B}) \to \mathrm{Spec}(\mathrm{A})$ l'application associée, M un A-module de type fini. Démontrer que la codimension de ${}^a\rho^{-1}(\mathrm{Supp}(\mathrm{M}))$ dans Spec(B) est $\leqslant \mathrm{dp}_{\mathrm{A}}(\mathrm{M})$ (appliquer *a*) au complexe $\mathrm{L} \otimes_{\mathrm{A}} \mathrm{B}_{\mathfrak{q}}$, où $\mathfrak{q}$ est l'idéal premier minimal d'une composante de ${}^a\rho^{-1}(\mathrm{Supp}(\mathrm{M}))$ et L une résolution libre de M).

c) Soient M, N des A-modules de type fini, avec $\mathrm{M} \neq 0$. Démontrer l'inégalité

$$\dim(\mathrm{N}) \leqslant \mathrm{dp}_{\mathrm{A}}(\mathrm{M}) + \dim(\mathrm{M} \otimes_{\mathrm{A}} \mathrm{N})$$

(*théorème d'intersection* : raisonner par récurrence sur l'entier $d = \dim(\mathrm{M} \otimes_{\mathrm{A}} \mathrm{N})$. Si $d = 0$, appliquer *b*) à l'anneau $\mathrm{B} = \mathrm{A}/\mathrm{Ann}(\mathrm{M})$; dans le cas général considérer un élément de A sécant pour N et pour $\mathrm{M} \otimes_{\mathrm{A}} \mathrm{N}$).

d) Pour qu'il existe un A-module de longueur finie et de dimension projective finie, il faut et il suffit que A soit un anneau de Macaulay.

14) Soient A un anneau local noethérien satisfaisant la condition (GM) (exerc. 13), M un A-module de type fini et de dimension projective finie.

a) Prouver les inégalités

$$\dim(\mathrm{A}) \leqslant \mathrm{dp}_{\mathrm{A}}(\mathrm{M}) + \dim(\mathrm{M}) \qquad \dim(\mathrm{A}) - \mathrm{prof}(\mathrm{A}) \leqslant \dim(\mathrm{M}) - \mathrm{prof}(\mathrm{M}) .$$

Si en outre le module M est parfait (exerc. 4), on a $\dim(\mathrm{A}) = \mathrm{dp}_{\mathrm{A}}(\mathrm{M}) + \dim(\mathrm{M})$ (utiliser l'exerc. 15 du § 1).

b) Soit $\mathfrak{p} \in \mathrm{Supp}(\mathrm{M})$; si le $\mathrm{A}_{\mathfrak{p}}$-module $\mathrm{M}_{\mathfrak{p}}$ est macaulayen, l'anneau $\mathrm{A}_{\mathfrak{p}}$ est un anneau de Macaulay. C'est le cas en particulier si $\mathfrak{p}$ est un idéal premier minimal de Supp(M).

---

[1] Cette hypothèse est toujours vérifiée lorsque l'anneau A contient un corps, *cf.* M. HOCHSTER, *Topics in the homological theory of modules over commutative rings*, Amer. Math. Soc., Providence (1975).

[2] Lorsque P est de type fini, ce résultat est vrai sans l'hypothèse (GM), *cf.* P. ROBERTS, *Le théorème d'intersection*, C. R. Acad. Sci. Paris, sér. I, t. 304, 177-180 (1987). Par suite les résultats des exerc. 13 et 14 sont vrais pour tout anneau local noethérien A.

c) Soit $\mathbf{x} = (x_1, \ldots, x_r)$ une suite sécante d'éléments de $\mathfrak{m}_A$, qui engendre un idéal J de dimension projective finie. Démontrer que la suite $\mathbf{x}$ est complètement sécante pour A (soit $\mathfrak{p} \in V(J)$ et soit $\mathfrak{q} \subset \mathfrak{p}$ un idéal premier minimal de V(J) ; observer qu'on a $\operatorname{prof}(A_\mathfrak{p}) \geqslant \operatorname{dp}_{A_\mathfrak{p}}(A_\mathfrak{p}/J_\mathfrak{p}) \geqslant \operatorname{dp}_{A_\mathfrak{q}}(A_\mathfrak{q}/J_\mathfrak{q})$ et $\operatorname{dp}_{A_\mathfrak{q}}(A_\mathfrak{q}/J_\mathfrak{q}) \geqslant r$ d'après *b*), d'où finalement $\operatorname{prof}_A(J\,;A) \geqslant r$; conclure que $\mathbf{x}$ est complètement sécante à l'aide du cor. 1 du th. 1 du § 1, n° 3).

d) Prouver que toute suite M-régulière est A-régulière. (Démontrer que tout élément a de A dont l'annulateur $\mathfrak{a}$ n'est pas nul n'est pas M-régulier ; pour cela, se ramener par localisation au cas où $\operatorname{Supp}(M) \cap \operatorname{Supp}(\mathfrak{a}) = \{\mathfrak{m}_A\}$; en appliquant l'exerc. 13 *a*) au complexe $L \otimes_A A/\mathfrak{p}$, où L est une résolution libre de M et $\mathfrak{p}$ un idéal premier associé de $\mathfrak{a}$, prouver les inégalités $\operatorname{prof}(A) \leqslant \dim(A/\mathfrak{p}) \leqslant \operatorname{dp}_A(M)$ et en déduire $\operatorname{prof}(M) = 0$.)

e) Pour que l'anneau A soit intègre, il faut et il suffit qu'il contienne un idéal premier de dimension projective $< +\infty$ (si $\operatorname{dp}_A(\mathfrak{p}) < +\infty$, montrer que A s'identifie à un sous-anneau de l'anneau régulier $A_\mathfrak{p}$).

15) Soient A un anneau local noethérien, M un A-module de type fini et de dimension injective finie.

a) Soit $\mathfrak{p} \in \operatorname{Supp}(M)$. Démontrer l'égalité $\operatorname{prof}(A) = \operatorname{prof}(A_\mathfrak{p}) + \dim(A/\mathfrak{p})$. (Soient $p = \operatorname{prof}(A_\mathfrak{p})$ et $q = \dim(A/\mathfrak{p})$; observer qu'on a $p = \operatorname{di}_{A_\mathfrak{p}}(M_\mathfrak{p})$, d'où $\operatorname{Ext}^p_{A_\mathfrak{p}}(\kappa(\mathfrak{p}), M_\mathfrak{p}) \neq 0$ et par suite $\operatorname{Ext}^{p+q}_A(\kappa_A, M) \neq 0$ d'après le lemme 3 du § 1, n° 7, ce qui entraîne $\operatorname{prof}(A) = \operatorname{di}_A(M) = p + q$.) Si $\operatorname{Supp}(M) = \operatorname{Spec}(A)$, A est un anneau de Macaulay.

b) Démontrer l'égalité $\operatorname{grade}(M) + \dim(M) = \operatorname{prof}(A)$ (utiliser *a*) et l'exerc. 15 du § 1).

¶ 16) Soient A un anneau de Macaulay et M un A-module de dimension projective finie. Prouver que pour que M soit plat, il faut et il suffit que pour tout idéal J de A engendré par une suite complètement sécante l'homomorphisme canonique $J \otimes_A M \to JM$ soit bijectif (prouver par récurrence sur la longueur de la suite que cette condition entraîne $\operatorname{Tor}^A_i(A/J, M) = 0$ pour tout $i > 0$, puis, par récurrence décroissante sur n, $\operatorname{Tor}^A_n(N, M) = 0$ pour tout A-module de type fini N et tout entier $n > 0$). Exemple : un module sans torsion sur un anneau de Dedekind est plat (*cf.* VII, § 2, exerc. 14).

§ 4

1) Soit A un anneau local noethérien. Pour que A soit régulier, il faut et il suffit qu'on ait $\operatorname{di}_A(\kappa_A) < +\infty$.

2) Soient A un anneau régulier et $\mathfrak{p}$ un idéal premier de A. Démontrer que le complété de A pour la topologie $\mathfrak{p}$-adique est un anneau intègre.

3) Soient A un anneau, $\mathbf{T} = (T_i)_{i \in I}$ une famille finie d'indéterminées. Prouver que les conditions suivantes sont équivalentes :

(i) l'anneau A est régulier ;

(ii) l'anneau A[**T**] est régulier ;

(iii) l'anneau A[[**T**]] est régulier.

4) Soit A un anneau noethérien de dimension $\leqslant 2$. Montrer que pour que A soit régulier, il faut et il suffit que le dual de tout A-module de type fini soit projectif (soit $\mathfrak{p}$ un idéal premier de A ; si la seconde condition est satisfaite, prouver d'abord que $A_\mathfrak{p}$ est régulier lorsque $\mathrm{prof}(A_\mathfrak{p}) \leqslant 1$, puis que $\mathrm{dp}_{A_\mathfrak{p}}(\kappa(\mathfrak{p})) = 2$ lorsque $\mathrm{prof}(A_\mathfrak{p}) = 2$).

5) Soit A un anneau local noethérien de dimension homologique finie ; déduire de l'exerc. 16 de A, X, p. 208 une autre démonstration du fait que A est régulier (observer qu'on a $\dim_{\kappa_A} \mathfrak{m}_A/\mathfrak{m}_A^2 \leqslant \mathrm{dh}(A) \leqslant \mathrm{prof}(A)$).

6) Soient A un anneau local régulier, $(x_1, \ldots, x_n)$ et $(y_1, \ldots, y_n)$ des suites sécantes maximales d'éléments de $\mathfrak{m}_A$, engendrant des idéaux $\mathfrak{x}$ et $\mathfrak{y}$ respectivement. On suppose qu'on a $\mathfrak{y} \subset \mathfrak{x}$, de sorte qu'il existe des éléments a_{ij} de A tels qu'on ait $y_i = \sum_j a_{ij}x_j$ pour $1 \leqslant i \leqslant n$. Prouver que la classe de $\det(a_{ij})$ dans $A/\mathfrak{y}$ ne dépend pas de la matrice (a_{ij}) choisie, et que son annulateur est l'image de $\mathfrak{x}$; en particulier, on a $\det(a_{ij}) \neq 0$ (prouver que l'homomorphisme canonique $\mathrm{Ext}^n_A(A/\mathfrak{x}, A) \to \mathrm{Ext}^n_A(A/\mathfrak{y}, A)$ est injectif, puis montrer à l'aide des complexes de Koszul qu'il s'identifie à l'homomorphisme $A/\mathfrak{x} \to A/\mathfrak{y}$ déduit de l'homothétie de rapport $\det(a_{ij})$).

¶ 7) Soient A un anneau local régulier de dimension 3, f un élément non nul de $\mathfrak{m}_A$. Démontrer que les conditions suivantes sont équivalentes :

(i) l'anneau $A/(f)$ n'est pas factoriel ;

(ii) il existe un entier $n \geqslant 2$ et une matrice $X \in \mathbf{M}_n(A)$, à éléments dans $\mathfrak{m}_A$, tels que $f = \det(X)$.

(Sous l'hypothèse (ii), prouver que l'idéal de $A/(f)$ engendré par les classes des mineurs $X^{11}, \ldots, X^{1n}$ de X, où X^{1p} est obtenu en supprimant la première ligne et la colonne d'indice p, est de hauteur 1 mais non principal. Sous l'hypothèse (i), soit $\mathfrak{p}$ un idéal premier de hauteur 2 de A dont l'image dans $A/(f)$ n'est pas principal ; déduire de l'exerc. 11 du § 3 que $\mathfrak{p}$ est engendré par les mineurs d'ordre $n-1$ d'une matrice $Y \in \mathbf{M}_{n,n-1}(A)$ à éléments dans $\mathfrak{m}_A$. Écrire f comme le déterminant d'une matrice $\widetilde{Y}$ obtenue en rajoutant une colonne Y_n à Y ; si un élément de Y_n est inversible se ramener au cas où Y_n appartient à la base canonique de A^n.)

¶ 8) Soient A un anneau local régulier, $\mathbf{x} = (x_1, \ldots, x_d)$ un système de coordonnées de A, $\rho : A \to B$ un homomorphisme d'anneaux injectif faisant de B un A-module de type fini. Prouver que les conditions suivantes sont équivalentes :

(i) pour tout entier p, l'élément $\rho(x_1 \ldots x_d)^p$ n'appartient pas à l'idéal de B engendré par $\rho(x_1^{p+1}), \ldots, \rho(x_d^{p+1})$;

(ii) le A-module $\rho(A)$ est facteur direct de B.

Ces conditions sont satisfaites si A est une $\mathbf{Q}$-algèbre (exerc. 3 du § 2).

(Pour prouver (ii) $\Rightarrow$ (i), adapter la démonstration de *loc. cit.* Pour l'implication opposée, se ramener au cas où A est complet, et poser pour $p \geqslant 0$ $A_p = A/(x_1^{p+1}, \ldots, x_d^{p+1})$ et $B_p = B/(x_1^{p+1}, \ldots, x_d^{p+1})B$. Observer que la classe de $(x_1 \ldots x_d)^p$ engendre le socle de A_p, et en déduire que l'homomorphisme $\rho_p : A_p \to B_p$ induit par ρ est injectif. Prouver que ρ_p admet une rétraction A_p-linéaire. Conclure à l'aide de E, III, p. 60, exemple II.)

9) Soient $\rho : A \to B$ un homomorphisme local d'anneaux locaux noethériens, N un B-module macaulayen de type fini. On suppose que l'anneau A est régulier et qu'on a $\dim_B(N) = \dim(A) + \dim_{B/\mathfrak{m}_A B}(N/\mathfrak{m}_A N)$. Prouver que le A-module N est plat (raisonner par récurrence sur $\dim(A)$; si $x \in \mathfrak{m}_A - \mathfrak{m}_A^2$, on montrera que x est N-régulier et

que l'homomorphisme $A/xA \to B/xB$ et le (B/xB)-module N/xN satisfont aux mêmes hypothèses que ρ et N).

¶ 10) Soient A un anneau noethérien, M un A-module de type fini. Pour tout entier $n \geqslant 0$, on désigne par X_n l'ensemble des éléments $\mathfrak{p}$ de Spec(A) tels que $\dim_{A_\mathfrak{p}}(M_\mathfrak{p}) - \mathrm{prof}_{A_\mathfrak{p}}(M_\mathfrak{p}) \geqslant n$. Soit k un entier $\geqslant 0$.

a) Pour que M satisfasse à la propriété S_k (§ 1, exerc. 8), il faut et il suffit qu'on ait $\mathrm{codim}(X_n, \mathrm{Supp}(M)) \geqslant n+k$ pour tout $n \geqslant 0$.

b) On suppose que X_n est fermé dans Spec(A) pour tout $n \geqslant 0$. Soit $\mathfrak{p}$ un élément de Supp(M). Pour que le $A_\mathfrak{p}$-module $M_\mathfrak{p}$ satisfasse à la propriété S_k (§ 1, exerc. 8), il faut et il suffit qu'on ait $\mathrm{codim}(X'_n, \mathrm{Supp}(M)) \geqslant n+k$ pour tout $n \geqslant 0$ et toute composante X'_n de X_n contenant $\mathfrak{p}$.

c) On suppose que l'anneau A est présentable. Déduire de *b)* que l'ensemble des idéaux premiers $\mathfrak{p}$ de A tels que $M_\mathfrak{p}$ satisfasse à la propriété S_k est ouvert dans Spec(A).

11) Soit A l'anneau $\mathbf{Z}[\mathbf{X}]$, où $\mathbf{X} = (X_i)_{i\in I}$ est une famille finie d'indéterminées. Soit J un idéal de A engendré par des monômes.

a) Soit $i \in I$; soient $P_1, \ldots, P_r$; $Q_1, \ldots, Q_s$ des monômes engendrant J, où les P_j sont divisibles par X_i tandis que les Q_k ne le sont pas. Prouver que le transporteur $J : X_i$ (idéal de A formé des éléments P tels que $X_i P \in J$) est engendré par les monômes $X_i^{-1}P_1, \ldots, X_i^{-1}P_r$; $Q_1, \ldots, Q_s$.

b) En déduire que si $J : X_i$ est égal à J ou A pour tout $i \in I$, J est l'idéal engendré par les variables X_i qui appartiennent à J.

c) Soient M un A-module, et p un entier. On suppose que $\mathrm{Tor}_p^A(A/J', M)$ (resp. $\mathrm{Ext}_A^p(A/J', M)$) est nul pour tout idéal J' contenant J et engendré par certains des X_i. Prouver que $\mathrm{Tor}_p^A(A/J, M)$ (resp. $\mathrm{Ext}_A^p(A/J, M)$) est nul (soit J' un idéal contenant J, engendré par des monômes, tel que $\mathrm{Tor}_p^A(A/J', M) \neq 0$, et maximal pour ces propriétés ; déduire de la suite exacte

$$0 \to A/(J' : X_i) \longrightarrow A/J' \longrightarrow A/(J' + AX_i) \to 0$$

et de *b)* que J' est engendré par les éléments X_i qu'il contient, ce qui contredit l'hypothèse).

d) En déduire l'inégalité $\mathrm{dp}_A(A/J) \leqslant \mathrm{Card}(I)$.

e) Soient A un anneau, $\mathbf{x} = (x_i)_{i\in I}$ une famille finie d'éléments de A ; on suppose que pour toute partie I' de I la famille $(x_i)_{i\in I'}$ est complètement sécante pour A. Soit J un idéal de A engendré par des éléments $\mathbf{x}^\alpha$, où α parcourt une partie finie F de $\mathbf{N}^I$. Prouver l'inégalité $\mathrm{dp}_A(A/J) \leqslant \mathrm{Card}(I)$ (soit J_0 l'idéal de l'anneau $A_0 = \mathbf{Z}[(X_i)_{i\in I}]$ engendré par les $\mathbf{X}^\alpha$ pour $\alpha \in F$; déduire de *c)* que $\mathrm{Tor}_p^{A_0}(A_0/J_0, A)$ est nul, et conclure en considérant une résolution projective du A_0-module A_0/J_0 de longueur $\leqslant n$).

¶ 12) Soient A un anneau local régulier, M un A-module de type fini, tel que le A-module $\mathrm{End}_A(M)$ soit libre. On se propose de prouver que les conditions suivantes sont équivalentes :

(i) le A-module M est libre ;

(ii) le A-module M est réflexif ;

(iii) $\mathrm{Ext}_A^1(M, M) = 0$.

a) Prouver l'implication (iii) $\Rightarrow$ (ii) (utiliser l'exerc. 2 de VII, § 4).

b) Prouver l'implication opposée (utiliser l'exerc. 4 si $\dim(A) \leqslant 2$, puis raisonner par récurrence sur $\dim(A)$ à l'aide de l'exerc. 18 du § 1).

c) On suppose $\dim(A) \leqslant 3$. Démontrer l'implication (ii) $\Rightarrow$ (i) (utiliser l'exerc. 4 si $\dim(A) \leqslant 2$; si $\dim(A) = 3$, observer que (ii) implique $\mathrm{dp}_A(M) \leqslant 1$, puis que (iii) et la remarque 2 du n° 3 entraînent que M est projectif).

d) On suppose M réflexif. Soit x un élément de $\mathfrak{m}_A - \mathfrak{m}_A^2$; on note B l'anneau A/xA, N le B-module M/xM et N^* son dual. Prouver à l'aide de *b*) que le B-module $\mathrm{End}_B(N)$ est libre, puis que $\mathrm{End}_B(N^*)$ est libre (déduire de VII, § 4, n° 2 que $\mathrm{End}_B(N^*)$ s'identifie au bidual de $\mathrm{End}_B(N)$).

e) Démontrer que (ii) implique (i) (raisonner par récurrence sur la dimension de A, supposée $\geqslant 4$; avec les notations de *d*), l'hypothèse de récurrence entraîne que le B-module N^* est libre ; en déduire à l'aide de l'exerc. 18 du § 1 et de la prop. 7 du n° 4 que l'on a $\mathrm{prof}_A(\mathrm{Ext}_A^1(M, B)) \geqslant 1$, puis que $\mathrm{Ext}_A^1(M, A)$, qui est de longueur finie par l'hypothèse de récurrence, est nul ; conclure que le B-module M^*/xM^* s'identifie à N^*, donc est libre, puis que le A-module M^* est libre et finalement que M est libre.)

f) Déduire de ces résultats une autre démonstration du fait que l'anneau A est factoriel.

12) Soient A un anneau, $(x_1, \ldots, x_n)$ une famille d'éléments de A, engendrant un idéal I. On dit que la famille $(x_1, \ldots, x_n)$ est A-*indépendante* si les classes des x_i dans I/I^2 forment une base de ce A/I-module.

a) Toute famille complètement sécante pour A est A-indépendante.

b) Soit $(x_1, \ldots, x_n)$ une famille A-indépendante, avec $x_1 = x_1' x_1''$. Prouver que les familles $(x_1', \ldots, x_n)$ et $(x_1'', \ldots, x_n)$ sont A-indépendantes, et que l'on a

$$\mathrm{lg}_A(A/(x_1, \ldots, x_n)) = \mathrm{lg}_A(A/(x_1', \ldots, x_n)) + \mathrm{lg}_A(A/(x_1'', \ldots, x_n))$$

(observer que le quotient $(x_1', \ldots, x_n)/(x_1, \ldots, x_n)$ est isomorphe à $A/(x_1'', \ldots, x_n)$).

¶ 13) Soient p un nombre premier, q une puissance de p, A un anneau local noethérien réduit de caractéristique p. On note A^q le sous-anneau de A formé des éléments a^q pour $a \in A$. Prouver que pour que A soit régulier, il faut et il suffit que le A^q-module A soit plat.

(Se ramener au cas où A est complet, donc quotient d'une algèbre de séries formelles $B = \kappa_A[[X_1, \ldots, X_n]]$ par un idéal $\mathfrak{b}$, qu'on peut supposer contenu dans $\mathfrak{m}_B^2$. Si A est régulier, on a $\mathfrak{b} = 0$. Si A est plat sur A^q, soit x_i l'image de X_i dans A ; prouver que la famille $(x_1^q, \ldots, x_n^q)$ est A-indépendante (exerc. 12), et en déduire l'égalité $\mathrm{lg}_A(A/(x_1^q, \ldots, x_n^q)) = q^n$. Montrer que cela entraîne $\mathfrak{b} \subset (X_1^q, \ldots, X_n^q)$; prouver de même qu'on a $\mathfrak{b} \subset (X_1^{q^s}, \ldots, X_n^{q^s})$ pour tout s, d'où finalement $\mathfrak{b} = 0$.)

§ 5

1) Soient k un corps, A l'anneau quotient de l'anneau de polynômes $k[X, Y, Z]$ par l'idéal engendré par $Z^2, ZX, Z(Y-1)$, x et y les classes de X et Y dans A. Montrer que la suite (x, y) est complètement sécante pour A mais n'est pas A-régulière, bien que la suite (y, x) soit A-régulière.

2) Soient A un anneau local régulier, I un idéal de A.

a) Si $\mathrm{ht}(\mathrm{I}) = 1$, prouver que les conditions suivantes sont équivalentes :

(i) l'idéal I est principal ;

(ii) A/I est un anneau de Gorenstein ;

(iii) A/I est un anneau de Macaulay.

b) On suppose $\mathrm{ht}(\mathrm{I}) = 2$; pour que A/I soit un anneau de Gorenstein, il faut et il suffit que l'idéal I soit complètement sécant (si (L, p) est une résolution projective minimale de I, observer que L_1 est de rang 1 et par suite L_0 de rang 2).

c) Soit k un corps commutatif ; on prend $\mathrm{A} = k[[\mathrm{X}, \mathrm{Y}, \mathrm{Z}]]$ et $\mathrm{I} = (\mathrm{XY}, \mathrm{YZ}, \mathrm{ZX}, \mathrm{X}^2 - \mathrm{Y}^2, \mathrm{Y}^2 - \mathrm{Z}^2)$. Prouver que I est un idéal de hauteur 3 qui n'est pas complètement sécant, et que A/I est un anneau de Gorenstein.

3) Soient R un anneau local régulier, I un idéal de R , A l'anneau R/I. Soient $\mathbf{x} = (x_1, \ldots, x_d)$ un système de coordonnées de R, et $\mathbf{y} = (y_1, \ldots, y_m)$ un système générateur minimal de I, de sorte que $m = [\mathrm{I}/\mathfrak{m}_\mathrm{R}\mathrm{I} : \kappa_\mathrm{R}]$.

a) Lorsque I est contenu dans $\mathfrak{m}_\mathrm{R}^2$, définir un isomorphisme canonique de $\mathrm{H}_1(\mathbf{x}, \mathrm{A})$ sur $\mathrm{I}/\mathfrak{m}_\mathrm{R}\mathrm{I}$ (considérer une suite exacte de complexes de Koszul).

b) Pour que les images des x_i dans A forment un système minimal de générateurs de $\mathfrak{m}_\mathrm{A}$, il faut et il suffit que I soit contenu dans $\mathfrak{m}_\mathrm{R}^2$.

c) Démontrer que la dimension du κ_A-espace vectoriel $\mathrm{H}_1(\mathbf{x}, \mathrm{A})$ est égale à $m - d + [\mathfrak{m}_\mathrm{A}/\mathfrak{m}_\mathrm{A}^2 : \kappa_\mathrm{A}]$.

¶ 4) Soit A un anneau local noethérien. On pose $\delta(\mathrm{A}) = [\mathfrak{m}_\mathrm{A}/\mathfrak{m}_\mathrm{A}^2 : \kappa_\mathrm{A}] - \dim(\mathrm{A})$ (*cf.* § 4, n° 5).

a) Montrer que la dimension du κ_A-espace vectoriel $\mathrm{H}_i(\mathbf{z}, \mathrm{A})$, où $\mathbf{z}$ est un système de générateurs minimal de $\mathfrak{m}_\mathrm{A}$, est indépendante du choix de $\mathbf{z}$; on la note $h_i(\mathrm{A})$.

b) Démontrer l'égalité $h_i(\mathrm{A}) = h_i(\widehat{\mathrm{A}})$ pour tout i.

c) Prouver qu'on a $h_1(\mathrm{A}) \geqslant \delta(\mathrm{A})$, et que l'égalité a lieu si et seulement si A est un anneau d'intersection complète (remarque 2 du n° 2 ; se ramener au cas où A est complet et appliquer l'exerc. 4 en présentant A comme un quotient R/I, où R est un anneau local régulier et $\mathrm{I} \subset \mathfrak{m}_\mathrm{R}^2$).

d) Soit $(x_1, \ldots, x_p)$ une suite complètement sécante d'éléments de $\mathfrak{m}_\mathrm{A}$, engendrant un idéal J. Démontrer l'égalité $h_1(\mathrm{A}/\mathrm{J}) - \delta(\mathrm{A}/\mathrm{J}) = h_1(\mathrm{A}) - \delta(\mathrm{A})$ (se ramener au cas $p = 1$ et distinguer deux cas, suivant que x_1 appartient ou non à $\mathfrak{m}_\mathrm{A}^2$).

5) Soient R un anneau local régulier, I un idéal de R , A l'anneau R/I. Pour que A soit un anneau d'intersection complète, il faut et il suffit que l'idéal I soit complètement sécant (utiliser les exerc. 4 *c*) et 3 *c*)).

¶ 6) Soient A un anneau local noethérien, I un idéal de A.

a) Prouver que les conditions suivantes sont équivalentes :

(i) l'idéal I est complètement sécant ;

(ii) le A/I-module I/I^2 est libre et l'on a $\mathrm{dp}_\mathrm{A}(\mathrm{A}/\mathrm{I}) < +\infty$.

(Sous l'hypothèse (ii), déduire de l'exerc. 2 du § 3 qu'il existe un élément simplifiable x dans I tel que $x \notin \mathfrak{m}_\mathrm{A}\mathrm{I}$; raisonner par récurrence sur la dimension de I/I^2.)

b) Prouver que l'ensemble des idéaux premiers $\mathfrak{p}$ de A où l'idéal $\mathrm{I}_\mathfrak{p}$ est complètement sécant est ouvert dans Spec(A).

c) Soit B un anneau présentable ; prouver que l'ensemble des idéaux premiers $\mathfrak{q}$ de B tels que $\mathrm{B}_\mathfrak{q}$ soit un anneau d'intersection complète est ouvert dans Spec(B).

7) Soient A un anneau, B une A-algèbre ; on suppose que le A-module B est libre de type fini. Dans les exercices qui suivent, on note B^* le A-module $\mathrm{Hom}_A(B, A)$, et on le munit de sa structure naturelle de B-module.

a) Soient $(e_i)_{i\in I}$ une base du A-module B, et $(e_i^*)_{i\in I}$ la base duale de B^*. Prouver que l'élément $\mathrm{Tr}_{B/A}$ de B^* (A, III, p. 110) est égal à $\sum_i e_i e_i^*$.

b) On suppose que le B-module B^* est libre de rang 1 ; soit ℓ un élément formant une base de ce module, et soit δ l'élément de B tel que $\mathrm{Tr}_{B/A} = \delta\ell$. L'idéal δB de B ne dépend pas du choix de ℓ ; on l'appelle *l'idéal différente* de B sur A. Prouver que $N_{B/A}(\delta)$ est un générateur de l'idéal discriminant de B sur A (A, III, p. 115 ; calculer le discriminant d'une base (e_i) de B sur A à l'aide de la matrice de la multiplication par δ dans cette base).

8) Soient A un anneau, P un polynôme unitaire de degré n de A[X], B la A-algèbre A[X]/(P). On note x la classe de X dans B. Soit $\ell : B \to A$ la forme A-linéaire telle que $\ell(x^{n-1}) = 1$, $\ell(x^i) = 0$ pour $0 \leqslant i \leqslant n-2$; on note $\tilde{\ell} : B[X] \to A[X]$ l'application A[X]-linéaire déduite de ℓ par extension des scalaires.

a) Soit $\sigma : B[X] \to A[X]$ l'application A[X]-linéaire telle que $\sigma(x^i) = X^i$ pour $i = 0, \dots, n-1$. Démontrer la formule $P\,\tilde{\ell}(Q) = \sigma((X - x)Q)$ pour tout élément Q de B[X] (la vérifier pour $Q = 1, \dots, x^{n-1}$).

b) Soit $P^*(X) = b_{n-1}X^{n-1} + \dots + b_0$ le polynôme de B[X] tel qu'on ait $P(X) = (X - x)P^*(X)$ dans B[X]. Prouver que $(b_0\ell, \dots, b_{n-1}\ell)$ est la base de B^* duale de la base $(1, \dots, x^{n-1})$ de B (appliquer *a*) aux polynômes x^iP^*). En déduire que le B-module B^* est libre de rang un, et que ℓ en forme une base.

c) Prouver l'égalité $\mathrm{Tr}_{B/A} = P'(x)\ell$ dans B^* (*cf.* exerc. 7 *a*)).

9) Soient A un anneau, n un entier, S l'algèbre $A[X_1, \dots, X_n]$ (resp. $A[[X_1, \dots, X_n]]$), $\mathfrak{a}$ un idéal de S engendré par une suite $\mathbf{P} = (P_1, \dots, P_n)$ complètement sécante pour S. On pose $B = S/\mathfrak{a}$, et on désigne par π l'homomorphisme canonique de S sur $S/\mathfrak{a}$. On suppose que le A-module B est libre de type fini. On se propose de prouver que le B-module B^* est libre de rang 1 et que l'idéal différente de B sur A est engendré par $\pi(\det(\frac{\partial P_i}{\partial X_j}))$.

a) On pose $C = S \otimes_A B$ et $\xi_i = X_i \otimes 1 - 1 \otimes \pi(X_i)$ pour $1 \leqslant i \leqslant n$. On note $\varphi : C \to B$ l'homomorphisme de A-algèbres tel que $\varphi(P \otimes b) = \pi(P)b$. Prouver que le noyau de φ est engendré par la suite $\boldsymbol{\xi} = (\xi_1, \dots, \xi_n)$, et que cette suite est complètement sécante pour C.

b) Soit $(c_{ij}) \in \mathbf{M}_n(C)$ une matrice satisfaisant à $P_i \otimes 1 = \sum_j c_{ij}\xi_j$. Prouver l'égalité $\pi(\frac{\partial P_i}{\partial X_j}) = \varphi(c_{ij})$.

c) La matrice (c_{ij}) définit un morphisme de complexes $\mathbf{K}_\bullet(\mathbf{P}, C) \to \mathbf{K}_\bullet(\boldsymbol{\xi}, C)$ (A, X, p. 151), d'où un morphisme de complexes de S-modules $u : \mathbf{K}_\bullet(\mathbf{P}, S) \to \mathbf{K}_\bullet(\boldsymbol{\xi}, C)$. L'homomorphisme $u_n : S \to C$ applique 1_S sur l'élément $d = \det(c_{ij})$ de C.

d) Soit $v : \mathrm{Hom}_S(C, S) \otimes_C B \to B$ l'homomorphisme B-linéaire tel que $v(f \otimes 1) = \pi(f(d))$; prouver que v est un isomorphisme (identifier v à $H^n(\mathrm{Homgr}_S(u, 1_S))$, et observer que chacun des complexes $\mathbf{K}_\bullet(\mathbf{P}, S)$ et $\mathbf{K}_\bullet(\boldsymbol{\xi}, C)$ définit une résolution de B par des S-modules libres de type fini).

e) On considère l'application composée $t : \mathrm{Hom}_A(B, A) \to \mathrm{Hom}_S(C, S) \to B$, où la première flèche s'obtient par extension des scalaires et la seconde est déduite de v. Prouver que t est B-linéaire et bijective (identifier $\mathrm{Hom}_S(C, S)$ à $\mathrm{Hom}_A(B, A) \otimes_B C$).

f) Prouver la formule $t(\mathrm{Tr}_{B/A}) = \varphi(d)$ (exprimer d et $\mathrm{Tr}_{B/A}$ à l'aide d'une base de B et de la base duale de B^*, *cf.* exerc. 7, *a*)).

g) Déduire de *b*), *e*) et *f*) que l'idéal différente de B sur A est engendré par $\pi(\det(\frac{\partial P_i}{\partial X_j}))$.

10) Soient A un anneau de valuation discrète, v sa valuation normée, K son corps des fractions. On considère une A-algèbre noethérienne B munie d'un homomorphisme de A-algèbres $\varepsilon : B \to A$. On note I le noyau de ε, et J son annulateur dans B.

a) Démontrer que les conditions suivantes sont équivalentes :

(i) le A-module I/I^2 est de longueur finie ;

(ii) l'anneau local de $K \otimes_A B$ en l'idéal maximal $K \otimes_A I$ est isomorphe (en tant que K-algèbre) à K ;

(iii) on a $K \otimes_A B = (K \otimes_A I) \oplus (K \otimes_A J)$.

On suppose désormais que ces conditions sont satisfaites ; on note $\gamma(B, \varepsilon)$, ou simplement $\gamma(B)$, la longueur du A-module I/I^2, et $\eta(B, \varepsilon)$, ou simplement $\eta(B)$, celle du A-module $A/\varepsilon(J)$.

b) Soit $\mathfrak{b}$ un idéal de B contenu dans I ; on considère la A-algèbre $B' = B/\mathfrak{b}$ et l'homomorphisme $\varepsilon' : B' \to A$ déduit de ε. Prouver que B′ vérifie aussi les conditions de *a*), et que l'on a $\gamma(B', \varepsilon') \leqslant \gamma(B, \varepsilon)$ et $\eta(B', \varepsilon') \leqslant \eta(B, \varepsilon)$.

c) On suppose que le A-module B est libre de type fini. Prouver que J est un A-module libre de rang un, facteur direct dans B, et qu'on a $\mathrm{Tr}_{B/A}(x) = \varepsilon(x)$ pour tout $x \in J$.

d) On suppose en outre que B est un anneau de Gorenstein ; on note ℓ une base du B-module B^* (§ 3, exerc. 5), et δ un générateur de l'idéal différente de B sur A (exerc. 7, *b*)). Prouver l'égalité $\eta(B) = v(\varepsilon(\delta))$ (prouver que $\ell(J)$ est égal à A, et utiliser *c*)).

e) On se place dans la situation de *b*), avec $\mathfrak{b} \neq 0$; on suppose que les A-algèbres B et B′ sont finies et plates, et que B est un anneau de Gorenstein. Démontrer qu'on a $\eta(B') < \eta(B)$ (observer que l'image de J dans $B/\mathfrak{m}_A B$ est le socle de $B/\mathfrak{m}_A B$, donc est contenue dans $\mathfrak{b}/\mathfrak{m}_A \mathfrak{b}$).

¶ 11) On conserve les notations de l'exercice précédent ; on suppose que les anneaux A et B sont locaux et complets.

a) Montrer que B est isomorphe au quotient d'une algèbre de séries formelles $S = A[[X_1, \ldots, X_n]]$ par un idéal $\mathfrak{a}$ contenu dans $(X_1, \ldots, X_n)$; on peut prendre $n = \dim_{\kappa_A}(\mathfrak{n}/\mathfrak{n}^2)$, où $\mathfrak{n}$ est l'image de $\mathfrak{m}_B$ dans $B/\mathfrak{m}_A B$.

b) Prouver que les conditions suivantes sont équivalentes :

(i) B est une A-algèbre finie et plate et un anneau d'intersection complète ;

(ii) l'idéal $\mathfrak{a}$ est engendré par une suite $(P_1, \ldots, P_n)$ complètement sécante pour $\kappa_A \otimes_A S$.

(*cf.* exerc. 5.)

c) Si ces conditions sont satisfaites, prouver qu'on a $\eta(B) = \gamma(B) = v(\varepsilon(\det(\frac{\partial P_i}{\partial X_j})))$ (utiliser les exerc. 9 et 10, *d*)).

d) Montrer qu'on peut trouver une suite $(f_1, \ldots, f_n)$ d'éléments de $\mathfrak{a}$ complètement sécante pour $\kappa_A \otimes_A S$ telle que la A-algèbre $B' = S/(f_1, \ldots, f_n)$ satisfasse à $\gamma(B') = \gamma(B)$.

(Déduire de la suite exacte $\mathfrak{a}/\mathfrak{a}^2 \to \Omega_A(S) \otimes_S B \to \Omega_A(B) \to 0$ (A, III, p. 137) une suite exacte de A-modules $\mathfrak{a}/\mathfrak{a}^2 \otimes_S A \to \Omega_A(S) \otimes_S A \to I/I^2 \to 0$; prendre des éléments $f_1, \ldots, f_n$ de $\mathfrak{a}$ dont les images dans $\Omega_A(S) \otimes_S A$ forment une base sur A de l'image de $\mathfrak{a}/\mathfrak{a}^2 \otimes_S A$.)

e) En déduire à l'aide de l'exerc. 10, *e*) que l'on a $\gamma(B) \geqslant \eta(B)$ et que l'égalité a lieu si et seulement si B est un anneau d'intersection complète.

§ 6

1) Soient k un corps non parfait de caractéristique $p > 2$, a un élément de $k - k^p$, A l'anneau $k[\mathrm{X}, \mathrm{Y}]/(\mathrm{X}^2 - \mathrm{Y}^p + a)$.

a) Prouver que l'anneau A est régulier (on pourra prouver que A est intégralement clos dans son corps des fractions $\mathrm{K} = k(\mathrm{Y})[\mathrm{X}]/(\mathrm{X}^2 - \mathrm{Y}^p + a)$).

b) Prouver que k est algébriquement fermé dans K.

c) Soit k' l'extension $k(a^{1/p})$ de k ; prouver que l'anneau $\mathrm{A} \otimes_k k'$ n'est pas normal.

2) Soient k un corps, A une k-algèbre essentiellement de type fini, B une k-algèbre, p un entier.

a) Si A et B satisfont à la propriété S_p (§ 1, exerc. 8), il en est de même de $\mathrm{A} \otimes_k \mathrm{B}$ (raisonner comme dans la démonstration de la prop. 4, en utilisant *loc. cit.*, *f*)).

b) Soit K une extension de k ; pour que $\mathrm{A}_{(\mathrm{K})}$ vérifie S_p, il faut et il suffit qu'il en soit ainsi de A.

3) Soient A un anneau noethérien et $\rho : \mathrm{A} \to \mathrm{B}$ un homomorphisme d'anneaux. On dit que la A-algèbre B est *absolument régulière* si B est un anneau noethérien et un A-module plat et que, pour tout $\mathfrak{p} \in \mathrm{Spec}(\mathrm{A})$, la $\kappa(\mathfrak{p})$-algèbre $\kappa(\mathfrak{p}) \otimes_\mathrm{A} \mathrm{B}$ est absolument régulière.

a) Soient T une partie multiplicative de B et S une partie de A telle que $\rho(\mathrm{S}) \subset \mathrm{T}$. Si B est une A-algèbre régulière, $\mathrm{T}^{-1}\mathrm{B}$ est une $\mathrm{S}^{-1}\mathrm{A}$-algèbre régulière.

b) Pour qu'une A-algèbre noethérienne B soit absolument régulière, il faut et il suffit que pour tout idéal maximal $\mathfrak{n}$ de B, la $\mathrm{A}_{\rho^{-1}(\mathfrak{n})}$-algèbre $\mathrm{B}_\mathfrak{n}$ soit absolument régulière.

c) Si C est une B-algèbre absolument régulière et B une A-algèbre absolument régulière, C est une A-algèbre absolument régulière.

d) Si B est un anneau noethérien et que C est un B-module fidèlement plat et une A-algèbre absolument régulière, B est une A-algèbre absolument régulière.

e) Soient B une A-algèbre absolument régulière et A' une A-algèbre essentiellement de type fini. La A'-algèbre $\mathrm{A}' \otimes_\mathrm{A} \mathrm{B}$ est absolument régulière.

4) Soient A un anneau noethérien, B une A-algèbre fidèlement plate absolument régulière (exerc. 3). Pour que A soit un anneau régulier (resp. normal, resp. de Macaulay, resp. de Gorenstein), il faut et il suffit qu'il en soit de même de B.

5) On dit que A est un *anneau de Grothendieck* si A est un anneau noethérien et que, pour tout idéal premier $\mathfrak{p}$ de A, le complété de l'anneau local $\mathrm{A}_\mathfrak{p}$ est une $\mathrm{A}_\mathfrak{p}$-algèbre absolument régulière (exerc. 3).

a) Prouver que tout anneau de fractions et tout quotient d'un anneau de Grothendieck est un anneau de Grothendieck.

b) Soient A un anneau noethérien et B une A-algèbre fidèlement plate absolument régulière. Si B est un anneau de Grothendieck, prouver qu'il en est de même de A (si $\mathfrak{p}$ est un idéal premier de A et $\mathfrak{q}$ un idéal premier de B au-dessus de $\mathfrak{p}$, on montrera que $\widehat{\mathrm{B}_\mathfrak{q}}$ est un $\widehat{\mathrm{A}_\mathfrak{p}}$-module fidèlement plat en utilisant III, § 5, n° 4, prop. 4 ; on appliquera ensuite l'exerc. 3).

6) Soient A un anneau de Grothendieck, I un idéal de A, et $\widehat{\mathrm{A}}$ le séparé complété de A pour la topologie I-adique. Prouver que $\widehat{\mathrm{A}}$ est une A-algèbre absolument régulière. (Soient $\mathfrak{n}$ un idéal maximal de $\widehat{\mathrm{A}}$, et $\mathfrak{m}$ son image réciproque dans A ; déduire de l'exerc. 3 que $\widehat{\mathrm{A}}_\mathfrak{n}$ est une $\mathrm{A}_\mathfrak{m}$-algèbre absolument régulière.)

7) *a*) Montrer qu'un anneau de Dedekind intègre de caractéristique 0 est un anneau de Grothendieck.

b) Soient k un corps de caractéristique $p > 0$ tel que k soit de dimension infinie sur k^p, r un entier $\geqslant 1$, et A le sous-anneau de $k[[X_1, \ldots, X_r]]$ formé des séries formelles dont les coefficients engendrent un espace vectoriel de dimension finie sur k^p. Montrer que A est un anneau local régulier de dimension r dont le complété s'identifie à $k[[X_1, \ldots, X_r]]$, mais n'est pas un anneau de Grothendieck (utiliser l'exerc. 17 de III, § 3).

§ 7

1) Soient k un anneau, A une k-algèbre linéairement topologisée. On dit que A est une k-algèbre *formellement étale* (resp. *formellement nette*) si elle satisfait à la condition suivante : quels que soient la k-algèbre C, munie de la topologie discrète, et l'idéal de carré nul N de C, tout homomorphisme continu de k-algèbres $A \to C/N$ admet un unique (resp. au plus un) relèvement $A \to C$. Pour que A soit formellement étale sur k, il faut et il suffit qu'elle soit formellement lisse et formellement nette. Tout quotient de k est formellement net.

a) Prouver les énoncés analogues à ceux des prop. 3 et 4 pour les algèbres formellement nettes ou formellement étales.

b) Soit J un idéal de A tel que la topologie de A soit la topologie J-adique ; on note $\widehat{\Omega}_k(A)$ le séparé complété du A-module $\Omega_k(A)$ (pour la topologie J-adique). Pour que la k-algèbre topologique A soit formellement nette, il faut et il suffit que $\widehat{\Omega}_k(A)$ soit nul (observer que chacune de ces propriétés équivaut au fait que toute k-dérivation de A dans un A-module annulé par une puissance de J est nulle).

2) Soient A un anneau noethérien, J un idéal de A et $\widehat{A}$ le séparé complété de A pour la topologie J-adique. Si la A-algèbre $\widehat{A}$ est formellement lisse (pour la topologie discrète), elle est formellement étale (observer qu'on a $\Omega_A(\widehat{A}) = J^n\Omega_A(\widehat{A})$ pour tout entier n).

3) Soit K une extension de type fini d'un corps k ; prouver que les conditions suivantes sont équivalentes :

(i) la k-algèbre K est formellement nette ;

(ii) la k-algèbre K est formellement étale ;

(iii) K est une extension finie séparable de k.

4) Soient k un anneau noethérien, A une k-algèbre de type fini. On dit que A est une k-algèbre étale (resp. nette) si elle est formellement étale (resp. formellement nette) lorsqu'on la munit de la topologie discrète.

a) Prouver que les conditions suivantes sont équivalentes :

(i) la k-algèbre A est nette ;

(ii) $\Omega_k(A) = 0$;

(iii) le $A \otimes_k A$-module A est projectif.

(Soit I le noyau de l'homomorphisme canonique $A \otimes_k A \to A$; montrer que (ii) et (iii) équivalent toutes deux à

(iv) $I_\mathfrak{q} = 0$ pour tout idéal premier $\mathfrak{q}$ de $A \otimes_k A$ contenant I.)

b) Soit $f \in k[\mathrm{T}]$ un polynôme tel que f et f' engendrent l'idéal unité de $k[\mathrm{T}]$. Prouver que la k-algèbre $k[\mathrm{T}]/(f)$ est étale (*cf.* n° 3, exemple 3).

c) Si k est un corps, les k-algèbres nettes sont les k-algèbres étales, et cette notion coïncide avec celle introduite en A, V, p. 28 (le cas des algèbres de degré fini sur k résulte de *loc. cit.*, p. 32, th. 3 ; si A est une k-algèbre nette, considérer un idéal maximal $\mathfrak{m}$ de A et appliquer le cas précédent à $\mathrm{A}/\mathfrak{m}^n$). Les k-algèbres nettes sont donc les produits finis d'extensions séparables de degré fini de k (A, V, p. 34, th. 4).

d) Pour que la k-algèbre A soit nette, il faut et il suffit que pour tout idéal premier $\mathfrak{p}$ de k la $\kappa(\mathfrak{p})$-algèbre $\kappa(\mathfrak{p}) \otimes_k \mathrm{A}$ soit étale.

5) Soient A un anneau local noethérien complet et B une A-algèbre essentiellement de type fini.

a) Montrer que l'ensemble des idéaux premiers $\mathfrak{p}$ de A tels que l'anneau $\mathrm{A}_\mathfrak{p}$ soit régulier est ouvert dans Spec(A) (on utilisera l'exercice 16 de VIII, § 5 pour se ramener au cas où A est intègre, puis IX, § 2, n° 5, th. 3 et l'exercice 17 de VIII, § 5).

b) On suppose que A contient un corps[1]. Montrer que l'ensemble des idéaux premiers $\mathfrak{q}$ de B tels que l'anneau $\mathrm{B}_\mathfrak{q}$ soit régulier est ouvert dans Spec(B) (on utilisera § 7, n° 9, cor. 2 du th. 3 et IX, § 3, n° 3, th. 2).

6) Soient k un anneau, A une k-algèbre linéairement topologisée formellement lisse. Prouver que pour tout idéal ouvert J de A, le A/J-module $(\mathrm{A}/\mathrm{J}) \otimes_\mathrm{A} \Omega_k(\mathrm{A})$ est projectif (prouver en utilisant l'exemple du n° 1 que pour tout homomorphisme surjectif de A/J-modules $\mathrm{M} \to \mathrm{M}''$, toute k-dérivation de A dans M'' se relève à M).

7) Soient k un anneau, $\rho : \mathrm{A} \to \mathrm{B}$ un homomorphisme de k-algèbres, J un idéal de B. On dit que B, munie de la topologie J-adique, est *formellement lisse sur* A *relativement à* k si pour toute A-algèbre C (que l'on munit de la topologie discrète) et tout idéal de carré nul N de C, tout homomorphisme continu de A-algèbres $\mathrm{B} \to \mathrm{C}/\mathrm{N}$, qui se relève en un homomorphisme continu de k-algèbres de B dans C, se relève aussi en un homomorphisme continu de A-algèbres de B dans C.

a) Montrer que les conditions suivantes sont équivalentes :

(i) B est formellement lisse sur A relativement à k pour la topologie J-adique ;

(ii) pour toute k-dérivation D de A dans un B-module E annulé par une puissance de J, il existe une k-dérivation $\tilde{\mathrm{D}} : \mathrm{B} \to \mathrm{E}$ telle que $\tilde{\mathrm{D}} \circ \rho = \mathrm{D}$;

(iii) pour tout entier $n \geqslant 0$, l'application canonique $u_n : \Omega_k(\mathrm{A}) \otimes_\mathrm{A} (\mathrm{B}/\mathrm{J}^n) \longrightarrow \Omega_k(\mathrm{B}) \otimes_\mathrm{B} (\mathrm{B}/\mathrm{J}^n)$ est injective et son image est facteur direct.

b) On suppose B formellement lisse sur k pour la topologie J-adique. Prouver que pour que B soit formellement lisse sur A, il faut et il suffit que l'homomorphisme canonique $u_1 : \Omega_k(\mathrm{A}) \otimes_\mathrm{A} (\mathrm{B}/\mathrm{J}) \to \Omega_k(\mathrm{B}) \otimes_\mathrm{B} (\mathrm{B}/\mathrm{J})$ soit injectif et que son image soit facteur direct (utiliser *a*) et l'exerc. 6 pour prouver qu'une rétraction de u_1 se relève en une rétraction de u_n pour tout n).

¶ 8) Soient k un corps et **T** une famille finie d'indéterminées. On munit la k-algèbre $k[[\mathbf{T}]]$ de la topologie discrète.

a) Prouver que $k[[\mathbf{T}]]$ est formellement lisse sur $k[\mathbf{T}]$ relativement à k (exerc. 7).

---

[1] Cette hypothèse est en fait superflue, *cf.* M. Nagata, *On the Closedness of Singular Loci*, Publi. Mat. I.H.E.S. **2** (1959).

b) Si $k[[\mathbf{T}]]$ est formellement lisse sur k, prouver que la caractéristique p de k est strictement positive et que k est une extension finie de k^p (déduire de l'exerc. 2 que $\Omega_{k[\mathbf{T}]}(k[[\mathbf{T}]])$ est nul, et par suite que $\Omega_{k(\mathbf{T})}(k((\mathbf{T})))$ est nul ; prouver ensuite à l'aide de la prop. 6 de A, V, p. 99, que la sous-extension de $k((\mathbf{T}))$ formée des séries dont les coefficients engendrent une extension de type fini de k^p est égale à $k((\mathbf{T}))$).

9) Soit k un corps de caractéristique $p > 0$, contenant une famille filtrante décroissante $(k_\lambda)_{\lambda\in\Lambda}$ de sous-corps vérifiant $\bigcap_{\lambda\in\Lambda} k_\lambda = k^p$.

a) Prouver que l'intersection des noyaux des homomorphismes canoniques de $\Omega(k)$ dans $\Omega_{k_\lambda}(k)$, pour λ parcourant Λ, est réduite à (0) (considérer une p-base de k).

b) Soit A une k-algèbre locale régulière, munie de la topologie $\mathfrak{m}_A$-adique. Démontrer que pour que A soit formellement lisse sur k, il faut et il suffit que A soit formellement lisse sur k relativement à k_λ, pour tout $\lambda \in \Lambda$ (utiliser *a*), la prop. 8 et l'exerc. 7, *a*)).

¶ 10) Soient A un anneau local noethérien complet, K son corps des fractions. Soit $\mathfrak{p}$ un idéal premier de A ; on note B l'anneau local $A_\mathfrak{p}$ et $\widehat{B}$ son complété.

a) On suppose A régulier et K de caractéristique nulle. Montrer que la K-algèbre $K \otimes_B \widehat{B}$ est absolument régulière.

b) On suppose A régulier et K de caractéristique $p > 0$, de sorte que A s'identifie à un anneau de séries formelles $k[[T_1, \dots, T_n]]$ (IX, § 3, n° 3, th. 2). On note $(k_\lambda)_{\lambda\in\Lambda}$ la famille des sous-corps k_λ de k contenant k^p et tels que k soit une extension de degré fini de k_λ. Soit $\lambda \in \Lambda$; on note A_λ l'anneau $k_\lambda[[T_1^p, \dots, T_n^p]]$, B_λ l'anneau local de A_λ en l'idéal premier $\mathfrak{p} \cap A_\lambda$, et K_λ le corps des fractions de A_λ et B_λ. Prouver que la A-algèbre B (munie de la topologie discrète) est formellement lisse relativement à B_λ (on pourra d'abord montrer que $\widehat{B}$ est isomorphe à $B \otimes_{B_\lambda} \widehat{B_\lambda}$).

c) Sous les hypothèses de *b*), prouver que tout anneau local de $K \otimes_B \widehat{B}$ est de la forme $(\widehat{B})_\mathfrak{r}$, avec $\mathfrak{r} \in \operatorname{Spec}(\widehat{B})$ et $\mathfrak{r} \cap B = \{0\}$, et qu'il est formellement lisse sur K relativement à K_λ. En déduire que la K-algèbre $K \otimes_B \widehat{B}$ est absolument régulière (prouver que la famille $\{K_\lambda\}_{\lambda\in\Lambda}$ de sous-corps de K est filtrante décroissante et que $\bigcap_{\lambda\in\Lambda} K_\lambda = k^p((T_1, \dots, T_n))$; appliquer ensuite l'exercice 9).

d) On revient au cas général. Prouver que A est un anneau de Grothendieck (§ 6, exerc. 5) ; si $\mathfrak{q} \in \operatorname{Spec}(B)$, il s'agit de montrer que la $\kappa(\mathfrak{q})$-algèbre $\kappa(\mathfrak{q}) \otimes_B \widehat{B}$ est absolument régulière ; remplaçant A par $A/(A \cap \mathfrak{q})$, on peut supposer A intègre et $\mathfrak{q} = \{0\}$; on utilisera IX, § 2, n° 3, th. 3 et § 3, n° 3, th. 2 pour se ramener au cas où A est un anneau local régulier complet.

11) Soit A un anneau noethérien ; on suppose que pour tout idéal maximal $\mathfrak{m}$ de A, le complété de l'anneau local $A_\mathfrak{m}$ est une $A_\mathfrak{m}$-algèbre absolument régulière. Montrer que A est un anneau de Grothendieck (§ 6, exerc. 5). (On utilisera *loc. cit.* et l'exercice précédent pour montrer que pour tout idéal maximal $\mathfrak{m}$ de A, l'anneau $A_\mathfrak{m}$ est un anneau de Grothendieck.)

12) Soit A un anneau local noethérien. Pour que A soit un anneau de Grothendieck, il faut et il suffit que, pour toute A-algèbre finie intègre B, tout idéal maximal $\mathfrak{m}$ de B et tout idéal premier $\mathfrak{q}$ de l'anneau complété $\widehat{B_\mathfrak{m}}$ vérifiant $B_\mathfrak{m} \cap \mathfrak{q} = (0)$, l'anneau local $(\widehat{B_\mathfrak{m}})_\mathfrak{q}$ soit régulier (pour montrer que cette condition est nécessaire, il suffit grâce à l'exercice précédent de montrer que, pour tout idéal premier $\mathfrak{p}$ de A, et toute extension finie K de $\kappa(\mathfrak{p})$, l'anneau $K \otimes_A \widehat{A}$ est régulier ; on pourra introduire une A-algèbre finie intègre B de

corps des fractions K, noter $\mathfrak{m}_1, \ldots, \mathfrak{m}_r$ ses idéaux maximaux, et interpréter les anneaux locaux de $K \otimes_A \widehat{A}$ comme des anneaux locaux de l'un des $\widehat{B_{\mathfrak{m}_i}}$).

13) Soient k un corps et A une k-algèbre essentiellement de type fini. Montrer que A est un anneau de Grothendieck (on se ramènera au cas où A est un anneau local d'un anneau de polynômes sur k en un nombre fini d'indéterminées ; en utilisant l'exercice précédent, on se ramènera ensuite à montrer que, pour tout idéal premier $\mathfrak{r}$ de $A[T_1, \ldots, T_n]$, tout anneau local C de $A[T_1, \ldots, T_n]$ en un idéal maximal contenant $\mathfrak{r}$, et tout idéal $\mathfrak{q}$ de l'anneau complété $\widehat{C}$ tel que $C \cap \mathfrak{q} = \mathfrak{r}C$, l'anneau $(\widehat{C})_{\mathfrak{q}}/\mathfrak{r}(\widehat{C})_{\mathfrak{q}}$ est régulier. On pourra pour cela utiliser le th. 3 du n° 9).

*14) Soit A un anneau local de Grothendieck. Montrer que l'ensemble des idéaux premiers $\mathfrak{p}$ de A tels que l'anneau $A_{\mathfrak{p}}$ soit régulier est ouvert dans Spec(A) (soit $\widehat{A}$ le complété de A ; on utilisera l'exerc. 5, l'exercice 16 de VIII, § 5, et le fait que l'application canonique $\operatorname{Spec}(\widehat{A}) \rightarrow \operatorname{Spec}(A)$ est ouverte).$_*$

¶ 15) Soient k un corps parfait de caractéristique $p > 0$, $(T_n)_{n \in \mathbf{N}}$ une famille d'indéterminées, et K le corps $k((T_n)_{n \in \mathbf{N}})$. Soit A le sous-anneau de l'anneau de séries formelles $K[[X, Y]]$ engendré par $K^p[[X, Y]]$ et K. L'anneau A est local noethérien régulier de dimension 2 et son complété est $K[[X, Y]]$ (§ 6, exerc. 8). Pour tout entier n, on note p_n l'élément $X - T_n Y$ de A, q_n le produit $p_0 \ldots p_n$, et on pose $c = \sum_{n \in \mathbf{N}} q_n T_n$. On désigne par B la sous-A-algèbre de $K[[X, Y]]$ engendrée par c.

a) Soient n un entier > 0 et $\mathfrak{p}$ un idéal premier de B de hauteur 1 qui contient p_n. Montrer que l'anneau $B_{\mathfrak{p}}$ n'est pas normal (pour tout entier m, on posera $c_m = (c - \sum_{i=0}^{m-1} q_i T_i)/q_m$ et on montrera que $B_{\mathfrak{p}} = A_{Ap_n}[c_{n-1}]$, de sorte que c_n n'est pas dans $B_{\mathfrak{p}}$, alors que c_n^p appartient à A).

b) En déduire que l'ensemble des idéaux premiers $\mathfrak{p}$ de B tels que l'anneau $B_{\mathfrak{p}}$ soit régulier ne contient aucun ouvert non vide de Spec(B) (on remarquera que B est un A-module fidèlement plat).

§ 8

1) Soient A un anneau local noethérien, M un A-module. Montrer que pour que M soit artinien, il faut et il suffit que son socle S soit de dimension finie sur κ_A et que M soit une extension essentielle de S (c'est-à-dire (A, II, p. 185, exerc. 15) que tout sous-module non nul de M contienne un élément non nul de S).

¶ 2) Soient A un anneau noethérien local complet, M un A-module. Montrer que les conditions suivantes sont équivalentes :

(i) l'homomorphisme canonique $\alpha_M : M \rightarrow D(D(M))$ est bijectif ;

(ii) il existe une suite exacte $0 \rightarrow M' \rightarrow M \rightarrow M'' \rightarrow 0$, où M' est de type fini et M'' artinien.

(Si M satisfait (i), montrer que son socle est de dimension finie sur κ_A, et qu'il en est de même de tout quotient de M ; construire un sous-module de type fini N de M tel que $M/\mathfrak{m}N$ soit extension essentielle de son socle, et utiliser l'exerc. 1).

3) Soient k un corps, S l'anneau $k[\mathrm{T}_1, \ldots, \mathrm{T}_d]$, $\mathfrak{m}$ l'idéal $(\mathrm{T}_1, \ldots, \mathrm{T}_d)$. On note $\mathrm{S}^{*\mathrm{gr}}$ le dual gradué de S (n° 6), et $(\mathbf{T}^{-\alpha})_{\alpha \in \mathbf{N}^d}$ la base duale de $(\mathbf{T}^{\alpha})_{\alpha \in \mathbf{N}^d}$ (notée $(u_\alpha)_{\alpha \in \mathbf{N}^d}$ dans *loc. cit.*).

a) À tout sous-S-module de type fini M de $\mathrm{S}^{*\mathrm{gr}}$ on associe l'idéal Ann(M) de S. Montrer qu'on définit ainsi une correspondance bijective entre les sous-modules de type fini de $\mathrm{S}^{*\mathrm{gr}}$ et les idéaux $\mathfrak{a}$ de S contenus dans $\mathfrak{m}$ et tels que $\mathrm{S}/\mathfrak{a}$ soit de longueur finie ; la bijection réciproque associe à l'idéal $\mathfrak{a}$ le sous-module M de $\mathrm{S}^{*\mathrm{gr}}$ formé des éléments annulés par $\mathfrak{a}$ (observer que M est un $\mathrm{S}/\mathfrak{a}$-module de Matlis).

b) Pour que $\mathrm{S}/\mathfrak{a}$ soit un anneau de Gorenstein, il faut et il suffit que le S-module M soit monogène.

c) Soit f l'élément $\sum \mathrm{T}_i^{-2}$ de $\mathrm{S}^{*\mathrm{gr}}$; prouver que l'idéal $\mathfrak{a}$ correspondant au sous-module $\mathrm{A}f$ de $\mathrm{S}^{*\mathrm{gr}}$ est engendré par les formes quadratiques $\mathrm{T}_i\mathrm{T}_j$ pour $i < j$ et $\mathrm{T}_i^2 - \mathrm{T}_1^2$ pour $i > 1$. Si $d \geqslant 3$ l'idéal $\mathfrak{a}$ n'est pas complètement sécant ; l'anneau de Gorenstein $\mathrm{A}/\mathfrak{a}$ n'est pas un anneau d'intersection complète (*cf.* § 5, exerc. 5).

4) Soient A un anneau noethérien, M un A-module de type fini. Pour tout $\mathfrak{p} \in \mathrm{Spec}(\mathrm{A})$, on pose $\mu^i(\mathfrak{p}, \mathrm{M}) = \dim_{\kappa(\mathfrak{p})} \mathrm{Ext}^i_{\mathrm{A}_\mathfrak{p}}(\kappa(\mathfrak{p}), \mathrm{M}_\mathfrak{p})$; on note $(\mathrm{I}(\mathfrak{p}), e_\mathfrak{p})$ une enveloppe injective du A-module $\mathrm{A}/\mathfrak{p}$. Soit I une résolution injective minimale de M (ce qui signifie que I^n est une enveloppe injective de $\mathrm{Z}^n(\mathrm{I})$ pour tout $n \geqslant 0$, *cf.* A, X, p. 182, exerc. 13). Prouver que le A-module I^p est isomorphe à $\bigoplus_{\mathfrak{p}} \mathrm{I}(\mathfrak{p})^{\mu^p(\mathfrak{p},\mathrm{M})}$.

5) Soient A un anneau local noethérien, I un A-module de Matlis. Pour tout A-module M on note D(M) le dual de Matlis $\mathrm{Hom}_\mathrm{A}(\mathrm{M}, \mathrm{I})$. On rappelle qu'on note $\mathrm{dpl}_\mathrm{A}(\mathrm{M})$ la borne inférieure des longueurs des résolutions plates de M (A, X, p. 202, exerc. 7). Prouver les égalités $\mathrm{di}_\mathrm{A}(\mathrm{D}(\mathrm{M})) = \mathrm{dpl}_\mathrm{A}(\mathrm{M})$, $\mathrm{di}_\mathrm{A}(\mathrm{M}) = \mathrm{dpl}_\mathrm{A}(\mathrm{D}(\mathrm{M}))$.

6) Soient A un anneau noethérien, I et J des A-modules injectifs. Prouver que le A-module $\mathrm{Hom}_\mathrm{A}(\mathrm{I}, \mathrm{J})$ est plat (*cf.* prop. 6, *b*)).

7) Soient A et B des anneaux *non nécessairement commutatifs*, J un (A, B)-bimodule, P un B-module à gauche plat. On suppose l'anneau A noethérien à gauche. Prouver que si J est un A-module injectif, il en est de même de $\mathrm{J} \otimes_\mathrm{B} \mathrm{P}$.

¶ 8) Soit A un anneau local noethérien.

a) Soient M et N des A-modules tels que $\mathrm{dpl}_\mathrm{A}(\mathrm{M}) < +\infty$ et $\mathrm{Tor}^\mathrm{A}_i(\mathrm{M}, \mathrm{N}) = 0$ pour $i > 0$. Définir pour tout entier n un isomorphisme canonique

$$\mathrm{Ext}^n_\mathrm{A}(\kappa_\mathrm{A}, \mathrm{M} \otimes_\mathrm{A} \mathrm{N}) \longrightarrow \bigoplus_{p \geqslant n} \left(\mathrm{Tor}^\mathrm{A}_{p-n}(\kappa_\mathrm{A}, \mathrm{M}) \otimes_k \mathrm{Ext}^p_\mathrm{A}(\kappa_\mathrm{A}, \mathrm{N})\right) ,$$

et prouver qu'on a $\mathrm{di}_\mathrm{A}(\mathrm{M} \otimes_\mathrm{A} \mathrm{N}) \leqslant \mathrm{di}_\mathrm{A}(\mathrm{N})$ (adapter la démonstration de l'exerc. 6 du § 3 à l'aide de l'exerc. 7).

b) Soient N, P des A-modules tels que $\mathrm{di}_\mathrm{A}(\mathrm{P}) < +\infty$ et $\mathrm{Ext}^i_\mathrm{A}(\mathrm{N}, \mathrm{P}) = 0$ pour $i > 0$. Définir pour tout entier n un isomorphisme canonique

$$\mathrm{Tor}^\mathrm{A}_n(\kappa_\mathrm{A}, \mathrm{Hom}_\mathrm{A}(\mathrm{N}, \mathrm{P})) \longrightarrow \bigoplus_{p \geqslant n} \mathrm{Hom}_{\kappa_\mathrm{A}}\left(\mathrm{Ext}^{p-n}_\mathrm{A}(\kappa_\mathrm{A}, \mathrm{P}), \mathrm{Ext}^p_\mathrm{A}(\kappa_\mathrm{A}, \mathrm{N})\right)$$

(appliquer la dualité de Matlis).

c) Prouver que s'il existe un A-module M dont la dimension injective et la dimension plate sont finies, A est un anneau de Gorenstein (prendre $\mathrm{N} = \mathrm{A}$ dans *a*)).

d) Inversement, si A est un anneau de Gorenstein, démontrer qu'il y a identité entre modules de dimension injective finie et modules de dimension plate finie (prouver à l'aide de *a*) qu'un module de dimension plate finie est de dimension injective finie, et obtenir la réciproque par dualité de Matlis).

e) Déduire de *d*) que les conditions suivantes sont équivalentes :

(i) A est un anneau de Gorenstein ;

(ii) les A-modules de type fini et de dimension injective finie coïncident avec les A-modules de type fini et de dimension projective finie ;

(iii) il existe un A-module de type fini dont la dimension injective et la dimension projective sont finies.

9) Soit A un anneau local noethérien satisfaisant la condition (GM) (§ 3, exerc. 13).

a) Soit I un complexe de A-modules injectifs, de longueur ℓ, dont l'homologie est non nulle et de type fini. Prouver l'inégalité $\ell \geqslant \dim(A)$ (se ramener à *loc. cit. a*) par dualité de Matlis).

b) S'il existe un A-module M de type fini et de dimension injective finie, A est un anneau de Macaulay (appliquer *a*) à une résolution injective de M).

c) Pour que A soit un anneau de Gorenstein, il faut et il suffit qu'il possède un module monogène de dimension injective finie (utiliser l'exerc. 8, *b*)).

10) Soient A un anneau noethérien, M, P, T des A-modules ; on suppose que M est de type fini, T de dimension injective finie, et que les modules $\mathrm{Ext}^i_A(M,P)$ et $\mathrm{Ext}^i_A(P,T)$ sont nuls pour $i > 0$. Démontrer que l'homomorphisme canonique $M \otimes_A \mathrm{Hom}_A(P,T) \to \mathrm{Hom}_A(\mathrm{Hom}_A(M,P),T)$ qui applique $m \otimes h$ sur l'homomorphisme $u \mapsto h(u(m))$ est un isomorphisme (raisonner comme dans la démonstration de la prop. 6, en remplaçant J par une résolution injective de T).

§ 9

1) Soit A un anneau de Macaulay local.

a) On suppose que A admet un module dualisant Ω ; on munit le A-module $A \oplus \Omega$ de la structure de A-algèbre pour laquelle Ω est un idéal de carré nul. Prouver que $A \oplus \Omega$ est un anneau de Gorenstein (en utilisant une suite sécante maximale, se ramener au cas où A est artinien ; observer que le socle de $A \oplus \Omega$ s'identifie à celui du A-module Ω).

b) En déduire que pour que A admette un module dualisant, il faut et il suffit qu'il existe un anneau de Gorenstein B et un homomorphisme surjectif de B dans A.

2) Soient A un anneau local régulier, I un idéal de A, B l'anneau A/I ; on suppose que B est un anneau de Macaulay. Soit (L, p) une résolution projective minimale du A-module B ; elle est de longueur $c = \mathrm{ht}(I)$.

a) Soit L^* le complexe $\mathrm{Homgr}_A(L, A)$; prouver qu'on a $H^i(L^*) = 0$ pour $i \neq c$ et que le B-module $H^c(L^*)$ est dualisant.

b) Prouver que les conditions suivantes sont équivalentes :

(i) A est un anneau de Gorenstein ;

(ii) les complexes L et $L^*(-d)$ sont isomorphes ;

(iii) L_c est libre de rang un.

3) Soit A un anneau admettant un module dualisant Ω.

a) Pour que Ω soit isomorphe à un idéal I de A, il faut et il suffit que $A_{\mathfrak{p}}$ soit un anneau de Gorenstein pour tout idéal premier minimal $\mathfrak{p}$ de A (observer que Ω est isomorphe à un sous-module de $\bigoplus_{\mathfrak{p}} \Omega_{\mathfrak{p}}$).

b) Lorque ces conditions sont satisfaites, prouver que I est égal à A ou de hauteur 1, et que A/I est un anneau de Gorenstein (calculer la profondeur de A/I, puis le A/I-module $\mathrm{Ext}^1_{\mathrm{A}}(\mathrm{A/I}, \mathrm{I})$).

c) Démontrer qu'un anneau factoriel admettant un module dualisant est un anneau de Gorenstein.

4) Soit A un anneau de Macaulay local de dimension d ; soit Ω un A-module de type fini, de dimension injective finie, de profondeur d, tel que l'homomorphisme canonique $\mathrm{A} \to \mathrm{End}_{\mathrm{A}}(\Omega)$ soit bijectif. Prouver que le A-module Ω est dualisant (raisonner par récurrence sur d, en déduisant de l'exerc. 7 du § 3 que pour tout élément Ω-régulier x de $\mathfrak{m}_{\mathrm{A}}$, l'homomorphisme canonique $\mathrm{A}/x\mathrm{A} \to \mathrm{End}_{\mathrm{A}/x\mathrm{A}}(\Omega/x\Omega)$ est bijectif).

5) Soit A un anneau local noethérien, admettant un module dualisant Ω. Soit T un A-module de type fini, de dimension injective finie.

a) Prouver que $\mathrm{Ext}^i_{\mathrm{A}}(\Omega, \mathrm{T})$ est nul pour $i > 0$ (utiliser l'exerc. 7 du § 3).

b) Prouver que l'homomorphisme canonique $\Omega \otimes_{\mathrm{A}} \mathrm{Hom}_{\mathrm{A}}(\Omega, \mathrm{T}) \to \mathrm{T}$ est bijectif (appliquer *a*) et l'exerc. 10 du § 8).

c) Démontrer à l'aide de l'exerc. 8, *b*) du § 8 les égalités $\mathrm{dp}_{\mathrm{A}}(\mathrm{Hom}_{\mathrm{A}}(\Omega, \mathrm{T})) = \dim(\mathrm{A}) - \mathrm{prof}(\mathrm{T})$ et $\mathrm{prof}(\mathrm{Hom}_{\mathrm{A}}(\Omega, \mathrm{T})) = \mathrm{prof}(\mathrm{T})$. En déduire que si $\mathrm{prof}(\mathrm{T}) = \dim(\mathrm{A})$, le A-module T est somme directe de modules isomorphes à Ω.

d) On pose $c = \dim(\mathrm{A}) - \mathrm{prof}(\mathrm{T})$. Prouver qu'il existe des entiers $n_0, \ldots, n_c$ et une suite exacte

$$0 \to \Omega^{n_c} \to \ldots \to \Omega^{n_0} \to \mathrm{T} \to 0$$

(raisonner par récurrence sur c, en construisant à l'aide de *b*) un homomorphisme surjectif $\Omega^{n_0} \to \mathrm{T}$).

¶ 6) Soit A un anneau local noethérien, admettant un module dualisant Ω ; soit M un A-module de type fini, de dimension projective finie.

a) Prouver qu'on a $\mathrm{Tor}^{\mathrm{A}}_i(\Omega, \mathrm{M}) = 0$ pour $i > 0$. (Raisonner par récurrence sur $\dim(\mathrm{A})$, en considérant une suite exacte $0 \to \mathrm{N} \to \mathrm{L} \to \mathrm{M} \to 0$ où L est libre de type fini. Si x est un élément simplifiable de $\mathfrak{m}_{\mathrm{A}}$, déduire de l'hypothèse de récurrence que $\mathrm{Tor}^{\mathrm{A}}_i(\Omega, \mathrm{N})$ est nul pour $i > 0$, ce qui entraîne $\mathrm{Tor}^{\mathrm{A}}_i(\Omega, \mathrm{M}) = 0$ pour $i > 1$, et que l'homothétie de rapport x est injective dans $\Omega \otimes_{\mathrm{A}} \mathrm{N}$, ce qui entraîne que tout idéal premier $\mathfrak{p}$ associé à $\mathrm{Tor}^{\mathrm{A}}_1(\Omega, \mathrm{M})$ est un idéal minimal de Spec(A) ; observer qu'en un tel $\mathfrak{p}$ le $\mathrm{A}_{\mathfrak{p}}$-module $\mathrm{M}_{\mathfrak{p}}$ est libre).

b) Prouver que le A-module $\Omega \otimes_{\mathrm{A}} \mathrm{M}$ est de dimension injective finie.

c) Prouver que l'application $\theta : \mathrm{M} \to \mathrm{Hom}_{\mathrm{A}}(\Omega, \Omega \otimes_{\mathrm{A}} \mathrm{M})$ définie par $\theta(m)(w) = w \otimes m$ pour $m \in \mathrm{M}$, $w \in \Omega$ est un isomorphisme (se ramener à l'aide d'une résolution projective au cas où M est libre).

d) Les applications $[\mathrm{T}] \mapsto [\mathrm{Hom}_{\mathrm{A}}(\Omega, \mathrm{T})]$ et $[\mathrm{M}] \mapsto [\Omega \otimes_{\mathrm{A}} \mathrm{M}]$ définissent des bijections réciproques l'une de l'autre entre l'ensemble des classes d'isomorphisme de A-modules de type fini et de dimension injective finie et l'ensemble des classes d'isomorphisme de A-module de type fini et de dimension projective finie, * et des équivalences de catégories quasi-inverses l'une de l'autre entre les catégories correspondantes *.

¶ 7) Soient A un anneau local macaulayen, et M un A-module de type fini macaulayen. On note $r(\mathrm{M})$ (resp. $t(\mathrm{M})$) la dimension du κ_{A}-espace vectoriel $\kappa_{\mathrm{A}} \otimes_{\mathrm{A}} \mathrm{M}$ (resp. $\mathrm{Ext}^{p}_{\mathrm{A}}(\kappa_{\mathrm{A}}, \mathrm{M})$, avec $p = \mathrm{prof}(\mathrm{M})$), *cf.* exerc. 16 du § 1.

a) On suppose que A possède un module dualisant Ω ; on pose $\mathrm{M}' = \mathrm{Ext}^{c}_{\mathrm{A}}(\mathrm{M}, \Omega)$, avec $c = \dim(\mathrm{A}) - \dim_{\mathrm{A}}(\mathrm{M})$. Prouver les égalités $r(\mathrm{M}') = t(\mathrm{M})$ et $t(\mathrm{M}') = r(\mathrm{M})$ (se ramener à l'aide de la prop. 7 du § 3 au cas $c = 0$, puis en passant au quotient par une suite sécante maximale au cas où A est artinien, et utiliser la prop. 6 du § 8).

b) En déduire qu'on a $t(\mathrm{M}_{\mathfrak{p}}) \leqslant t(\mathrm{M})$ pour tout $\mathfrak{p} \in \mathrm{Spec}(\mathrm{A})$ (se ramener à l'aide des exerc. 2 du § 2 et 16 du § 1 au cas où A est complet, et appliquer *a*)).

c) Pour que le module M soit dualisant, il faut et il suffit qu'il soit fidèle et qu'on ait $t(\mathrm{M}) = 1$ (se ramener au cas où A est complet ; appliquer *a*) et le cor. du th. 1).

8) Soient A un anneau local de Gorenstein, $\mathfrak{a}$ un idéal non nul de hauteur nulle, et $\mathfrak{b}$ l'annulateur de $\mathfrak{a}$.

a) Prouver que l'idéal $\mathfrak{b}$ est de hauteur nulle, et que le A-module $\mathrm{A}/\mathfrak{b}$ n'a pas d'idéaux premiers associés immergés (observer que tout idéal premier associé à $\mathrm{A}/\mathfrak{b}$ est associé à A).

b) On suppose que le A-module $\mathrm{A}/\mathfrak{a}$ n'a pas d'idéaux premiers associés immergés ; prouver que $\mathfrak{a}$ est l'annulateur de $\mathfrak{b}$ (se ramener au cas où $\dim(\mathrm{A}) = 0$, et utiliser la dualité de Matlis).

c) Pour que $\mathrm{A}/\mathfrak{a}$ soit un anneau de Macaulay, il faut et il suffit qu'il en soit ainsi de $\mathrm{A}/\mathfrak{b}$ (utiliser le cor. du th. 1 et celui de la prop. 3). Si ces conditions sont vérifiées, le $\mathrm{A}/\mathfrak{a}$-module $\mathfrak{b}$ est dualisant.

9) Soit Γ un sous-monoïde du monoïde additif $\mathbf{N}$, tel que $\mathbf{N} - \Gamma$ soit fini ; on note c le plus petit entier tel que Γ contienne tous les entiers $\geqslant c$. Soient k un corps, B l'anneau $k[[\mathrm{T}]]$, $\mathrm{K} = k((\mathrm{T}))$ son corps des fractions, et A la sous-k-algèbre de B engendrée par les éléments T^{γ} pour $\gamma \in \Gamma$.

a) Prouver que A est un anneau local intègre noethérien de dimension 1, dont le corps des fractions est K et la clôture intégrale B ; l'idéal $\mathfrak{c} = \mathrm{A} : \mathrm{B}$ est égal à BT^{c}.

b) Pour que A soit un anneau de Gorenstein, il faut et il suffit que l'on ait $c = 2\,\mathrm{Card}(\mathbf{N} - \Gamma)$.

c) Soit Ω le sous-A-module de K engendré par les éléments $\mathrm{T}^{-\alpha}$ pour $\alpha \notin \Gamma$. Prouver que K/Ω est un A-module de Matlis (utiliser la prop. 2 du § 8), et que Ω est un A-module dualisant.

10) Soit A un anneau noethérien. Soit I un A-complexe borné injectif, dont l'homologie est de type fini ; pour tout A-complexe C, on note $\mathbf{D}(\mathrm{C})$ le complexe $\mathrm{Homgr}_{\mathrm{A}}(\mathrm{C}, \mathrm{I})$.

a) Prouver que les conditions suivantes sont équivalentes :

(i) pour tout A-module de type fini M, le morphisme canonique de complexes $\alpha_{\mathrm{M}} : \mathrm{M} \to \mathbf{D}(\mathbf{D}(\mathrm{M}))$ (n° 5) est un homologisme ;

(ii) pour tout A-complexe borné C dont l'homologie est de type fini, le morphisme $\alpha_{\mathrm{C}} : \mathrm{C} \to \mathbf{D}(\mathbf{D}(\mathrm{C}))$ (*loc. cit.*) est un homologisme ;

(iii) le morphisme canonique $\alpha_{\mathrm{A}} : \mathrm{A} \to \mathrm{Homgr}_{\mathrm{A}}(\mathrm{I}, \mathrm{I})$ est un homologisme.

(Adapter la démonstration du th. 1.)

On dit que le complexe I est *dualisant* s'il est borné, injectif, que $\mathrm{H}(\mathrm{I})$ est de type fini et qu'il satisfait les conditions équivalentes ci-dessus.

b) Si A admet un module dualisant Ω, toute résolution injective de longueur finie (I, δ) de Ω définit un complexe dualisant (*loc. cit.*).

c) Soient B une A-algèbre qui est un A-module de type fini, I un complexe dualisant de A-modules ; prouver que le complexe de B-modules $\mathrm{Homgr}_A(B, I)$ est dualisant. Ainsi tout anneau quotient d'un anneau de Gorenstein de dimension finie admet un complexe dualisant.

d) Soit I un A-complexe borné injectif. Pour que I soit dualisant, il faut et il suffit que le complexe de $A_{\mathfrak{m}}$-modules $I_{\mathfrak{m}}$ soit dualisant pour tout idéal maximal $\mathfrak{m}$ de A.

e) Soient I un A-complexe dualisant, P un A-module projectif de rang 1, n un entier. Le complexe $I \otimes_A P(n)$ est dualisant.

f) Soient I, J des A-complexes bornés, injectifs, dont l'homologie est de type fini, et $u : I \to J$ un homologisme ; pour que J soit dualisant il faut et il suffit que I le soit.

¶ 11) Soit A un anneau noethérien.

a) On suppose A local. Soient P, Q des A-complexes bornés et plats. On suppose que $H(P \otimes_A Q)$ est nul en degré $\neq 0$, et libre de rang 1 en degré 0. Démontrer qu'il existe un entier $p \in \mathbf{Z}$ et des homologismes $A \to P(p)$ et $A \to Q(-p)$.

(À l'aide du lemme 1 et de la prop. 1 de A, X, p. 66 et 62, se ramener au cas où P et Q sont nuls à droite ; à l'aide de la prop. 1 de *loc. cit.* et du th. 3 de II, § 5, n° 4, construire alors des complexes P′ et Q′ tels que $P = A \oplus P'$ et $Q = A \oplus Q'$, et prouver qu'on a $H(P') = H(Q') = 0$.)

b) Soient I, J des A-complexes dualisants (exerc. 10). Si A est local, prouver qu'il existe un entier n et un homologisme de J sur $I(n)$ (soient $P = \mathrm{Homgr}_A(I, J)$, $Q = \mathrm{Homgr}_A(J, I)$; en utilisant le morphisme ν du n° 7 et l'homologisme $\alpha_J : J \to \mathrm{Homgr}_A(Q, I)$ relatif au complexe dualisant I, construire un homologisme $P \otimes_A Q \to A$, et appliquer *a*)).

c) Dans le cas général, prouver qu'il existe un entier n, un A-module L projectif de rang 1, et un homologisme de J sur $I \otimes_A L(n)$ (poser $L = H(\mathrm{Homgr}_A(I, J))$, et appliquer *b*)).

12) Soient k un corps, R une k-algèbre graduée de type $\mathbf{N}$, telle que $R_0 = k$ et que R soit un anneau de Macaulay, de dimension d. Pour tout R-module gradué de type fini M, on note $P_M(T)$ la série de Poincaré $\sum_i (\dim_k M_i)\, T^i$, et l'on pose $Q_M(T) = (1-T)^{\dim(M)} P_M(T)$; c'est un élément de $\mathbf{Z}[T, T^{-1}]$ (VIII, § 6, n° 3, prop. 5).

a) Soit Ω un R-module dualisant ; prouver que Ω admet une structure de R-module gradué pour laquelle $Q_\Omega(T) = (-1)^d Q_R(T^{-1})$ (écrire R comme quotient d'une algèbre de polynômes $A = k[X_1, \ldots, X_n]$, avec $\deg(X_i) = d_i$; si L est une résolution graduée libre du A-module R, observer que le complexe $\mathrm{Homgr}_A(L, A)(-d)$ en définit une de Ω, et utiliser l'exemple 3 de VIII, § 4, n° 2).

b) On suppose que R est un anneau de Gorenstein ; prouver qu'il existe un entier $a \in \mathbf{Z}$ satisfaisant à $Q_R(T^{-1}) = (-1)^d T^a Q_R(T)$.

c) On suppose que R est intègre et qu'il existe un entier $a \in \mathbf{Z}$ tel qu'on ait $Q_R(T^{-1}) = (-1)^d T^a Q_R(T)$. Prouver que R est un anneau de Gorenstein (munir Ω d'une graduation pour laquelle $Q_\Omega = Q_R$, et prouver qu'un élément non nul de Ω_0 forme une base de Ω).

d) Soit R la k-algèbre graduée $k[X, Y]/(X^3, XY, Y^2)$; prouver qu'on a $Q_R(T^{-1}) = T^{-2} Q_R(T)$, mais que R n'est pas un anneau de Gorenstein.

§ 10

1) Soient A un anneau, J un idéal de A, M un A-module. On désigne par $H_{A,J}(M)$, ou simplement $H_J(M)$, le A-module gradué $\varinjlim_n \mathrm{Ext}_A(A/J^n, M)$. Si A est local noethérien, le A-module gradué $H_{A,\mathfrak{m}_A}(M)$ s'identifie à $H_A(M)$.

a) Etablir pour $H_J(M)$ les propriétés analogues à celles de $H_A(M)$ vis-à-vis des homomorphismes et des suites exactes de A-modules (n° 1).

b) Définir pour tout $i \geqslant 1$ des isomorphismes $H_J^{i+1}(M) \to \varinjlim \mathrm{Ext}_A^i(J^n, M)$.

c) On suppose l'anneau A local noethérien de dimension d, et l'idéal J engendré par une suite complètement sécante $(x_1, \ldots, x_r)$. Construire un isomorphisme

$$\tau^i(J\,;M) : \mathrm{Tor}_{r-i}^A(M, H_J^d(A)) \longrightarrow H_J^i(M)$$

qui généralise l'isomorphisme $\tau^i(M)$ du n° 2 ; en particulier, on a $H_J^i(A) = 0$ pour $i > r$.

d) Pour tout idéal K de A contenu dans J, on note $\rho_{K,J} : H_J(M) \to H_K(M)$ l'homomorphisme déduit des applications canoniques de A/K^n dans A/J^n. Soit I un idéal de A ; construire une suite exacte longue de A-modules

$$\ldots \longrightarrow H_{I+J}^i(M) \xrightarrow{\alpha} H_I^i(M) \oplus H_J^i(M) \xrightarrow{\beta} H_{I\cap J}^i(M) \longrightarrow H_{I+J}^{i+1}(M) \longrightarrow \ldots,$$

où $\alpha(x) = (\rho_{I,I+J}(x), \rho_{J,I+J}(x))$ et $\beta(x,y) = \rho_{I\cap J,I}(x) - \rho_{I\cap J,J}(y)$.

2) Soit A un anneau local de Macaulay de dimension d. Démontrer que pour que A soit un anneau de Gorenstein, il faut et il suffit que le A-module $H_A^d(A)$ soit injectif.

¶ 3) Soit $\rho : A \to B$ un homomorphisme local d'anneaux locaux noethériens, tel que $\rho(\mathfrak{m}_A)B$ soit un idéal de définition de B.

a) Construire pour tout B-module N un isomorphisme A-linéaire naturel de $H_A(N)$ sur $H_B(N)$. (En utilisant une résolution injective de N, montrer qu'il suffit de prouver qu'on a $H_A^i(J) = 0$ pour tout $i > 0$ et tout B-module injectif indécomposable J. Soient $\mathfrak{q}$ l'unique élément de $\mathrm{Ass}_B(J)$, et $\mathfrak{p} = \rho^{-1}(\mathfrak{q})$. Si $\mathfrak{p} \neq \mathfrak{m}_A$, observer qu'il existe $a \in \mathfrak{m}_A$ tel que l'homothétie a_J soit bijective. Si $\mathfrak{p} = \mathfrak{m}_A$, et si I est une résolution injective minimale du A-module J, observer qu'on a $\mathrm{Ass}_A(I^n) = \{\mathfrak{m}_A\}$ pour tout n.)

b) On suppose de plus que B est un A-module plat. Construire pour tout A-module M un isomorphisme B-linéaire naturel de $B \otimes_A H_A(M)$ sur $H_B(B \otimes_A M)$.

4) Soient A un anneau local et M un A-module non nul de type fini, de dimension e. Prouver que $H_A^e(M)$ n'est pas nul (se ramener au cas où l'anneau A est complet, puis à l'aide de l'exerc. 3 au cas où A est régulier).

5) Soit I une partie finie de **N**.

a) Construire un anneau local régulier B et un B-module N tel que l'ensemble des entiers p tels que $H_B^p(N) \neq 0$ soit égal à I (considérer une somme directe).

b) Construire un anneau local A tel que l'ensemble des entiers p tels que $H_A^p(A) \neq 0$ soit égal à I (prendre $A = B \oplus N$, où N est un idéal de carré nul, et utiliser l'exerc. 3).

6) Soient A un anneau local noethérien admettant un module dualisant, M un A-module de type fini, n un entier.

a) Pour que le A-module $\mathrm{H}^n_{\mathrm{A}}(\mathrm{M})$ soit de longueur finie, il faut et il suffit que pour tout idéal premier $\mathfrak{p}$ de A distinct de $\mathfrak{m}_{\mathrm{A}}$, on ait $\mathrm{H}^{n-\dim(\mathrm{A}/\mathfrak{p})}_{\mathrm{A}_\mathfrak{p}}(\mathrm{M}_\mathfrak{p}) = 0$ (utiliser la dualité de Grothendieck).

b) Pour que $\mathrm{H}^i_{\mathrm{A}}(\mathrm{M})$ soit de longueur finie pour tout $i \leqslant n$, il faut et il suffit qu'on ait $\mathrm{prof}(\mathrm{M}_\mathfrak{p}) + \dim(\mathrm{A}/\mathfrak{p}) > n$ pour tout idéal premier $\mathfrak{p}$ distinct de $\mathfrak{m}_{\mathrm{A}}$

7) Soient A un anneau, M un A-module, $\mathbf{x} = (x_i)_{i\in \mathrm{I}}$ une famille finie d'éléments de A. Pour tout entier $n \geqslant 1$, on note $\mathbf{x}^n$ la famille $(x_i^n)_{i\in\mathrm{I}}$. Soit $\Delta(\mathbf{x})$ l'endomorphisme de A^{I} défini par $\Delta(\mathbf{x})(e_i) = x_i\, e_i$.

a) Pour tout couple d'entiers (n, m) tels que $n \geqslant m$, montrer que les applications

$$\mathrm{Homgr}(\bigwedge(\Delta(\mathbf{x}^{n-m})), 1_{\mathrm{M}}) : \mathbf{K}^\bullet(\mathbf{x}^m, \mathrm{M}) \longrightarrow \mathbf{K}^\bullet(\mathbf{x}^n, \mathrm{M})$$

définissent un système inductif de complexes ; on note $\mathbf{K}^\bullet(\mathbf{x}^\infty, \mathrm{M})$ la limite de ce système, et $\mathrm{H}^\bullet(\mathbf{x}^\infty, \mathrm{M})$ sa cohomologie.

b) On choisit un ordre total sur I. Pour toute partie J de I, on pose $x_{\mathrm{J}} = \prod_{j\in\mathrm{J}} x_j$. Pour $p \in \mathbf{Z}$, on pose $\mathscr{C}^p = \bigoplus_{|\mathrm{J}|=p} \mathrm{A}_{x_{\mathrm{J}}}$; pour $a \in \mathrm{A}_{x_{\mathrm{J}}}$, avec $\mathrm{Card}(\mathrm{J}) = p$, on pose $d^p(a) = \sum_{i\notin\mathrm{J}} (-1)^{\varepsilon(\mathrm{J},i)} \frac{a}{1}$ dans $\mathrm{A}_{x_{\mathrm{J}\cup\{i\}}}$, où $\varepsilon(\mathrm{J}, i)$ est le nombre d'éléments de J strictement inférieurs à i. Démontrer que $(\mathscr{C}, d)$ est un complexe, et définir un isomorphisme canonique de $\mathbf{K}^\bullet(\mathbf{x}^\infty, \mathrm{M})$ sur le complexe $\mathscr{C} \otimes_{\mathrm{A}} \mathrm{M}$.

¶ 8) On conserve les notations de l'exercice précédent, en supposant de plus l'anneau A noethérien. On note $\mathfrak{x}$ l'idéal engendré par $\mathbf{x}$.

a) Soit m un entier. Prouver qu'il existe un entier $n_0 \geqslant m$ tel que pour $n \geqslant n_0$, le morphisme $\bigwedge(\Delta(\mathbf{x})^{n-m}) : \mathbf{K}_\bullet(\mathbf{x}^n, \mathrm{A}) \longrightarrow \mathbf{K}_\bullet(\mathbf{x}^m, \mathrm{A})$ induise 0 sur l'homologie de degré $\geqslant 1$ (observer qu'on a $\bigwedge^p(\Delta(\mathbf{x}^{n-m}))(\mathbf{K}_p(\mathbf{x}^n, \mathrm{A})) \subset \mathfrak{x}^{n-m}\mathbf{K}_p(\mathbf{x}^m, \mathrm{A})$; déduire du lemme d'Artin-Rees qu'il existe un entier n_0 tel que $\mathrm{Z}_p(\mathbf{x}^m, \mathrm{A}) \cap \mathfrak{x}^{n_0}\mathbf{K}_\bullet(\mathbf{x}^m, \mathrm{A})$ soit contenu dans $\mathfrak{x}^{rm}\mathrm{Z}_p(\mathbf{x}^m, \mathrm{A})$, et par suite dans $\mathrm{B}_p(\mathbf{x}^m, \mathrm{A})$).

b) Définir un isomorphisme canonique de $\varinjlim_n \mathrm{Ext}^p_{\mathrm{A}}(\mathrm{A}/\mathfrak{x}^n, \mathrm{M})$ sur $\mathrm{H}^p(\mathbf{x}^\infty, \mathrm{M})$ (se ramener à prouver que $\mathrm{H}^p(\mathbf{x}^\infty, \mathrm{M})$ est nul pour $p \geqslant 1$ et M injectif ; dans ce cas observer que $\mathrm{H}^p(\mathbf{x}^\infty, \mathrm{M})$ s'identifie à la limite inductive des $\mathrm{Hom}_{\mathrm{A}}(\mathrm{H}_p(\mathbf{x}^n, \mathrm{M}))$, et utiliser *a*)). En particulier, si A est local et si $\mathfrak{x}$ est un idéal de définition de A, le A-module gradué $\mathrm{H}_{\mathrm{A}}(\mathrm{M})$ est canoniquement isomorphe à $\mathrm{H}^\bullet(\mathbf{x}^\infty, \mathrm{M})$.

c) On suppose l'anneau A local noethérien, de dimension d ; soit $\mathbf{x} = (x_1, \ldots, x_d)$ une suite sécante maximale d'éléments de $\mathfrak{m}_{\mathrm{A}}$. Montrer que le A-module $\mathrm{H}^d_{\mathrm{A}}(\mathrm{M})$ s'identifie à la limite du système inductif de A-modules (M_p, u_{qp}), où M_p est le module quotient $\mathrm{M}/(x_1^p\mathrm{M}+\ldots+x_d^p\mathrm{M})$ et $u_{qp} : \mathrm{M}_p \to \mathrm{M}_q$ $(q \geqslant p)$ l'homomorphisme induit par l'homothétie de rapport $(x_1 \ldots x_d)^{q-p}$.

9) Soient A un anneau local noethérien, d sa dimension, $\mathbf{x} = (x_1, \ldots, x_d)$ une suite sécante maximale d'éléments de $\mathfrak{m}_{\mathrm{A}}$.

a) Prouver qu'il existe un entier m_0 tel que pour $m \geqslant m_0$ et $n \geqslant 0$, on ait $(x_1^m \ldots x_d^m)^n \notin (x_1^{m(n+1)}, \ldots, x_d^{m(n+1)})$ (utiliser les exerc. 4 et 7, b)).

b) On suppose que A contient un corps de caractéristique p. Prouver qu'on a $(x_1 \ldots x_d)^n \notin (x_1^{n+1}, \ldots, x_d^{n+1})$ quel que soit $n \geqslant 0$, c'est-à-dire que A vérifie la condition

(CM) (exerc. 3 du § 2 ; considérer l'endomorphisme $x \mapsto x^p$ de A). Tout anneau local noethérien contenant un corps vérifie donc la condition (CM)[1].

c) On suppose de plus que A est régulier ; soit $\rho : A \to B$ un homomorphisme d'anneaux injectif faisant de B un A-module de type fini. Prouver que le A-module $\rho(A)$ est facteur direct dans B (*cf.* § 2, exerc. 3) ; se ramener au cas où B est intègre, donc local, et appliquer l'exerc. 8 du § 4).

10) Soient k un corps, A une k-algèbre locale régulière de dimension d, telle que l'extension $k \to \kappa_A$ soit triviale. Les A-modules $H^d_A(A)$ et $A' = \mathrm{Hom}^{cont}_k(A, k)$ sont des modules de Matlis, donc isomorphes ; on se propose d'expliciter un isomorphisme entre ces deux modules.

a) Soit $\mathbf{x} = (x_1, \ldots, x_d)$ un système de coordonnées de A. Pour tout entier $p \geqslant 0$, on note A_p la k-algèbre $A/(x_1^p, \ldots, x_d^p)$. Les classes des monômes $x_1^{a_1} \ldots x_d^{a_d}$ avec $0 \leqslant a_i < p$ forment une base de A_p sur k ; on désigne par ρ_p la forme linéaire sur A_p qui vaut 1 sur la classe de $x_1^{p-1} \ldots x_d^{p-1}$ et 0 sur les autres éléments de la base. Démontrer que l'application k-linéaire $\tilde{\rho}_p : A_p \to \mathrm{Hom}_k(A_p, k)$ déduite de la forme bilinéaire $(a, b) \mapsto \rho_p(ab)$ est un isomorphisme (on pourra raisonner directement, ou utiliser l'exerc. 10 du § 5).

b) Pour $q \geqslant p$, soit $u_{qp} : A_p \to A_q$ l'homomorphisme A-linéaire induit par l'homothétie de rapport $(x_1 \ldots x_d)^{q-p}$, et soit $\pi_{pq} : A_q \to A_p$ l'application de passage au quotient ; démontrer qu'on a $\tilde{\rho}_q \circ u_{qp} = {}^t\pi_{pq} \circ \tilde{\rho}_p$. En déduire par passage à la limite inductive, compte tenu de l'exerc. 8, c), un isomorphisme A-linéaire $\tilde{\rho} : H^d_A(A) \to A'$.

c) On suppose $d = 1$, de sorte que A est un anneau de valuation discrète, et $x_1 = x$ une uniformisante de A. Montrer que le choix de l'uniformisante x permet d'identifier $H^1_A(A)$ à K/A ; l'isomorphisme $\rho : K/A \to A'$ est alors défini par $\rho(\varphi)(a) = \mathrm{Res}(a\varphi)$, où $\mathrm{Res} : K/A \to k$ est la projection sur le facteur kx^{-1} dans la décomposition canonique $K/A = \bigoplus_{n \geqslant 1} kx^{-n}$.

11) Soient A un anneau local noethérien, I un A-module de Matlis, M un A-module de type fini. On pose $\mu^p = \dim_{\kappa_A} \mathrm{Ext}^p_A(\kappa_A, M)$ pour tout $p \geqslant 0$ (*cf.* § 8, exerc. 4). Prouver que le A-module gradué $H_A(M)$ s'identifie à l'homologie d'un complexe $\ldots \to 0 \to I^{\mu^0} \to I^{\mu^1} \to \ldots$ (*loc. cit.*). En particulier, si M est non nul, on a $\mu^p \neq 0$ pour $p = \mathrm{prof}(M)$ et $p = \dim(M)$ (exerc. 4).

11) Soient A un anneau local noethérien, M un A-module de type fini, de dimension d ; on suppose que M est un module de Buchsbaum (§ 2, exerc. 7).

a) Prouver que $H^i_A(M)$ est annulé par $\mathfrak{m}_A$ pour $i \neq d$ (traiter d'abord le cas $d = 1$, puis raisonner par récurrence sur d).

b) Soit x un élément sécant pour $\mathfrak{m}$; définir pour $0 \leqslant i \leqslant d-2$ des suites exactes $0 \to H^i_A(M) \to H^i_A(M/xM) \to H^{i+1}_A(M) \to 0$.

c) Démontrer la formule $i(M) = \sum_{i=0}^{d-1} \binom{d-1}{i} \lg(H^i_A(M))$ (raisonner par récurrence sur l'entier $d \geqslant 1$, en utilisant *b*) et l'exerc. 8, *d*) du § 2).

---

[1] On ignore si tout anneau local noethérien satisfait (CM).

Index des notations

Index terminologique

Table des matières

Printed in the United States
By Bookmasters